AF360876

Conserver la couverture

LES NOMS

DES

OISEAUX

EXPLIQUÉS PAR LEURS MŒURS

OU

ESSAIS ÉTYMOLOGIQUES SUR L'ORNITHOLOGIE

PAR

L'ABBÉ VINCELOT

Chanoine honoraire, aumônier de la pension Saint-Julien, membre de la Société Linnéenne
de Maine-et-Loire.

TROISIÈME ÉDITION

ENTIÈREMENT REFONDUE ET ORNÉE DE GRAVURES

Se vend au bénéfice de petits Orphelins.

ANGERS

IMPRIMERIE P. LACHÈSE, BELLEUVRE ET DOLBEAU
13, Chaussée Saint-Pierre, 13

1867

LES NOMS

DES OISEAUX

expliqués par leurs mœurs.

ESSAIS ÉTYMOLOGIQUES SUR L'ORNITHOLOGIE

ANGERS, IMP. P. LACHÈSE, BELLEUVRE ET DOLBEAU.

PIC-VERT A LA RECHERCHE D'UNE LARVE.

LES NOMS

DES

OISEAUX

EXPLIQUÉS PAR LEURS MŒURS

OU

ESSAIS ÉTYMOLOGIQUES SUR L'ORNITHOLOGIE

PAR

L'ABBÉ VINCELOT

Chanoine honoraire, aumônier de la pension Saint-Julien, membre de la Société Linnéenne
de Maine-et-Loire.

TROISIÈME ÉDITION
ENTIÈREMENT REFONDUE ET ORNÉE DE GRAVURES

ANGERS

IMPRIMERIE P. LACHÈSE, BELLEUVRE ET DOLBEAU
13, Chaussée Saint-Pierre, 13

1867

DÉPÔT LÉGAL
N° 88
1867

A Messieurs les Membres de la Société Linnéenne de Maine-et-Loire.

Messieurs,

Dans mes études sur l'ornithologie, j'ai été souvent arrêté par certaines dénominations données aux oiseaux, dénominations qui me paraissaient plus ou moins obscures ; aussi ai-je pensé qu'un travail dont le but tendrait à démontrer que ces mots, vulgaires ou savants, sont fondés sur quelques particularités des mœurs ou du plumage des oiseaux, ne serait dénué ni d'intérêt ni d'utilité. Ces notes pourront même contribuer à rendre les éléments de cette science plus faciles et moins arides, en associant à chacun de ces noms des notions propres à caractériser les oiseaux, et à montrer aussi l'action de la Providence là où les naturalistes ne voient trop souvent que bizarrerie ou caprice. C'est donc sous l'empire de cette pensée que j'ai entrepris le travail dont je viens vous soumettre les premières pages. Toute mon ambition se borne à offrir à la Société Linnéenne un gage de bon vouloir, et à indiquer une route que d'autres parcourront ensuite avec plus de science et de succès.

Dans l'espoir aussi que ce travail servira de complément à la Faune de Maine-et-Loire, je donnerai des notions sur la couleur, la forme, les dimensions des œufs et la construction des nids de chaque espèce d'oiseau. Je ferai aussi entrer dans cette nomenclature quelques faits ou quelques renseignements nouveaux pour la rendre moins sèche et plus intéressante. Quant à la classification, je suivrai celle qui a été adoptée par M. Millet, dans sa Faune de Maine-et-Loire, sans que je veuille en justifier ni en attaquer les principes.

(En tête de la première édition, mars 1857.)

A MES LECTEURS

Les quelques lignes qui précèdent ont été écrites il y a
plus de huit ans. Elles expriment en toute simplicité le
but que je me proposais, et le plan que je devais suivre.
Depuis cette époque, de nouvelles pages sont venues successivement s'ajouter aux premières, et, jusqu'à cette
année, elles n'avaient motivé aucune contradiction ni
soulevé aucune tempête. Encouragé par un grand nombre
de naturalistes, je continuais lentement mon modeste
travail, quand je me suis trouvé tout à coup en présence
d'objections qui s'élevaient devant moi comme une bar-
rière formidable. Ces objections ont été suscitées par
mon *Mémoire* sur les Alouettes et sur les Mésanges,
Mémoire envoyé au concours d'histoire naturelle fondé
par la bienveillance du Conseil général de Maine-et-
Loire[1]. Je me suis alors demandé si ces observations

---

[1] Ce Mémoire se trouve reproduit dans ce volume, avec quelques
modifications.

devaient m'arrêter dans la réalisation de mon travail ou me forcer à en modifier le plan. Après avoir réfléchi, j'ai pris la résolution de suivre la même route que par le passé. Mais je crois, dans l'intérêt de la vérité, devoir examiner rapidement les objections que l'on formule contre moi, en essayant d'y répondre.

On me reproche de m'appuyer sur un principe faux, en paraissant admettre que tous les noms scientifiques et vulgaires des oiseaux représentent une idée caractérisée par leur dénomination, d'être téméraire dans mes hypothèses sur les étymologies, et de creuser ainsi un abîme dangereux.

S'il s'agissait d'un symbole de foi ou d'un principe d'autorité infaillible, je m'inclinerais respectueusement devant la décision de mes juges ; mais ici, je puis discuter sans m'exposer à encourir d'autre note que celle de téméraire. J'accepte volontiers cette responsabilité.

D'abord, je reconnais bien naïvement que la première accusation est fondée, et très-fondée. Oui, j'ai cru, et je crois encore que les noms des oiseaux, dans les langues savantes et dans les langues vulgaires, doivent représenter une particularité du plumage, de la nourriture, des mœurs, etc., de ces habitants de l'air. Voici le raisonnement sur lequel je croyais pouvoir fonder ma conviction : Ou le nom a été donné par un savant, ou il est employé par les habitants des campagnes. Dans le premier cas, il me paraît difficile d'admettre qu'un savant ait donné à un oiseau, pour le déterminer, un nom n'ayant aucune signification, et que cette expression, vide de sens et fruit d'un caprice que rien ne pouvait justifier, ait été admise par tous ceux qui s'occupent d'ornithologie. D'où je concluais que, si quelques noms scientifiques nous apparaissent maintenant dénués de signification, c'est qu'ils ont pu être modifiés, dénaturés peut-être, et qu'avec de la patience et une érudition plus vraie et plus étendue que la mienne, on pourrait retrouver le nom primitif modifié dans le parcours des siècles.

Dans le procès que l'on m'intente, je pourrais invoquer comme témoin à décharge le mot *cirlus*, employé pour désigner le bruant. Cette dénomination, que l'on soutenait être vide de sens, ne se trouve dans aucun dictionnaire, et cependant elle représente une idée juste et détermine, d'une manière précise, l'oiseau dont il s'agit. Le mot *cirlus*, comme beaucoup d'autres, s'est modifié en traversant les siècles. Pour revenir au point de départ, je me suis appliqué à étudier avec une attention soutenue les mœurs du bruant, et j'ai cherché à trouver, en observant les habitudes de cet oiseau, le fil qui devait me conduire dans le dédale de mes investigations. Grâce au concours de quelques amis et à ma persévérance, j'ai pu retrouver l'acte de naissance du mot *cirlus*.

Cirlus me semble venir naturellement de KILLOUROS, *cillurus*, d'où, par transposition des liquides, on obtient *cirrulus*, et par abréviation *cirlus*. Or, KILLOUROS a pour racine KELLÔ, « se mouvoir, » et OURA, « queue, » expressions qui représentent exactement l'une des habitudes du bruant. Cet oiseau se tient très-souvent à l'extrémité des branches des haies et des arbres, sur le bord des routes, et il doit à cette position un mouvement presque continuel qui le fait ressembler au hoche-queue. Mais la racine KELLÔ a fourni le dérivé KILLOS, *cillus*, « âne, bourrique; » la liquide *r* a pu se substituer dans ce mot à la première des deux liquides *l*, et alors on obtient *cirlus*, qui signifierait : « stupide comme un âne, grossier comme une bourrique. » Cette opinion est corroborée par le mot *cirliscus*, allongement évident de *cirlus*. *Cirliscus* se trouve dans les glossaires avec la signification de « paysan, rustre. » Enfin, en Italie, selon l'autorité d'Aldrovande, le bruant est appelé *matto*, c'est-à-dire, *stultus*, « sot, imbécile, » et l'une des espèces du bruant porte partout le nom de *fou*.

Cette explication fait connaître, d'une manière très-plausible, les habitudes du bruant, lequel paraît dénué des qualités que l'on remarque dans la plupart des oiseaux. Son air niais et stupide, la position qu'il affectionne le plus ordinairement, enfin, son chant, qui est plutôt un cri rauque, monotone et continu, lui enlève toute espèce de sympathie. En Lorraine, on appelle *brouant* ou *bruant* la crécerelle, ce qui prouve combien le chant du bruant est fatigant. Il est probable que les naturalistes ont trouvé avec raison quelque ressemblance entre le chant du bruant et le cri de l'âne. C'est peut-être à cause de ce rapprochement que le bruant a reçu dans certains pays le nom de *bréant*, « oiseau qui brait comme un âne. » Du reste, le nom qui lui est donné généralement, *bruant*, indique que les naturalistes ont tous été frappés du peu d'harmonie qu'offre son chant.

Quand je traiterai l'article de cet oiseau, je donnerai sur ce sujet des développements plus complets.

Maintenant, je passe à la deuxième partie du dilemme énoncé précédemment, et je crois pouvoir affirmer que si les noms vulgaires des oiseaux ont été donnés et admis par les gens de la campagne, ils représenteront, sous une forme pittoresque ou même grotesque, une idée juste, une habitude caractéristique. Le villageois, le montagnard, le marin se servent d'expressions très-précises pour peindre dans leur langage les oiseaux et les animaux, dont ils ont surpris les habitudes bien plus exactement que le savant qui ne les étudie que dans son cabinet. Les preuves évidentes de cette assertion se présenteront bien souvent dans le cours de ce travail.

Mon but étant connu, je devais travailler à l'atteindre : c'est alors que les moyens que j'ai employés m'ont fait encourir l'accusation de téméraire. Cette accusation, je ne puis la repousser entièrement ; cependant voici mes moyens de justification :

Les étymologies contenues dans ce travail sont de trois sortes. Les premières offrent une complète certitude ; je les ai dès lors présentées affirmativement, sans restriction aucune. Telles sont celles de *catharte*, de *proglosses*, de *latirostres*, de *muscicapa*, de *fauvette*, et d'une foule d'épithètes, comme *brachyote*, appliquée au hibou, de *percnoptère*, au vautour, d'*hepaticus*, au coucou, de *rubicola*, au traquet, de *rustica*, de *domestica*, d'*urbica*, de *rupestris*, à l'hirondelle, etc., etc. D'autres sont douteuses : j'ai rappelé les sentiments divers des principaux auteurs dont elles ont exercé la pénétration ; j'y ai parfois ajouté mes propres conjectures, mais avec des formules indiquant une grande réserve. Telles sont les étymologies d'*hirondelle*, de *martinet*, de *mésange*, d'*alouette*, etc.

Lorsqu'une opinion m'a paru plus probable que les autres, j'ai indiqué de quel côté j'inclinais. Dans l'incertitude, j'ai laissé, comme je devais le faire, le choix au lecteur. Enfin, j'ai conservé quelques étymologies évidemment erronées : telle est en particulier celle de *nonnette*, *nonne*, tirée par Martinius de νοέὸ, νοῦς, et celle d'*hippolaïs*, citée par Niphus, que j'ai pris soin de rejeter. Elles servent à préciser l'état de la science étymologique dans les derniers siècles par rapport à l'ornithologie, à montrer la route parcourue, et à éviter, à ceux qui voudraient s'y engager, la tentation de retomber dans les mêmes erreurs. Si au nombre des étymologies certaines j'en ai rangé de douteuses ou de fausses, je m'empresserai de profiter des observations qui pourraient m'être faites à cet égard. C'est ainsi que, dans cette seconde édition, j'ai rejeté une étymologie fausse de *boarula* ou *boarina*, et une autre d'*hippolaïs*. Par là je témoigne assez de la circonspection qu'il faut, sans aucun doute, apporter dans ces sortes de recherches. Où donc est l'abîme que l'on m'accuse de creuser? Faut-il renoncer à poursuivre l'application d'un principe que je persiste à croire juste, le sens réel des noms employés dans l'ornithologie, parce qu'il est à craindre que l'on ne tombe en quelque erreur? J'espère, au contraire, avoir fait naître dans le cœur de mes jeunes lecteurs le désir d'étudier l'ornithologie de notre bel Anjou, en leur indiquant une route non encore parcourue et tout ce qui reste à faire sous ce rapport. J'ose espérer même que je pourrai rendre à la science en général un modeste service, et j'ai poursuivi avec d'autant plus de confiance la réalisation de mon plan, que j'y avais été encouragé par de graves autorités.

Dans la visite que j'avais faite au docteur Dégland, auteur d'une savante *Ornithologie des oiseaux de l'Europe*, il m'avait adressé des paroles très-propres à me fortifier dans l'exécution de mon plan : « Depuis plus de « 60 ans j'étudie l'ornithologie, — me disait le savant pro-« fesseur de Lille : — j'ai consacré à cette étude tous mes « loisirs; mais si Dieu devait prolonger encore ma vie « de quelques années, j'avoue que je ne comprendrais « plus rien aux ouvrages nouveaux, et que je serais forcé « de me remettre sur les bancs; et alors quel maître de-« vrais-je prendre, puisque chacun se crée une langue « et formule de nouvelles classifications? Peut-être, — « ajouta-t-il en souriant, — mon âge me porte-t-il plutôt à « consolider les vieux monuments, qu'à travailler à en « construire de nouveaux. Courage ! si votre travail « fait naître la pensée d'entreprendre une étude géné-« rale sur l'étymologie des mots légués à l'ornithologie « par l'antiquité, peut-être sera-t-on moins tenté de les

« changer quand on aura la preuve qu'ils renferment une
« signification sérieuse. » Plus tard, et à différentes fois,
M. Bailly, aussi modeste qu'instruit, auteur de l'*Ornithologie de la Savoie* (ouvrage en 4 volumes in-8°), m'a-
vait, de vive voix et par écrit, pressé, sollicité de poursuivre un travail qu'il regardait comme nouveau et
comme intéressant. A ces noms je pourrais joindre ceux
de MM. Fairmaire, Caire, Crespon et de bien d'autres.
Mais je résume toutes ces autorités dans celle de M. Mo-
quin-Tandon. Ce savant professeur de la Faculté de
Paris, dont l'érudition était si profonde et si variée, avait
bien voulu, dans une foule de circonstances, témoigner, à
mon honorable ami M. Raoul de Baracé et à moi-même,
l'intérêt qu'il prenait à mon travail. «J'ai reçu, — m'écri-
vait-il, — votre brochure, *maxima cum lætitia*, avec une
très-grande satisfaction. » Il me pressa de ne pas me
laisser arrêter par les difficultés ni par les contradictions.
Pour me donner une preuve de sa sympathie, il m'offrit
un très-bel exemplaire, in-folio, de l'ouvrage d'Aldrovande. « Très-probablement, — me dit-il, — vous ne
« trouverez pas cet ouvrage dans la bibliothèque d'Angers,
« et, quoiqu'il soit le seul exemplaire que je possède, je
« vous l'offre pour vous prouver que j'apprécie votre étude,
« et que je désire contribuer à vous en rendre l'accom-
« plissement moins difficile. » Il fit plus. Avant sa
mort, il avait pris soin de léguer sa bienveillance pour
mon travail à un de ses meilleurs amis, en le priant de
mettre à ma disposition et sa bonne volonté et son érudition.

Je me suis peut-être trop étendu sur ces détails; mais
je l'ai fait dans l'espérance que, si je ne trouve pas grâce
au tribunal de mes juges, je pourrai du moins jouir du
bénéfice des circonstances atténuantes.

Et si quelques témérités même m'étaient échappées,
elles ne seraient sans doute pas dangereuses : mes jeunes

lecteurs, sans être nulle part égarés par une affirmation absolue, les attribueraient avant tout à mon désir de les intéresser, comme ils verraient, dans l'ouvrage entier, une preuve de dévouement et de vive sympathie, une pensée de foi fondée sur la sagesse de Dieu et sur l'action de la Providence.

(Préface de la deuxième édition, 1865.)

PRÉFACE

DE CETTE NOUVELLE ÉDITION

J'avais cru devoir soumettre au jugement de mes lecteurs les observations qu'on vient de lire, lorsque je fis imprimer la deuxième édition de mes études ornithologiques. Aujourd'hui que je leur offre un volume beaucoup plus complet que ceux qui l'ont précédé, je n'ai rien à changer dans mes convictions ; mais, pour me rapprocher autant qu'il m'était possible de la méthode préconisée par mes contradicteurs, j'essaierai de puiser dans les langues primitives les renseignements qui me paraîtront propres à jeter un certain intérêt sur mon modeste travail.

Pour répondre au désir d'un grand nombre de mes amis, j'ai fait représenter par des vignettes les principaux types des oiseaux dont je décris les mœurs.

De plus, afin de ne pas éloigner de cette lecture les personnes qui ne sont pas initiées à la langue grecque, j'ai remplacé les caractères de cet idiôme par ceux de notre langue, et j'ai représenté les mots grecs en petites lettres capitales. Cette manière d'écrire le grec en français rendra plus faciles pour tout le monde les comparaisons d'une langue à l'autre, et permettra de suivre sans effort les divers changements, altérations ou accroissements que les mots ont subis pour venir jusqu'à nous. Quant aux hellénistes, j'espère que rien ne leur sera plus aisé que de retrouver le mot grec sous la figure française.

Ces modifications importantes m'ont déterminé à réimprimer aussi, augmentée de renseignements nouveaux et multipliés, la première partie de mon travail, afin qu'elle pût s'harmoniser avec la seconde et former avec elle un tout homogène.

Mai 1867.

LES NOMS
DES OISEAUX

expliqués par leurs mœurs.

ESSAIS ÉTYMOLOGIQUES SUR L'ORNITHOLOGIE

PREMIER ORDRE. — RAPACES

Le mot générique *Rapaces* vient du latin *rapax*, qui lui-même dérive du grec HARPAX, « ravisseur, » dont l'une des racines est HARPÈ, « faulx de guerre, » arme terrible dont les anciens entouraient leurs chariots, pour semer la terreur et la mort dans les rangs ennemis. Cette dernière dénomination, qui indique les habitudes des rapaces, dont le bec moissonne tant de victimes, exprime si bien la pensée des naturalistes, que ceux-ci l'ont consacrée en donnant à cet ordre tout entier le nom de Faucon, *falco*, qui découle de *falx*, « faulx. »

Ce premier ordre se partage en Rapaces nocturnes ou Ægoliens, et Rapaces diurnes ou Accipitrins.

PREMIÈRE FAMILLE.

Rapaces nocturnes ou Ægoliens.

Le premier de ces mots s'explique naturellement par le genre de vie de ces oiseaux, qui chassent pendant le commencement de la nuit, *nox, noctis,* NYKS, NYKTOS, « la nuit, » d'où l'adjectif NYKTÉROS, qui leur a fait encore donner le nom de *nyctérins.* L'épithète *crépusculaires* conviendrait mieux à ces rapaces et pourrait être plus facilement justifiée ; car aucun oiseau ne chasse d'une manière régulière pendant les véritables ténèbres de la nuit, mais seulement pendant les heures du crépuscule, et prolonge ou abrége cette chasse selon les ressources qu'elle lui procure, et aussi selon les besoins de sa progéniture plus ou moins nombreuse. Pour que les rapaces nocturnes puissent s'y livrer avec plus de succès, Dieu les a doués d'une vue perçante et d'une ouïe très-fine. Chez eux, le pavillon de l'oreille est remplacé par des plumes très-mobiles, et dès lors ils peuvent fermer et ouvrir à volonté la conque auditive ; c'est une porte, en quelque sorte, qu'ils ouvrent pendant la nuit et qu'ils ferment pendant le jour. La nature floconneuse de leurs plumes permet à l'air de circuler entre elles sans éprouver de résistance, ni occasionner le moindre bruit qui pourrait avertir et éloigner les mulots, les gros insectes, etc. Leurs ailes, arrondies et uniformément concaves, remplacent en quelque sorte un double parachute ; elles leur procurent un vol soutenu sans aucun bruit : avec ce secours, les chouettes semblent glisser lentement dans l'air au-dessus de leur proie, sans l'effrayer d'avance.

Le deuxième nom est formé d'AÏGS, AÏGOS, « bouc, chèvre, » et OLOS, « tout, — tout chèvre, semblable à la chèvre. » Cette dénomination a semblé à plusieurs naturalistes être fondée sur les caractères qu'ils ont pu trouver communs aux chèvres et aux rapaces nocturnes.

Les chouettes et les chèvres ont la voix rauque, brève, désagréable; leurs yeux sont très-larges et placés en avant: ce dernier caractère est si spécial dans ces oiseaux, qu'il ne se rencontre que dans les rapaces nocturnes; eux seuls aussi ont la tête ronde. Les chouettes, comme les chèvres, ont la figure encadrée, les unes par des plumes fines et pressées, les autres par de longs poils qui leur donnent une physionomie toute particulière.

Le mot *Ægolien* peut dériver aussi d'une particule, telle que AÏ pour AEI, « toujours, » et GÔLÉON OU GÔLÉOS, « caverne » et signifierait « oiseau qui aime, qui recherche l'obscurité des cavernes (Alexandre). »

Les Ægoliens se subdivisent en Chouettes et en Hiboux que l'on distingue des premières par leurs aigrettes. Celles-ci ne sont pas un simple ornement, mais un don de la Providence, qui affaiblit les rayons de la lumière en les empêchant de frapper directement les yeux très-sensibles de ces oiseaux. Ces aigrettes leur permettent ainsi de chasser un peu plus longtemps le soir et le matin, et même quelquefois pendant le jour.

Les chats-huants ou chouettes, qui se trouvent en Anjou, sont au nombre de trois.

Selon Buffon, le mot *chouette* dériverait de *cæcua*. « oiseau nocturne; » la racine pourrait en être *cæcus*, *cæca*, « aveugle, » et ne convenir aux chouettes que pendant le jour. Je crois qu'il est plus naturel de donner au mot chouette la même étymologie qu'au mot *chat-huant*.

CHOUETTE HULOTTE ou CHAT-HUANT. — STRIX ALUCO.

Le nom de *chat* est fondé sur les habitudes de cet oiseau, qui, comme les chats, vit de souris et de mulots, voit et chasse dans les ténèbres, et qui, comme eux, trouble le sommeil de l'homme par ses cris plaintifs. La physionomie de la chouette a aussi quelques traits de ressemblance avec celle du chat. L'adjectif *huant*, du mot « huer, crier, » indique une habitude commune à tous les rapaces nocturnes, moyen puissant que Dieu leur a donné pour réveiller, effrayer et trouver leur proie, et par là même la dévorer plus facilement.

Le mot scientifique *strix*, en grec STRIGS, indique la même idée et vient de STRIZÔ, pour TRIZÔ, « crier. »

Nicot, cité par Ménage, prétend que *chat-huant* ou plutôt *chahuan* n'a pas cette étymologie, et Ménage lui-même en indique l'origine dans le mot breton *caouen*. Or, *caouen*, et mieux *caouhuan*, suivant le P. Le Pelletier, est fait de *cau* ou *caou*, monosyllabe, « caché, » et de *huan*, « soleil, » et veut dire « caché du soleil, » ce qui est naturel et ordinaire à ce volatile. C'est de là que l'on a fait, dans la basse latinité, *cavaunum* ou *cavaunus*, et en français *chat-huant*. Les Irlandais le nomment *caun-kitt*. Remarquons que cette explication concorderait avec celle d'*ægolien*, tirée de GÔLÉON, « caverne.»

Mais, d'autre part, *caouen*, dans l'opinion du même savant, peut aussi bien être composé de *cat*, « chat, » et de *chuyn*, « plainte, lamentation. » « Le chat-huant, — « dit-il, — crie d'un ton lugubre, et a la tête et le naturel « du chat. » D'où il suit que l'orthographe ordinaire n'est pas si éloignée de la vérité que l'affirmait Nicot.

Chouette vient de *caouet*, participe passif de *caouï*, « cacher, fermer, encaver, » et qui, comme *caouen*, a *cau*, ou *caou* pour racine. Les Picards disent *cave* et *cavette* pour *chouette*.

L'on pourrait, il est vrai, faire dériver les mots *chat-huant* ou *chahuan* et *chouette* de la racine *ch*, *chu*, *chw*, imitant le chuintement de cet oiseau, d'où est venu en breton le mot *chwita*, « siffler, » cité par le P. Le Pelletier à l'article *alouette* : c'est la même étymologie que Roquefort assigne au mot *chevêche*, comme nous le verrons plus loin. Quelque opinion qu'on adopte à cet égard, quand les chouettes aperçoivent leur proie, elles poussent rarement leur cri strident, mais elles fondent à l'improviste sur leurs victimes.

Hulotte dérive de *ululare*, « se lamenter, » et a la même signification.

L'épithète *aluco*, qui détermine cette chouette, peut venir de A et LUKOS, « loup, — qui ne ressemble pas au loup, » par antiphrase, figure si familière aux Grecs, ou de A et LUKOÔ, « dévorer, » d'après la même pensée, ou enfin de A et LUKÈ, « crépuscule, — qui n'aime pas le crépuscule, qui redoute le lever du soleil. »

> Solis et occasum servans de culmine summo
> Necquidquam seros exercet *noctua* cantus.
>
> (*Georg.*, I, v. 402.)

> Et le triste hibou, le soir au haut des toits,
> En longs gémissements ne traîne plus sa voix.
>
> (DELILLE.)

En admettant l'a dans le sens augmentatif, *aluco* signifierait alors a-lukos, « qui ressemble beaucoup au loup. »

Comme les loups, en effet, les chouettes fuient la lumière ; comme eux, elles vivent dans les bois et chassent quand l'homme est endormi, avec cette différence essentielle que la chouette prend les intérêts du villageois, défend sa propriété, tandis que le loup l'attaque et l'enlève. La mythologie expliquait ainsi l'horreur que les chouettes ont pour la lumière : Nyctimène, fille d'Épopée, et suivant d'autres, de Nictée, roi des Lesbiens, ayant été déshonorée par son père, alla cacher sa honte au fond des bois où elle fut changée en chouette par Minerve.

D'après Ducange, *aluco* vient de ololuxeïn, futur de ololuzô, dont le radical est oluz, et signifierait alors «oiseau qui crie d'une manière stridente. »

D'après Pictet, *aluco* ou *alucus* répondrait au sanscrit « *âlu* » pour « *âru,* » lequel mot serait composé de *â* intensitif et de « *ru,* » *clamare*, et signifierait « crier bien fort, gémir avec intensité. » Cette explication pourrait se justifier par les habitudes des rapaces nocturnes, et s'appuyer sur le nom donné par les Grecs à l'effraie, éléos, éléas, qui sont de même famille que élélizomaï, « gémir, se plaindre. »

Pour compléter ces hypothèses, j'ajouterai alukê, « état d'agitation, d'inquiétude, » qui dérive de aluô, « être agité, » et pourrait représenter les préoccupations auxquelles les chouettes sont condamnées à cause de leur cécité.

La hulotte pond, vers la fin de février ou au commencement de mars, deux œufs arrondis et blancs, de 0^m,042 de longueur et 0^m,036 de diamètre. Elle les dépose sur la poussière vermoulue des arbres, dans l'intérieur desquels elle s'est préparé un trou avec le secours de ses

pattes et de son bec. Cette chouette s'arrache quelquefois les plumes du milieu du ventre pour envelopper ses
œufs, les réchauffer et pré-
parer un nid plus agréable
à ses petits. D'autres fois
elle ne prend pas ce soin, et
choisit un vieux nid de buse,
de corneille, de pic ou d'é-
cureuil, dont les matériaux
sont tout réunis. La hulotte
couve ses œufs toute la jour-
née et une partie de la nuit, 
et ne chasse que le matin et le soir. Elle se livre au
travail de l'incubation avec une telle persévérance et
un tel dévouement, que le bruit de la hache du bûcheron, abattant l'arbre qui renferme ses œufs, ne peut
la déterminer à les abandonner. Souvent elle ne sort de
son nid qu'après la chute de l'arbre.

M. Courtiller, naturaliste distingué de l'Anjou, conserve dans le musée de Saumur un nid et un œuf de
hulotte qui datent de plusieurs siècles et qui offrent une
particularité curieuse. Lors de la construction de l'église
Saint-Pierre de Saumur, une chouette se réfugia
dans un trou de boulin, et là, réunit en cercle quelques
brins de paille desséchée, sur lesquels elle déposa un
œuf. Les ouvriers, en faisant le ravalement, fermèrent
le trou ; l'humidité de la pierre et celle de la chaux
nouvellement employée se déposèrent en couche légère
de salpêtre sur le nid et sur l'œuf. Les parties les plus
déliées s'étant évaporées insensiblement, le nid et l'œuf
conservèrent une apparence calcaire qui les faisait ressembler un peu aux objets de la fontaine Sainte-Allyre,
en Auvergne. Ce nid et cet œuf furent apportés à
M. Courtiller par les ouvriers qui, chargés récemment

des réparations extérieures de l'église, enlevèrent la pierre fermant le trou de boulin.

Quand l'éducation de ses petits est terminée, la hulotte fait ordinairement choix d'un domicile : c'est le trou d'une vieille souche entourée de lierre et située sur le bord d'un chemin creux et ombragé. Si l'atmosphère est chaude, la hulotte sort de sa retraite, se perche à l'ombre de quelque branche touffue, toujours à la même place et le plus près possible du tronc de l'arbre, et là elle reste immobile pendant des journées entières. Il m'est arrivé quelquefois de rencontrer dans cette position deux hulottes à côté l'une de l'autre, faisant toutes sortes de grimaces, et prenant les poses les plus grotesques quand elles étaient troublées par le bruit des passants. Toutefois la hulotte ne sort de son domicile que lorsque la journée doit être exempte de pluie ou de vent. Elle peut servir de véritable baromètre. Souvent je l'ai consultée lorsque j'étais à la campagne, et jamais ses indications ne m'ont trompé.

Ici je soumettrai à l'appréciation du lecteur une hypothèse au sujet des œufs des rapaces nocturnes. Ces œufs sont presque tous déposés dans des trous d'arbres ou dans la profondeur des vieilles masures. Leur couleur toujours blanche, comme celle des œufs appartenant aux pics et aux martins-pêcheurs, qui nichent de la même manière, ne serait-elle pas le résultat de l'attention de la Providence? Dans les ténèbres, le blanc s'aperçoit mieux que les autres couleurs, et offre ainsi à ces oiseaux un moyen de conserver leurs œufs, en les leur faisant distinguer dès qu'ils plongent dans leurs trous, ou lorsqu'ils les changent de place pour faciliter l'incubation. Depuis l'impression de mon travail, l'opinion que je viens d'émettre a été combattue par plusieurs naturalistes qui s'appuyaient sur l'autorité de M. Gerbe, cité par M. des

Murs dans son *Traité d'oologie*, pages 186 et suiv. Voici
les paroles de M. Gerbe : « Quant au blanc pur et rare-
« ment piqueté des œufs pondus dans des cavités qui les
« mettent hors de l'atteinte de la lumière... ne pourrait-
« on pas arguer de ces faits que la lumière a une action
« bien marquée sur les produits ovariens des oiseaux,
« comme elle en a une sur les autres productions de la
« nature? La fleur qui s'épanouit dans l'ombre et dans
« l'obscurité n'est-elle pas pâle et étiolée comme tout ce
« que le soleil ne colore pas, et les oiseaux eux-mêmes
« ne sont-ils pas la preuve la plus évidente de ce fait? »
Mes contradicteurs n'avaient pas eu connaissance de la
nouvelle note rédigée par M. Gerbe et dans laquelle il
reconnaissait plus tard le peu de solidité de son argument.

En effet, on ne peut assimiler les œufs aux plantes :
celles-ci se développent, se parfument et se colorent sous
l'influence salutaire de l'air et l'action du soleil; mais
les œufs sortent de l'oviducte tels qu'ils doivent être et
sans avoir à subir aucune modification par l'action de
l'air ou de la chaleur. Une autre cause doit donc être
recherchée, et, jusqu'à preuve du contraire, je préfère,
à toute autre, une opinion qui me manifeste une nouvelle
attention de la Providence et me donne un nouveau
motif de la bénir.

Ici devrait trouver place, assez naturellement, une
seconde observation. Le plus grand nombre des œufs
dont la coquille est parsemée de taches portent presque
tous, ou une couronne vers le gros bout, ou du moins des
taches plus prononcées qu'à l'autre extrémité. L'explication de ce phénomène me semble assez simple. Le gros
diamètre de l'œuf, exerçant sur les parois de l'oviducte
une pression plus forte que celle qui se trouve occasionnée
par le petit bout, doit dès lors déterminer assez régulièrement une secrétion sanguinolente qui, s'unissant aux
taches de la coquille encore humide, ajoute des teintes

plus prononcées, et engendre des taches plus étendues. Aussi ces nuances accidentelles disparaissent-elles au contact de l'eau, quand l'œuf est nouvellement pondu, tandis que les taches véritables résistent ordinairement à cette épreuve.

CHOUETTE CHEVÊCHE. — STRIX PASSERINA.

L'adjectif *passerina,* « qui tient du passereau, » s'explique naturellement par les habitudes de ce rapace. La chevêche se rapproche un peu du passereau en ce sens que, voyant mieux que ses congénères, elle voltige quelquefois pendant une partie du jour, surtout dans les champs plantés de pommiers. Il n'en est pas de même du mot *chevêche,* et, jusqu'à ce moment-ci, j'avais cru ne pouvoir l'expliquer qu'en le faisant dériver du mot « chevaucher. »

En fauconnerie, ce terme se dit de « l'oiseau s'élevant

par secousses au-dessus du vent. » Cette manière de voler, étant propre à la chevêche, rendrait l'étymologie plus admissible qu'elle ne le paraissait d'abord. Mais le mot AÏGÔLIOS, par lequel Aristote distingue la chevêche des autres chouettes, a porté ma pensée vers les chèvres, et j'ai cru trouver dès lors le véritable sens de *chevêche* dans ces mots : *chèvre-chef* « oiseau dont la tête ressemble à celle de la chèvre. » Cette explication est confirmée par le nom que les Latins donnaient à la chevêche, *capriceps*,

« tête de chèvre. » Roquefort pense que le nom de *chevêche* a été donné à cette chouette , à cause de ses soufflements : « chè, chei, cheu, cheue, chiiou, » qui ressemblent à ceux d'un homme dont la poitrine est oppressée et qui sommeille la bouche ouverte. Enfin, d'autres naturalistes ne voient dans la dénomination *chevêche* que le mot *chef* défiguré. En effet, *chevêche*, *chevèce*, dans l'ancien français, signifiaient « tête, vêtement de tête; » de là le *chevécier* était un dignitaire qui avait soin du « chevet » de l'église, du fond du chœur, et dont le nom dérivait de *capitiarius, capitium, caput*, « tête. » Quelques auteurs la nomment *nupides*, « aux pieds nus, » parce que ses pieds sont moins velus que ceux des autres chouettes. Ce caractère sert à la distinguer de la chouette *tengmalm*, qui, destinée à vivre dans les pays froids, a les pieds couverts de plumes longues et très-pressées.

La chevêche affectionne les vergers, et c'est souvent dans le creux des arbres fruitiers, sur des débris de feuilles sèches, qu'elle pond de trois à cinq œufs blancs et arrondis, dont le grand diamètre varie de 0^m,031 à 0^m,034, et le petit, de 0^m,024 à 0,026. Quelquefois elle dépose ses œufs dans un trou de vieux mur.

CHOUETTE EFFRAIE, vulgairement FRESAIE. — STRIX FLAMMEA.

Cette chouette doit son nom aux idées d'effroi qui s'attachent à sa présence et se fondent sur ses habitudes. D'abord elle vit plus près de nous que ses congénères : elle habite les villes, les châteaux; nous sommes plus à même d'entendre ses cris ; puis, c'est elle qui, pendant la nuit, aime à accompagner le voyageur dans les chemins creux et boisés, à le précéder en voltigeant d'arbre en arbre, et à lui jeter de distance en distance un cri d'alarme, une espèce de qui-vive sinistre. C'est elle enfin qui vient se réfugier dans les replis des vieilles cheminées, et qui, surprise par le jour dans sa nouvelle demeure, plonge en culbutant dans le tuyau de ces cheminées, et apparaît tout à coup au milieu du foyer, comme un oiseau de mauvais augure. Le nom scientifique *flammea* lui a été donné à cause de la couleur de ses plumes, d'un blanc très-pur et terminées par une pointe d'un jaune un peu ardent, couleur qui la fait encore apparaître dans les nuits sombres comme un météore précurseur de tristes nouvelles.

L'effraie est appelée dans le midi de la France *buéou l'holi*, c'est-à-dire, « oiseau qui boit l'huile. » Cette erreur populaire a peut-être pris naissance dans quelques faits recueillis et dénaturés par l'imagination méridionale. Attirées par la lueur des lampes, les effraies ont pu venir se heurter à ces lampes, et non pas boire, mais renverser l'huile qui y était contenue [1]. On pense généralement que l'effraie annonce la mort, et qu'elle vient frapper aux fenêtres des personnes près de rendre le dernier soupir. Cette croyance contribue beaucoup à inspirer une vive répulsion contre la présence de l'effraie. Cependant cet oiseau ne fait que constater la décomposition du corps ; il ne vient pas pour jeter un *triste sort*, mais il est attiré par la lumière des veilleuses et par les miasmes qui se développent sous l'action de la maladie. Son cri n'a rien alors de plus sinistre qu'à l'ordinaire ; la seule différence en est qu'on l'entend quand on veille, et qu'on y reste insensible quand on dort. Aussi n'est-ce que sous l'impression d'une imagination exaltée qu'on peut reconnaître dans le cri de l'effraie le sifflement des serpents et le râle des agonisants ; c'est sous l'empire de la

---

[1] La même opinion a cours dans d'autres pays, comme on peut le voir par le fragment suivant d'un voyage dans l'Amérique du Sud :

« Quatre baies sans fenêtre, deux au levant, deux au couchant « sont pratiquées dans les murs.... Les grands et moyens-ducs « des environs, les effraies, les hiboux, les chouettes, les chauves- « souris profitent de ces baies ouvertes depuis l'année 1791, pour « s'introduire nuitamment dans l'église, s'accrocher à la lampe « du chœur, en éteindre la mèche d'un coup d'aile, et *pomper* « *avidement l'huile* de lamantin qu'on y brûle. »

(Paul Marcoy, voyage de l'océan Pacifique à l'océan Atlantique, dans le *Tour du Monde*, livraison 274).

même influence qu'on a dénaturé une foule de faits faciles à expliquer, et qui ont entouré cette chouette d'une auréole de terreur et de répulsion. On prétend que l'effraie choisit de préférence pour sa demeure les vieilles églises situées dans les cimetières; que, dans ces églises, elle affectionne d'une manière toute spéciale les murs des clochers; qu'elle sort de sa retraite au son de la cloche annonçant l'agonie des mourants; qu'elle bat des ailes en signe de satisfaction; enfin qu'elle s'unit au chant de l'office des morts, en secouant la tête et en faisant craquer les mandibules de son bec. Tous ces griefs reposent sur des observations mal comprises, et qu'il est facile de rétablir au véritable point de vue de l'histoire naturelle. Les effraies, comme les choucas, les martinets, les moineaux même, préfèrent les vieilles églises solitaires, etc., à tous les autres monuments pour y établir leurs demeures, par la raison toute simple qu'elles y trouvent plus facilement une très-grande quantité de trous, provenant et de la main de l'homme et du ravage des siècles; que, plus les églises sont éloignées des habitations de l'homme, plus ces oiseaux y gagnent en sécurité, et enfin que les églises situées près des cimetières jouissent encore d'un isolement plus complet que les autres. Mais dans ces églises, les endroits les plus favorables au séjour de l'effraie sont incontestablement les clochers, parce que ce rapace a besoin, comme la hulotte, de ressentir l'influence de l'air et même celle de la chaleur; qu'il ne peut rester toujours dans son trou, et que, d'un autre côté, se mettre sur les bords d'un refuge exposé à la vue des passants, ce serait dévoiler sa présence et compromettre sa vie. Dans les clochers, l'effraie peut, tour à tour et sans danger, se réfugier dans son repaire ou rester sur ses bords, sans trahir sa présence; là aussi elle peut respirer plus à son aise et ressentir l'influence salutaire de la chaleur et de l'air. Si, lorsqu'elle occupe cette position,

la cloche vient à se balancer dans les airs, soit pour annoncer un trépas, soit pour célébrer les joies souvent
éphémères d'un nouvel hymen, soit pour s'associer à la
joie des parents d'un nouveau-né, l'effraie est arrachée
aux douceurs de son demi-sommeil par les vibrations de
l'air que déplacent les mouvements de la cloche et par
le bruit de la sonnerie, et alors elle manifeste sa surprise et son mécontentement par des signes et des grimaces caractéristiques. Le chant de l'office des morts,
uni à l'ébranlement des cloches, produit sur l'effraie les
mêmes effets indiqués précédemment, et dès lors s'expliquent tout naturellement ces mouvements de tête,
ces craquements de bec, etc. Des sonneurs ou des sa-
cristains ont constaté les faits sans en comprendre le
motif, et leurs récits ont servi, sous le souffle d'une imagination exaltée, à composer le dossier de tous les méfaits reprochés à la chouette effraie, méfaits qui se
dissipent au flambeau de la raison et d'une observation sérieuse.

Les accusations, qui pèsent sur ce rapace, rappellent à ma mémoire le préjugé qui s'attache à la visite
faite par le prêtre aux personnes malades. Quelques familles éloignent le ministre du Seigneur du lit de souffrance des parents qui leur sont chers. Leur motif est
que la mort suit presque toujours cette visite : la remarque me paraît d'autant plus fondée, que le prêtre n'est
appelé d'ordinaire que si les malades sont près de rendre
le dernier soupir, et souvent lorsqu'ils n'ont plus de connaissance. Que ces familles voient dans le prêtre un
ministre de Dieu, un consolateur, un ami, et sa visite
n'annoncera pas la mort, mais apportera l'espérance et
la force, lorsque la maladie viendra frapper à la porte
de leur demeure.

La chouette effraie, dont les œufs sont un peu plus allongés que ceux des précédentes, pond ordinairement

dans les excavations des vieux murs, des clochers et des châteaux, de trois à cinq œufs, dont la longueur varie de $0^m,035$ à $0^m,040$, et le diamètre, de $0^m,026$ à $0^m,030$; la coquille en est plus légère et moins unie que celle des œufs des autres ægoliens : la ponte a lieu vers les premiers jours d'avril ou la fin de mars.

La deuxième section des rapaces nocturnes comprend les chouettes à aigrettes ou hiboux. Cette dernière dénomination me paraît venir de *hiare*, « crier, » qui a formé les vieux mots français *hier*, *hie*, « faire jouer la hie ou demoiselle, » et de *bos*, « bœuf, crier comme un bœuf. » L'on dit en grec buzô, « hurler comme un hibou (buas). » Le mot choisi par les Latins pour désigner cet oiseau prouve aussi qu'ils avaient été déterminés à le lui donner d'après son cri : ils l'appelaient *nycticorax*, « corbeau de nuit, » à cause du croassement désagréable qu'il fait entendre pendant le sommeil de l'homme.

L'Anjou possède quatre espèces de chouettes à aigrettes.

HIBOU BRACHYOTE. — STRIX BRACHYOTOS.

Ce hibou sert de trait d'union entre les chouettes proprement dites et les chouettes à aigrettes. Son nom est composé de brachys, « court, » et oûs, ôros, « oreille, » parce que ses aigrettes sont peu apparentes, et ne renferment chacune que deux, trois, quatre plumes, tandis que celles du grand-duc en comptent dix, et celles du moyen-duc et du scops, six. Le brachyote supporte plus facilement que ses congénères, l'éclat des rayons lumineux, et s'adonne à des pérégrinations régulières. Il pond, au com-

mencement du printemps, de trois à cinq œufs blancs,
un peu oblongs et plus luisants que ceux des chouettes ;
cette nouvelle manière d'être convient à tous les œufs
des différentes espèces de hibou. Ceux du brachyote ont

de 0^m,035 à 0^m,037 de longueur, et de 0^m,029 à 0,031 de
diamètre. Ils sont déposés à terre sur quelque éminence
ou dans les marais desséchés, au milieu des herbes touffues, ou bien encore sur des pierres ou dans des nids
abandonnés par les pies et par les corneilles.

HIBOU GRAND-DUC. — STRIX BUBO.

Le nom de *duc* donné par les Latins aux trois autres
chouettes à aigrettes est fondé, s'il faut s'en rapporter à
Buffon (éd. in-4°, vol. I, pag. 321), sur une erreur des
Grecs. Ceux-ci ayant aperçu une fois un moyen-duc perché

non loin d'une troupe nombreuse de cailles arrivant dans leur pays, pensèrent qu'il servait de guide à ces oiseaux. Leur imagination très-ardente entrevoyait dans les aigrettes de ce hibou un indice de commandement, une

image des panaches qui flottaient sur les casques de leurs chefs, de leurs *ducs* (*dux*, *ducis*, traduction du mot grec ÉGHÉMÔN). Mais l'étymologie ne paraît pas beaucoup plus certaine que le fait sur lequel on l'appuie. Quelques savants, s'autorisant du mot irlandais *diucaim*, qui signifie « gémir, » pensaient que la dénomination *duc* pourrait bien avoir une origine celtique, et représenter l'idée de « cri étouffé, gémissement. »

Les mots *grand*, *moyen* et *petit*, ajoutés à celui de *duc*, sont destinés à distinguer ces oiseaux d'après leurs dimensions relatives. L'épithète *bubo*, qui est donnée au grand-duc, dérive de *bubulo*, « crier d'une manière stridente, » ou *butio* et *bos*, « pousser des mugissements de taureau. » Elle se raproche beaucoup du cri du grand-duc, *bou-hou, bou-hou.*

Le grand-duc apparaît très-rarement en Anjou, et vit ordinairement sur les sommets boisés des montagnes ; là, il lutte avec énergie et même quelquefois avec succès contre les aigles. Jamais il ne refuse le combat, et des naturalistes consciencieux assurent que, lorsque l'approche de la nuit lui rend toutes ses armes, il soutient avec persévérance le choc de l'aigle royal, son ennemi acharné. Plusieurs fois il a entraîné dans sa chute son adversaire qui succombait aux blessures reçues dans le combat.

La femelle pond, dans le mois de mars ou d'avril, deux œufs blancs et arrondis, ou un peu oblongs, dont la longueur varie de 0^m,063 à 0^m,065, et le diamètre, de 0^m,050 à 0^m,053. Rarement ces œufs ont une teinte légère de roux, qui doit provenir de leur contact avec la poussière humide ou vermoulue, sur laquelle ils sont déposés dans le creux des arbres ou dans les anfractuosités des rochers escarpés.

HIBOU MOYEN-DUC. — STRIX OTUS.

Les noms de ce rapace dérivent des étymologies données précédemment. Cet oiseau, assez commun en Anjou, niche ordinairement dans les nids abandonnés des corneilles, des pies ou des écureuils, et pond quatre ou cinq œufs blancs et un peu oblongs, dont la longueur

varie de 0^m,036 à 0^m,038, et le diamètre, de 0^m,030 à 0^m,032.

HIBOU PETIT-DUC ou SCOPS.

Peut-être pourrait-on hasarder l'hypothèse que *scops* est composé de SKIA, « ombre, » et ôPS, « voix, » ou de SKIA et ôPS, ôPOS, « regard : » ces deux explications conviennent également au scops ; il voit dans les ténèbres, aime à se cacher sous les feuilles de noyer et à faire entendre pendant le jour un son très-fortement sifflé. Mais la véritable étymologie du mot est SKôPTô, « railler, » exprimant ainsi l'impression qu'on éprouve à l'égard d'un oiseau impossible à découvrir malgré ses cris, et dont le sifflement persévérant paraît être une raillerie provocante.

Ce hibou voyage quelquefois par petites bandes, en Anjou et surtout dans le Saumurois. Il pond, vers la fin d'avril, quatre ou cinq œufs blancs et presque ronds, de 0^m,028 à 0^m,030 de longueur, et de 0^m,026 à 0^m,028

de diamètre. Quelques-uns de ces œufs ont une couleur d'un jaune foncé, qu'on doit attribuer à leur séjour dans le creux humide des arbres auxquels ils sont confiés.

Tous les rapaces nocturnes dont nous venons d'énumérer les noms se réfugient régulièrement pendant le jour dans les trous des arbres, sous le feuillage épais des forêts ou dans les crevasses des murs des vieux édifices. Leur but est de se soustraire ainsi à l'action de la lumière qui fatigue leurs yeux : ceux-ci, pourvus d'une double paupière, sont cependant incapables de recevoir des rayons trop vifs, à cause d'une extrême sensibilité de la vue, qui tient sans doute au grand épanouissement du nerf optique. Aussi, quand, par une cause quelconque, ils sont forcés d'abandonner leur réduit, d'interrompre leur sommeil et de s'exposer à l'éclat d'une lumière vive, ils se livrent alors à une série de grimaces et de poses bizarres qui les rendent un sujet de risée pour tous les autres oiseaux. Ce qui contribue encore à donner aux rapaces nocturnes une physionomie ridicule, c'est l'absence du cou, remplacé chez tous les oiseaux de ce genre par une espèce de pivot sur lequel la tête repose et peut tourner en tous sens, comme une toupie sur son point d'appui. Les autres oiseaux, n'ayant rien à craindre d'un ennemi à moitié endormi et ébloui par l'excès de la lumière, l'attaquent avec acharnement. Mais malheur aux assaillants quand le crépuscule arrive avant la fin du combat! car les rôles changent, et souvent plusieurs des agresseurs paient de leur vie une attaque dictée par la lâcheté.

L'homme a su profiter de cette particularité pour attirer et prendre les oiseaux, soit en se servant de chouettes captives, soit en contrefaisant la voix de ces dernières. Les gros oiseaux viennent plus facilement au cri du moyen-duc, et les petits, à la voix de la hulotte. C'est aussi cette chasse, nommée *pipée*, qui avait fait appeler *chevêche* un ancien jeu de cartes, dans lequel celui qui faisait la chouette luttait contre plusieurs adversaires.

Je termine ce travail sur les rapaces nocturnes en joignant ma voix à celle de tous ceux qui ont étudié les mœurs de ces oiseaux, pour réclamer contre l'ingratitude des villageois qui poursuivent à outrance et détruisent, par tous les moyens possibles, des auxiliaires dont ils devraient, dans l'intérêt de l'agriculture, favoriser la propagation.

Ces rapaces sont, en effet, les vrais amis des cultivateurs, et, pendant que ceux-ci se reposent des fatigues du jour, les chouettes sortent de leurs retraites pour veiller à la conservation des semences, objet de tant de soins et de soucis. Elles parcourent les champs, dévorent les souris, les mulots, les taupes, les gros insectes, et ne demandent pour toute récompense qu'un asile dans le trou d'un vieil arbre. Là, elles se réunissent quelquefois en grand nombre pour se réchauffer pendant l'hiver, et font entendre des cris sourds et prolongés qui effraient les habitants de la campagne et constituent le seul grief qu'on puisse reprocher à ces utiles serviteurs. Les anciens avaient plus justement apprécié les services rendus par les nyctérins en consacrant la chouette à Minerve, personnification de la guerre unie à la vigilance et à la sagesse. Chaque année, les naturalistes peuvent constater, d'une manière bien évidente, quels secours les rapaces nocturnes apportent à l'agriculture. Quand le froid se fait sentir et qu'une couche épaisse de neige s'étend comme un linceul sur les contrées scandinaves, des myriades de rats et de mulots descendent de ces régions glacées, et s'avancent en légions innombrables vers les contrées du centre de l'Europe. Comme les anciennes troupes des hommes du Nord, elles sèmeraient partout sur leur passage la ruine et la dévastation, si cette terrible émigration n'était arrêtée dans son cours par un adversaire redoutable. Cet adversaire est le hibou brachyote, dont les bandes nombreuses se pressent à la poursuite des mulots et des rats scandinaves, et en immolent des quantités considérables.

Que de fois, quand je revenais avec mes élèves de faire quelque course, ne me suis-je pas arrêté, sur les bords des fossés, dans les vastes prairies d'Ecouflant, pour jouir d'un spectacle très-curieux et qui se reproduit chaque année, surtout pendant les mois de juin et de juillet! A peine les faucheurs ont-ils quitté le lieu de leurs travaux, qu'un petit cri se fait entendre, et bientôt un certain nombre de peupliers semblent surmontés d'un panache mobile, se développant et se resserrant tour à tour. Ce sont des chouettes chevêches qui ont occupé leurs postes d'observation, et dont les ailes s'ouvrent et se referment selon les ondulations imprimées aux arbres par le souffle du vent. De temps en temps ce panache se détache de l'arbre, et se dirige, sans bruit et avec une grande rapidité, vers quelque point de la prairie. On dirait un flocon de neige emporté par une brise légère. C'est une chevêche fondant sur quelque mulot ou sur quelque gros insecte qu'elle a aperçu du haut de son observatoire.

Quand le travail des faucheurs est terminé, et que les faneurs ont formé, dans ces immenses prairies, les meules de foin, les chouettes chevêches abandonnent la cime des peupliers pour se rapprocher du théâtre de leurs investigations. L'on peut alors voir un très-grand nombre de ces meules surmontées d'un point brunâtre, qui tour à tour semble décrire une circonférence sur le haut de la meule ou rester immobile comme une sentinelle sous les armes. C'est toujours la chevêche accomplissant la mission que la Providence lui a confiée.

Ajoutons que les Grecs attribuaient à la chouette la connaissance de l'avenir. Les monnaies d'Athènes portaient d'un côté la tête de Minerve, et de l'autre une chouette ; de là l'usage, chez les Athéniens, de donner quelquefois le nom de *chouette*, GLAUKS, GLAUKOS, à leur monnaie.

Peut-être faudrait-il encore rattacher à cet usage l'explication de ce dicton populaire : « c'est chouette, ce n'est pas chouette, » pour dire « c'est précieux, ce ne l'est pas, » expression qui reviendrait à peu près à celle-ci : « c'est le Pérou, ce n'est pas le Pérou, » pour dire que les objets ont une grande ou une petite valeur, selon qu'ils se rapprochent plus ou moins de l'or.

DEUXIÈME FAMILLE DES RAPACES.

Rapaces diurnes ou Accipitrins.

L'adjectif *diurnes*, dont la racine est *dies*, « jour, » convient parfaitement aux rapaces qui ne fuient pas la lumière pour se livrer à la chasse; il en est de même du mot *accipitrins*, dérivé *d'accipiter*, « oiseau de proie, voleur. » D'après Littré, *accipere* est formé de *ad*, « à, » et *cipere* pour *capere*, « prendre, » et signifie « recevoir. » Des mêmes racines s'est formé *acceptare*, « accepter. » Mais le mot *accipiter*, « oiseau de proie » et « voleur, » ajoute aux radicaux primitifs une signification nouvelle. C'est en effet une singulière manière d'interpréter l'*acceptation* que de lui faire représenter l'acte de celui qui s'empare de quelque chose, non-seulement sans la volonté, mais encore contrairement à la volonté du propriétaire. Hélas! il faut bien en convenir, à notre époque de progrès, le nombre des *accipitrins*, dans le sens de Littré, va toujours croissant.

D'*accipiter* dérive probablement le verbe douteux *accipitro*, « mettre en pièces, » comme les accipitriens, et indiquant d'une manière énergique le caractère distinctif des oiseaux qu'il détermine. A moins que l'on n'aime mieux donner pour racine à *accipitro*, *ad caput ire*, « se jeter à la tête de ceux que l'on attaque. » *Accipitrin* et *faucon* exprimeraient ainsi une même idée.

Cependant les savants versés dans les langues primitives croient qu'*accipiter* aurait pour racine *âcupatra*, signifiant « aile rapide, » étymologie qui aurait l'avantage de peindre le vol des oiseaux de proie, le plus rapide de tous, et viendrait confirmer l'opinion de Benfey, qui donne à ΑΕΤΟΣ, « aigle, » les racines sanscrites « *ari*, » « air, vent, » et « *yat,* » *ire,* « aller, — rapide comme le vent. »

Le premier genre de cette famille comprend les Vautours, auxquels appartiennent les Cathartes.

PREMIER GENRE. — VAUTOUR.

CATHARTE PERCNOPTÈRE ou ALIMOCHE. — CATHARTES PERCNOPTERUS.

Un jeune catharte mâle a séjourné pendant quelque temps dans l'arrondissement de Beaupreau, et a été tué le 19 octobre 1854. Il fait partie du cabinet de M. Guillou, de Cholet, où je l'ai vu en septembre 1855. Un autre catharte est resté deux jours, en janvier 1855, à rôder autour d'un établissement d'engrais animal, à deux kilomètres de Cholet, et a été poursuivi par MM. de Beauvoys, notaire, et Houdet, docteur-médecin.

Mais avant d'inscrire le catharte dans la Faune de Maine-et-Loire, il me semble nécessaire de développer un principe propre à résoudre une question débattue depuis quelque temps. Composer la Faune ornithologique d'un pays, c'est faire le catalogue complet des oiseaux qui s'y rencontrent, décrire leurs mœurs, les variations qu'ils subissent dans leur plumage, selon l'âge, le sexe et la mue ; c'est indiquer s'ils sont sédentaires, de passage accidentel ou régulier. Quand on attribue à chaque oiseau la manière d'être qui lui convient, on est dans le vrai ; l'erreur ne se produit que lorsque l'auteur établit de nouvelles espèces qui n'existent pas réellement, lorsqu'il donne comme sédentaires des espèces qui ne sont que de passage, ou enfin lorsque, confondant des espèces différentes, il constate la présence d'oiseaux qui n'ont jamais visité la contrée. Ces principes ont été admis par Linnée, Buffon, Cuvier, Temmink, Dégland, pour l'ornithologie européenne ; ils ont servi à classer toutes les collections des musées. N'admettre, comme appartenant à la Faune de l'Europe, que les oiseaux qui s'y propagent, ce serait bouleverser tous les musées et en exclure plus de la moitié des sujets qui les composent maintenant. MM. Crespon, Bailly, Millet et tous les auteurs ont adopté les mêmes principes pour l'ornithologie particulière ; modifier cette marche générale, ce serait supprimer au moins un des volumes de la Faune de Maine-et-Loire, et rendre inutile toute espèce de supplément. Je crois donc que dire d'un oiseau qu'il a visité un pays, lorsqu'il y a été tué dans l'état de liberté, c'est enregistrer un fait vrai, et fournir un renseignement précieux pour des recherches subséquentes. De nouvelles preuves viennent justifier et fortifier les assertions précédentes. Ainsi le martin-roselin, dont l'apparition était regardée comme un fait très-rare, a été tué cette année sur plusieurs points de notre département, à des époques différentes : en juin 1855, par MM. de Monfrière, et en septembre, par M. Charles, vétérinaire à Cholet.

J'admets donc le catharte comme oiseau de passage accidentel.

Ce rapace appartient aux vautours, dont le nom latin, *vultur*, désignait, d'après Sénèque, ceux qui vivaient d'héritages, expression très-juste pour déterminer des oiseaux lâches qui se nourrissent de cadavres, héritage que leur lègue la mort. Leur cou, long et dénudé en partie ou en totalité, a procuré aux vautours le nom de *nudicolles*, et leur permet de plonger plus facilement la tête dans les cadavres pour en dévorer les intestins. Quelques auteurs écrivent *nudicoles*, expression signifiant alors « oiseau qui aime, qui recherche le nu, les corps nus, les cadavres. »

Chez tous les vautours, l'œsophage est pourvu d'un renflement ou jabot qui fait saillie à la base du col et retombe sur la poitrine comme une besace trop chargée.

Très-souvent les vautours absorbent plus de nourriture que ne peut en contenir le grand réservoir dont la Providence les a gratifiés dans l'intérêt de la salubrité des pays qu'ils habitent. Dès lors ils s'envolent péniblement loin des lieux que leur voracité a purifiés, et vomissent sur des rochers escarpés une partie de la nourriture entassée dans leur prodigieux jabot. Cette voracité extrême est la cause de la perte des condors et des vautours. En Amérique surtout, les habitants tendent des piéges à ces oiseaux en accumulant, dans des endroits isolés, un grand nombre de cadavres d'animaux. Les condors se réunissent pour assouvir leur faim insatiable, et les naturels profitent du demi-sommeil forcé qu'une digestion pénible impose

à ces oiseaux, pour les tuer à coups de bâton.

Le nom de *catharte*, ΚΑΤΗΑΪΡΟ, « purger, » indique les habitudes de ces oiseaux et les services qu'ils rendent dans les pays où la chaleur et la malpropreté des habitants s'unissent pour rendre le climat peu salubre. Les cathartes sont très-nombreux à Constantinople et en Égypte, où autrefois ils étaient connus sous le nom de « poules de Pharaon » et réputés sacrés. Dans ces pays, chaque jour, les cathartes délivrent les villes des immondices qui y séjourneraient longtemps sans leur concours. En Amérique, ils rendent les mêmes services et sont sous la protection des lois.

Pour pouvoir remplir la mission qui leur a été confiée, la Providence a doué ces oiseaux d'un odorat très-développé et qui, d'après Duméril et plusieurs autres naturalistes, leur permet de découvrir les cadavres à une distance de plus de cinquante kilomètres. La salive purulente qui suinte perpétuellement des larges narines des vautours, en répandant une odeur fétide, jouerait-elle un certain rôle dans l'odorat extraordinaire dont ils sont doués? Quand, pendant l'hiver de 1855, le froid et les privations moissonnaient les chevaux des alliés en Crimée et menaçaient d'engendrer des maladies pestilentielles, les cathartes, attirés par les émanations des cadavres, se réunissaient par centaines, s'abattaient tous les soirs sur le camp comme un nuage épais, et ne laissaient le lendemain matin que des os blanchis et desséchés. Gérard a souvent constaté des faits de cette nature dans le cours de ses chasses en Algérie. « Lorsque je « désire, écrit-il, conserver, comme appât, un des bœufs « égorgés la veille par le lion, je le couvre de plusieurs « couches épaisses de branches, afin de le dérober le plus « possible à la vue et à l'odorat des vautours et des ca- « thartes ; les bœufs qui n'ont pas été soumis à ces « précautions ne m'offrent le soir qu'un squelette en- « tièrement dénudé et fouillé en quelque sorte avec le « scalpel. »

L'adjectif *percnoptère*, de PERKNOS, « noirâtre, moucheté de noir, » et de PTÉRON, « aile, » indique que les grandes pennes des ailes sont noires, tandis que le plumage général des adultes est d'un blanc jaune, varié de brun et de roussâtre. Le plumage des jeunes diffère essentiellement de celui des adultes ; il est d'un brun noirâtre strié de taches roussâtres qui s'harmonisent sans se confondre.

Le plumage de cet oiseau devient de plus en plus blanc à mesure qu'il vieillit.

La plupart des naturalistes modernes donnent au catharte le nom de *Néophron*, en mémoire des infortunes du fils de Tymandre, changé en vautour par Jupiter. Le mot *alimoche*, qui servait à le désigner ordinairement, paraît abandonné des savants modernes. De tous les noms du catharte, celui d'*alimoche* est cependant le plus convenable. Composé de A et de LIMOS, « faim, » et ÉCHÔ, « avoir, » et signifiant « très-affamé, » il représente très-exactement les habitudes d'un oiseau qui est assez vorace pour accepter, comme nourriture, les immondices et les cadavres en putréfaction.

D'après l'opinion des érudits, dans les langues primitives, le mot *vultur* aurait la même signification et représenterait l'idée « d'une faim insatiable. » Tout en respectant l'autorité de ces savants, je crois devoir relater ici une étymologie indiquée par Aldrovande et qui me paraît ne pas manquer d'intérêt. Je profiterai en même temps de cette circonstance pour rectifier une interprétation que j'ai indiquée précédemment.

En effet, j'ai dit que le mot *vultur*, employé par Sénèque et par les auteurs de l'antiquité à représenter les personnes qui vivaient d'héritages aux dépens même de la justice, avait été choisi avec raison pour déterminer l'ignoble oiseau qui ne vivait, le plus souvent, que des héritages légués par la mort. Cette interprétation, en apparence plausible, me paraît, à la réflexion, manquer de base solide ; car ce nom de *vultur* a été donné à ces gens méprisables, justement parce que leur conduite rappelait celle des vautours. La question reste donc tout entière à résoudre, et quelle est alors l'étymologie du mot *vultur?* Grâce au secours et à la vaste érudition d'Aldrovande, je crois pouvoir l'indiquer d'une manière assez précise. Le savant professeur de Bologne dit que *vultur* dérive de *volatu tardo*, « d'un vol pénible, » comme si de ces mots on eût fait *volitardus*, « oiseau dont le vol est lourd, pénible, difficile, » dans le même sens que *outarde* vient de *avis tarda*, « oiseau gros, pesant. »

Cette explication peint d'une manière exacte le vol du vautour, qui est difficile en tout temps, mais surtout lorsqu'il s'est rassasié avec excès, selon son habitude.

Quand le vautour n'est pas sur un point culminant d'où il puisse facilement s'élancer dans l'espace, il a peine à prendre son essor ; il court volontiers devant son ennemi, et ce n'est que la nécessité ou la crainte du danger qui le force à recourir aux ressources de ses ailes très-longues et très-puissantes. Dans ce sens, *volitardus* serait encore une expression très-juste, d'autant plus que les anciens naturalistes, frappés de cette particularité, le désignaient par l'épithète *quadrupes*, « semblable aux quadrupèdes. »

Le vautour fait entendre en volant un bruit assez vif : on dirait les ailes d'un moulin qui, dans leur mécanisme, éprouvent un certain frottement, ou un fainéant qui ne met ses bras en mouvement que parce qu'il y est forcé, et qui lutte péniblement contre un défaut d'habitude.

Les Latins appelaient *vulturnus* le même vent que les Grecs nommaient ευρος. C'est le vent qui souffle de l'est en hiver ; il présage la pluie et est accompagné d'un sifflement assez prononcé qui, peut-être, lui avait valu ce nom de *vulturne*, « *quoniam alté resonat*, — dit Aldrovande, « — *parce qu'il fait un grand bruit.* » Un fleuve, une montagne, une ville de la Campanie portaient aussi le nom de *Volturne*, et sont encore aujourd'hui désignés par le mot *Volturno*. Cette dernière expression fait connaître encore plus évidemment que *volare*, « voler, » entre dans la composition de *vultur* : du reste, d'après Pline, le vautour était appelé indifféremment *vultur* et *voltur*. Etait-ce à cause de la mollesse et des excès auxquels se livraient les habitants de Capoue, que les Romains avaient appelé cette ville *Volturno?* Toutes ces explications du mot *vultur* prouvent que les Romains avaient été frappés très-vivement des habitudes du vautour, qui se gorge de nourriture et s'abandonne à une somnolence paresseuse, résultat de sa gourmandise. Les montagnes dont le sommet était dénudé leur paraissaient devoir être assimilées au vautour, dont le cou long et dépourvu de plumes se termine par une tête aplatie et à laquelle des yeux sans éclat contribuent à donner une physionomie hideuse. Les Romains consultaient beaucoup le vol du vautour; ils pensaient que ces oiseaux prédisaient l'avenir. Ils avaient été entraînés à cette erreur parce que le vautour, étant doué d'un odorat très-fin, dirigeait son vol vers les endroits où gisaient des cadavres, particularité que les anciens n'expliquaient que par la connaissance de l'avenir. Les augures assuraient aussi que les vautours planaient pendant trois jours sur les champs et sur tous les lieux où la mort devait moissonner des victimes.

Le mot *volitardus* pourrait être pris dans une autre acception, et signifier « oiseau qui vole tardivement, lentement. » Cette interprétation se justifierait facilement. Tous les oiseaux qui, en fauconnerie, sont appelés *nobles,* se choisissent un arrondissement de chasse, parce que, dans un cercle assez restreint, ils peuvent, par leur courage et leur adresse, pourvoir à leurs besoins et à ceux de leurs petits; ils ne chassent que le matin et le soir, et pendant quelques heures seulement. Il n'en est pas ainsi du vautour : il est condamné à voler jusqu'à ce qu'il trouve des victimes immolées par la mort; pour lui, il n'y a pas d'arrondissement de chasse; il doit aller là où la mort a frappé ses coups, tantôt près, tantôt très-loin. Il y a entre l'oiseau noble et le vautour la même différence qu'entre l'ouvrier et le mendiant : l'un sait où, par son travail, il trouvera le pain nécessaire à sa famille;

l'autre l'attend de la charité publique, et, dès lors, il devient errant, vagabond, jusqu'à ce qu'une main charitable s'ouvre pour lui faire l'aumône, et, si cette aumône est insuffisante, il doit recommencer ses pérégrinations continuelles. Que serait-ce, s'il devait, comme le vautour, recueillir de quoi assouvir une avidité insatiable! Le vautour est donc un mendiant de la pire espèce, un *bohême*, et même moins qu'un bohême, car il ne peut se rassasier que des immondices entassées, préparées par la mort et par la putréfaction. Aussi les anciens, qui supposaient que Jupiter avait envoyé un aigle pour accomplir son œuvre de vengeance et dévorer le cœur et le foie du malheureux Prométhée, n'ont-ils pas tardé à remplacer l'oiseau qui porte la foudre par celui qui, consacré à Mars et à Junon, symbolisait le carnage et la jalousie. Les Grecs avaient peint les vautours par une expression très-énergique : ils les appelaient ΤΑΦΟΥΣ ΕΜΨΥΧΟΥΣ, « sépulcres vivants. »

Le catharte est le plus petit et le plus sale de tous les vautours. Méfiant et rusé, il vit principalement de cadavres et d'immondices, et quelquefois de tétras, de rats et de taupes. Il niche dans des endroits inaccessibles, pose son aire dans les crevasses des rochers. Cette aire, formée de petites branches, est garnie de mousse et défendue sur le bord par des épines. La femelle pond, dans les mois de mai ou de juin, un ou deux œufs dont la longueur et le diamètre varient beaucoup ainsi que la forme et la couleur. Ils ont ordinairement 0^m,064 de longueur et 0^m,052 de diamètre. La plupart sont d'un blanc sale pointillé de rougeâtre ou de violet pâle. Quelquefois les taches forment une couronne ou une calotte vers le gros bout; d'autres fois, le rouge est d'une couleur si prononcée qu'il couvre entièrement la coquille et la fait ressembler aux *œufs de Pâques*. Quelques-uns enfin sont moitié rouges et moitié blancs.

Plusieurs fois, dans le cours de ce travail, j'aurai l'occasion de comparer les nuances de certains œufs à celles des œufs que l'on distribue aux enfants et même à de grandes personnes, dans les jours qui précèdent la solennité de Pâques, et que, pour cette raison, on appelle *œufs de Pâques*. Peut-être ne sera-t-il pas sans intérêt de rappeler ici l'origine de cette coutume et les circonstances qui l'ont modifiée dans le cours des siècles.

L'historien Alius Lampridius dit que, le jour de la naissance de Marc-Aurèle Sévère, une des poules de la mère de ce prince avait pondu un œuf dont la coquille était couverte presque entièrement de taches rougeâtres. Cette princesse fut frappée de cette particularité, et elle s'empressa d'aller en demander la signification à un devin renommé. Celui-ci, après avoir examiné la coquille de l'œuf, répondit que cette nuance annonçait que l'enfant nouveau-né serait un jour empereur des Romains. Pour ne pas exposer son fils à des persécutions, la mère garda son secret jusqu'en 224, année dans laquelle Marc-Aurèle fut proclamé empereur. Depuis ce moment, les Romains contractèrent l'habitude de s'offrir des œufs dont la coquille était revêtue de différentes couleurs, comme souhait d'une bonne fortune.

Les chrétiens sanctifièrent cette coutume, et y attachèrent une pensée de foi. En distribuant des œufs dans le temps pascal, ils se souhaitaient mutuellement une royauté, celle de triompher de leurs penchants, et, à l'exemple de Jésus-Christ, de régner sur le monde et sur le péché, en mourant à eux-mêmes, par la pratique de la mortification. *Servire Deo regnare est* (1 *adCor. I*, 9). Les œufs de Pâques avaient donc pour but de rappeler à ceux auxquels ils étaient offerts que, comme Marc-Aurèle, ils étaient appelés à régner et que, dès lors, ils devaient s'y préparer. C'est sous l'empire de cette pensée que les moines de l'ancienne abbaye de Saint-Aubin d'Angers avaient contracté l'habitude de faire servir sur leur table, pendant la semaine sainte, des œufs entourés de feuilles de *tanaisie* (*tanacetum vulgare*), plante amère de la famille des *Composées*, et qui se trouve en grande quantité sur les rives de la Loire. Cette plante rappelait aux religieux, comme autrefois les laitues amères aux Israélites, qu'ils devaient penser à célébrer la Pâque, par la pénitence et par la mortification. Les mêmes œufs étaient servis à tous les repas de la semaine sainte, et les moines devaient se contenter de les voir en mettant à profit l'enseignement qu'ils annonçaient.

Le jour de Pâques, à la cathédrale d'Angers, deux ecclésiastiques, sous le nom de *corbeilliers*, se rendaient après Matines à la sacristie, prenaient l'amict sur la tête, la barrette sur l'amict, se revêtaient de l'aube, des gants brodés, de la ceinture et de la dalmatique blanches, puis, sans manipule et sans étole, ils se dirigeaient vers le *tombeau*. Là, chacun d'eux prenait un bassin sur lequel reposait un œuf d'autruche couvert d'étoffe blanche, puis se rendait au trône de l'évêque. Le plus âgé des deux s'approchait de l'oreille droite de l'évêque, et, en lui présentant le bassin contenant l'œuf d'autruche, disait tout bas, d'un air mystérieux : « *Surrexit Dominus, Alleluia! Le Seigneur est ressuscité, Alleluia!* » L'évêque répondait : « *Deo gratias, Alleluia! Grâces à Dieu. Alleluia!* » Le deuxième corbeillier faisait la même chose du côté gauche. Puis, chacun d'eux parcourait tous les rangs des ecclésiastiques, l'un à droite, l'autre à gauche, en commençant par les plus dignes, répétant les mêmes paroles et recevant la même réponse. Les œufs étaient ensuite reportés à la sacristie sur les bassins. Ces œufs faisaient partie du trésor de la cathédrale d'Angers. Voici ce qu'on lit dans un inventaire des religieux de cette église, écrit au xviiie siècle : « Il y a en outre dans le grand reliquaire deux œufs d'autruche soutenus par des chaînes d'argent. Le jour de Pâques il faut mettre les deux œufs d'autruche sur l'autel de Saint-René avec les deux gases. »

Dans les inventaires des siècles précédents on trouve ces paroles : « Item, deux œufs d'autruche qui servent à donner les œufs de Pasques. »

C'est à la coutume précédente que fait allusion Urbain Renard, l'un des auteurs des Noëls angevins :

> La joie est angélique
> A Pâque d'ouïr
> Cloches, orgues, musique;
> Les Marie venir
> Chercher dans le sépulcre
> Jésus qui n'est plus là,
> Puis *portant œufs d'autruche*,
> On chante *Alleluia*.

(Page 28, édition de 1780).

Ces œufs annonçaient la royauté de Jésus-Christ, le commencement de son règne fondé sur sa résurrection. L'œuf de l'autruche avait paru symboliser plus qu'aucun autre la résurrection spontanée de Jésus-Christ, puisque, abandonné à lui-même, il éclôt sous l'influence seule du climat brûlant des déserts. Le petit, pour sortir vivant de la coquille qui le retient captif, n'a besoin du secours ni de son père ni de sa mère, mais il sort triomphant par sa propre puissance. Dans un certain nombre d'églises, on remarque des œufs d'autruche suspendus devant l'autel principal, comme souvenir de la résurrection de Jésus-Christ, base et fondement de la religion catholique. Dans quelques autres, les œufs d'autruche remplacent le gland placé ordinairement au-dessous de la lampe qui brûle jour et nuit devant le Saint-Sacrement, touchant symbole de ces paroles : « *Christus surrexit, jam non moritur* »..... « Le Christ est ressuscité;

il ne meurt plus, et il répand la lumière, l'onction et la force maintenant et dans les siècles des siècles. »

DEUXIÈME GENRE. — FAUCON.

Le deuxième genre des Accipitrins comprend les *faucons* proprement dits.

L'étude de ces oiseaux présente de graves difficultés, parce qu'il existe de grandes variations dans leur plumage et dans leurs proportions selon l'âge, le sexe et la mue. Ces variations ont trompé beaucoup de naturalistes qui ont multiplié les espèces avec d'autant plus de facilité que les faucons, par leur vol hardi et rapide, par l'escarpement des lieux où ils se réfugient ordinairement, laissent à peine aux naturalistes le temps d'étudier leurs mœurs. Quelques remarques préliminaires pourront aider à distinguer et à classer les faucons.

Les jeunes ressemblent presque toujours à la femelle qui est beaucoup plus grosse que le mâle : tous les faucons ont des taches assez prononcées sur les plumes du ventre ; ces taches s'effacent avec l'âge et disparaissent presque entièrement chez les vieux sujets. Lorsque les adultes portent les taches dans le sens horizontal, les jeunes les ont dans le sens perpendiculaire. Les jeunes enfin sont toujours plus fauves que les vieux ; c'est cette particularité qui a fait donner aux premiers le nom de faucons *sors*, *saures*, vieux mot qui signifie « de couleur jaune, » comme on le voit par le mot *hareng-saur*.

Les faucons sont, de tous les rapaces, ceux dont le courage est le plus franc et le plus grand relativement à leur taille. Ils fondent presque tous perpendiculairement sur leur proie, sans reculer devant aucun ennemi. Leur courage les avait fait remarquer des chevaliers du moyen âge, juges compétents en bravoure et même en témérité. Ceux-ci avaient utilisé les instincts des faucons en les soumettant à une éducation longue et pénible qui les rendait aptes à une chasse dont le produit revenait à leurs maîtres. L'art d'élever le faucon prit bientôt de grandes proportions, et constitua la *fauconnerie*, étude à laquelle s'adonnèrent les seigneurs et les vilains, pendant une longue série d'années. L'amour de la fauconnerie devint si vif que les seigneurs et les rois de France se livrèrent à cet amusement, même en Palestine, pendant les Croisades. Ces expéditions nous rappellent un fait curieux transmis par un historien de ces temps de ferveur chevaleresque : « Parmi les faucons du roi de « France, il s'en trouvait un de couleur blanche et d'une « espèce rare. Le roi aimait beaucoup cet oiseau, et cet « oiseau aimait le roi de même. Ce faucon s'étant échappé, « alla se percher sur les remparts de Ptolémaïs ; toute « l'armée chrétienne fut en mouvement pour rattraper « l'oiseau fugitif. Comme il fut pris par les musulmans « et porté à Saladin, Philippe envoya un *ambassadeur* au « sultan pour le racheter, et fit offrir une somme d'or « qui eût suffi à la rançon de plusieurs guerriers chré- « tiens. »

Je crois devoir relater ici un autre fait que j'ai lu avec intérêt dans plusieurs revues. J'en laisse la responsabilité au rédacteur ; mais, quand même cet épisode ne serait qu'une fiction, il prouverait que ceux qui l'ont composée étaient convaincus, avec raison, que les faucons sont susceptibles d'une éducation prompte et certaine :

« Devant Sébastopol, dans la journée du 4 novembre, au plus fort du bombardement, notre armée fit une perte regrettable : il ne s'agissait pourtant que d'un faucon, mais il faisait les délices des gardes des tranchées, par l'amusant spectacle qu'il leur donnait chaque jour.

« Il avait été amené en Crimée par un zouave, qui le tenait d'un chef arabe : les grands seigneurs algériens ont presque tous un goût très-prononcé pour la chasse au vol. Le zouave ne pouvant plus lancer son faucon contre le gibier, plus rare en Crimée qu'en Afrique, dressa l'oiseau à fondre sur un mannequin russe, coiffé d'une casquette, puis il l'habitua à rapporter cette casquette dans ses serres.

« Quand la nouvelle éducation du faucon fut terminée, il l'emporta avec lui dans les tranchées et le lança. L'oiseau prit son vol, aperçut des Russes couchés dans leurs embuscades, fondit sur l'un d'eux, enleva sa casquette et revint à tire d'aile, apportant son butin à son maître.

« On cria bravo sur toute la ligne des parallèles; les Russes étaient stupéfaits.

« Le faucon fut lancé une seconde fois; les sentinelles ennemies lui envoyèrent une volée de balles, qui se perdirent inutilement.

« L'oiseau s'enleva à une grande hauteur, et nos adversaires purent croire qu'il s'était envolé pour toujours; ils se recouchèrent derrière leurs abris; soudain une sorte de pelote noire sembla se détacher du ciel, tomba avec une surprenante rapidité sur une embuscade, et décoiffa de nouveau une sentinelle.

« Les bravos redoublèrent dans nos lignes; les Russes étaient furieux.

« Plusieurs officiers envoyèrent chercher des fusils de chasse à Sébastopol; ils attendirent le retour du faucon. L'oiseau ne tarda pas à s'abattre sur un factionnaire, après avoir plané pendant quelque temps.

« Les chasseurs, qui le guettaient, tirèrent; ils le manquèrent; l'un d'eux envoya même une charge de plomb dans le dos d'un soldat qui, stupéfait de recevoir une blessure par derrière, et ahuri par la douleur, se mit à courir vers nos tranchées, où il fut reçu avec tous les égards dus au courage malheureux. Le faucon continuait néanmoins le cours de ses exploits ; toute la garnison était accourue derrière les remparts, chacun suivait anxieusement du regard les péripéties de cette chasse aux casquettes.

« Lorsque l'oiseau partait de nos lignes, les assiégés portaient aussitôt la main à leur coiffure ; mais le faucon savait si bien choisir son temps, qu'il prenait toujours quelqu'un des assiégés en défaut.

« Les Russes commençaient à s'impatienter vivement de se voir à la merci du faucon : un oiseau bravant vingt mille hommes, il y avait de quoi exaspérer une armée ! Les rires de nos troupiers surtout outraient les Russes ; ils envoyaient des volées de mitraille sur les points où ces rires éclataient. Un incident grotesque mit le comble à la fureur de l'ennemi.

« Un général chargé de visiter les batteries parut avec son état-major ; le faucon remarqua ce groupe qui se détachait du reste des troupes ; il trouva sans doute la casquette du général plus belle que les autres ; il la lui enleva. Il y eut dans l'armée ennemie un cri d'indignation générale ; cette clameur stridente dérouta probablement le faucon. Au lieu de revenir vers nos tranchées, il alla placer la casquette sur un grand mât de signaux, puis se percha sur les cordages ; on lui envoya plus de mille balles. Effrayé par les sifflements des projectiles, il parut hésiter un instant ; il prit son vol, laissa la coiffure du général à la cime du mât et revint vers nous à tire d'aile. Aussitôt un Russe s'élança vers le mât et grimpa jusqu'au sommet pour rapporter la casquette du général ; malheureusement pour ce pauvre diable, les francs-tireurs tenaient à prolonger la plaisanterie ; le Russe fut atteint par leurs balles avant d'être arrivé au but.

« Plusieurs des marins détachés au service des batteries renouvelèrent sans succès cette tentative dangereuse ;

il fallut laisser la casquette où elle était. Nos soldats se mirent alors à chanter ce fameux refrain :

« As-tu vu la casquette au père Bugeaud ;
« Si tu ne l'as pas vue, la voilà !...

« Les clairons accompagnaient.

« Nos soldats savent au besoin improviser des couplets. On composa une complainte qui fit le pendant de celle du paletot noisette de Menschikoff. On la rédigea au crayon, on la roula autour d'une balle, et les avant-postes la lancèrent aux Russes. Ils avaient les paroles, et ils eurent le loisir d'entendre l'air. On chanta jusqu'au soir, le tout semé de coups de fusil et de coups de canon.

« La chasse au faucon avait trop égayé l'armée pour ne pas recommencer souvent ; on n'imagine pas à quel point en était arrivée la rage de la garnison. Chaque jour on ajoutait de nouveaux couplets à la complainte ; on exposait au-dessus des parapets les casquettes enlevées par l'oiseau, comme les sauvages exposent dans leurs camps les chevelures de ceux qu'ils ont scalpés.

« Enfin ces scènes décapitantes eurent un dénoûment tragique.

« Dans la journée du 4 novembre, le faucon fut sans doute rencontré par un boulet pendant qu'il s'élevait en l'air. Un bout d'aile tombé dans la tranchée nous annonça ce malheur.

« Les Russes furent ainsi délivrés de leur persécuteur.

« Il y a tout lieu de croire qu'ils ne pleurèrent pas sur son trépas[1]. »

Les faucons volent avec une rapidité extraordinaire ; ils doivent cette puissance de vol à la conformation de leurs ailes. La deuxième remige est beaucoup plus longue que la première et que la troisième, particularité qui donne à leurs ailes la forme d'une faulx et leur a

---

[1] Louis Noir. *Souvenirs de l'expédition de Crimée.*

mérité, selon quelques auteurs, le nom de « faucheurs, » *falcati*. Tous les oiseaux de ce genre, bien différents, en cela, des hommes, deviennent plus beaux à mesure qu'ils vieillissent ; tous donnent à leurs maîtres des preuves multipliées d'un attachement sincère et d'une fidélité inaltérable.

Les faucons les plus propres à la chasse sont le *ger-fault*, le *pèlerin*, le *hobereau* et l'*émerillon*. Tous ont le bec échancré de chaque côté en forme de dent, disposition d'une grande utilité pour dépecer leurs victimes, et qui sert en même temps à les distinguer des autres oiseaux de proie. Les faucons présentent une singularité qui n'a pu être expliquée, jusqu'à ce moment-ci, d'une manière satisfaisante, et qui se retrouve aussi chez les autres rapaces, mais avec un caractère moins prononcé. La femelle est beaucoup plus grosse que le mâle, c'est pourquoi un certain nombre de ces accipitrins ont reçu le nom de *tiercelets*, parce que la différence entre le mâle et la femelle est souvent du tiers de la grosseur totale. Deux raisons me paraissent justifier cette disposition : la grosseur des femelles peut être attribuée au cœcum qui est double chez elles et simple dans les mâles [1], ou plutôt à l'attention de la Providence qui a départi plus de force à la femelle. Elle est presque seule chargée de pourvoir à la nourriture de ses petits, et elle ne peut la leur procurer que par des courses pénibles et des combats incessants. Cette supériorité de courage et de force dans la femelle est confirmée par l'*Histoire de la Fauconnerie*. Le mâle était consacré à prendre les perdrix, les geais, les merles, les alouettes, et la femelle destinée à la chasse du lièvre, du milan et même de la grue.

Cinq de ces faucons habitent ou visitent l'Anjou.

[1] Le cœcum est une branche des intestins placée entre l'intestin grêle et le colon.

La chasse du lièvre, au faucon, dirigée par un habitant du Céleste-Empire.

FAUCON PÉLERIN. — FALCO PEREGRINUS.

Ce bel oiseau qui, chaque année, traverse deux fois l'Anjou, en immolant bon nombre de victimes, doit son nom à son amour et à son besoin des excursions, des pérégrinations, de *peregrinare*, « voyager, » mot qui dérive lui-même de *peragros*, « à travers les champs. » Cette dernière étymologie fait connaître exactement la manière de chasser de ce faucon, qui vole en rasant la surface des champs avec une grande rapidité, pour faire lever et pour saisir les oiseaux cachés dans l'herbe et derrière les mottes de terre. Le faucon pèlerin pond, sur une aire plate formée de petites branches recouvertes de racines et de mousse, trois ou cinq œufs un peu arrondis, d'un rouge de brique plus ou moins vif, sur lequel on aperçoit des taches de brun qui forment en quelque sorte une deuxième couche irrégulière plus foncée que la première. Ces œufs pourraient être confondus avec ceux de la buse bondrée, mais ils sont généralement plus gros, et ont des caractères communs à ceux de tous les faucons. La coquille est plus légère que celle des autres rapaces, puis elle est blanche à l'intérieur, tandis que celle des buses est d'un vert plus ou moins foncé. Les œufs du faucon pèlerin ont ordinairement 0^m,054 de longueur, et 0^m,040 de diamètre. L'aire de ce rapace est confiée aux anfractuosités des rochers, ou aux buissons touffus qui se trouvent sur le versant des montagnes exposées au midi. Le faucon pèlerin, comme tous les oiseaux dont quelques couples nichent indifféremment dans les forêts ou sur les montagnes, varie dans le temps de sa ponte. Ceux qui choisissent les rochers escarpés pour y élever leurs petits pondent presque un mois plus tard que ceux qui nichent dans les forêts. Les couples qui se reproduisent dans les Pyrénées ont des œufs dès le mois de février. Le vol du pèlerin est si puissant qu'il visite chaque année presque toutes les contrées de l'Europe. Plusieurs fois, depuis 1850, quelques-uns de ces rapaces se sont arrêtés sur la tour de la Trinité et sur les flèches de la cathédrale, pour y séjourner pendant plusieurs jours. De ces points culminants, ils se précipitaient sur les pigeons qui voltigeaient autour des maisons de la ville, les enlevaient avec la rapidité de l'éclair, et les mangeaient après les avoir plumés à loisir, malgré les cris des curieux, témoins de ce spectacle.

FAUCON HOBEREAU. — FALCO SUBBUTEO.

L'épithète donnée à ce rapace peut venir du vieux mot français *hober*, « voyager souvent, gêner ses voisins, » ou de *hobel*, « oiseau de proie du genre milan, » d'où « hobereau, » petit milan. Ce faucon chasse souvent, et son voisinage est peu agréable à bien des oiseaux. C'est lui qui avait donné son nom aux petits seigneurs du moyen âge, désignés sous le nom de hobereaux, parce qu'ils étaient les tyrans de leurs voisins ou de leurs serfs. Quelques auteurs pensent que l'on avait appelé ainsi les seigneurs qui, n'ayant pas les ressources nécessaires pour créer une fauconnerie complète, se bornaient à élever quelques hobereaux qu'ils portaient sur le poing. *Subbuteo* signifie « sous-buse, » nom donné autrefois à un certain nombre de rapaces, mal classés, mal déterminés. Était-ce parce que ces oiseaux sont inférieurs à la buse par les dimensions de leur taille et par la puissance de leur voix ? Quoi qu'il en soit, le hobereau l'emporte sur la buse par l'énergie et le courage. Il paraît ne pas connaître et ne pas craindre l'effet des armes à feu. Quand il aperçoit un chasseur accompagné de son chien, il le suit ou le précède, saisit le gibier que le chien a fait lever, soit avant qu'il ait été tiré, soit après, et souvent il presse avec une telle ardeur la proie qui a été lancée, que le chasseur abat d'un même coup de fusil le hobereau et sa victime. Ce faucon, que l'on confond quelquefois avec l'émerillon, s'en distingue par des proportions plus fortes, une moustache plus prononcée, des ailes plus longues et la couleur des plumes du ventre, qui sont blanchâtres chez le hobereau et de couleur fauve chez l'émerillon. Le hobereau pond, dans le mois de mai, quatre ou cinq œufs d'un blanc sale pointillé de rouge et de petites taches noirâtres ou olivâtres qui forment quelquefois une couronne vers le gros bout. Ces œufs sont un peu plus oblongs que ceux des autres faucons, et ont ordinairement $0^m,035$ de longueur, et $0^m,027$ de diamètre. L'aire de ce rapace est construite comme celle du pèlerin ; mais il la confie à la cime des arbres les plus élevés. Quelques-uns de ces nids ont été trouvés en Anjou, et j'ai reçu, cette année, des œufs de hobereau dénichés dans la forêt de Brissac.

FAUCON ÉMERILLON. — FALCO ÆSALON.

Le mot *émerillon* vient de l'italien *smeryliome*, en ajoutant un *e* devant, comme dans « espérance » de *spe-*

ranza, et dans « épervier, » espervier, de *sparvarius*. Etant
formé d'une particule et d'un nom qui signifie « merle, » il
ferait connaître que ce faucon « chasse les merles. » Dans
cette hypothèse, le mot *émerillon* conviendrait encore
beaucoup mieux à l'épervier que les gens de la campagne
appellent, dans leur langue expressive, *fesse-merle*. Le faucon hobereau est désigné en italien par le mot *smerlo*, qui
a la même signification. Le mot savant peut dériver de AEÏ,
AÏ, « toujours, » et SALEUÔ, « agiter, » dont la racine SALOS,
« agitation des flots, » indique d'une manière expressive
les mouvements incessants et rapides de ce rapace. Mais la
véritable racine est AÏTHALOS, « noirci par le feu, » dont le
principe est AÏTHÔ, « brûler. » Cette dénomination convient
à l'émerillon sous ce double rapport. Il est très-ardent à
la chasse. Il brûle, il dévore sa proie ; quant à son plumage, d'un jaune noirâtre, il semble avoir été noirci par
la fumée. Dans plusieurs ornithologies, on le nomme
rochier et *lithofalco*, « faucon des rochers, » parce qu'il
aime à construire son aire dans les fentes des rochers
des régions froides et boisées du nord de la Russie. L'é-
merillon, à cause de sa légèreté et de ses formes gracieuses, était recherché des jeunes pages et des dames
qui accompagnaient les seigneurs dans leurs chasses. Ce
petit rapace a un vol très-rapide, et l'on cite un fait très-
remarquable de sa puissance. Un émerillon appartenant
à Henri II s'emporta après une canepetière dans une
chasse aux environs de Paris, et fut pris le lendemain
dans l'île de Malte, où il fut reconnu à l'anneau royal
qu'il portait au tarse. La femelle de cette espèce n'est
guère plus grosse que le mâle ; elle pond vers le mois de
mai, dans un nid suspendu à la cime des arbres, cinq
ou six œufs moins gros que ceux du hobereau, plus
ronds, d'un rouge pâle parsemé de taches d'une couleur
plus foncée.

FAUCON A PIEDS ROUGES, KOBEZ. — FALCO RUFIPES.

Ce faucon, un des plus petits et un des plus gracieux du genre, doit son nom à la couleur des pieds du mâle (*rufus pes*, « pied rouge »). L'adjectif *vespertinus*, « faucon du soir, » sous lequel il est classé dans plusieurs musées, peut lui avoir été donné à cause de la couleur des plumes du mâle, qui sont d'un noir pâle et sombre comme les premières ténèbres de la nuit, ou à cause de son habitude de rechercher les endroits les plus obscurs des forêts pour se cacher sous le feuillage et pour y guetter sa proie.

Cet oiseau niche dans le nord de la Russie et dépose, dans une aire placée à l'extrémité des arbres, trois ou cinq œufs un peu plus petits que ceux de l'émerillon, et dont le fond plus blanc est parsemé de petits points rouges. L'épithète de *kobez* ou *kober*, sous laquelle ce rapace est connu généralement, est le nom populaire qui lui est donné en Russie où il est très-commun. Ce faucon visite très-rarement l'Anjou ; il vit plutôt d'insectes que d'oiseaux.

FAUCON CRÉCERELLE. — FALCO TINNUNCULUS.

Le nom de *cré-cerelle* vient de KRÉKÔ, « retentir, faire du bruit, » et désigne le rapace dont la voix a quelque chose de strident et de répété, assez semblable au son de l'instrument qui, dans les communautés, remplace les cloches, aux jours de deuil. *Tinnunculus* peut être dérivé de TINASSÔ, « darder, agiter, » et de ONKOS, *uncus*, « crochet. » Cette étymologie serait alors fondée sur une habitude particulière à ce faucon qui, pour chasser sa proie, s'élève à des hauteurs prodigieuses, et se soutient en l'air sans changer de place, en agitant ses ailes et ses serres avec une grande rapidité, jusqu'à ce qu'il ait aperçu une victime. Alors il se laisse tomber avec la rapidité de la flèche, pour se relever perpendiculairement, en emportant sa proie dans ses serres.

Ce faucon, sous le double rapport du bec et des serres, est le moins bien armé de tous les faucons proprement dits. Aussi, sous le règne de Louis XIII, l'avait-on, un peu par mépris, dressé à la chasse de la chauve-souris. Enfin *tinnunculus* vient peut-être de *tinnulus*, qui signifie « rendant un son clair et aigu » comme celui des métaux, de *tinnio*, « rendre un son clair, métallique. »

C'est donc avec raison que par l'instrument nommé *crécerelle* on peut remplacer les cloches. Dès-lors ce mot pourrait s'appliquer à la crécerelle, parce qu'elle fait entendre
un cri perçant et clair : *vocem reddit tenuem et tinnulam*.
Ce rapace, autrefois très-commun en Anjou, est devenu
rare à cause de la guerre acharnée qu'on lui fait. Il niche ordinairement dans les vieilles masures, surtout
lorsque l'ouverture des crevasses est dérobée aux regards
par des festons de lierre ; quelquefois il choisit un
vieux nid abandonné par les pies ou par les corneilles.
Souvent un couple revient plusieurs années de suite
dans le même nid. Ainsi, depuis trois ans, un couple de
crécerelles a établi son domicile au sommet de la tour
Saint-Aubin, à Angers, et à chaque printemps, pendant
quelques mois, lorsque les petits sont assez forts pour
essayer leur vol, on peut jouir du spectacle intéressant
de l'éducation de ces jeunes rapaces. Le père et la mère
les accompagnent dans leur vol, les excitent et les mo-
dèrent tour à tour, leur apprennent à poursuivre et à
saisir leurs victimes. Un cri très-accentué et très-différent se fait entendre selon que les petits ont atteint ou
manqué la proie qu'ils poursuivaient. C'est une marque
de satisfaction ou un reproche qui s'échappe d'une manière stridente du gosier du père ou de la mère. Dans
leurs premières courses à travers les régions de l'air, les
petits sont accompagnés de l'un et de l'autre. Ceux-ci
voltigent autour d'eux, les soutenant en quelque sorte
de leurs ailes. Bien des fois j'ai vu le père ou la mère
diriger, par ses cris et par son vol, vers les bancs de
fer qui entourent le sommet de la vieille tour Saint-Aubin, le petit qui paraissait fatigué et que ses parents ju-
geaient avoir besoin de repos.

Les œufs de la crécerelle, au nombre de cinq à sept,
sont déposés sur des débris de racines, de mousse ou de
feuilles desséchées, et ont 0^m,035 de longueur, et 0^m,026

de diamètre. Leur couleur est d'un rouge plus ou moins foncé, et striée de taches d'un brun rougeâtre. Les œufs des jeunes femelles sont moins chargés de taches, et d'une couleur plus pâle que ceux des vieilles. Quelques-uns sont blancs, d'autres couleur isabelle.

La crécerelle vit moins solitaire que ses congénères, et il n'est pas rare de voir quatre ou cinq couples composer, en quelque sorte, une petite société dont les membres vivent en bonne intelligence et se soutiennent mutuellement dans leurs chasses et à l'approche du danger.

TROISIÈME GENRE. — AIGLE.

Le troisième genre des rapaces diurnes comprend les Aigles, qui se distinguent des autres oiseaux de proie par leur tête aplatie et par leur bec droit, dont la mandibule supérieure est plus longue que l'inférieure et très-recourbée à son extrémité. Les aigles tiennent le premier rang, parmi les rapaces, par leur force musculaire, par leur énergie et par la puissance de leurs serres. Ils vivent tous de proie vivante, dédaignent les insultes des oiseaux plus petits qu'eux, et enlèvent dans leurs serres les victimes qu'ils ont choisies, pour les dépecer sur les rochers escarpés. Quand leur proie est trop pesante, ils la mangent sur place, en abandonnant les débris aux autres oiseaux. Quelquefois du haut des airs, ils la laissent retomber sur les montagnes, afin de la briser et de l'emporter ensuite avec plus de facilité. Ce moyen, ils l'emploient surtout pour rompre la carapace des tortues dont la chair est pour eux un mets de prédilection, et c'est à cette habitude des aigles qu'a été dûe la mort d'Eschyle. Ce poète, plus connu par ses tragédies que par le courage qu'il avait manifesté dans les combats de Marathon, de Salamine et de Platée, avait consulté, dans sa jeunesse, un célèbre devin qui lui avait annoncé que la chute d'une maison serait la cause de sa mort. Afin d'éloigner autant que possible cet instant fatal, Eschyle évitait de séjourner dans les habitations et surtout d'y dormir. Une fois qu'étendu sur l'herbe, le poète se livrait aux douceurs du sommeil, un aigle, qui enlevait dans ses serres une pesante tortue, crut reconnaître, dans la tête entièrement dénudée d'Eschyle, la pointe d'un rocher, et laissa tomber d'une hauteur prodigieuse, sur le front du dormeur, la carapace de sa proie. Le choc fut si violent que le crâne d'Eschyle fut entièrement brisé, et ce fut ainsi que, vers l'an 436 avant J.-C., s'accomplit la prédiction du devin.

Tous les avantages dont les aigles sont doués ont été remarqués, non-seulement par les naturalistes, mais encore par les guerriers et par les monarques. Les uns et les autres se sont plus à prendre l'aigle comme le symbole de leur courage et de leur puissance, et à placer son effigie au-dessus des drapeaux qui devaient conduire les soldats au combat et à la victoire. Une particularité conservée dans l'histoire, et fondée sur une observation ornithologique, explique pourquoi les Polonais ont adopté pour enseigne un aigle blanc. Les aigles, comme les faucons, les milans, les chouettes, etc., quand ils sortent de l'œuf, sont revêtus d'un duvet soyeux et parfaitement blanc ; ce duvet disparaît avec l'âge pour être remplacé par un plumage plus ou moins fauve. Lochus, premier roi de Pologne, trouva, lorsqu'il jeta les fondements de sa première ville, une aire contenant un petit aiglon couvert d'un très-beau duvet blanc. Pour conserver le souvenir de cet événement, dans lequel il voyait un présage de la grandeur de son nouveau royaume, ce prince adopta comme emblème l'aigle blanc, qu'il représenta par un aigle d'argent.

L'aire des aigles est composée de perches de 1^m,50 à

2 mètres de longueur, recouvertes de plusieurs couches
de racines et de mousse grossière. Ces perches sont ap-
puyées par leurs extrémités sur les rochers, dans un lieu
sec et inaccessible. Le nid n'est abrité que par l'avance-
ment des parties supérieures du rocher. Quelques-uns
de ces rapaces nichent à la cime des arbres, dans les
buissons touffus suspendus aux flancs escarpés des montagnes, ou enfin au milieu des roseaux des marais impra-
ticables. Une aire sert au même couple pendant un grand
nombre d'années. C'est dans ces nids que les femelles
pondent un, deux ou trois œufs, et une seule fois par an.
Cinq, sept et même dix jours s'écoulent entre la ponte
de chacun de ces œufs. Le plus souvent un seul est fé-
cond. La Providence a limité le nombre de ces terribles
rapaces, dans leur intérêt et dans celui de la propagation
des autres oiseaux. Plus nombreux, les aigles exerce-
raient trop de ravages, et ne pourraient se procurer assez
de victimes pour leur subsistance. Ordinairement, quand
deux œufs se sont trouvés féconds, on n'aperçoit qu'un
seul aiglon vivant; l'autre a été tué par le mâle et est
étendu sans vie sur le bord du nid. Ce n'est pas un motif
de froide cruauté qui a poussé l'aigle à immoler son
petit, mais la difficulté dans laquelle il s'était trouvé de
pouvoir suffire à en nourrir plusieurs, sans se livrer
à une chasse continuelle et très-pénible. Le véritable
motif de cet acte odieux est donc un sentiment d'égoïsme.
Les aiglons restent, en effet, dans leur nid jusqu'à ce
qu'ils soient assez forts pour vivre de leur propre chasse,
et plusieurs faits, arrivés dans les Alpes et les Pyrénées, ont démontré la grande quantité de victimes que
ces jeunes rapaces absorbent. Des familles entières ont
vécu, pendant trois ou quatre semaines, des plus belles
pièces de gibier qu'un montagnard hardi allait chaque
jour, au moyen d'une corde nouée, chercher dans l'aire
de ces infatigables chasseurs. Quand l'aiglon abandonne

son nid, la femelle l'accompagne, pendant quelque temps, pour le protéger, et bientôt elle rejoint le mâle, afin de chasser avec lui, après avoir toutefois éloigné son petit, même par la force. Tous deux ne laissent aucun autre aigle chasser dans le canton qu'ils ont choisi. L'un se tient dans un lieu élevé, tandis que l'autre bat la campagne. Presque toujours, dans leurs courses, ils partent et reviennent à la même heure, parcourant la même route : on a pu constater cette habitude dans les deux couples de balbuzards qui ont séjourné cette année, pendant plusieurs mois, dans l'espace compris entre Bouchemaine et Écouflant, théâtre de leur pêche abondante. Une vieille femelle, appartenant à un de ces couples, a été tuée par M. Garin. C'est cette habitude qui permet aux chasseurs de se placer en embuscade et de les faire tomber sous leurs balles. Les aigles chassent le plus souvent le matin et le soir, et se reposent pendant le milieu du jour. Ils s'élèvent à des hauteurs prodigieuses sans être gênés par les rayons du soleil, dont ils supportent l'éclat au moyen d'une deuxième paupière transparente qu'ils abaissent ou relèvent à volonté. Cette puissance de vol, et cette facilité des aigles à braver les rayons du soleil, ont donné lieu à toutes les fables de la mythologie et procuré à ces rapaces l'honneur d'être consacrés à Jupiter, et de porter ses foudres ; l'un d'eux, le balbuzard, a même été appelé Pandion, de ΠΑΣ, « tout, » ΔΙΟΣ, « de Jupiter, — orné de tous les dons de Jupiter. » Ce nom rappelle aussi les malheurs du roi d'Athènes, dont les filles, Progné et Philomèle, furent métamorphosées en hirondelle et en rossignol.

Les aigles vivent très-longtemps et blanchissent en vieillissant. Les maladies ou une longue diète produisent sur leur plumage le même résultat. Les aigles, comme tous les rapaces qui mangent des mammifères et des oiseaux, sont pourvus d'une poche analogue au jabot des pigeons ; en terme de fauconnerie, cette poche s'appelait la *mulette*.

Chez les aigles, la femelle commande toujours, et le mâle obéit avec une soumission qui semblerait prouver qu'il reconnaît son infériorité. Dans les circonstances difficiles, la femelle vient en aide au mâle ; mais ordinairement elle jouit du spectacle des combats et des courses de celui-ci, et n'abandonne son observatoire que pour partager le fruit de la chasse.

Six espèces d'aigles se sont montrées en Anjou.

AIGLE BONELLI. — FALCO BONELLI.

Le mot *aigle* est la traduction du mot latin *aquila*, qui lui-même peut être considéré comme un adjectif ajouté à *avis* ou à *falco*. Dans cette hypothèse, il signifierait, d'après son sens ordinaire, « faucon brun, » *aquilus*, et selon Robert Estienne, « faucon noir et mélangé de blanc, » définition la plus exacte qui puisse s'appliquer à tous ces rapaces.

M. Littré dit que certains auteurs font dériver *aquila* du sanscrit *açu* équivalant à ôcus, « rapide. » Dès lors le mot *aigle* signifierait « oiseau rapide par excellence. » S'il en était ainsi, cette dénomination conviendrait bien mieux aux véritables faucons qu'aux aigles proprement dits. Le même auteur ajoute, avec raison, que les expressions *aquilus*, « noirâtre, » et *aquilo*, « vent du nord, » ne paraissent pas sans analogie avec *aquila*. En effet, *aquilo*, « vent du nord, » exprimerait non-seulement la « rapidité, » mais la « désolation, » en un mot l'idée de « tourmente. » L'épithète *aquila* indiquerait donc que l'oiseau qui porte ce nom passe « rapidement, » comme le vent du nord, et que comme lui sa présence apporte la « désolation. » Quant à l'adjectif *aquilus*, « noirâtre, » que j'avais indiqué déjà comme pouvant être la racine d'*aquila*, je serais d'autant plus porté à lui donner la préférence sur toutes les autres étymologies, que cette hypothèse me paraît justifiée par un mot consacré dans la langue de la fauconnerie. On appelle, en effet, *aiglure* l'ensemble des taches rousses dont le plumage des oiseaux est parsemé. Enfin, pour compléter ces renseignements, je rapporterai l'opinion de Court de Gébelin, qui me semble aussi être assez plausible. Selon cet auteur « *aquila* vient de *ac*, « pointu, » et *al*, « oiseau, » et signifie mot à mot « oiseau pointu, au bec crochu, » figure de l'aigle si remarquable, qu'on a nommé *aquilin* tout ce qui est long, pointu et recourbé! » (Tom. VI, page 10.)

L'aigle Bonelli porte le nom d'un savant professeur piémontais connu par d'importantes découvertes. Il a été décrit pour la première fois par le chevalier de la Marmora. Celui-ci l'avait tué dans les montagnes de la Sardaigne. Cet accipitrin se distingue des autres aigles par la couleur des plumes du ventre, d'une couleur de rouille striée de petites taches noirâtres en forme de larmes, par la petitesse de son bec, par la force de ses serres et enfin par la longueur de son tarse couvert, jusqu'aux doigts, d'un poil fin. Le plumage du ventre blanchit à mesure que l'oiseau devient plus adulte. Les taches diminuent de grandeur et s'effacent, à la longue, presque entièrement. Le Bonelli habite quelques contrées méridionales de l'Europe ; un jeune mâle de cette espèce a été tué en Anjou, dans la forêt de M. le comte Walsh de Serrant. Cet aigle suspend son aire aux crevasses des rochers, pond un ou deux œufs de $0^m,065$ à $0^m,070$ de longueur, et $0^m,052$ à $0^m,055$ de diamètre ; ils sont ordinairement d'un blanc sale strié de petits points rougeâtres et imperceptibles, ou d'un brun rougeâtre plus ou moins pâle, avec des taches effacées et formant des marbrures ou une deuxième couche irrégulière et plus foncée. La première description convient seule aux véritables œufs de l'aigle Bonelli. La seconde détermine ceux du *nævius*, trop souvent confondus avec les œufs de son congénère.

Cet aigle est encore appelé souvent *fasciata*, ou « à queue barrée, » parce que sa queue est marquée en-dessous de neuf à dix bandes transversales.

AIGLE CRIARD. — FALCO NÆVIUS.

Cet aigle doit son nom vulgaire aux cris plaintifs qu'il pousse pendant ses chasses et même quand il est perché. Les épithètes *planga, clanga,* constatent la même habitude. On l'appelle aussi *anataria,* à cause de sa prédilection pour la chasse aux canards, *anates.* Les noms scientifiques *nævius*, *maculatus*, font allusion à son plumage d'un brun obscur et marqueté sur les jambes et sous les ailes de taches blanches. Il a aussi sous la gorge une grande zône blanchâtre. Cet aigle voyage quelquefois par bandes de quatre à six individus. Sa présence a été constatée plusieurs fois en Anjou, pendant l'hiver. Il suit les bandes de canards ou d'oies sauvages, qui lui fournissent une copieuse nourriture. Cet aigle pond, vers

la fin d'avril, deux ou trois œufs qui varient beaucoup quant à la grosseur, la couleur et l'abondance des taches ou des raies. Ils ont le plus souvent $0^m,064$ de longueur, et $0^m,056$ de diamètre. Quelques-uns sont d'un blanc sale et tacheté de gris, de violet ou de jaune effacé ; d'autres ressemblent à ceux de la buse ordinaire, mais sont plus gros et portent des taches plus foncées qui forment une couronne vers le gros bout. La couleur verdâtre de l'intérieur de la coquille, commune aux buses et aux aigles, ne peut servir à les distinguer. D'après les études des naturalistes modernes, on distingue maintenant l'aigle criard, *Falco clanga*, et l'aigle tacheté, *Falco nævius*. Ce dernier est plus petit que le précédent.

***

AIGLE BOTTÉ. — FALCO PENNATUS.

Cet aigle, très-petit et très-gracieux, doit ses deux noms à ses tarses emplumés jusqu'aux doigts. Plusieurs couples ont habité l'Anjou et niché à la cime de la forêt de Baugé et de celle d'Ombrée, près Combrée. Ce rapace a souvent été pris pour la buse pattue ; mais en dehors des signes caractéristiques des aigles, il s'en distingue encore par un bouquet de plumes blanches à l'insertion des ailes et par la couleur brune de sa queue : celle de la buse pattue est blanche. Les œufs de l'aigle botté ont 0^m,056 de longueur, et 0^m,042 de diamètre. Leur couleur est d'un blanc sale, sur lequel se remarquent quelquefois des taches irrégulières et presque effacées, d'un vert ou d'un jaune très-pâle. Quelques-uns sont parsemés de taches violettes et fondues dans la nuance blanchâtre de la coquille. Ils diffèrent de ceux de l'autour et de la buse commune par le grain de la coquille, qui est couverte de petites aspérités.

***

AIGLE PYGARGUE. — AQUILA ALBICILLA.

Quelques naturalistes ont voulu séparer les pygargues des aigles proprement dits ; mais leur opinion n'a pas été adoptée généralement. Cependant les pygargues se distinguent des aigles purs, par leurs jambes nues, par leur bec blanc ou jaune, et par les lieux qu'ils fréquentent ordinairement. Ils n'habitent ni les lieux déserts, ni les hautes montagnes. Le nom de *pygargue* est formé de

PYGHÈ, « fesse, et par extension queue, » et ARGHÈ, « blanche, » nom qui lui convient très-bien, parce que cet aigle
a les plumes de la queue d'un blanc pur, quand il est adulte.
On l'appelle *albicilla*, de *album*, « blanc, » et *cilium*, « cil, »

venant lui-même de *cilleo* ou *cillo*, « mouvoir, agiter »
(KELLÒ, « mouvoir avec vitesse »). Ses cils sont, en effet,
d'un blanc très-prononcé. Buffon le nomme aussi orfraie,
ossifraga, « qui brise les os, » pour indiquer la puissance de son bec. Les anciens le désignaient sous le nom

de *hinnularia*, de *hinnulus*, « faon, » parce qu'ils pensaient que cet aigle est assez fort pour attaquer les jeunes daims et les jeunes chevreuils. Le pygargue se précipite avec une telle rapidité sur les phoques, qu'il devient souvent la victime de sa voracité. Ses serres se trouvent engagées dans la peau des phoques qui le noient en entraînant au fond de la mer ce terrible adversaire. Cet accipitrin paraît en Maine-et-Loire de temps en temps ; il y vit principalement de poissons et de canards. Ses œufs, d'un blanc sale, sont quelquefois parsemés de taches de rouille plus ou moins prononcées ; la coquille en est assez lisse, particularité qui les distingue de ceux du Jean-le-Blanc, auxquels ils ressemblent souvent pour la grosseur et même pour la forme, mais qui sont couverts de petites aspérités. Ils ont $0^m,068$ de longueur, et $0^m,054$ de diamètre. Le pygargue niche, dans le mois de mars, sur les arbres des îles du Volga.

<hr>

AIGLE BALBUZARD. — AQUILA HALIÆTA.

Le mot *balbuzard* est composé de deux mots anglais, *bald-buzzard : bald*, « chauve, » et *buzzard*, « aigle, oiseau de proie chauve. » Cette dénomination est fondée sur quelques caractères de ce rapace. Il a la tête très-aplatie et recouverte de petites plumes effilées et blanchâtres, à nervures noires et bordées, selon l'âge des sujets, d'un blanc roussâtre. Ces plumes représentent une aigrette, une petite perruque blanche repliée sur un fond noirâtre. L'épithète *haliœtus*, de HALS, HALOS, « mer, » HALIOS, « marin, » et AÉROS, « aigle, » indique les habitudes de cet oiseau, qui vit presque exclusivement de gros poissons. Il les saisit en se précipitant dans l'eau avec une telle rapidité, que ses serres et la moitié de son corps y pénétrent ordinairement. Ses pieds, couverts de fortes écailles, servent à retenir sa proie dans l'eau en l'empêchant de glisser entre ses serres. Il vit aussi d'oiseaux aquatiques. On l'appelle quelquefois *fluvialis*, parce qu'il aime à suivre le cours des fleuves dans ses chasses. Les ailes du balbuzard sont très-longues et son vol est très-rapide. Il visite assez régulièrement l'Anjou, accompagnant dans leurs migrations les oies et les canards sauvages. Le

balbuzard se tient souvent à l'embouchure des fleuves, et là il déploie une énergie continuelle en pêchant les poissons qui abandonnent la mer pour remonter les cours d'eau douce. Malheureusement, un rapace plus puissant le surveille : c'est le pygargue. Chaque fois que le balbuzard a saisi une proie importante, le pygargue se précipite sur lui et le force à lui céder le fruit de sa chasse. Le balbuzard ne se prête pas facilement à cette spoliation, et, le plus souvent, il ne se reconnaît tributaire de son ennemi qu'après un combat terrible et prolongé. Comme beaucoup d'hommes, il aime mieux cependant renoncer à sa propriété que de sacrifier sa vie, surtout quand il s'est convaincu que toute nouvelle lutte est impossible. Il niche dans des marais impénétrables ou sur les rochers voisins de la mer, ou enfin à la cime des arbres plantés sur les bords du Volga. Ses œufs, au nombre de trois à quatre, ont 0^m,056 de longueur, et 0^m,042 de diamètre ; ils sont d'un blanc jaunâtre, parsemés de taches roussâtres dont le centre est plus foncé que les bords ; ces taches forment souvent une seconde couche presque compacte ; d'autres fois elles sont rares et se réunissent en couronne vers le gros bout ; enfin quelques-uns de ces œufs ne portent aucune tache, et leur coquille semble veloutée ou couverte d'une couche de lait.

AIGLE JEAN-LE-BLANC. — AQUILA BRACHYDACTYLA, GALLICA.

Ce rapace, ainsi que le précédent, a été longtemps éloigné du genre des aigles, dont il n'a pas toute la grâce ni l'énergie. Cependant il en possède les caractères généraux, et dès lors il doit rester dans cette catégorie, afin de ne pas multiplier les divisions qui ne servent qu'à entraver l'étude de l'ornithologie. De face, il ressemble à l'aigle, et de côté, à la buse ; son cou est très-court, et sa tête très-épaisse. Il doit son nom vulgaire de *Jean—le-blanc* aux gens de la campagne, dont il visite souvent la basse-cour, et qui l'appelèrent *Maître-Jean*, parce qu'il venait exercer sans leur consentement les droits de grand seigneur, et choisir à son gré les plus belles pièces parmi leurs volailles. Puis, comme Maître-Jean avait le ventre fauve et de couleur blanchâtre, il fut désigné sous le nom de *Jean-le-blanc*. Son nom scientifique *brachydactyla*, de BRACHYS, « court, » et DACTYLOS,

« doigt, » indique que ses doigts sont beaucoup plus courts que ceux des autres aigles. L'épithète *gallica* fait connaître que cet aigle est commun en France. Il vit de volailles, de lézards et de serpents ; aussi ses doigts sont-ils couverts de fortes écailles, comme préservatif contre les reptiles qu'il dévore. Cet aigle, dont chaque année quelques couples nichent en Anjou, pond un ou deux œufs d'une grosseur presque démesurée, affectant ordinairement la forme ronde ; ils sont d'un gris blanchâtre sur lequel se trouvent quelquefois des taches d'un jaune sale presque effacé. La longueur ordinaire de ces œufs est 0^m,068, et leur diamètre 0^m,056.

QUATRIÈME GENRE. — AUTOUR.

La quatrième division des rapaces diurnes comprend les Autours. Plusieurs naturalistes ne renferment dans ce genre que l'autour proprement dit ; quelques-uns y font entrer aussi l'épervier.

L'autour se distingue des autres rapaces par son bec, qui n'est pas échancré comme celui des faucons, ni crochu comme celui des aigles ; par la petitesse de ses ailes, qui ne couvrent que les deux tiers de sa queue ; enfin par quelques raies parallèles dans le sens de la longueur de cette queue. La tête de l'autour est grosse et aplatie en avant. Tous ces caractères conviennent à l'épervier, qui a la queue coupée carrément, tandis que celle de l'autour est arrondie ; les tarses de l'épervier sont aussi beaucoup plus longs que ceux de l'autour.

AUTOUR. — ASTUR PALUMBARIUS.

Le nom d'*autour* semblerait attacher à cet oiseau une idée de ruse, qui serait confirmée par le mot latin *astur*, si toutefois l'on admettait que cette expression dérivât de *astus*, « rusé, » dont la racine primitive est ASTU, « ville, finesse ; » étymologie fondée sur l'opinion des anciens qui pensaient que les habitants des villes étaient plus dépourvus de simplicité que ceux de la campagne. Cette explication s'appuierait alors sur le caractère de l'autour, moins courageux, mais aussi adroit que les faucons. Ce

rapace se tient en embuscade sur la lisière des bois ou sur une motte de terre, le long des haies ; c'est de là qu'il poursuit ses victimes par un vol toujours oblique et cependant assez vif. Souvent il rase la terre en décrivant des circuits autour des champs dans lesquels il espère découvrir une proie. Quand il l'aperçoit, il l'attaque rarement de front.

Mais *autour* dérive plus probablement, toutefois, de *astur*, *asturius*, *asterias*, mots employés par Pline pour désigner ce rapace. Cette dernière dénomination *asterias*, « étoilé, » peint d'une manière frappante l'autour, sur lequel semblent briller des « étoiles » que forment en se croisant les raies de son plumage. Quelques-uns pensent que l'adjectif *asterius* indique seulement que cet oiseau vient des Asturies, où il est très-commun. L'adjectif *palumbarius*, de *palumbus* « ramier, » indique le goût de l'autour pour les pigeons qu'il paraît chasser de préférence aux autres oiseaux. La beauté de ce rapace l'avait fait rechercher pour la chasse ; mais il ne fut jamais classé dans la catégorie des oiseaux nobles. Il fut même généralement délaissé à cause de son caractère sanguinaire, qui le porte à tuer les oiseaux renfermés avec lui. L'éducation de cet accipitrin, pour la chasse, avait donné lieu à l'*autourserie,* qui constituait la fauconnerie des petits seigneurs et des simples particuliers. Aujourd'hui encore on se sert en Perse de l'autour pour chasser la gazelle ; cet oiseau arrête ses victimes en leur crevant les yeux. Pour le former à ce moyen perfide de s'emparer des gazelles, on l'habitue à chercher sa nourriture dans l'orbite des yeux d'une gazelle empaillée.

L'autour est sédentaire en Anjou ; il établit son nid dans les forêts, à une hauteur moyenne. Ce nid plat, assez solide, mais peu façonné, est composé de petites branches, de feuilles desséchées et de mousse. Il contient ordinairement trois ou quatre œufs d'un blanc pâle et d'une légère teinte bleuâtre ; ils peuvent être facilement confondus avec ceux du héron cendré. Ces œufs ont 0ᵐ,034 de longueur, et 0ᵐ,040 de diamètre.

AUTOUR ou FAUCON ÉPERVIER. — FALCO SPARVARIUS,
NISUS.

L'adjectif *épervier* dérive du vieux mot *sparvarius*, qui signifie « oiseau de rapine, » et c'est encore sous ce nom qu'il est désigné dans un grand nombre de musées et de catalogues. Les auteurs ont trouvé un rapport entre la dénomination *sparvarius* et spaïrô, aspaïrô, signifiant « trembler, palpiter, s'agiter. » Ce caractère se rapproche des habitudes de l'épervier, mais convient bien plus au faucon crécerelle. Son nom scientifique *nisus* est le même qui désignait l'épervier dans la langue latine. Il a fourni matière à une légende mythologique. Nisus , roi de Mégare, avait un cheveu d'or auquel était attachée la conservation de son royaume. Scylla, sa fille, éprise de Minos, coupa ce cheveu d'or et livra sa patrie et son père sans défense. Les dieux irrités changèrent Scylla en alouette et Nisus en épervier. Sous cette forme, le malheureux père poursuit sans cesse sa fille pour assouvir sa vengeance.

L'épervier confie à la cime des arbres un nid construit d'une manière grossière comme celui de l'autour; assez souvent il pond dans les nids abandonnés, de pie ou de corneille, cinq ou six œufs arrondis, longs de $0^m,040$, et de $0^m,032$ de diamètre. Ils ont le fond blanchâtre ou bleuâtre, parsemé de taches d'un rouge noir. Les uns sont presque entièrement couverts de ces taches; d'autres en ont très-peu; quelques-uns sont d'un blanc pâle et uniforme; enfin on remarque, sur certains de ces œufs, des taches très-fortes, en forme de couronne, vers le gros bout ; chez d'autres, ces taches paraissent en zig-zag.

Les anciens attachaient à l'épervier des idées mystérieuses ; ils pensaient que c'était lui qui engendrait le coucou. Ils supposaient aussi que ce faucon avait l'habitude, pendant la saison rigoureuse de l'hiver, de capturer, chaque soir, un moineau franc, et de le presser sur sa poitrine jusqu'au lendemain matin. L'épervier lui rendait alors la liberté, pour le récompenser de l'avoir préservé du froid, en lui servant, pour ainsi dire, de *bouillotte*.

CINQUIÈME GENRE. — MILAN.

Les Milans forment le cinquième genre de l'ordre des Accipitrins. Ils ont pour signes caractéristiques : un bec très-faible, crochu dès la base ; les tarses emplumés au-dessous du genou ; les ailes étroites et très-longues, et la queue fourchue.

MILAN ROYAL. — FALCO MILVUS, REGALIS.

Milan est la traduction de *miluus* pour *milvus*, qui signifie « oiseau de proie, » et selon Plaute, « voleur de bas étage. » Cette signification convient parfaitement au milan. Ce rapace est vorace, insatiable, vivant de tout, dévorant les insectes, les reptiles, les mammifères, les oiseaux sans défense, et toute espèce d'animal en putréfaction. Il se précipite sur tout, vole tout, pourvu qu'il n'y ait pas le moindre danger à courir. A la vue du plus petit rapace, il abandonne sa proie et s'éloigne avec la rapidité de la flèche. C'est grâce à cette puissance de vol et à sa vue très-perçante que le milan échappe à ses nombreux ennemis. Quoiqu'il ne pèse qu'un kilogramme, il a plus d'un mètre cinquante centimètres d'envergure. A la crainte du premier danger, il s'élève bien au-dessus de ses adversaires, et, à une hauteur de quatre kilomètres, il distingue les plus petits oiseaux et les reptiles cachés sous

l'herbe des prairies. Il tombe sur sa proie avec la rapidité de la foudre, pour fuir ensuite avec la même vitesse. Le milan ne chasse près des fermes que le matin, et, dès que le danger peut apparaître, il s'éloigne pour continuer ses courses loin de la demeure des hommes. Dans les temps

de la fauconnerie, il servait aux délassements de nos rois ;
c'est ce privilége qui lui a mérité le surnom de *royal*.
Les princes aimaient à assister à des luttes entre les
oiseaux de proie, et le milan était toujours choisi pour
figurer dans le combat, à cause de la beauté de son vol.
Ce don que la Providence lui a départi avec tant de générosité, servait à prolonger le combat et à le rendre plus
intéressant ; mais le milan succombait toujours sous les
serres du plus petit faucon et même de l'épervier. Le
milan royal passe sa vie dans l'air ; il semble y glisser
en conservant ses ailes immobiles et en se servant de sa
large queue comme d'un gouvernail. On a vu dans la
grâce de son vol l'origine de son nom : *Milvus quod de
molli volatu dicitur*[1]. Selon quelques auteurs, le nom du
milan était fondé sur une croyance populaire qui accor-
dait à cet oiseau une très-longue vie, une existence de
« mille ans. »

D'autres auteurs font dériver *milvus* de *mirlus, mirle*.
« Mirle est species accipitris. — Mirle est une espèce
d'aigle » (Ducange). Ce nom désignait donc une espèce
d'accipitrin ; il aurait pour racine primitive un mot de
la langue sanscrite : « *mri, mri*, » signifiant « tuer » et
qui serait lui-même la racine de *miles*, « soldat. » Je
ne puis suivre ces érudits dans toutes leurs savantes
transformations, et ici, comme en beaucoup d'autres
passages, je me borne à indiquer des idées générales.
Ainsi donc, selon cette hypothèse, le mot *milvus* indiquerait que l'oiseau qui le porte serait un « combattant ; » cela est vrai, mais en tout cas, ce n'est
pas un guerrier bien brave, car il n'accepte le combat
que lorsqu'il n'y a pas de danger. Cependant si l'on admet que le mot *vultur*, « vautour, » représente aussi

---

[1] Mathias Martinius, dans son *Etymologie*, cité par Ménage, au
mot *Milan*.

l'idée d'un combattant, on peut, sans trop se compromettre, attribuer au milan le rôle de soldat.

Ce qui pourrait fortifier l'hypothèse précédente, c'est l'expression ɪᴋᴛɪɴ, ɪᴋᴛɪɴᴏs, employée par les Grecs pour désigner le vautour et le milan, expression qui semble dériver de ᴋᴛᴇïɴô, signifiant « tuer, immoler, » et rentrer dès lors dans le sens de *miles*, « soldat. »

Le milan est sédentaire en Anjou. Il construit son nid à la cime des arbres. Cette aire est grossièrement façonnée ; dans les pays de montagne, il la confie aux buissons suspendus aux flancs des rochers. Les œufs, dont le nombre varie de trois à quatre, sont ordinairement oblongs, d'un blanc sale, et portent à une des extrémités une couronne de petits points noirs plus ou moins multipliés. Quelquefois ces œufs ont un côté beaucoup plus pointu que l'autre et portent des taches noirâtres ou violettes qui ressemblent à des gouttes étendues avec le doigt. Leur longueur moyenne est de $0^m,056$, leur diamètre de $0^m,042$. Ils se distinguent de ceux des buses ordinaires par leurs dimensions régulièrement plus petites et par la nature de leurs taches.

MILAN NOIR, PARASITE. — FALCO ATER.

Ce milan doit son premier nom à la couleur de ses plumes ; le deuxième, dérivé de ᴘᴀʀᴀ, « proche, » et sɪᴛᴏs, « blé, — qui vit aux dépens des voisins, » est une dénomination qui pourrait convenir à beaucoup d'autres. Des études récentes ont démontré que le rapace connu ordinairement sous le nom de milan noir ou parasite constitue deux espèces distinctes. Le milan noir a le bec noir et la queue peu fourchue. Le parasite a le bec jaune ; sa queue est longue et fourchue ; son doigt externe dépasse de beaucoup le milieu du doigt médian.

Enfin son plumage est d'une couleur plus claire en dessus, et plus rousse en dessous, que celui du milan noir.
Aristote appelait ce dernier *italien*, parce qu'il est très-
commun en Italie. Plus petit et plus courageux que le
milan royal, le milan noir préfère le poisson à toute autre
nourriture. Il détruit beaucoup de serpents, et choisit ordinairement pour lieu de résidence les bois situés près
des étangs. C'est à la cime de ces bois qu'il construit son
nid, comme son congénère. Quelquefois il profite d'une
aire abandonnée pour s'y établir. Son vol est moins élevé
que celui du milan royal. Ses œufs, au nombre de deux
ou trois, ont $0^m,05$ de longueur et $0^m,04$ de diamètre ;
quelques-uns sont d'un blanc jaunâtre sans aucune tache ;
d'autres d'un blanc bleuâtre avec des taches plus ou moins
nombreuses, mais cependant toujours plus multipliées
que sur les œufs du milan royal.

SIXIÈME GENRE. — BUSE.

Le sixième genre des Accipitrins comprend les Buses,
que l'on reconnaît à leur cou très-court, à leur tête large,
à leur corps trapu, à leurs tarses forts et très-peu allongés. Ces oiseaux ont la vue peu étendue, défaut qui, joint
à leur manière d'être, les a fait regarder comme peu intelligents, et a converti leur nom en une épithète peu
flatteuse. Les buses ne saisissent presque jamais leur
proie à tire d'ailes; elles se tiennent immobiles sur un
sillon ou sur une branche d'arbre, pendant des journées
entières, jusqu'à ce qu'elles aperçoivent une proie facile
sur laquelle elles se précipitent avec rapidité.

La Faune de Maine-et-Loire comprend trois espèces
de ces rapaces.

BUSE BONDRÉE. — FALCO APIVORUS.

Le nom de *buse* vient de *buteo*, *butio*, qui dérive lui-
même de ʙᴜᴢô, « crier, » et convient à ces accipitrins
dont la voix est forte et désagréable. L'épithète *bondrée*
a pu paraître, à quelques naturalistes, fondée sur une
habitude propre à cette buse. Elle saute de branche
en branche, de sillon en sillon, comme la pie, sans se
servir de ses ailes ; elle *piéte* et court comme les oiseaux
de basse-cour ; elle se tient dans le voisinage de l'eau et
poursuit les reptiles ou les insectes qui fuient devant elle.
Le même mot peut dériver aussi de *ponderata*, qui signifie « lourde, pesante, » parce que ce rapace devient
excessivement gras pendant l'hiver. Cette dernière explication, qui s'appuie sur l'autorité de Ménage et sur
celle de Le Duchat, me semble être la seule véritable.
Ponderata a pour racine *pondus,* qui signifie « poids, pesanteur. » Aussi les gens de la campagne, excellents observateurs, appellent-ils *bondrées* tous les gros oiseaux

de proie, sans distinction. Ils appliquent cette même expression aux personnes dont le poids paraît être considérable. Cette pesanteur est un moyen puissant que la Providence a mis à la disposition de ce rapace pour lui procurer une nourriture abondante dans toutes les saisons de l'année. En effet, la bondrée, après avoir multiplié ses recherches dans les terrains humides ou détrempés par la pluie, s'arrête, regarde autour d'elle, et s'empare des insectes que la secousse imprimée par son poids à la terre force à quitter leur repaire. Elle imite les pêcheurs qui, pour avoir des lombrics destinés à amorcer leurs lignes, ébranlent la terre, et attendent ensuite le résultat de la secousse communiquée autour d'eux. Par ce stratagème, la bondrée se procure en tout temps, et surtout en hiver, une proie suffisante qui, sans cela, lui échapperait souvent à cause de la faiblesse de sa vue. L'adjectif *apivorus*, « mangeur d'abeilles, » indique que cette buse aime beaucoup les abeilles et surtout les guêpes et les chrysalides qui lui servent à nourrir ses petits. Elle se distingue de ses congénères par sa tête moins grosse et d'un gris cendré qui tourne au bleuâtre. La buse bondrée présente de très-belles variétés dont quelques-unes pourraient être confondues avec l'aigle botté. Un signe certain auquel on peut toujours la reconnaître, c'est le bouquet de petites plumes fines qui remplit, chez cette buse, l'espace compris entre l'œil et la base du bec, et qui n'existe jamais chez les aigles, ni chez les autres buses. Dans les forêts, elle fait un nid avec quelques morceaux de bois, recouverts de racines, de feuilles desséchées ou de mousse grossière. Quelquefois elle pond dans un vieux nid, de corneille ou de pie, deux ou trois œufs un peu arrondis, parsemés de taches rouges si multipliées, qu'elles se fondent ensemble pour présenter une couleur uniforme et pour voiler entièrement le blanc sale de la coquille sur laquelle elles sont étendues. Ces œufs ressemblent à ceux que les enfants appellent, dans notre pays, œufs de Pâques. Quelques-uns sont d'un blanc d'ivoire, mouchetés de larges taches d'un rouge de brique. D'autres ont une couleur chocolat, uniforme, paraissant formée de deux couches, dont la première est plus foncée que la seconde. Enfin, on en trouve dont le fond de la coquille est d'un blanc jaune, strié de petits points rouges qui se réunissent quelquefois vers le gros bout pour former une espèce de calotte. Les uns sont entièrement ronds, d'autres oblongs ou piriformes. Ils ont 0ᵐ,051 de longueur, et 0ᵐ,042 de diamètre.

BUSE COMMUNE ou VARIABLE. — FALCO ou BUTEO VARIABILIS.

Cette buse a donné lieu à bien des erreurs dans la classification des oiseaux, à cause de la particularité à laquelle elle doit son nom. Tous les sujets de cette espèce varient de couleur ; ils vont du noir au blanc, en présentant toutes les nuances intermédiaires. Des naturalistes, qui avaient pris plaisir à réunir des buses, en offraient une collection de quarante-cinq à cinquante, sur lesquelles on n'en trouvait pas deux de même couleur ni de même grosseur. Celle-ci est appelée *commune*, parce qu'elle est bien plus répandue que les deux autres espèces ; elle porte aussi le nom de *buse à poitrine barrée*, à cause des taches qui semblent former sur sa poitrine des raies assez régulières.

La buse variable niche comme la précédente. Ses œufs, au nombre de deux ou de trois, sont oblongs, d'un blanc sale avec des taches, d'un gris brun ou jaunâtre, plus ou moins nombreuses vers le gros bout. Leur longueur est de 0^m,052, et leur diamètre de 0^m,042.

BUSE PATTUE. — FALCO ou BUTEO LAGOPUS.

Les deux adjectifs qui désignent cette buse indiquent son caractère distinctif : *pattue* et *lagopède*, « à pieds gros, emplumés, velus comme ceux du lièvre ; » de LAGÔS, « lièvre, » et POÛS, PODOS, « pied de lièvre, pied velu. » Cet oiseau a, en effet, les pieds emplumés jusqu'aux doigts. Il vit ordinairement dans les forêts du Nord, et pond deux ou trois œufs de la même grosseur que ceux de la buse commune, mais dont le fond est strié de taches d'un brun pâle ou violet, semblables à des gouttes effacées. D'autres sont un peu plus petits, et ne portent pas de taches. Cette buse est moins grosse et plus féroce que ses congénères, et n'a pas leur patience pour attendre sa proie. Elle fréquente le bord des rivières et des marais, où elle détruit une grande quantité de serpents, de mulots, de grenouilles et de taupes.

Un des spectacles les plus curieux que présente l'étude

de l'histoire naturelle, c'est la chasse donnée aux buses
par les corneilles, les pies et les geais. Quand ces oiseaux
ont découvert une buse et reconnu exactement l'arbre
sur lequel elle se tient en sentinelle, ils poussent un cri
d'alarme et de rappel. Bientôt les pies, les geais et principalement toutes les corneilles du canton se réunissent.
Chacun de ces oiseaux mêle sa voix au concert formidable qui se fait entendre et semble vouloir crier plus

fort que tous les autres. La buse résiste quelquefois avec
un calme imperturbable à ce véritable charivari. Mais
enhardies par les dédains de la buse, les corneilles s'approchent encore davantage de leur ennemie, et finissent
presque toujours, à force d'insultes, par la déterminer à
s'envoler. Dans ce moment solennel, les corneilles accompagnent la buse, et s'élèvent à des hauteurs prodigieuses en décrivant autour du rapace des cercles multipliés, essayant ainsi en quelque sorte de l'étourdir. La
buse s'exile du lieu qu'elle avait choisi pour arrondissement de chasse, et les corneilles alors se retirent, devinant

sans doute que, dans le nouveau canton où s'établira la buse, d'autres corneilles auront soin de la faire déloger à leur tour.

La buse se prend facilement au piége appâté avec des débris de viande recouverts de plumes. L'habitude où elle est de se tenir toujours sur la même branche facilite encore le travail du trappeur. Il suffit de placer le piége à terre, au-dessous de la branche sur laquelle se repose la buse, et souvent, quelques minutes après l'opération, l'oiseau se trouve victime de sa témérité. Si le terrain est un peu découvert, et que les corneilles puissent apercevoir la captive, elles s'abattent en grand nombre et exécutent autour d'elle des danses frénétiques, accompagnées de cris de fureur ou de satisfaction. Chacune veut insulter à l'ennemi vaincu, et cependant, par prudence, chacune se tient à une distance respectueuse. En vain la buse se renverse sur le dos et, avec son bec et ses serres, semble défier tout cet essaim de lâches combattants ; les efforts inutiles que fait la pauvre prisonnière pour se venger, le poids des piéges qui rend tous ses mouvements plus pénibles, hâtent le moment de sa mort. N'ayant plus rien à craindre, les corneilles s'approchent, insultent au cadavre, puis se dispersent. Il m'a été donné de contempler ce spectacle, grâce à la bienveillante amitié de M. Raoul de Baracé.

Depuis plusieurs années, mon honorable ami a capturé à Valoncourt, près le Lion-d'Angers, un certain nombre de buses, variété blanchâtre. Ces buses lui ont paru constituer une race dont les mœurs diffèrent de celles des buses ordinaires. Elles voyagent par couple ; car, après avoir capturé le mâle, la femelle se laisse prendre facilement. Le fait s'est répété pendant quatre années consécutives. Cette variété paraît plus timide que ses congénères ; elle vole près de terre ; son vol est court et ses pauses sont très-rapprochées, comme celles d'un semi-nocturne. Le mâle est beaucoup plus petit, plus blanc et plus effilé que la femelle. Cette race affectionne les arbres touffus, où elle peut déguiser sa présence. Elle se perche volontiers sur les basses branches des pommiers peu élevés ; elle semble craindre le jour. Doit-elle cette modification de ses habitudes à la blancheur de son plumage, qui la rend plus visible que ses congénères ou cherche-t-elle à compenser par la prudence les désavantages que lui donne sa couleur spéciale ?

<hr>

SEPTIÈME GENRE. — BUSARD.

Les busards forment le septième et dernier genre des rapaces diurnes. Ils s'éloignent des buses par leurs proportions beaucoup plus petites et plus sveltes, par la longueur de leurs ailes et par celle de leurs tarses entièrement nus, par leur tête petite et leur cou assez dégagé. Leur nom peut dériver du mot anglais *buzzard*, qui désigne oiseau de proie, ou être un diminutif de buse, ou enfin signifier « buse ardente, courageuse. » Cette dernière étymologie ferait connaître le caractère de ces accipitrins, dont le courage est très-grand et l'ardeur incessante. Ils ne craignent pas de combattre et même d'attaquer les autres oiseaux de proie. Autant les buses paraissent pesantes et stupides, autant les busards ont de légèreté et de grâce. Leur vol autour des buissons et à travers les champs a quelque chose de celui de l'hirondelle et de la mouette ; dans leurs chasses, ils paraissent prendre plaisir à se balancer, en imprimant à leurs ailes un mouvement de bascule presque continuel.

La Faune de l'Anjou compte trois busards.

BUSARD DES MARAIS ou HARPAYE. — FALCO RUFUS ou CIRCUS RUFUS.

Le premier de ces noms a été donné à ce busard à cause des lieux qu'il affectionne. Il chasse sur les bords des étangs, des marais, où il vit d'oiseaux aquatiques, de grenouilles et de poissons. L'adjectif *harpaye*, du mot *harper*, ʜᴀʀᴘᴀᴢᴇΪɴ, « ravir, » ʜᴀʀᴘᴀɢʜÊ, « croc, instrument qui saisit fortement, qui enlève, » peint très-bien l'énergie de cet oiseau, vrai fléau des foulques et des poules d'eau. Le mot générique *circus* s'applique à tous les busards, et rappelle un caractère spécial de ces accipitrins : le cercle ou demi-collier de plumes serrées qu'ils portent tous d'une manière plus ou moins sensible et qui s'étend du menton aux oreilles. L'épithète *rufus*, « roux, » représente la couleur des plumes de ce rapace, désigné aussi par les adjectifs *æruginosus*, « couleur de rouille, » et *suisse*, du nom du pays où il se trouve en grande quantité. Les changements multipliés que ce busard subit dans les nuances de son plumage, selon l'âge et le sexe des individus, avaient engagé quelques naturalistes à multiplier des espèces abandonnées généralement, comme n'étant pas fondées sur des caractères positifs.

Le harpaye fait son nid d'une manière grossière, dans les joncs des marais ou sur une petite éminence voisine de l'eau. Il y pond de trois à cinq œufs d'un blanc bleuâtre pâle, ordinairement sans taches ; quand ces taches existent, elles semblent formées par une seconde couche irrégulière, plus foncée que la première. Ces œufs ont de 0ᵐ,048 à 0ᵐ,050 de longueur, et de 0ᵐ,036 à 0ᵐ,038 de diamètre. Tous ont une des extrémités plus grosse que l'autre.

BUSARD SAINT-MARTIN. — FALCO ou CIRCUS CYANEUS.

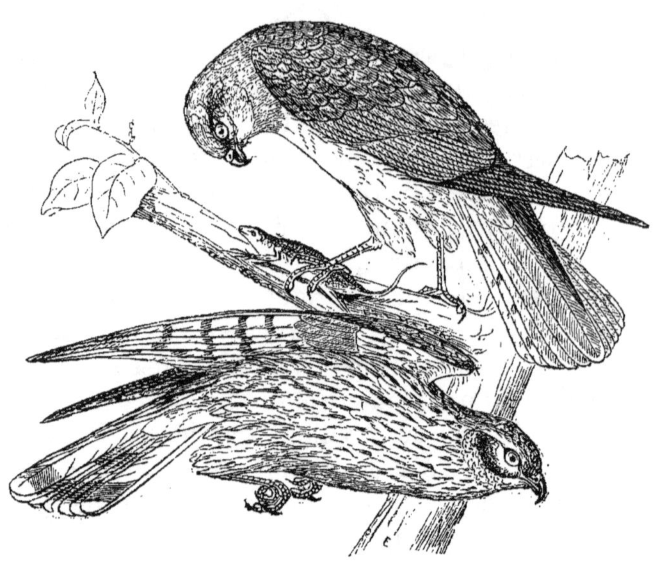

Ce busard doit son nom à l'époque à laquelle il a été observé à son passage en France, en automne à « la Saint-Martin. » L'adjectif *cyaneus*, « bleu gris, » indique la couleur du plumage de cet oiseau. Le Saint-Martin est plus petit que le précédent, et porte une collerette formée de plumes fines, pressées, et de couleur d'un gris bleu pâle. Il niche à terre dans les joncs et dans les bois marécageux, pond quatre ou cinq œufs semblables à ceux du busard harpaye, mais un peu plus petits ; quelques-uns sont parsemés d'un noir ou d'un roux foncé, et ressemblent à de gros œufs d'épervier. J'ai reçu de la Bohême et de la Hongrie des œufs de busard Saint-Martin dont la coquille était revêtue de taches très-larges, irrégulières et d'une couleur foncée. Ce sont ces types que des marchands essaient de vendre aux jeunes collecteurs comme étant des œufs de l'Elanion Blac (*falco* ou *elanus melanopterus*) ; ils ont 0^m,046 de longueur, et 0^m,036 de diamètre.

BUSARD MONTAGU. — FALCO CIRCUS ou CIRANEUS.

Le Montagu porte le nom du savant naturaliste anglais qui le premier fit connaître, d'une manière précise, les caractères établissant une distinction entre le Saint-Martin et celui-ci. L'épithète *cineraceus*, « cendré, » constate la couleur du plumage de cet accipitrin. Le Montagu est plus petit que les deux précédents ; il se distingue du Saint-Martin par les ailes qui, dans celui-ci, couvrent la queue, tandis que dans le Montagu elles ne s'étendent qu'aux deux tiers. Les plumes des flancs et de l'abdomen du Montagu sont blanchâtres, et portent des traits d'un roux de rouille. Ce rapace niche dans les bois ou dans les landes, et pond quatre ou cinq œufs semblables à ceux du Saint-Martin, mais plus petits et un peu moins allongés. Cependant ils n'offrent pas les mêmes variétés que ceux du précédent. Quelques-uns seulement sont pointillés de petites taches d'un noir pâle et presque effacé. Ils ont 0^m,036 de longueur, et 0^m,032 de diamètre. Ainsi les œufs des trois espèces de busards ne diffèrent que par leur grosseur, qui varie selon les proportions de l'oiseau.

Les vingt-neuf rapaces que je viens d'énumérer, et dont treize seulement sont sédentaires, forment la quinzième partie des oiseaux de la Faune de l'Anjou. Cette proportion est la même que celle qui existe dans l'ornithologie générale. Les carnassiers composent, au contraire, le tiers des mammifères. Mais afin de rétablir l'équilibre, les oiseaux l'emportent de beaucoup en nombre sur les quadrupèdes dans la chasse sur l'eau. Là, on trouve une multitude d'oiseaux qui suppléent aux quadrupèdes, que leur nature tient éloignés des rivières. Tous les oiseaux de cette dernière catégorie saisissent leurs nombreuses victimes avec un bec crochu et quelquefois dentelé. Ainsi la Providence a tout coordonné de manière à ce que les espèces pussent se propager sans dépasser de sages limites.

DEUXIÈME ORDRE. — GRIMPEURS.

Les naturalistes ont réuni sous le nom de Grimpeurs, non-seulement les oiseaux dont la vie est consacrée à grimper le long des arbres pour chercher leur nourriture, mais encore ceux qui sont organisés de manière à pouvoir se cramponner à l'écorce des arbres, le temps suffisant pour y saisir leur proie.

Les grimpeurs se distinguent des autres oiseaux par leurs doigts dont deux sont placés en avant et deux en arrière ; le quatrième est versatile.

PREMIÈRE FAMILLE.

Les Cuculides.

Le nom donné à cette première famille est la traduction de *cuculus*, mot formé dans les trois langues par l'imitation du chant des oiseaux qui la composent : Κοκ-κυξ, *cuculus*, « coucou. »

Les coucous appartiennent aux grimpeurs par leurs doigts dont les deux en avant sont réunis et les deux en arrière séparés. Ils s'éloignent des pics et du torcol par la langue qui n'est pas extensible.

COUCOU GRIS. — CUCULUS CANORUS.

L'épithète donnée à ce coucou est fondée sur les nuances de son plumage, et l'adjectif *canorus* sur le « cri retentissant » qu'il se plaît à répéter dans les bois au commencement du printemps.

Les coucous, ainsi que les pics et les oiseaux qui ne se nourrissent pas des biens de la terre, sont condamnés à être solitaires, moins par inclination que par nécessité. Ils vivent d'insectes et surtout de chenilles velues, qu'ils saisissent en se cramponnant aux arbres et même quelquefois aux pierres recouvertes de mousse ou de petites plantes rampantes. Ils avalent leur proie avec une grande

voracité, et rejettent, après la déglutition, la peau des chenilles roulée en pelotes. Les coucous pratiquent la polygamie. Les mâles sont beaucoup plus nombreux que les
femelles. Celles-ci pondent de quatre à six œufs dans les
nids des insectivores. Quand ces nids sont en rase campagne, comme ceux des pipits, des alouettes, du proyer, etc.,
et que la mère se trouve sur les œufs, la femelle du coucou
décrit plusieurs circonférences, à l'exemple des rapaces,
et finit par effrayer la couveuse et par l'éloigner pendant
quelque temps. Libre alors de ses mouvements, elle
s'établit sur le nid, pond et s'enfuit, après avoir mangé
un œuf de l'oiseau auquel elle abandonne les soucis
de sa propre maternité. Quand l'ouverture du nid est
défendue par des ronces et que la femelle du coucou ne
peut en approcher facilement, elle pond à terre, saisit
l'œuf dans son bec, et va le déposer ensuite dans le berceau qu'elle a choisi. La femelle du coucou ne pond que
dans les nids dont les œufs ne sont pas encore couvés.
Est-ce pour s'assurer de leur état qu'elle mange un de
ces œufs ? Est-ce pour tromper plus facilement la pauvre
mère ? Cette dernière hypothèse paraît plus admissible
que la première. On a constaté, en effet, que deux œufs
avaient disparu dans des nids de rouge-gorge, de pipit,
de proyer, etc., dans lesquels la femelle du coucou en
avait pondu le même nombre. L'œuf déposé par le coucou
est couvé avec soin par l'oiseau auquel il a été confié.
Celui-ci ignore que son nid renferme l'ennemi de ses
petits. En effet, si l'œuf du coucou éclôt le premier, le
petit jette hors du nid les autres œufs ; s'il ne voit le jour
qu'après les petits de la véritable mère, il ne tarde pas
à les étouffer par ses mouvements brusques dans un nid
beaucoup trop étroit pour le contenir. Resté seul, il
devient pour son père et sa mère adoptifs la cause
d'un travail pénible par suite de son extrême voracité.
Quelquefois même il étouffe, dans son large gosier, le

rouge-gorge qui a porté trop imprudemment dans l'intérieur du bec du coucou l'insecte capturé pour la nourriture de cet ingrat. Devenu un peu grand, le jeune
coucou tombe naturellement du nid; ses parents nour-
riciers veillent à ses besoins pendant quelque temps, et
bientôt il vit de sa propre chasse en saisissant dans les
buissons les insectes et les vermisseaux. Plus tard, il
mangera des hannetons, puis de jeunes grenouilles et
surtout les œufs et les petits nouvellement éclos. Ce
dernier grief explique l'énergie et l'acharnement avec
lesquels les coucous sont repoussés par tous les oiseaux
dont ils visitent les couvées. La femelle du coucou met
un intervalle de cinq à sept jours entre la ponte de chacun
de ses œufs. Ceux-ci sont très-petits par rapport à la
grosseur de l'oiseau. Ils ont de 0^m,021 à 0^m,023 de longueur, et de 0^m,014 à 0^m,016 de diamètre. Ces œufs varient beaucoup de teinte et de couleur, depuis le blanc
verdâtre jusqu'au bleuâtre clair; ils sont parsemés de
raies très-légères ou de petits points bruns, noirs, gris
cendrés, violets. Quelques-uns ressemblent aux œufs
du bruant-proyer, d'autres à ceux des alouettes cochevis
et calandre. La Providence semble avoir permis cette
variété, afin que la femelle du coucou pût tromper plus
facilement les mères auxquelles elle confie ses œufs, en
modifiant leurs couleurs selon les nids dans lesquels elle
les dépose. Je ne veux pas faire de ces différences de
couleurs un principe général; je constate simplement des
faits nombreux parvenus à ma connaissance. Les œufs
de coucous trouvés dans les nids d'accenteur mouchet et
dans ceux d'accenteur pégot sont assez fréquemment
d'une couleur bleue, semblables à ceux que contenait le
nid dans lequel ils ont été déposés par la femelle du coucou, tandis que d'autres qui ont été recueillis dans le
nid de la rubiette tithys étaient blancs; de plus, ceux
que l'on prend dans les nids de bergeronnette, d'alouette,

de rouge-gorge, etc., se rapprochent beaucoup de la couleur des œufs de ces différents oiseaux. Pour ces variétés si multipliées, qui ne se rencontrent dans les œufs d'aucun autre oiseau, doit-on admettre l'influence du climat et celle de la nourriture? ou bien plutôt une preuve nouvelle de l'attention de la Providence? En effet, le coucou, après avoir pondu ses œufs, ne choisirait-il pas d'abord, par un instinct admirable, le nid des insectivores dont la nourriture est la seule qui convienne au jeune coucou, et ne chercherait-il pas dans ces nids des œufs de même couleur avant d'aller y déposer les siens? Cette dernière précaution ne serait-elle pas alors un nouveau moyen de tromper la pauvre mère, à laquelle la femelle du coucou confie l'incubation de ses œufs? Cette hypothèse pourrait d'autant mieux être admise, qu'il paraît être démontré, par des observations nouvelles et multipliées, que la femelle du coucou pond effectivement à terre, et qu'elle transporte ses œufs très-facilement et pendant un temps assez long dans une poche dépendant de son gosier. Il a été constaté sur plusieurs femelles qu'ayant été tuées, les convulsions de la mort les forçaient de rejeter l'œuf qu'elles avaient confié à cette poche secrète.

Cette habitude de pondre dans les nids étrangers est peut-être fondée sur l'instinct de la femelle, qui dérobe ses œufs et ses petits à la voracité de leur père. Les Grecs auraient dû consacrer la femelle à Cybèle, et le mâle à Saturne. Quelques naturalistes pensent que cette particularité vient de l'incapacité de la femelle à couver ses œufs, à cause de son extrême maigreur, devenue proverbiale. Cette excessive maigreur dépend elle-même de la voracité de cet oiseau et du choix de ses aliments très-peu nourrissants, qui exigent l'absorption d'une grande quantités d'insectes et un travail des intestins très-pénible. Ceux-ci, en effet, reçoivent beaucoup et conservent peu. Enfin, le temps mis entre la ponte de chaque œuf serait un motif très-suffisant pour démontrer que la femelle ne peut couver ses œufs sans s'exposer à un travail d'incubation et d'éducation au-dessus de ses forces. Cet intervalle de temps est peut-être encore le résultat du travail fatigant de la digestion.

La polygamie, qui brise les liens de la véritable famille parmi les hommes, ne serait-elle pas aussi le vrai motif pour lequel la femelle du coucou abandonne à des étrangers l'éducation de ses petits?

COUCOU ROUX. — CUCULUS HEPATICUS.

Le plumage de cet oiseau est déterminé par les adjectifs *roux* et *hepaticus*. Celui-ci dérive de ἡπατικός, dont la racine est ἧπαρ, « foie, couleur jaune brun. » Cette couleur constitue-t-elle une variété, une espèce ? Est-elle simplement le résultat de la mue ?

Le coucou roux ne saurait être une variété ; car une variété qui se perpétue toujours de la même manière, avec des teintes si différentes du type primitif, ressemble bien à une espèce. L'opinion de ceux qui admettaient que le coucou roux était le mâle ou la femelle du coucou cendré, n'est pas fondée ; car l'expérience a prouvé que des mâles et des femelles se trouvent dans les sujets des deux nuances. J'ai pu constater de nouveau cette vérité sur un certain nombre de coucous, que M. de Baracé avait eu la bienveillance de m'adresser cette année. Ceux qui pensent que le coucou roux est le coucou gris dans ses premières années, assuraient que les uns émigraient vers le nord, les autres vers le sud, et qu'on ne trouve pas les uns et les autres dans la même localité, suivant la règle des oiseaux voyageurs dont les vieux et les jeunes visitent rarement les mêmes pays. Ce dernier sentiment ne peut plus être soutenu sérieusement. Chaque année, en Anjou et dans tous les pays de l'Europe, on rencontre les coucous émigrant ensemble avec les deux plumages très-distincts, et, à l'état adulte. Malgré ces preuves, Latham et M. Millet sont presque les seuls à soutenir que le coucou roux est une race distincte du coucou gris. Je pense que cette question doit encore être étudiée, et qu'on peut fortifier la dernière opinion en faisant remarquer que, si la différence du plumage était le résultat de la mue, on devrait trouver des traces du passage d'une couleur à l'autre; que cette mue ne peut pas s'opérer instantanément, et que les partisans de l'opinion contraire devraient montrer des sujets roux n'ayant pas encore revêtu la livrée complète d'adulte. On ne voit ces sujets ni dans les musées, ni dans les collections particulières, et cependant ils devraient être très-communs à cause du grand nombre de coucous qui existent dans toutes les contrées de l'univers. Enfin, comment expliquer la grande disproportion constante entre les dimensions des coucous gris et celles des coucous roux? surtout, lorsque généralement, dans les oiseaux, les petits atteignent à la fin de l'année la taille des adultes. Non-seulement cette variété du coucou, mais l'espèce elle-même a toujours été enveloppée des voiles du mystère. Pendant bien des siècles, les anciens ont pensé que le coucou se transformait en épervier. Peut-être étaient-ils portés à admettre cette métamorphose par la disparition des cuculides, que rien ne semblait expliquer, et par les formes, les pieds et le bec de ces oiseaux qui les assimilaient un peu aux rapaces. Plus tard, les naturalistes crurent que les coucous, après s'être beaucoup engraissés pendant l'automne, se livraient dans le creux d'un vieil arbre à un sommeil prolongé, dont ils ne sortaient que vers les premiers jours du printemps.

Une espèce de coucou, le *coucou indicateur*, rend de

véritables services aux habitants de l'Amérique méridionale en leur faisant connaître, par son cri, les parties des forêts où se trouvent les nids des abeilles sauvages.

Depuis l'impression de la première édition de ces *Essais*, plusieurs personnes m'ont demandé sur quels faits pouvait reposer la croyance populaire qui admet que l'on aura de l'argent toute l'année, quand on en porte sur soi-même au moment où l'on entend, pour la première fois de l'année, le chant si accentué du coucou. Cette croyance est certainement fondée sur quelques observations qui n'ont pas échappé à la sagacité ordinaire des habitants de la campagne; ces observations, quelles sont-elles ? Je l'ignore; mais je crois pouvoir relater ici une croyance qui s'y rapporte. Les anciens observaient avec une grande attention le temps de l'apparition et de la disparition du coucou en Italie. Ils attachaient des idées superstitieuses à tous les actes de cet oiseau. Les vignerons qui n'avaient point achevé de tailler leurs vignes avant son arrivée, étaient regardés comme des paresseux et devenaient l'objet de la risée publique. Les passants, qui les voyaient en retard, leur reprochaient leur paresse en répétant le cri du coucou, et leur prédisaient qu'ils retireraient peu de bénéfice de leurs vignes à cause de leur négligence.

DEUXIÈME FAMILLE.

Les Proglosses.

La dénomination de *proglosses*, PRO, « en avant, » et GLÔSSA, « langue, » indique le caractère spécial de cette famille, dont tous les individus ont une langue trèslongue et extensible.

PREMIER GENRE.

LE TORCOL. — YUNX TORQUILLA.

Yunx de ιυνx, ιυνgos, signifiait chez les Grecs, « la bergeronnette, le torcol » et « les sortiléges. » *Torquilla* peut avoir pour racine *torques* ou *torquis*, « collier, » et *yunx torquilla* signifierait alors le « torcol à collier, » dénomination très-exacte. Le nom français indique les singulières habitudes de cet oiseau qui tourne la tête, le col d'une manière bizarre. Ce grimpeur met sa queue de côté, en éventail, donne à son corps les ondulations d'un reptile, et paraît éprouver les convulsions d'un épileptique. Aussi inspire-t-il une telle frayeur à la plupart de ceux qui le prennent dans des filets, qu'ils aiment mieux lui rendre la liberté que de le saisir. Ces mouvements si extraordinaires, conséquence d'un système nerveux très-développé, sont attribués à un sentiment de crainte ou de surprise que ressent le torcol. Ils sont aussi un moyen dont se sert cet oiseau, d'un naturel très-paresseux, pour éloigner et effrayer ses ennemis. Les anciens le consultaient dans leurs augures, et s'en servaient pour jeter des sortiléges. Pendant très-longtemps, le torcol a été rangé parmi les oiseaux mystérieux ; une croyance populaire le regardait comme le mâle ou la femelle du coucou. Tout en lui contribue à le placer dans une catégorie exceptionnelle : par son cri, il ressemble à l'épervier et à la crécerelle ; par son plumage, à la vipère. Aussi les Anglais l'appellent-ils « l'oiseau-vipère. » Enfin il se plaît à faire le ventriloque au fond des arbres creux dans lesquels il se réfugie ; puis il sort de sa retraite ténébreuse pour s'assurer de l'effet qu'il a produit sur ses auditeurs, et continue sa représentation par des poses et des contorsions qui en font un véritable saltimbanque, et un saltimbanque bruyant et tapageur.

Le torcol appartient aux grimpeurs par ses doigts, diffère du coucou par sa langue, et des pics par sa queue. Sa langue, qui est extensible et cylindrique, lui sert à saisir les fourmis et les petits insectes. On le voit souvent cramponné aux branches sèches, sur lesquelles il paraît plutôt se reposer que chercher sa nourriture. Il parcourt les arbres, sans grimper à la manière des pics, et s'arrête aux cavités naturelles pour y plonger sa langue. Le torcol pond dans les trous des arbres, et choisit ceux dont l'ouverture est très-étroite. La femelle dépose de cinq à sept œufs sur la poussière vermoulue, dans laquelle elle a préparé un creux avec le secours de son bec et de ses doigts. Ces œufs sont d'un blanc brillant, caractère qui sert à les distinguer de ceux de la fauvette rouge-queue, auxquels ils ressemblent par la forme et la grosseur. Ils sont ordinairement arrondis, quelquefois pointus et ont de $0^m,018$ à $0^m,020$ de longueur, et de $0^m,013$ à 0^m015 de diamètre. Lorsqu'on plonge le bras ou un bâton dans le nid du torcol, la mère, si elle s'y trouve enfermée, pousse immédiatement des sifflements si violents, qu'on a peine à se défendre d'un sentiment de crainte. Le plus souvent les dénicheurs s'éloignent de l'arbre, croyant s'être trompés et avoir à lutter contre un essaim de vipères.

DEUXIÈME GENRE. — LES PICS.

Ce nom rappelle encore une famille d'oiseaux victimes de l'ingratitude des hommes. Les pics ont reçu du Ciel une laborieuse mission. Dieu les a condamnés à ne vivre qu'au prix d'un travail incessant, dont le but est l'avantage réel des propriétaires. Ils doivent parcourir les bois, les vergers, monter le long des arbres en tous sens, sonder tous les trous, visiter toutes les fissures, inspecter toutes les écorces, les enlever même, si cela est néces-

saire, pour y saisir et y tuer les insectes et les vers rongeurs. Afin de lui faciliter ce labeur pénible, Dieu a
donné au pic deux doigts en avant et deux en arrière,
armés d'ongles très-forts et arqués, des pieds courts et
musculaires, un bec carré à sa base, cannelé dans sa
longueur, aplati à la pointe ; ce bec repose sur un cou
raccourci, pourvu de muscles vigoureux et soutenant un
crâne très-fortement constitué. Sa langue est très-lon-

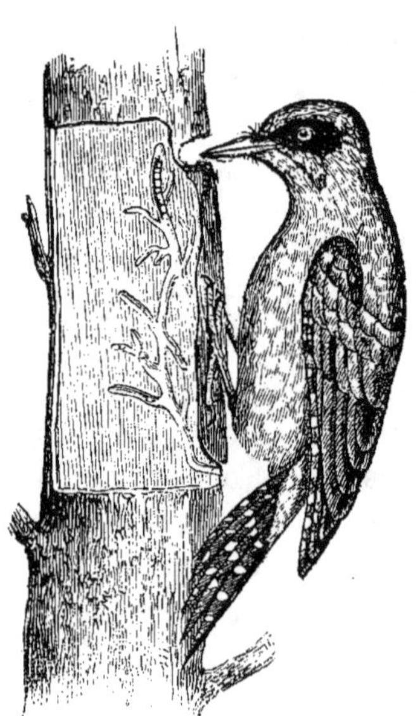

gue, effilée, arrondie, terminée par une pointe osseuse
et par quelques petits cro-
chets ; elle servira à percer les
insectes et à les retirer ensuite. Deux glandes y déver-
sent une espèce de liqueur
visqueuse, sur laquelle les
fourmis viendront s'attacher.
Enfin, sa queue est formée
de dix pennes tronquées,
raides, d'inégale longueur,
composant une espèce de *miséricorde*, sur laquelle le pic
s'appuiera et se reposera en
gravissant les arbres, en
perçant et fouillant les écorces. Armé de ces dons de la
Providence, le pic, comme tous les ouvriers condamnés
à un travail pénible et peu lucratif, commence sa journée dès que le jour paraît ; il visite tous les troncs et les
branches des arbres ; il scrute tous les trous : plonge sa
langue sous toutes les écorces, sonde toutes les plaies ; si
l'arbre rend un son qui trahisse la présence d'un ver
rongeur, le pic s'arrête, perce l'arbre, et va chercher jusque dans son repaire l'insecte destructeur. Le médecin,
qui laboure avec le fer et le feu les membres de l'homme

pour conjurer le développement du mal, est-il coupable?
rend-il un service? La réponse à cette double question
condamnera ou justifiera l'oiseau consacré à Mars. Les
anciens avaient vu, dans la vie des pics, l'image d'un
combat perpétuel; dans l'énergie des coups de bec de cet
oiseau et dans son adresse à atteindre et à percer ses
victimes, quelque ressemblance avec la puissance du
dieu des batailles. L'apparition de cet oiseau était regardée comme un heureux présage. Aussi, lorsque les Sabins
étaient en marche pour aller fonder la colonie d'Asculum,
furent-ils agréablement surpris en voyant un pic-vert
venir se reposer sur leur étendard. Pour consacrer ce
souvenir, ils nommèrent *Picenum* la contrée de l'Italie
dont Asculum devint le chef-lieu.

Quand les pics sont dominés par des sentiments de
crainte ou de colère, ils relèvent les plumes de leur tête.
Cette particularité a fait croire à quelques naturalistes
que ces oiseaux avaient une huppe. Malgré le rude
labeur auquel ils sont condamnés, ils conservent une
gaieté qui ne paraît jamais se démentir; ils sont l'image
fidèle de l'homme acceptant généreusement la loi du
travail.

M. Servaux, chef du bureau des travaux historiques
au ministère de l'Instruction publique, donne, dans une
lettre à M. Mulsant, président de la Société Linnéenne
de Lyon, une preuve bien touchante de l'empressement
avec lequel les pics se viennent en aide les uns aux
autres. Voici cette lettre :

« Un article que j'ai lu dans les Annales de la Société
« Linnéenne de Maine-et-Loire (2ᵉ année, 1856), m'a
« rappelé que je vous avais promis, lors de votre dernier
« voyage à Paris, de vous faire part d'une observation
« très-curieuse que j'avais faite, l'année dernière, sur
« un couple de pics de la forêt de Montmorency.

« A la fin de l'hiver, j'avais remarqué, dans une

« grande propriété de Montmorency (Seine-et-Oise),
« deux pics (le plus commun, le *Picus viridis*), qui
« avaient commencé à creuser leur nid dans un orme,
« à quatre mètres environ du sol. Vers le milieu de mai,
« pensant, avec juste raison, qu'ils devaient avoir des œufs,
« j'appliquai une échelle et montai le long de l'arbre ;
« mais impossible d'introduire mon bras dans l'ouver-
« ture : l'arbre était trop épais, et le trou était profond
« de cinquante centimètres environ. J'essayai, mais en
« vain, et pendant plus d'une demi-heure, d'arriver aux
« œufs, soit à l'aide d'une branche enduite de glu, soit
« avec une cuillère en étain recourbée... Enfin, lassé de
« mes tentatives infructueuses, je me décidai à boucher
« l'entrée du nid, avec cette espérance que, peut-être
« pressée de pondre, la femelle déposerait ses œufs,
« ainsi que je l'ai observé plusieurs fois, dans un trou
« d'arbre des environs.

« Je ne m'occupais plus des pics et ne pensais déjà
« plus à eux, lorsque le soir, vers quatre heures, passant
« dans cette même allée, j'entendis frapper à coups re-
« doublés sur l'orme que j'avais quitté le matin... Je
« m'avançai avec précaution et j'aperçus, cramponné à
« l'arbre et frappant sans interruption, juste à la hau-
« teur du fond du nid, c'est-à-dire à cinquante centi-
« mètres plus bas que l'ouverture, un pic qui, tout
« préoccupé de son opération, ne me vit pas et me laissa
« approcher jusqu'au pied de l'arbre ; il s'envola alors,
« et grand fut mon étonnement, lorsque j'entendis con-
« tinuer, mais intérieurement, dans l'arbre, le même
« bruit que j'avais entendu au dehors.... Evidemment
« j'avais enfermé la femelle dans le nid, sans m'en dou-
« ter, et la pauvre bête, couchée sur sa couvée, n'avait
« pas donné signe de vie le matin, lors de mes tentatives
« pour lui enlever ses œufs.

« J'appliquai de nouveau l'échelle contre l'arbre et

« je collai mon oreille à l'endroit où les coups de bec
« arrivaient sans arrêt et avec une précipitation qui
« indiquait le désir de liberté que devait éprouver la
« prisonnière ; je fis du bruit, elle s'arrêta, mais un
« instant après elle recommença de plus belle. De son
« côté, le mâle n'était pas resté inactif, je vous assure ;
« car l'écorce de l'arbre était fortement entamée sur une
« largeur de cinq à six centimètres et sur une profon-
« deur de plus de deux centimètres. Inutile d'ajouter
« que ce commencement de trou correspondait juste à
« celui que la femelle commençait à l'intérieur.

« La captivité forcée, que j'avais imposée bien invo-
« lontairement à la pauvre femelle, avait duré assez long-
« temps, et, après m'être bien assuré du fait que je viens
« de vous raconter, je retirai la pierre que j'avais mise
« le matin pour boucher l'entrée du nid ; la femelle
« s'élança immédiatement, mais je la saisis au passage
« pour l'examiner avec attention ; elle était, comme vous
« devez le penser, extrêmement farouche, très-agitée,
« les plumes hérissées, le bec tout couvert de sciure de
« bois, et, lorsque je la lâchai, elle poussa deux ou
« trois cris en s'envolant... Etait-ce la peur que je
« venais encore de lui causer, ou plutôt la joie de la
« liberté ?

« En quittant la maison, je fis part au jardinier de ce
« qui venait de m'arriver ; il me plaisanta beaucoup, me
« disant que c'était impossible, attendu que, dans la
« journée, à plusieurs reprises, il avait vu les deux pics
« qui frappaient l'orme à l'extérieur, et qui étaient tel-
« lement occupés à leur travail qu'ils le continuaient
« malgré sa présence, ne s'envolant qu'au moment où il
« allait les toucher... Je m'expliquai alors l'énorme trou
« fait en si peu de temps et qui, bien probablement,
« n'aurait pas tardé à offrir une sortie à la prisonnière.

« Pour rendre la liberté à sa femelle, le pic mâle avait

« eu recours à l'obligeance d'un camarade, de son frère
« peut-être.

   « Cette histoire est vraie en tous points ; l'expérience,
« au besoin, pourrait être renouvelée. Je crois que cette
« observation n'a pas encore été faite ; peut-être pourrait-
« elle intéresser les personnes qui s'occupent d'oologie
« et d'ornithologie [1]. »

L'Anjou possède cinq espèces de pics.

———

PIC-VERT. — PICUS VIRIDIS.

Le nom donné au deuxième genre de la famille des
proglosses, en français et en latin, est fondé sur l'emploi
de leur bec qui leur sert de *pic* pour perforer les arbres
et trouver leur nourriture. L'adjectif *vert* indique la
couleur dominante des plumes de la première espèce de
ce genre.

Picus nous rappelle aussi des souvenirs mythologiques.
Picus, fils de Saturne, père de Faune et aïeul du roi Latium, méprisa l'amour de la magicienne Circé pour
épouser Canente. Circé, vivement irritée du dédain de
ce jeune prince, le changea en pic-vert [2]. Picus devint

[1] Extrait des Annales de la Société Linnéenne de Lyon, tome
VII, 1860.

[2] Picus equum domitor, quem capta cupidine conjux,
   Aureà percussum virgà versumque venenis,
   Fecit avem Circe sparsitque coloribus alas.
                         VIRGILE (*Æneid.*, liv. VII).

Picus, amateur de chevaux, le même à qui Circé, dans son
ardente jalousie, versa un breuvage magique et qu'elle trans-
forma, d'un coup de sa baguette d'or, en un oiseau revêtu de
couleurs éclatantes.

   Tum bis ad occasum, bis se convertit ad ortum,
   Ter juvenem baculo tetigit, tria carmina dixit.
   Ille fugit, sese solito velocius ipse

un des dieux champêtres et présida aux augures. L'infortunée Canente fut entièrement consumée par le chagrin : il ne resta d'elle que le souvenir de son malheur. Les anciens aimaient beaucoup à consulter le vol du pic-vert, et ce fut avec plaisir qu'ils le virent, en grimpant à l'arbre qui protégeait le berceau de Remus et de Romulus pendant que la louve les allaitait, prédire la grandeur future des deux fils du dieu auquel il était consacré. Maintenant encore, les modifications du cri du pic-vert annoncent aux habitants de la campagne les variations de la température. C'est pour cette raison qu'il est appelé le « procureur, le pourvoyeur des moulins, le meunier. » Les Anglais le nomment « l'oiseau de pluie. »

Une vieille légende scandinave expliquait autrement les pérégrinations continuelles, la vie pénible des pics, leurs cris annonçant la pluie, enfin la calotte rouge dont leur tête est ornée. Le pic était, au point de vue des hommes du Nord, un juif-errant, un coupable expiant un grand crime. Voici, en abrégé, cette légende née

Currere miratus pennas in corpore vidit ;
Seque novam subito Latiis accedere silvis
Indignatus avem, duro fera robora rostro
Figit et iratus longis dat vulnera ramis.
Purpureum chlamydis pennæ traxère colorem ;
Fibula quod fuerat vestemque momorderat aurum
Pluma fit et fulvo cervix præcingitur auro.

En achevant ces mots, Circé se tourne deux fois vers l'occident et deux fois vers l'orient : de sa baguette elle touche trois fois le jeune prince et profère trois fois des paroles magiques. Il fuit, surpris de courir avec plus de vitesse : il voit des plumes naître sur tous ses membres. Nouvel oiseau, il s'élance indigné dans les forêts du Latium ; il déchire de son bec le flanc des vieux chênes et, dans sa rage, il blesse leurs longs rameaux. La pourpre dont sa chlamyde était colorée se reproduit sur ses ailes ; l'or de son agrafe rehausse d'un vif éclat son plumage et son cou. (OVIDE, *Mét.*, l. XIV.)

dans les forêts de la Norwége où les pics sont très-nombreux.

Une vieille femme, nommée Gertrude, avait l'habitude de se coiffer d'un béret rouge, et surtout de rendre
la vie si pénible à son mari, que celui-ci, dans sa naïveté, assurait qu'il ne consentirait jamais à aller dans
le paradis si sa femme devait s'y trouver. Le brave
homme pensait que le cours de sa vie, passée avec une
telle mégère, devait lui faire préférer l'enfer même à des
joies, quelles qu'elles fussent, si elles devaient être em-
poisonnées par la présence de Gertrude.

Un jour, un pauvre se présente à la porte du logis,
demandant un verre d'eau pour désaltérer son gosier
brûlé par les fatigues d'une longue marche. Gertrude
l'éloigne avec brutalité, le menace de son balai·et joint
les injures au manque de charité. Ce pauvre était Jésus-
Christ. « Puisque, » lui dit le divin Sauveur, « tu n'as
« pas voulu donner au pauvre le verre d'eau recommandé
« par l'Évangile, tu seras condamnée à errer continuel-
« lement et à gagner ta vie dans des courses incessantes ;
« ta langue sera toujours brûlée par une soif insatiable,
« et, pour que tout l'univers te reconnaisse et soit ins-
« truit de ta faute et de ta punition, tu porteras sur ta
« tête ton béret rouge, et tu annonceras par un cri plaintif
« l'eau que tu réclameras en vain pour assouvir ta soif. »
Ces paroles furent suivies immédiatement de la métamorphose de la mère Gertrude en pic-vert, et, depuis ce
moment, elle expie et sa dureté envers les pauvres et
toutes les tracasseries dont elle a accablé son pauvre
homme. Débarrassé de sa femme, celui-ci a pu envisager
le paradis comme un lieu de véritable repos, digne de
ses désirs et de ses espérances.

Le pic-vert grimpe le long des arbres, en décrivant
une suite de spirales toujours de bas en haut. Quand il
ne trouve rien dans ses pénibles investigations, il des-

cend à terre, et se couche immobile devant une fourmilière au milieu de laquelle il plonge sa langue. Il la retire ensuite, toutes les fois qu'elle est chargée de fourmis
prises à la glu qui l'humecte sans cesse. Quand le soleil
ne favorise pas cette chasse et que les fourmis sont en-
gourdies par le froid, il renverse de fond en comble la
fourmilière, et fait une véritable razzia sur ces insectes
et sur leurs œufs.

Dans les régions
glaciales, où les
insectes et les vers
manquent au pic
pendant l'hiver,
cet oiseau réu-
nit des provisions
dans le cours de
l'été, et confie au
creux des arbres
des graines sè-
ches, des noix, des
noisettes qu'il re-
trouvera aux jours
de disette. Pour
briser les noix, il
les place dans un

petit trou, où il les maintient avec ses doigts pendant
qu'il frappe avec son bec. Dans notre département, qui
offre au pic-vert des ressources suffisantes en tout temps,
cet oiseau fait peu ou point de provisions. Quelquefois
on aperçoit le pic, après avoir frappé quelques coups
de bec dans un arbre, tourner avec rapidité du côté
opposé, non pour voir s'il a percé l'arbre, mais pour
saisir les insectes que le contre-coup a chassés de leur
retraite. Il ne fait cette visite que lorsqu'il a reconnu,
au son rendu par l'arbre, que celui-ci recèle quelque

cavité. Cet oiseau passe les nuits dans un trou d'arbre ou de muraille où il se retire chaque soir, de très-bonne heure. On voit à Chaloché, à l'angle du bâtiment principal de l'ancien monastère, un trou qui a servi de chambre à coucher au même pic pendant plusieurs années. Cet oiseau, qui offre dans son plumage une des plus belles variétés connues, a été tué par un garde, malgré la défense de M. Gaignard de la Ranloue, et se trouve maintenant dans le cabinet de M. Raoul de Baracé.

Pour se dérober au plomb des chasseurs, le pic tourne autour de l'arbre, et se tient toujours du côté opposé à son adversaire. Si, par crainte ou de lui-même, il se dirige vers d'autres arbres, son vol est toujours saccadé et accompagné d'un cri plaintif.

Le pic-vert creuse son nid ordinairement dans les trous des arbres, rarement dans les branches; dans ce dernier cas, l'ouverture est toujours tournée vers la terre, afin que la pluie n'y puisse pénétrer, et que l'entrée soit plus facilement dérobée aux petits rongeurs qui courent sur les branches.

Ici se présente naturellement le grief le plus sérieux qu'allèguent les adversaires des pics, en objectant les ravages que ces oiseaux exercent dans les forêts pour préparer un nid à leurs petits. Ce reproche, quelque grave qu'il paraisse, peut encore être combattu victorieusement. D'abord les pics ne sont pas si nombreux que l'admet l'imagination de quelques bons propriétaires. Puis, ce nid ne se prépare qu'une fois chaque année, et encore sert-il plusieurs années au même couple. Enfin, l'arbre choisi par les pics est presque toujours rongé intérieurement par les vers et les insectes. Quand, au moment de la nidification, le pic a trouvé dans ses courses un arbre dont la cavité lui a été révélée par les coups de son bec, il se met à l'ouvrage, et bientôt il parvient à

gagner l'intérieur, qui lui offre un asile pour ses petits et
un salaire pour prix de ses travaux. Son premier soin
est de dévorer les vers rongeurs. Quel est son crime?
Celui d'avoir mis à jour un cancer intérieur, et d'en avoir
arrêté les progrès en détruisant le mal dans son principe. Si l'arbre n'est pas gâté, le pic abandonne son travail; car, autrement, comment parviendrait-il à creuser
un nid perpendiculaire avec les ressources d'un trou qui
ne laisse au corps qu'une faible partie de l'usage de ses
mouvements? Enfin, quand il serait démontré, d'une
manière positive, que le pic-vert perfore quelquefois des
arbres sains et vigoureux, serait-il pour cela même con-
damnable? Les services qu'il rend, en détruisant des
myriades de vers rongeurs, ne méritent-ils pas un salaire? L'assureur, qui prélève une dîme comme récompense de ses services, peut-il être condamné?

Le mâle se distingue de la femelle par les taches rouges
de ses moustaches. Les œufs du pic-vert sont oblongs,
d'un blanc lustré et le plus souvent piriformes; leur
nombre varie de cinq à sept. Leur longueur moyenne
est de 0^m,030, et leur diamètre de 0^m,020. La femelle,
lorsqu'elle est surprise sur ses œufs, fait entendre le
même sifflement que le torcol. Quand les petits sortent
du nid, ils se plaisent à décrire des cercles autour du
trou qui les a vus naître; ils se livrent à de joyeux ébats;
mais à l'approche du premier danger, ils disparaissent
dans les profondeurs de la demeure préparée par la sollicitude de leurs parents.

PIC-CENDRÉ. — PICUS CANUS.

L'épithète française, donnée à ce pic, est, comme l'é-
pithète latine, fondée sur la nuance de son plumage. Le
pic-cendré est un peu plus petit que le pic-vert; sa tête

et son cou sont d'un cendré pâle. Quelques taches noires longitudinales accompagnent le rouge cramoisi qui se trouve sur le sommet de sa tête, et servent à le distinguer du pic-vert. La femelle n'a pas de rouge sur l'occiput, et les moustaches du mâle en sont aussi dépourvues. Le pic-cendré, rare en Europe, creuse son nid dans les arbres; ses habitudes sont les mêmes que celles du précédent. Il pond de cinq à sept œufs, un peu moins gros que ceux de son congénère, mais plus allongés en proportion de leur diamètre qui est de 0^m,016 à 0^m,017; leur longueur ordinaire est de 0^m,028.

L'explication donnée précédemment, sur l'étymologie du mot *canus* appliqué au pic-cendré, a besoin d'être complétée.

Telle qu'elle a été exposée, elle pourrait ne pas paraître exacte. Le mot *canus* signifie blanchir en vieillissant, et dès lors *grisonner*, selon l'expression vulgaire. Or, *grisonner*, c'est devenir *gris*, *cendré*, si l'on veut, et, dans cette acception, l'épithète *canus* conviendrait à ce pic qui, très-souvent, est appelé *pic à tête grise*, et cela avec d'autant plus de raison, que ce caractère sert à le distinguer véritablement de tous les autres pics.

La femelle du pic-cendré a la tête entièrement dépourvue de plumes rouges, et elle est ainsi privée du béret de la mère Gertrude. Quant au mâle, il a seulement le front d'un rouge cramoisi, et les joues et l'occiput d'un cendré clair parsemé de quelques plumes noires longitudinales, comme s'il voulait exprimer la tristesse qu'il ressent d'être dépouillé de la perruque d'apparat portée par le pic-vert, le pic-noir, le pic-leuconote, le pic-épeichette, etc. On dirait qu'il n'a conservé que quelques débris de la chevelure éblouissante du pauvre prince Picus.

D'après Gmelin, les Tuaguses de la Nayaïa Tanguska (peuples nomades qui habitent une partie du gouverne-

ment d'Iéniséisk, en Sibérie) attribuent certaines vertus
à la chair de cet oiseau. Ils la font rôtir, la pilent et y
mêlent de la graisse, quelle qu'elle soit, excepté celle de
l'ours. Ils enduisent ensuite, avec ce mélange, les flèches
dont ils se servent à la chasse. Un animal atteint d'une
de ces flèches succombe toujours, disent-ils, sous le coup
qui le frappe.

PIC-ÉPEICHE. — PICUS MAJOR, PICUS VARIUS MAJOR.

La dénomination *épeiche* est composée, selon quelques
naturalistes, de deux mots allemands, *elster* et *specht*,
qui signifient « pic varié. » Le nom latin *varius* indique
le même sens; *major* fait connaître les dimensions de
cet oiseau comparé aux deux suivants, qui sont aussi des
pics variés. Il est plus probable cependant que cette épithète vient de *spica*, comme *épervier* de *sparvarius*. Le
mot *spica* a été formé du verbe *spicare* qui signifie
« piquer, » et indique le moyen dont se servent les pics
pour trouver leur nourriture et établir leur nid.

L'épeiche vit comme les pics précédents; cependant
son vol est plus facile que celui du pic-vert : il poursuit
et saisit au vol les insectes. Il se tient de préférence dans
les vergers ; il a l'habitude de frapper à coups précipités
et très-violents l'extrémité des branches sèches qu'il rencontre dans ses courses. Ce grimpeur, dont le plumage
est composé de noir profond, de blanc pur, de rouge
très-vif, niche dans les trous naturels, ou dans les nids
abandonnés du pic-vert. Rarement l'épeiche creuse un
nid; dès-lors il devrait trouver grâce aux yeux des propriétaires. L'épeiche pond cinq ou six œufs, dont la longueur moyenne est de 0^m,024, et le diamètre de 0^m,018.
La forme des œufs de ce pic est la même que ceux des
deux précédents; cependant ils sont généralement un
peu plus arrondis. Le mâle seul a du rouge cramoisi sur

l'occiput. On constate d'une manière régulière deux variétés dans cette espèce ; l'une est beaucoup plus forte que l'autre.

Un habile chasseur de notre département, M. Chärles Huart, a eu la bienveillance de me communiquer quelques renseignements sur un épeiche conservé en captivité pendant quinze mois. Cet oiseau avait été déniché dans un tronc d'arbre près la Tour-Bouton, au commencement du mois de mai 1863. Confié à une femme, qui aime à élever les oiseaux avec une sollicitude vraiment maternelle, il put triompher de toutes les difficultés qui semblaient s'opposer à son éducation. On lui présenta d'abord du biscuit trempé dans du lait doux. Au bout de quinze jours, il sortait du petit panier qui lui servait de nid, et venait de lui-même becqueter les biscuits et les fraises qu'on lui présentait. Il s'essayait à poursuivre les petits insectes et les araignées qu'il trouvait dans l'appartement. Trois mois après, il voltigeait sur le plat contenant la soupe destinée au chat de la maison, et là, sans aucune crainte, il partageait la nourriture avec l'hôte favori de sa maîtresse. Enfin, il se familiarisa au point de venir prendre sa nourriture dans la bouche de la personne qui l'avait élevé, se plaisant à la piquer légèrement à la figure, en témoignage d'amitié et de reconnaissance. Cet épeiche mangeait de tout, excepté des graines ; il aimait les pois verts et surtout la viande. Souvent il venait se reposer sur la tête de sa maîtresse et y passait des heures entières. Il semblait très-accessible à des sentiments de jalousie. Lorsqu'une perruche habitant le même appartement paraissait rechercher les bonnes grâces de sa maîtresse, l'épeiche s'approchait de la cage de sa rivale, s'appuyait à terre sur ses deux ailes, lançait de vigoureux coups de bec, et forçait ainsi son adversaire au silence et à la retraite. Un tronc d'arbre perforé avait été placé dans sa cage pour lui servir de nid. L'é-

peiche avait dédaigné le trou qui avait été pratiqué par
la main de l'ouvrier pour s'en creuser un autre. Il semblait rejeter le travail de l'homme, comme étant moins
approprié à son usage. Il se livrait constamment à un
travail fatigant ; il coupait les pailles de toutes les chaises,
et, dans ce labeur continuel, son bec semblait s'émousser
pour repousser bientôt avec une nouvelle force. M. Huart
a pu, plusieurs fois, prendre cet oiseau, le placer dans
son paletot et circuler ainsi en ville, sans que l'épeiche
cherchât à fuir cette captivité qu'il paraissait affectionner.
Après quinze mois de séjour dans le même appartement,
il disparut sans qu'on ait pu connaître quel avait été
son sort.

PIC MAR. — PICUS MEDIUS.

Le nom de *mar* est une
abréviation de « Mars, »
auquel le pic était con-
sacré, comme Ovide l'a
consigné dans ses vers.
On lui donne indifférem-
ment l'épithète *martius*
ou *medius*. Ce dernier adjectif indique qu'il tient le
« milieu » pour les dimensions entre l'épeiche et
l'épeichette, nommée *pi-
cus minor*. Le pic mar ou
moyen épeiche est rare
dans tous les pays. Ses
couleurs sont moins vives que celles de l'épeiche. Il visite
comme celui-ci les troncs et les branches des arbres en
tous sens, monte et descend en décrivant des spirales.

Ce pic pond de trois à cinq œufs, dans un trou naturel, ou dans un vieux nid abandonné par ses congénères, ou dans une branche qu'il a perforée. Ses œufs ont $0^m,022$ de longueur, et $0^m,016$ de diamètre. La femelle ressemble au mâle, mais les plumes rouges de sa tête sont moins développées et d'une couleur moins vive.

PIC ÉPEICHETTE ou PETIT ÉPEICHE. — PICUS MINOR.

Les différents noms donnés à ce pic sont fondés sur sa taille : il est le plus petit de la famille. L'épeichette vit de vers, de chenilles, d'insectes, de petites baies, et, comme elle peut trouver sa nourriture beaucoup plus facilement que les autres pics, on la voit assez souvent en société : nouvelle preuve que la solitude, à laquelle se condamnent les grands pics, provient de la difficulté qu'ils éprouvent à se procurer une proie suffisante pour vivre. L'épeichette pond, quelquefois dans un vieux nid de mésange, de sitelle, ou dans une cavité naturelle, quatre ou cinq œufs semblables à ceux des autres pics. D'autres fois, elle perfore une vieille branche vermoulue, pour y déposer ses œufs. Leur longueur moyenne est de $0^m,018$, et leur diamètre de $0^m,014$. La femelle n'a pas de rouge sur la tête qui est entièrement noire.

Ici se termine l'ordre des grimpeurs comprenant, pour l'Anjou, sept espèces, qui toutes travaillent incessamment à préserver les arbres des ravages des insectes et des vers rongeurs, et dont deux, le pic-vert et le pic-cendré, perforent les arbres pour chercher leur nourriture ou préparer leur nid ; les autres attaquent quelquefois les branches vermoulues, mais le plus souvent se servent de vieux nids abandonnés.

Avant de passer au troisième ordre des oiseaux de la Faune de Maine-et-Loire, je ne puis résister au désir de raconter un fait qui corrobore mon opinion favorable aux pics, et combat les reproches de prétendus méfaits qu'on impute aux grimpeurs avec trop de partialité et d'injustice.

Un de mes amis, grand amateur d'histoire naturelle, loin de partager mon sentiment sur cette famille de proscrits, prenait plaisir à recueillir toutes les observations propres à augmenter la liste des ravages attribués aux pics. Ainsi que l'un de ses parents, il se montrait disposé à mettre à prix, dans toute l'étendue de ses propriétés, les langues des proglosses. Combien d'autres cependant, plus nuisibles et plus dangereuses que celles-ci, ne sont pas punies avec le même acharnement ! Comme ce parent, il eût désiré recevoir de temps en temps une petite boîte pleine de langues de grimpeurs. Cette boîte était expédiée d'une manière très-régulière, et une prime pour chaque langue était accordée à l'heureux chasseur qui exécutait un ordre dont, pour lui, l'importance se mesurait sur les bénéfices qu'il en retirait. Après un séjour assez long à la campagne, pendant lequel le mandat d'exterminer tous les pics avait été renouvelé aux gardes et aux fermiers avec une ferveur toujours croissante, mon ami vint me trouver, pressé en même temps par un sentiment de joie et de tristesse. Il s'agissait de m'annoncer, d'un côté, une perte qu'il venait d'éprouver, et de l'autre, une nouvelle preuve péremptoire justifiant sa haine contre les pics. Un des plus beaux arbres de sa campagne, un chêne magnifique végétait depuis plusieurs années ; des branches et une partie de l'écorce s'étaient détachées du tronc ; l'arbre paraissait languir et devoir bientôt se dessécher entièrement. Les pics de toute la contrée semblaient s'être donné rendez-vous pour le percer dans tous les sens. Quelques personnes étaient portées à reconnaître dans ce fait une croisade organisée par la vengeance ; j'y trouvai au contraire un acte de générosité exercé envers un persécuteur. Mon ami pensait que l'arbre périssait parce que les pics l'avaient perforé ; je croyais au contraire qu'ils le sondaient dans tous les sens pour lui venir en aide et protéger son existence. Le chêne est condamné et abattu, le tronc scié en plusieurs billes. Le charpentier, partageant les idées du propriétaire, et convaincu que l'arbre n'était défectueux que dans les endroits où les pics l'avaient perforé, avait payé le chêne un prix assez élevé : nouveau service rendu à mon ami par les grimpeurs. On remarqua bientôt que, sous l'écorce dont une partie avait disparu, existait une fissure pénétrant dans l'intérieur de l'arbre et offrant des ramifications irrégulières, tantôt étroites, tantôt larges et se prolongeant dans la plus grande partie du tronc pour se terminer par une déchirure complétement déguisée. L'eau avait pénétré dans cette plaie et corrompu insensiblement les parties voisines, et, dès lors, une quantité considérable de vers rongeurs s'y étaient installés. Là, ils avaient établi leur quartier général, d'où ils sortaient fréquemment pour exercer de terribles ravages. C'était à ces ennemis du chêne que les pics avaient déclaré une guerre acharnée, et non à leur persécuteur, dont ils défendaient la propriété avec une persévérance payée par une noire ingratitude. Il fut constaté que le dépérissement de l'arbre devait être attribué à la foudre, qui avait plusieurs fois frappé le chêne et exercé quelques-uns de ces effets si bizarres et si capricieux, mais qui lui sont cependant si habituels, et dont les conséquences n'avaient pas été visibles immédiatement.

Cette fois encore, dans le procès intenté aux pics, la déposition du témoin à charge, non-seulement était anéantie, mais tournait à la justification complète des accusés.

La défense des buses, que je n'ai présentée que d'une
manière superficielle, serait encore plus facile à soutenir
que celle des grimpeurs. Il me paraît, en effet, très-aisé
de prouver aux propriétaires qui déclarent une guerre
implacable à ces rapaces, que leur acharnement n'est pas
fondé. Les dégâts que peuvent exercer les buses sont
bien loin de pouvoir être comparés aux services que ces
oiseaux rendent à l'agriculture, en détruisant tous les
petits mammifères et les gros insectes qui dévorent les
semences. Depuis de longues années, M. Deloche, conservateur du musée d'Angers, a préparé et monté plus
de cent cinquante buses ; toutes, sans exception, contenaient dans leur intérieur des débris de rats, de mulots,
de taupes, des pelotes composées de courtilières et de
grillons, et jamais aucune trace de gibier. Mon intention
n'est pas de soutenir que les buses n'attaquent et ne
mangent jamais de gibier : ce serait avancer une opinion
fausse ; mais je me borne à constater que ce dernier
grief n'est pas aussi fréquent qu'on le croit ordinairement, et qu'il doit s'effacer en présence des services habituels rendus aux propriétés par ces rapaces, surtout au
commencement de l'hiver. C'est, en effet, vers cette
époque, que les buses se livrent à des pérégrinations
continuelles, lorsque les semences ont le plus besoin
d'être préservées des ravages exercés par une multitude
de petits rongeurs et d'insectes nuisibles.

Ici se terminait la défense que j'avais présentée successivement en faveur des chouettes, des pics et des
buses. Depuis la première édition de mes *Essais étymologiques*, j'ai reçu des encouragements d'un grand nombre de naturalistes français et étrangers : tous approu-
vaient mon opinion ; quelques-uns même me reprochaient
d'avoir fait peut-être trop de concessions aux préjugés
vulgaires, et de n'avoir pas défendu avec assez d'énergie
mes clients de prédilection. Malheureusement cette opi-

nion n'était pas celle des chasseurs et des propriétaires, et, de leur part, il m'a fallu soutenir des attaques très-vives et très-persévérantes. Leurs assertions m'ont déterminé à étudier encore davantage les mœurs des oiseaux que j'avais pris sous ma protection ; les discussions que j'ai soutenues n'ont fait que me fortifier dans ma conviction précédente, et, pour preuve, je crois devoir ajouter quelques détails nouveaux à mon premier plaidoyer.

Des naturalistes consciencieux se sont livrés à un travail réitéré pour constater le nombre de mulots, de souris, etc., que pouvait dévorer par année un couple de chouettes hulottes. Les plus modérés en ont porté le nombre à dix par jour, cinq pour chaque rapace nocturne, sans compter ceux qui étaient nécessaires pour nourrir leurs petits pendant un certain nombre de semaines. En retranchant même quelques-unes des victimes du total de ces appréciations, on obtiendra plus de trois mille rongeurs détruits par chaque couple de hulotte. Cette assertion est de beaucoup au-dessous de la vérité ; mais en l'adoptant même comme base de raisonnement, on est forcé de reconnaître les immenses services rendus par ces rapaces à l'agriculture. Si quelquefois les rongeurs sont rares et que les chouettes attaquent les merles, les perdrix, voire même les lapins, est-ce une raison pour méconnaître leur concours nécessaire ? L'homme, en les poursuivant, fait preuve d'une noire ingratitude et d'un sauvage égoïsme ; il oublie les services réels et précieux de serviteurs dévoués pour ne considérer que de misérables peccadilles. Si l'on adoptait ce principe par rapport à lui-même, que de gens qui devraient être poursuivis, sans avoir même les faits à décharge apportés en faveur des chouettes ! Un de mes amis, possesseur d'une jolie habitation aux environs d'Angers, se faisait un véritable plaisir d'offrir aux visiteurs de sa maison de campagne les magnifiques fruits qu'il y recueillait, et surtout de belles cerises précoces. Mais voici qu'une année, cerises, prunes, etc., sont dévorées par un ennemi invisible. Après beaucoup de recherches, on constate que les ravages sont dus à la présence du loir lérot (*myoxus nitela*). Quelques individus de cette espèce parcouraient pendant la nuit, avec une grande agilité et une rare audace, les espaliers et les branches des arbres fruitiers, et en dévoraient tous les fruits. D'où venait leur confiance toute nouvelle? De la faute du propriétaire. En effet, un couple de chouettes hulottes habitait depuis plusieurs années le trou d'un vieux mur de la chapelle, et, chaque soir, elles sortaient de leur retraite pour manger les rongeurs et préserver les fruits. Le propriétaire avait fait fusiller ces rapaces nocturnes, croyant obéir à une pensée salutaire, et il reconnaissait, trop tard et à ses dépens, combien il s'était trompé. Aussi me demandait-il, avec un vif désir de réparer sa faute, comment il fallait faire pour rapatrier dans son domaine d'autres chouettes hulottes !...

L'expérience a si clairement démontré aux gens de la campagne les services que les chouettes rendent à l'agriculture, que, lorsqu'ils s'aperçoivent des ravages exercés par les mulots, etc., dans leurs récoltes, ils s'empressent de fixer à terre, en les courbant, des branches flexibles, afin que les chouettes puissent s'y reposer pendant la nuit et veiller sur les semences confiées à leur garde, en se fixant sur l'observatoire préparé à cette intention.

Je passe à la deuxième série d'accusés; mais, en ce qui concerne les buses, je n'ai rien à ajouter, si ce n'est que tous les naturalistes que j'ai consultés et qui s'occupent de taxidermie, m'ont assuré, de vive voix et par écrit, que les centaines de buses qu'ils étaient appelés à préparer n'offraient dans leur estomac que des débris de taupes, de mulots, etc., et surtout des pelotes composées de grillons et de gros coléoptères. D'où il suit que, si telle est la nourriture ordinaire des buses, les délits qu'on leur reproche ne reposent que sur des faits accidentels et ne peuvent constituer un péché d'habitude. Dès lors, ces fautes doivent être facilement pardonnées, surtout lorsque l'on constate les véritables services que les buses rendent, en accomplissant pendant le jour l'œuvre salutaire que les chouettes accomplissent pendant la nuit.

J'arrive aux pics, les plus condamnés des trois espèces reconnues coupables, et en faveur desquels on repousse toute espèce de circonstances atténuantes. Cependant il est avéré que ces infortunés oiseaux ont trouvé des défenseurs bien dévoués dans tous les auteurs qui ont étudié sérieusement leurs habitudes. Tous ont reconnu que les pics avaient reçu de Dieu une mission pénible à remplir, soit qu'on les considérât dans les forêts vierges de l'Amérique, soit qu'on les suivît dans les autres contrées de l'univers. C'est en partie à la guerre acharnée qu'on leur fait, que l'on doit, dans certaines localités, la multiplication effrayante des vers et des insectes rongeurs, dont la présence devient de plus en plus un véritable fléau.

Un de mes honorables amis, adversaire ardent des pics, a vu avec peine, cette année, un des beaux peupliers de son avenue se briser sous le souffle d'un vent violent. L'arbre s'était rompu à l'endroit où un pic-vert avait fixé son domicile depuis plusieurs années. Pour convaincre mes clients de fautes graves et anéantir toute excuse en leur faveur, mon ami fit scier une partie du peuplier et apporter le *corps du délit*. Il fut constaté que le pic-vert avait creusé dans toute l'épaisseur de l'arbre un trou de 60 à 70 centim. de profondeur. Il devenait évident que l'arbre ne devait pas résister au souffle d'un vent impétueux, et que, dès lors, le pic-vert était véritablement la cause du désastre qu'avait subi mon honorable ami. J'admettrai même, et sans conteste, que le trou avait été creusé dans un arbre sain et vigoureux. Je fais toutes les concessions possibles aux réquisitoires de mes adversaires, afin que je ne paraisse pas vouloir faire acquitter mes clients en dissimulant une partie de leurs torts. Il me reste à présenter quelques considérations en leur faveur sur le fait en question.

Le pic est un grimpeur : comme tel, il ne se perche pas ; mais aussi, pour passer la nuit et pour se reposer, il lui faut un domicile ; ce domicile, il en choisit l'emplacement, et, au lieu de l'attendre, comme beaucoup d'oiseaux, du ravage exclusif des ans ou du labeur d'autres espèces, il le prépare ordinairement dans un arbre vermoulu, qu'il creuse au prix d'un travail opiniâtre. Une fois le domicile creusé, le pic sent la nécessité de l'agrandir à mesure que la famille s'augmente, et, dans cette espèce, comme aux âges primitifs, la famille est nombreuse. Pour lui, son domicile est son *véritable cercle ;* il lui faut donc de la place pour plusieurs générations. Après des courses longues et très-pénibles, il ne demande qu'au foyer domestique repos et délassement ; comme tous ceux qui travaillent et qui souffrent et dont le cœur est pur, il aime les épanchements de la famille. Ce nid, ce développement successif sont les conséquences naturelles de sa vocation et de son esprit de famille ; l'attaquer, ce serait attaquer la Providence elle-même. Ce nid cause quelquefois un tort réel, j'en conviens ; mais ce tort n'est-il pas largement compensé par les services incontestables que le pic rend à l'agriculture, en détruisant des myriades de vers, d'insectes et de fourmis ? Si les ravages qu'il exerce dépasse les limites que je viens d'indiquer, à qui la faute ? Si l'on respectait le domicile du pic, que de dégâts on éviterait ! Là il élèverait ses petits, et, pendant bien des années, ceux-ci ne chercheraient pas ailleurs une nouvelle habitation.

Les propriétaires traquent, poursuivent le malheureux

pic, le forcent à perforer beaucoup d'arbres, afin de se soustraire, ainsi que sa famille, à la haine de ses ennemis. On le contraint à fuir un nid commencé, pour chercher ailleurs un nouveau gîte qu'il abandonnera encore, et on le détermine ainsi à multiplier des ravages qu'on éviterait en le laissant accomplir tranquillement sa mission providentielle. En Amérique, dans les forêts vierges, où les pics sont si nombreux, les dégâts sont beaucoup moins multipliées que dans nos contrées, parce que ces grimpeurs ne sont pas forcés, par la guerre implacable des hommes, à changer aussi souvent de domicile. — « Quoi ! » me disait mon honorable ami, dans un mouvement sublime d'indignation, « vos misérables pics pullulent ; j'en ai tué vingt-sept sur les bords du même nid ! » L'accusation prouvait tout simplement que vingt-sept membres de cette famille proscrite se réfugiaient dans le même domicile et vivaient heureux sous le même toit ! Exemple bien rare et bien incompris de nos jours !

Je termine ici mon long plaidoyer en faveur des pics : puissent ces quelques pages diminuer l'acharnement de la guerre cruelle qu'on leur fait, et leur obtenir un peu plus de tranquillité, afin qu'ils puissent accomplir la mission qu'ils ont reçue de Dieu ! L'homme lui-même se procurera aussi un avantage réel, et ne donnera plus lieu à des récriminations dont lui seul multiplie les causes. En terminant cette défense, je m'appuierai sur l'autorité de mon honorable ami, M. Aimé d'Andigné-Legris, qui m'a affirmé plusieurs fois que les gardes généraux de la forêt de Baugé ne faisaient pas poursuivre les pics, parce qu'ils étaient convaincus que, loin d'être nuisibles, ils étaient plutôt utiles aux arbres qui leur étaient confiés.

Chez les Romains, les augures attachaient une grande importance à toutes les circonstances qui se rattachaient aux pics. Ainsi Pline nous apprend qu'un pic, étant venu se reposer sur la tête du préteur Œlius Tubéro, tandis que ce magistrat était assis sur son tribunal, dans la place publique, se laissa prendre à la main. Aussitôt, grande fut la rumeur dans toute la ville de Rome. Les devins, consultés sur ce prodige, répondirent que l'empire était menacé d'une ruine entière si l'on rendait la liberté au pic, et le préteur, de mort prochaine si l'on retenait captif l'oiseau grimpeur. Sous l'influence d'un véritable dévouement à la patrie, Tubéro, à l'instant même, met le pic en pièces et en jette les plumes au vent. Peu de jours après, ajoute l'historien, le préteur périssait, réalisant ainsi la prédiction des augures. Si pareil événement devait arriver de nos jours, je prierais mes honorables contradicteurs d'avoir moins de dévouement à la patrie que le préteur Tubéro, et je pense que leurs intérêts et ceux de mes clients seraient cependant sauvegardés, sans que la *chose publique* fût en danger.

Je voulais, je devais même, terminer ici un plaidoyer peut-être déjà beaucoup trop long ; mais je ne puis résister au désir de relater un épisode dont j'ai été récemment le témoin, j'allais presque dire, la victime. Vers la fin du mois d'août 1866, une aimable hospitalité m'était offerte, à la campagne, non loin de M..... L'habitation, située près de plusieurs allées de beaux peupliers, était une antique et simple maison patrimoniale. Depuis quelques années, elle avait subi l'influence du temps, et des fissures s'étaient développées dans les murs extérieurs. Les propriétaires avaient remarqué qu'un certain nombre de pics, paraissant avoir élu domicile dans les peupliers qui encadrent le domaine, venaient tour à tour se cramponner le long de la maison, près des lézardes, et là, sous l'effort puissant de leurs coups de bec, les murs semblaient se déchirer encore davantage. Un nouveau grief se dressait contre mes infortunés clients : non-seulement on les accusait de perforer les arbres, de causer de graves ravages dans les futaies ; mais des apparences plau-

sibles venaient encore les ranger parmi les associés de
la bande noire, les démolisseurs des vieux manoirs.
Pour faire disparaître cette nouvelle accusation, j'expo-
sai ma conviction, que les pics travaillaient simplement
à capturer les insectes, les fourmis qui se réfugiaient
dans les fentes des murs. Mon plaidoyer fut favorablement accueilli, mais sans porter dans l'esprit de mes
auditeurs une conviction profonde. On m'installe avec
une bienveillance patriarcale dans une chambre qui se
trouvait au-dessus du théâtre des démolitions exercées
par les pics. Bientôt je m'aperçois que quelques fourmis
avaient pénétré dans mon appartement à travers le mur,
le papier et même les lambris. N'ayant pas de benzine,
je combats, avec le phosphore d'allumettes chimiques,
avec l'eau de Cologne, etc., les insectes envahisseurs.
Puis je me livre au repos ; le lendemain je renouvelle
mes moyens de défense, et je me croyais maître de la
position. Malheureusement, le troisième jour, au moment du dîner, l'alarme est donnée, chacun quitte sa
place et se dirige vers ma chambre. Là se livrait un
véritable combat dont je conserverai, toute ma vie, le
souvenir. Tout le ban et l'arrière-ban du personnel de
la maison était armé de balais et d'instruments de mainte
espèce, et luttait avec une grande énergie contre des
myriades de fourmis ; le carreau avait disparu sous la
couche épaisse de leurs légions innombrables. Des milliers de fourmis, s'attaquant avec une rage incroyable
aux jambes des combattants et des combattantes, forcè-
rent tout le monde à battre en retraite. Les chambres
voisines, l'escalier, étaient inondés par le fléau qui se dé-
veloppait sans cesse. On ferma alors rapidement portes
et fenêtres, et on mit le feu à de longues traînées de
poudre de soufre. Puis, après une heure de repos, on se
rendit sur le lieu du combat, et on balaya des milliers de
cadavres de fourmis asphyxiées. Je renouvelai l'air ; j'eus

recours à tous les moyens possibles pour faire disparaître, du moins en partie, l'odeur de l'acide formique et de l'acide sulfureux, et je repris possession de ma chambre. Je croyais que la lutte était finie; mais après la trêve de la nuit, elle recommença le lendemain avec une telle fureur, que cette fois les fourmis restèrent maîtresses de la place, et que je me vis, bien à regret, obligé d'aller coucher dans une autre chambre. Avant de m'endormir, je songeai à mes chers clients, et je me fortifiai dans cette opinion que, s'ils eussent pu pénétrer dans les fissures de la maison ou du moins glisser dans tous les replis des lézardes leur langue longue et visqueuse, ils eussent évité au vénérable propriétaire, et à ses hôtes, quelques soucis et certaines préoccupations. Dans ce cas, comme dans les autres, les pics travaillaient non pas dans un but de destruction inutile et qui serait certainement une injure à la Providence, mais bien dans l'intérêt de l'homme, qui se confondait avec l'avantage propre de mes protégés. Puisse cette défense, que je soumets à mes lecteurs, être favorablement accueillie par tous ceux qui entourent de leur sympathie les êtres en butte à un travail pénible, à la souffrance et à la calomnie!

TROISIÈME ORDRE. — PASSEREAUX [1].

Le troisième ordre des oiseaux porte dans la Faune de Maine-et-Loire le nom de *passereaux*; d'autres auteurs lui ont donné celui de *sylvains*. La première déno-

---

[1] Je répète ce que j'ai dit : je n'ai nullement l'intention de composer une Faune ; mon but est simplement d'expliquer, par

mination me paraît plus convenable que la seconde, en ce sens qu'elle est plus générale, et qu'elle s'applique mieux aux nombreuses familles renfermées dans cet ordre.

Le mot *passereau*, comme le latin *passerulus* (Pline), est un diminutif de *passer, eris*. Il a la même racine que *passus*, « pas, » d'où est venu le verbe de la basse latinité *passare*, « passer, » signifiant « aller d'un endroit dans un autre, » sans s'y fixer longtemps, et représentant d'une manière expressive les habitudes des oiseaux désignés par le mot *passer*. Presque tous les passereaux émigrent selon les saisons, et vont demander à de nouveaux climats la nourriture que d'autres leur refusent. Pendant leur séjour même dans les pays qu'ils habitent, ils aiment, par goût et par nécessité, à en parcourir les différents sites. Les bois, les plaines, les buissons, les bords des rivières sont tour à tour témoins de leurs excursions rapides et multipliées.

PREMIÈRE FAMILLE.

Latirostres.

La première famille de l'ordre des passereaux a reçu le nom de *latirostres*, de *latum*, « large, » et *rostrum*, « bec. » Dieu, selon le dessein de sa providence, a procuré à ces oiseaux, dans les dimensions de leur large bec, un moyen puissant et sûr de saisir les insectes ailés qui leur servent de nourriture.

les habitudes des oiseaux, leurs noms scientifiques et vulgaires, et de montrer l'action de la Providence là où les naturalistes ne voient trop souvent que bizarrerie ou caprice.

PREMIER GENRE.

ENGOULEVENT ORDINAIRE. — CAPRIMULGUS EUROPÆUS.

L'engoulevent est un oiseau semi-nocturne. Pendant le jour, il se tient régulièrement à terre, au milieu des taillis et des bois de sapins. Si quelque cause le force à voler pendant le jour, la lumière fatigue ses yeux trop sensibles, et, dès lors, son vol est saccadé et incertain. On le voit chercher un refuge sur les arbres, contre lesquels il semble se heurter. N'ayant pas, comme les oiseaux de nuit, les moyens de se soustraire à ses ennemis en se cachant dans les cavités des arbres ou des vieux murs, il deviendrait facilement la victime des chasseurs ou des oiseaux de proie, si la Providence ne lui avait pas donné en compensation un instinct particulier.

L'engoulevent est, avec le scops, le seul oiseau de l'Europe qui se perche parallèlement à la longueur des branches. Sa couleur se marie très-bien avec celle de l'écorce des arbres; il se confond ainsi avec la branche qui lui sert d'appui, et se dérobe aux regards les plus clairvoyants. Quand le soleil disparaît et que le crépuscule lui succède, l'engoulevent s'élance dans les airs et développe toutes les ressources de son vol puissant. Il décrit des cercles en tous sens autour des arbres, qu'il enveloppe d'une série de spirales dont le diamètre se rétrécit et s'élargit tour à tour. Son vol tient alors de celui de l'hirondelle et de celui de la chouette. Comme la première, l'engoulevent se joue dans l'air, et glisse à la surface de la terre avec une grâce et une facilité remarquables. Comme la seconde, il semble soutenu par ses plumes fines et pressées, et, quand il ne chasse pas, il vole sans faire le moindre bruit. Lorsque cet oiseau poursuit les insectes, pendant les quelques heures du crépuscule, il ouvre un bec d'une grandeur démesurée et garni à sa base de quelques poils longs et raides. Ceux-ci concourent à diriger les insectes dans le gosier de l'engoulevent, et il ne le referme que lorsqu'il est tapissé de victimes. Pour que ces dernières ne puissent sortir de cette prison, une fois qu'elles y sont entrées, tout l'intérieur du bec est enduit d'une couche de glu naturelle que l'oiseau renouvelle selon ses besoins. En volant avec une grande vitesse et le bec ouvert, l'engoulevent produit un bourdonnement sourd qui augmente ou diminue avec la rapidité du vol. L'air, étant alors vivement déplacé, vient s'engouffrer dans le large gosier de cet oiseau, et produit le même effet que dans le corps d'une toupie, dont le ronflement est en rapport avec la puissance de rotation qu'on lui imprime. C'est à cette manière de voler que ce passereau doit son nom d'*engoulevent*. Quelques instants avant de commencer la chasse, le mâle fait entendre un bruit très-sonore et semblable à celui d'un rouet à filer; il répète le même bruit pendant les moments de repos qu'il prend au milieu de ses excursions crépusculaires. De temps en temps, il interrompt son vol pour se laisser tomber à terre avec la rapidité d'une balle, et y saisir les bousiers et d'autres coléoptères qu'il a aperçus dans sa course, malgré la rapidité avec laquelle il l'accomplit.

Cet oiseau rend des services réels à l'agriculture en détruisant des myriades de hannetons et de larves de toute espèce, pendant le temps que tous les autres insectivores se livrent au sommeil. L'engoulevent poursuit pendant la nuit l'œuvre si utile de destruction commencée par les hirondelles pendant le jour. Pline le désigne sous le nom de *fur nocturnus*, « le voleur nocturne. » Cette expression, prise dans le sens de chasseur, est juste; mais elle serait complétement fausse, si on y attachait une idée de culpabilité.

Les épithètes *ordinaire* et *européen*, ajoutées au nom

de l'engoulevent, indiquent que cette espèce est la plus commune. Partout elle est répandue, et cependant nulle part elle ne se trouve en grand nombre. Cette même dénomination sert aussi à la distinguer de l'engoulevent à collier roux qui habite l'Afrique et se montre dans quelques contrées de l'Europe.

Le nom scientifique *caprimulgus* dérive de *caprea*, « chèvre, » et de *mulgeo*, « téter, » et signifie dès lors : « oiseau qui tette les chèvres. » Cette hypothèse n'est nullement fondée, et ne peut s'expliquer que parce que l'engoulevent, se tenant à terre et étendu sur le ventre pendant le jour, a été nommé par les habitants des campagnes *crapaud-volant*. Ils l'ont comparé au crapaud, à cause de son cri et de son large bec. Dès lors, on lui a attribué l'habitude prétendue du crapaud, celle de téter les chèvres, et ce préjugé est venu s'abriter sous la protection du nom pompeux adopté par la science. L'engoulevent aime à séjourner dans les parcs des brebis et des chèvres, où il trouve, sous les excréments de ces animaux, de nombreux coléoptères. Le choix de ce domicile a contribué encore à favoriser l'erreur populaire, et a propagé, sans la justifier, l'épithète de *tette-chèvre*.

L'engoulevent habite le plus souvent les terrains sablonneux et plantés de sapins ; il aime de préférence la lisière des bois. C'est là qu'il trouve une nourriture abondante, et qu'il peut très-facilement élever ses petits. La femelle, beaucoup plus grosse que le mâle, ne fait aucun nid, dépose à terre deux œufs oblongs dont le diamètre varie de $0^m,020$ à $0^m,022$, et la longueur de $0^m,030$ à $0^m,032$. Leur couleur est d'un blanc marbré et couvert de taches brunes et cendrées. Des naturalistes prétendent que lorsque la femelle craint des dangers pour ses œufs, elle les roule ou les transporte même dans son bec en des endroits où elle pense jouir de plus de sécurité. Quelquefois on trouve trois œufs dans le même nid ; mais ce cas est très-rare. Il s'est cependant présenté cette année à Bagneux, près de Saumur.

Tous les ans, plusieurs couples d'engoulevents viennent se reproduire dans la propriété de Mme Boguais, au milieu des taillis encadrés par les bouquets de sapins situés sur les bords de l'étang Saint-Nicolas. C'est là que, pendant les mois de juin et de juillet, on peut, vers le coucher du soleil, être témoin du vol, de la chasse et du bruit si curieux de l'engoulevent.

DEUXIÈME GENRE.

MARTINET DE MURAILLES. — CYPSELUS MURARIUS.

Le martinet est, de tous les oiseaux visitant l'Europe, celui qui arrive le plus tard et qui part le plus tôt. En cela le martinet ne suit pas un caprice, mais l'instinct donné par la Providence, qui lui indique le temps et le lieu où il trouvera en plus grande quantité les insectes nécessaires à sa nourriture. Chaque année, il avance ou retarde son arrivée et son départ, selon les variations de la température.

Plus hirondelle que les hirondelles mêmes, le martinet est compris dans le même genre par le plus grand nombre des naturalistes, et porte le nom d'*hirundo apus*, qui, dérivé de A et de POUS, PODOS, signifie hirondelle « privée de pieds, de tarses. » Cette particularité est un des caractères les plus remarquables du martinet. En effet, malgré ses ailes longues et puissantes, cet oiseau ne peut se dérober à ses ennemis dès qu'il se pose à terre. La nullité de ses tarses ne lui permet pas de prendre son essor ; aussi évite-t-il avec le plus grand soin de se reposer sur un terrain non accidenté. Dans les airs, il règne par la facilité et la rapidité de son vol, et il échappe par cette puissance à tous les oiseaux de proie. Afin d'obvier aux inconvénients qui résultent de cette privation de tarses, Dieu a doué le martinet d'une vue très-perçante. Dès lors, il distingue de très-loin et au milieu de sa course rapide les plus petits insectes fixés sur les rochers ou le long des murailles, sans être obligé de s'arrêter en parcourant les lieux qui lui fournissent sa nourriture.

De plus, le martinet a les quatre doigts dirigés vers l'avant. Ce désavantage est compensé par l'usage de ses doigts, qui constituent ainsi une espèce de griffe avec laquelle l'oiseau se cramponne facilement aux aspérités des rochers, et se maintient dans cette position difficile assez longtemps pour y chercher et pour y saisir sa proie. Cette griffe lui sert aussi de peigne pour se débarrasser de la vermine qui le dévore. Aucun oiseau n'en étant aussi couvert que le martinet, Dieu devait, dans son infinie Providence, donner à ce latirostre un moyen de combattre cette ennemie.

Pour compléter son œuvre, Dieu a pourvu l'aile des jeunes martinets d'une espèce de crochet, comme celle des chauves-souris : c'est avec cette ressource qu'ils se meuvent dans leur nid. Ce crochet disparaît quand les martinets abandonnent le séjour qui les a vus naître, puisqu'il devient inutile. Les martinets restent dans le nid beaucoup plus longtemps que les autres oiseaux, par la raison que, lorsqu'ils le quittent, ils doivent être assez forts pour se soutenir dans les airs par un vol prolongé, le repos sur la terre leur étant en quelque sorte interdit. Lorsque le père et la mère d'une couvée de jeunes martinets pensent que leur progéniture peut se lancer dans les airs, ils s'unissent à d'autres parents et amis; et tous, par leurs cris incessants autour du nid, viennent provoquer les petits à affronter un élément inconnu; tous unissent leurs voix pour démontrer aux jeunes voyageurs aériens qu'aucun danger ne les menace.

Quand les petits, cédant à ces sollicitations si pressantes, se précipitent hors de leur nid, ils sont entourés de toute une phalange de martinets qui, en volant autour d'eux, paraissent vouloir les soutenir dans l'air, les encourager et les initier à la chasse des insectes. Les cris si vifs et si stridents qui se font entendre dans cette circonstance, paraissent être des acclamations poussées à l'instant où les jeunes martinets saisissent leur première proie : ce sont les chants de joie des parents célébrant les premières victoires de leurs enfants.

Le *martinet* doit peut-être son nom à son vol. Ses ailes frappent l'air et les murailles avec la rapidité de l'instrument mû par la vapeur et par les chutes d'eau. La dénomination de *martelet*, « petit marteau, » sous laquelle il est compris dans l'Encyclopédie d'histoire naturelle semble favoriser cette explication. Elle me paraît d'autant plus fondée, que le martinet, en martelant les murailles avec ses longues ailes, se propose un but sérieux et caractéristique, celui de faire envoler les insectes qui y sont attachés, afin de les saisir ensuite plus facilement dans leur vol ou dans leur chute. Nous pouvons constater cette habitude dans les mois de juin et juillet. Lorsque la température est élevée et le ciel serein, nous voyons les martinets se réunir en troupes nombreuses, voler avec une grande rapidité, en poussant des cris stridents et parcourir tous les immenses contours de notre vieux château si riche en souvenirs. Ces cris sont destinés à effrayer les insectes, à les faire sortir de leurs retraites, ou du moins à les déterminer à changer de place pour se cacher, et dès lors à les livrer plus sûrement à leurs ennemis en les rendant plus visibles. Les martinets baissent et élèvent tour à tour leur vol ; ils semblent se proposer de balayer avec leurs ailes toutes les parois de cette antique et magnifique forteresse.

Une idée de percussion semble naturellement attachée

au nom du *martinet*. Serait-elle un souvenir pénible de l'enfance? Ne serait-elle pas fondée sur un trait caractéristique et tout particulier au martinet? Quand cet oiseau est à terre, pour parvenir à s'envoler il réagit d'une manière pénible sur le sol avec ses pattes, en étendant ses ailes et en les *battant avec violence* l'une contre l'autre.

Le mot *martinet* vient peut-être encore de *Mars* et de *tinnio*, « annoncer par ses cris le combat, la mort, » ou de *Mars, Martis*, et de *neo*, « filer, tresser le trépas, la guerre. » Ces deux étymologies pourraient s'adapter aux habitudes de ce latirostre. Il répand la mort parmi les insectes, et son passage est annoncé par un cri de guerre strident. Dans toutes les sinuosités de son vol, il paraît encore, en passant et repassant au milieu des insectes qu'il immole, former un tissu, comme la navette lancée avec une grande rapidité dans des sens contraires. J'abandonne volontiers aux érudits la tâche de donner une solution à ce problème. Quoi qu'il en soit, ces hypothèses, même un peu téméraires, ont l'avantage de faire connaître les habitudes du martinet qui, le matin, promène la mort parmi les insectes voltigeant sur les prairies, et, le soir, poursuit, dans les régions les plus élevées et avec la rapidité de l'éclair, les insectes de haut vol.

Le bec du martinet est triangulaire, et il sécrète une humeur visqueuse sur laquelle viennent se coller les victimes qu'il saisit en volant. Quand ce latirostre a des petits et que son bec est rempli d'insectes, il passe devant son nid un grand nombre de fois, et s'élance ensuite dans le trou qui y conduit, avec la vitesse de la balle. C'est à cette habitude de nicher dans les murailles qu'il doit son épithète *murarius* et son nom scientifique *cypselus*, de ΚΥΨΕΛΗ dont la racine ΚΥΨ signifie « cavité. » Le martinet se retire dans les trous des murailles, des clochers, des bords escarpés des rivières, pendant le milieu du jour, car il ne chasse ordinairement que le matin et le soir. C'est dans ces cavités qu'il fait assez grossièrement son nid avec les balayures des rues. La petitesse des tarses du martinet ne lui permettant que très-difficilement de saisir lui-même ces débris à terre, il devient évident qu'il doit recourir à la ruse pour se les procurer. En effet, il pille les nids des moineaux dont il mange les œufs et s'y établit ensuite quand il croit pouvoir s'y maintenir. Mais le plus souvent il est immolé par les propriétaires du nid, qui percent à coups de bec la tête du ravisseur. Cette habitude du martinet me paraît expliquer l'opinion de Ménage qui pense que le mot martinet est un diminutif du mot *Martin*, nom d'homme, comme perroquet dérive du mot Perrot, Pierre; sansonnet, de Samson, etc. Car alors *martinet* signifierait « petit Martin, petit maître, petit père Martin, » individu qui ne se gêne pas avec ses voisins, qui s'installe chez eux volontiers, sans leur permission, et qui s'y conduit en maître, malgré leurs légitimes réclamations et leur opposition énergique.

Pendant longtemps, on a ignoré où le martinet passait la nuit : il paraît démontré que généralement cet oiseau se retire dans les clochers, et qu'il se livre au sommeil, en s'appuyant sur les poutres de ces édifices. Là encore, il déloge le moineau, et cherche à lui ravir une demeure que celui-ci affectionne.

Quelquefois ce latirostre dépose sur des brins de paille l'humeur visqueuse qui tapisse son gosier ; dès lors ces débris se trouvent liés entre eux, et forment un tout qui, en se durcissant, présente l'aspect des nids provenant de la fontaine Sainte-Allyre, en Auvergne. Le martinet enlève aussi la mousse qui recouvre les troncs d'arbres, en s'y accrochant à la manière des pics. C'est la grande difficulté qu'éprouve cet oiseau à saisir à terre les matériaux nécessaires pour la construction de son nid, qui a fait naître la pensée de prendre les martinets à la ligne. En Grèce et dans les îles de l'Archipel, où ces latirostres sont très-nombreux, les enfants montent dans les clochers ou sur les terrasses élevées, et laissent voltiger une ligne dont l'hameçon est déguisé sous un morceau de coton ou d'étoffe. Le martinet saisit en volant cet appât, et se prend à l'hameçon. Un pêcheur exercé peut capturer deux ou trois douzaines de ces oiseaux, par soirée, dans le temps de la nidification. Les martinets sont recherchés dans ces pays par les gastronomes, comme un mets délicat.

Le martinet pond trois ou quatre œufs blancs, oblongs, dont la longueur varie de 0^m,023 à 0^m,026, et le diamètre de 0^m,016 à 0^m,018.

TROISIÈME GENRE [1].

HIRONDELLE DE CHEMINÉE. — HIRUNDO RUSTICA, DOMESTICA.

Tous les oiseaux compris dans le genre Hirondelle sont doués d'une grande puissance de vol. Le faucon se précipite avec plus de rapidité que l'hirondelle ; mais celle-ci glisse avec plus de facilité dans l'air, où elle poursuit

[1] Comme précédemment, je vais continuer à énoncer quelques hypothèses sur les étymologies des noms des oiseaux. Parcourant une route inexplorée jusqu'à ce jour, je ne puis suivre aucun guide reconnu par la science ; mais si je m'égare, et si dans ce travail, je m'éloigne de la vérité, j'espère du moins n'être pas condamné, car l'hérésie ornithologique, comme l'hérésie religieuse, suppose l'opiniâtreté dans la défense de ses erreurs. Or, je renonce d'avance à toutes celles qui seront signalées par les maîtres de la science. Les mœurs des oiseaux m'engageront peut-être aussi quelquefois à faire de petites excursions sur le domaine de la philosophie et de la morale ; mais je pense trouver, dans l'exemple du bon Lafontaine et dans le caractère dont je suis revêtu, une justification à ces digressions.

les insectes en jetant un petit cri et en ouvrant un large
bec, tantôt dans les régions les plus élevées de l'atmosphère et tantôt en rasant la surface de l'eau. Cette facilité de vol et cette habitude d'ouvrir à chaque instant le
bec pour happer les insectes me semblent indiquer l'étymologie du mot *hirundo*. Il dériverait alors de *hiare*,
« bâiller, pousser un son avec effort, » et de *undo*,
« ondoyer, » et signifierait « oiseau qui bâille, qui ouvre

le bec en ondoyant dans l'air. » Le deuxième verbe caractérise d'une manière expressive la grâce du vol de l'hirondelle si bien décrit par Buffon, et le premier s'appuie
sur les habitudes de cet oiseau et sur l'autorité d'Illiger.
Celui-ci, dans son *Cours d'histoire naturelle*, désigne
les hirondelles par l'épithète *hiantes*, les « bâilleuses »
et, par extension, les « criardes. » Peut-être pourrait-on
hasarder l'étymologie suivante : *hiare* et *unda*, « oiseau
qui ouvre le bec en effleurant l'onde : » quoiqu'un peu
téméraire, cette étymologie aurait l'avantage de faire
connaître une particularité de la vie des hirondelles; en
effet, dans leur vol rapide, elles rasent la surface de l'eau,

ouvrent le bec pour boire sans ralentir leur course, ou pour humecter la terre destinée à la construction de leur nid ; enfin , elles aiment à se plonger dans l'eau à plusieurs reprises, en jetant un petit cri de satisfaction, dans le but de noyer les insectes nombreux s'attachant à leurs plumes et les tourmentant sans cesse. Cette habitude avait engagé les Égyptiens à se servir, dans leurs hiéroglyphes, de l'hirondelle pour représenter la déesse Isis , inconsolable de la mort d'Osiris et cherchant sans cesse son cadavre sur les flots.

Gessner prétend que le mot *hirundo* vient de *hærundo*, « *quia hirundo nidum componit tignis adhærentem* — parce que l'hirondelle attache son nid aux poutres de la maison ;* » *hærere* signifiant « être attaché. » Ainsi, d'après cet auteur, le nom d'*hirondelle* aurait été donné à cet oiseau, parce qu'il construit un nid «adhérent» aux poutres, aux linteaux des croisées. Scaliger fait dériver *hirundo* de chélidôn, d'où *helundo* et *hirundo*. La racine de chélidôn serait-elle alors chélys, « lyre » et éïdos, « forme? » Dans cette supposition, cette étymologie s'appliquerait à la queue des hirondelles représentant assez exactement une lyre et fournissant l'un des caractères les plus distinctifs de ces oiseaux, celui qui sert à les classer. Cette forme a été assez remarquée pour devenir un terme de comparaison employé dans les arts et même dans les fortifications, où *queue d'aronde* signifie des « travaux représentant une queue d'hirondelle, » ou une « lyre. » Quelques auteurs trouvent une racine du mot *hirondelle* dans éreïn signifiant « gazouiller, parler, » étymologie qui se rapprocherait de celle que j'ai avancée. Enfin la vieille dénomination de l'hirondelle, *aronde*, nous présenterait un nouvel ordre d'idées : elle viendrait de éar, printemps, d'où éarinos, « printanier, » et signifierait alors « oiseau du printemps, qui, par son arrivée, annonce le retour du printemps. »

Sur le printemps de ma jeunesse folle
Je ressemblois l'arondelle qui volle
Puis çà, puis là. L'âge me conduisoit
Sans peur, sans soing, où le cœur me disoit.

(Marot).

Le nom de la *chélidoine* viendrait fortifier cette dernière opinion et servir de trait d'union entre chélidôn et *aronde*. Les anciens avaient en effet donné à la chélidoine le même nom qu'à l'hirondelle, parce que cette plante fleurit au printemps, à l'époque de l'arrivée des hirondelles, et aussi parce qu'ils pensaient que cet oiseau guérissait, avec le suc de la plante ainsi appelée, les yeux malades de ses petits. De plus, Curtius admet que *hirundo* est le même mot que le grec chélidôn : *hir-undo*, chél-idôn ; pour cela il suppose un ancien mot grec chérendôn. Complétant l'étymologie des deux mots, Corssen les rattache au radical sanscrit « *har, ghar,* prendre, » qui a fait le grec cheir, « la main » considérée comme « organe pour prendre, » et le latin archaïque *hir,* « la main. » Dans cette hypothèse, l'*hirondelle* serait « la preneuse » (de mouches). (Littré.)

Partout l'arrivée des hirondelles est accueillie avec plaisir, car elle annonce le retour du printemps. En Espagne, une légende populaire, répétée dans tous les foyers, donne un autre motif de cette bienvenue. La voici : « Pourquoi l'hirondelle est-elle un oiseau aimé et respecté, accueilli en signe de bonheur? C'est que ce fut une hirondelle qui alla arracher les épines dans le front saignant du Christ. »

Les mêmes légendes expliquent ainsi le chant étouffé du hibou et son éloignement pour la lumière. Le hibou était autrefois un des oiseaux qui chantaient le mieux. Il se trouva présent lorsque le Seigneur expira, et, depuis ce moment, il fuit la lumière témoin d'un si grand crime, et il ne fait plus entendre que son cri plaintif et étouffé, où le peuple andaloux croit distinguer encore le mot *Cruz, cruz* (croix, croix). J'ai cru devoir laisser dans cette nouvelle édition toutes les hypothèses que j'avais énumérées précédemment. Je me borne à y ajouter celle que j'ai trouvée dans les *Aryas primitifs,* et qui pourrait même prêter un certain appui à quelques-unes des miennes. Adolphe Pictet voit, dans CHÉLI, le sanscrit « *hari*. air, vent, » et dans DON, le sanscrit « *dâna,* qui fend, qui coupe, » ou mieux encore «*dân,*» de la racine de même forme avec le sens du latin *cædere,* « frapper » et même « tuer. » D'après le même auteur, *hirundo* et dès lors *hirondelle* serait analogue à CHÉLIDON, mais non pas identique. Ainsi, selon l'autorité de ce savant, les différents mots consacrés à désigner l'hirondelle signifieraient «oiseau qui fend, qui coupe l'air. » On pourrait même en déduire ce sens, « oiseau qui tue dans l'air. » Dès lors ces expressions représenteraient les habitudes caractéristiques des latirostres, et pourraient, jusqu'à un certain point, rendre moins téméraires les étymologies que j'avais exposées, avec une grande réserve, pour les mots *martinet* et *hirondelle.*

Les ressources du vol des hirondelles auraient dû résoudre plus tôt la question de leur immersion annuelle. Pendant plusieurs siècles on a cru que ces oiseaux ne pouvaient pas franchir les mers pour demander à d'autres climats la nourriture et l'hospitalité pendant l'hiver. On admettait qu'ils se retiraient dans des cavernes, où ils passaient la saison des frimas, attachés aux parois des murs à la manière des chauves-souris. Des naturalistes ont même soutenu que les hirondelles se précipitaient dans les puits ou dans les marais pour s'ensevelir sous la vase ou le sable et ressusciter au printemps. Cette opinion, contraire aux principes les plus élémentaires de l'organisation des oiseaux, était tellement répandue, que Buffon a consacré près d'un demi-volume à la réfuter :

si les cailles peuvent franchir la Méditerranée avec leur vol peu soutenu, ce passage ne doit pas être un obstacle sérieux pour les hirondelles. On a constaté, depuis un certain nombre d'années, que ces oiseaux se trouvent pendant l'hiver par troupes innombrables au cap de Bonne-Espérance et dans les autres régions du midi de l'Afrique : circonstance qui explique l'absence des hirondelles au nord de cette même contrée.

L'hirondelle de cheminée a reçu les épithètes de « domestique, de villageoise, de campagnarde, » *domestica, rustica.* La première de ces expressions nous reporte à des temps bien éloignés de nous, à des mœurs, hélas ! qui n'existent presque plus que comme des souvenirs. Cet adjectif me semble renfermer le sens de deux mots grecs, DÔMA, « maison » dont la racine est DÉMÔ, signifiant « fonder, bâtir, demeurer, » et ESTIA, « foyer, banquet, » et associer ainsi des idées bien touchantes. Dans le temps des mœurs patriarcales, cette expression *domesticus, a,* « serviteur, domestique, » fut employée pour désigner ceux qui, appelés au banquet et au foyer de la famille, étaient considérés comme des membres de cette même famille, dont ils devaient partager les travaux, les joies et les douleurs. C'était à eux que l'on confiait les missions les plus délicates, comme la Bible nous en offre des exemples si multipliés et si attachants. Les domestiques, les serviteurs étaient pour le maître d'autres lui-même ; ils recevaient l'enfant naissant pour lui prodiguer les caresses les plus tendres, les soins les plus intelligents et les plus persévérants ; sans ambition, ils n'aspiraient, après avoir élevé plusieurs générations et s'être dépensés en soins et en travaux continuels, qu'à rendre le dernier soupir dans la maison et au sein d'une famille qu'ils regardaient et aimaient comme la leur. Maintenant que le cours des siècles, l'indépendance des mœurs et le progrès des idées sceptiques ont renversé et détruit le banquet et le foyer domestiques, ces derniers mots sont vides de sens. Ils ne rappellent plus ces réunions intimes, ces épanchements du cœur, ces causeries dans lesquelles plusieurs générations, maîtres et serviteurs, puisaient tour à tour enseignement, espérance et gaieté, respect et douce confiance, et où les traditions de foi, de loyauté et d'honneur se transmettaient pures et intactes. Dès lors que chacun semble fuir le foyer domestique comme pour échapper à un ennui ou à un remords, et cherche à s'étourdir dans ces réunions, décorées peut-être par un esprit malin du nom de cercles (sans principe et sans fin), le mot *domesticus, domestica,* a perdu sa véritable signification. Aujourd'hui il sert malheureusement trop souvent à désigner ceux qui, comme les passereaux, ne se fixent nulle part, voyagent de maison en maison au gré de leurs caprices, emportant ou laissant tour à tour de tristes souvenirs de leur passage éphémère sous le toit qui leur a donné l'hospitalité. Héritière des vieilles traditions, l'hirondelle de cheminée est véritablement *domestique*, dans la bonne acception du mot. Elle vient se reposer au foyer de la maison; elle s'y fixe, y établit son nid, et y élève ses petits avec une tendre sollicitude. L'année suivante, le même foyer la verra revenir; si le nid est demeuré intact, elle s'y installe immédiatement comme dans sa propriété; s'il est détruit, elle le rétablit. L'hirondelle ne quittera la maison de son choix que si elle y est contrainte par la force, et, dans ce cas même, son dernier chant, en s'éloignant, sera un adieu d'amour et de reconnaissance, et jamais un cri de haine. Plus tard les jeunes viendront continuer la chaîne de la tradition, et le même nid verra s'élever bien des générations successives. Chaque année, le retour sera annoncé aux habitants de la maison par une série de petits cris, expression de la joie et de la confiance, cris dans lesquels une naïve tradition croit distinguer ces paroles : « Le bon homme, qui était là l'année dernière, vit-il encore? ah! vit-il encore? », et le moment du départ sera aussi salué par des signes non équivoques de regret et de sympathie. Les cris que les hirondelles font entendre à leur arrivée et à leur départ sont peut-être, pour elles, l'expression de sentiments analogues à ceux que nous éprouvons lorsque, après une longue absence, nous retrouvons les lieux qui nous ont vus naître, ou lorsqu'il s'agit de quitter le toit paternel pour entreprendre un lointain et périlleux voyage. Les auteurs d'histoire naturelle viennent corroborer l'opinion que j'ai émise, lorsqu'ils disent que le nom *domestica* a été donné à cette hirondelle parce qu'elle est plus familière (*de la famille*) que les autres, et paraît aimer et rechercher la société de l'homme.

L'épithète *rustica* fait connaître que cet oiseau est plus commun à la campagne que dans les villes. Est-ce parce que là il retrouve encore, malgré le naufrage des mœurs et des saines traditions, plus facilement le foyer et le banquet domestiques? Indépendamment de cette hypothèse, peut-être toute gratuite, mais qui sourit à ceux dont l'intelligence et le cœur cherchent à saisir, partout où ils les entrevoient, quelques pensées consolantes pour s'y reposer, l'hirondelle domestique trouve à la campagne plus facilement que dans le sein des villes, des cheminées privées de feu et où elle puisse, sans danger, établir son nid. Ce motif est le seul que tous les naturalistes aient donné pour expliquer la présence de l'hirondelle domestique dans les campagnes, tandis qu'elle s'éloigne de plus en plus du séjour des villes. Cette raison ne me paraît pas péremptoire, et, pour la fortifier et la compléter, je soumets à mes lecteurs les hypothèses suivantes. Les cheminées étant à la campagne beaucoup plus larges que dans les villes où leur diamètre se rétrécit de jour en jour, ne contribuent-elles pas ainsi par leurs dimensions à préserver plus facilement les hirondelles de l'incommodité de la fumée? En second lieu, les cheminées des campagnes, étant très-rarement ramonées, n'offrent-elles pas encore en ce point un précieux avantage aux hirondelles, en leur donnant, par les aspérités dont les murs sont revêtus, plus de facilité pour fixer leur nid, et surtout en conservant pendant de longues années le travail fait précédemment? Enfin, l'extrémité des cheminées de campagne n'est pas restreinte par des appareils plus ou moins étroits; elle procure à l'hirondelle plus d'espace pour ses évolutions et concentre moins la colonne de fumée.

Le nid de cette hirondelle est façonné avec de la terre détrempée et mélangée à du foin; il reçoit ordinairement une forme sphérique, excepté du côté par lequel il tient au mur de la cheminée. Souvent ce nid est établi sur celui de l'année précédente, et il n'est pas rare d'en trouver trois ou quatre superposés. L'intérieur garni de plumes et de débris de toute espèce contient le plus souvent quatre ou cinq œufs d'un blanc parsemé de taches d'un rouge noir. Leur longueur varie de $0^m,018$ à $0^m,020$, et leur diamètre de $0^m,012$ à $0^m,014$.

La première ponte est suivie régulièrement d'une seconde dont les œufs dépassent rarement le nombre trois.

L'hirondelle de cheminée justifie encore les noms qui lui ont été donnés, par les soins et la tendresse avec lesquels elle élève ses petits. Quand ils commencent à voler, elle les précède en leur présentant de la nourriture, comme une bonne mère s'éloigne de son enfant, en lui offrant des friandises pour l'engager à essayer ses premiers pas. Plusieurs se sont précipitées dans les flammes qui dévoraient les maisons auxquelles étaient confiés leurs petits, aimant mieux se donner la mort que de se séparer des objets de leur tendresse. On a su tirer profit de ces sentiments affectueux de l'hirondelle, et des mères enlevées à leurs petits ont été envoyées à de grandes distances ; rendues alors à la liberté, elles revenaient bientôt sur leurs nids, et, messagères rapides, rapportaient le billet confié à leur tarse.

L'hirondelle, qui retrace les mœurs patriarcales, élève chaque année plusieurs couvées ; les petits de la première couvée viennent en aide à leurs parents pour nourrir leurs jeunes frères, et paraissent tout joyeux de voir se multiplier leur famille.

Non-seulement l'hirondelle de cheminée entoure ses petits d'une tendresse et d'une sollicitude qui ne se démentent en aucune circonstance, mais elle accomplit sans cesse une mission de charité en faveur de tous les oiseaux sans défense. Par ses cris, elle les avertit de l'approche des rapaces, qu'elle poursuit de ses clameurs sans avoir rien à redouter de leur colère.

On lit dans le mémoire de M. le docteur Mabille sur la vie et les ouvrages de notre compatriote Bernier, un passage, extrait de la *Philosophie* de ce célèbre voyageur, qui offre, dans une touchante et naïve peinture, une nouvelle preuve de la sollicitude avec laquelle l'hirondelle veille sur ses petits. Voici ce passage : « Il me souvient, « — dit Bernier, — de ce que me promenant un jour le « long d'un chemin, j'aperçus sur la branche d'un saule « assez bas, trois petites hirondelles nouvellement sorties « du nid, qui ne s'envolèrent pas quoique je passasse « tout proche. Retournant sur mes pas et repassant pour « la troisième fois par-dessous la branche, j'étendis la « main comme pour les prendre, mais deux grandes « hirondelles étant survenues sur ces entrefaites et ayant « gazouillé je ne sais quoi, les petits s'envolèrent aussitôt. « Ce qui me fit juger premièrement que ces grandes « hirondelles étaient le père et la mère qui en les que- « rellant les avaient avertis de me fuir comme un de

« leurs ennemis, en second lieu que la plupart des ani-
« maux ne nous fuient que parce qu'ils ont reçu quelques
« dommages de nous. »

Je terminerai l'exposé des mœurs de l'hirondelle de
cheminée par une de ses habitudes les plus touchantes.
Quand un des deux membres de l'union conjugale a
succombé, celui qui survit ne contracte pas un nouvel
hymen, mais il manifeste, par l'observance d'un veuvage
permanent, la vivacité de ses regrets et de sa douleur.
Quelquefois même il franchit des distances immenses
pour revoir encore une fois le lieu témoin de son bonheur, le nid où s'élevèrent ses petits et près duquel périt
l'objet de son amour et de ses regrets. C'est là aussi
qu'il fixe son séjour, en attendant la mort qui seule peut
mettre un terme à son affliction sincère.

HIRONDELLE DE CROISÉE. — HIRUNDO URBICA.

Les différents noms donnés à cette hirondelle indiquent
qu'elle préfère la ville à la campagne et choisit souvent
les croisées pour y fixer son nid. Celui-ci est composé
avec la terre que les lombrics rejettent après en avoir
extrait les sucs, et à laquelle ils communiquent une certaine viscosité. Ici se manifestent encore les preuves de
l'admirable instinct que Dieu, dans les desseins de sa
providence, a donné à ces oiseaux pour qu'ils atteignent
le but qu'il s'est proposé en les créant. Cette terre, en
effet, est préférée à toute autre par la raison qu'elle se
lie plus facilement. Mais comme elle se trouve en plus
grande quantité lorsqu'il tombe de la pluie, il est donc
important de profiter de cette circonstance. Que feront
les hirondelles? Un certain nombre se réuniront, met-
tront leurs efforts en commun, et les nids se façonne-
ront simultanément pour plusieurs ménages. On profite

des matériaux précieux, et la petite société épargne à chacun une perte de temps et des fatigues inutiles. Quelques-unes, désirant se servir du travail des autres sans se lasser elles-mêmes, comme cela arrive hélas! trop souvent parmi les hommes, viennent chercher la terre au nid que l'on construit, afin d'éviter un parcours beaucoup plus long. Peut-être aussi celles-ci ont-elles été reléguées de la société de leurs congénères, et sont-elles

des prétendants malheureux. Dès lors, si la vengeance était le mobile de leur conduite, les hommes auraient-ils bien le droit de les blâmer?

C'est avec un véritable intérêt que j'ai suivi et étudié les moyens que ces hirondelles emploient afin d'achever leur nid et de donner à leur travail toute la perfection possible. Pendant que plusieurs ouvriers infatigables apportent des matériaux pour l'édifice en construction, la future mère se réserve le soin de polir la terre détrempée, et de faire disparaître toutes les aspérités qui pourraient gêner la couveuse et blesser les petits. Elle tourne et retourne sur elle-même dans tous les sens , et par ce stratagème et avec le frottement de ses plumes, elle rend très-lisse l'intérieur du nid formé de terre encore humide. Quant à l'ouverture qui conduit dans ce petit chef-d'œuvre de patience, elle en fera disparaître jusqu'aux plus petites inégalités , en promenant, sur les bords, les plumes soyeuses de son cou.

Ces nids adhèrent à une croisée ou à un mur, ont une forme cylindrique, et ne présentent en haut qu'une petite ouverture par laquelle l'hirondelle pénètre en se diminuant de volume. L'exiguité de cette entrée empêche les autres oiseaux de s'y introduire, et permet aux propriétaires de défendre plus facilement leur domicile. Cependant quelquefois les moineaux s'y introduisent ; mais très-souvent, dans ce cas, le domicile qu'ils ont violé devient leur tombeau ; les hirondelles s'empressent de fermer avec de la maçonnerie l'ouverture du nid , et l'intrus périt de faim, victime de sa témérité.

Les hirondelles recherchent surtout les grands murs et les rochers peu éloignés des rivières, pour y accoler leurs nids. A Lyon , la façade de l'hôpital situé sur le quai de la Saône, est couverte de rangs innombrables de ces nids formant plusieurs guirlandes suspendues les unes au-dessus des autres.

L'hirondelle de croisée, plus sauvage que la précédente, arrive dans nos contrées quelques semaines avant sa congénère. Elle chasse les insectes sur le bord des eaux, qu'elle effleure quelquefois pour y tremper la terre destinée à son nid.

Dans son vol, elle frappe de ses ailes les moucherons fixés aux parois des murailles, afin de les en détacher et de les saisir ensuite au vol. L'hirondelle de croisée chasse le bec fermé, et, toutes les fois qu'elle aperçoit une proie, elle la saisit en faisant claquer son bec.

Comme l'hirondelle de cheminée, elle rend de vrais services à l'homme en purgeant l'air d'une multitude d'insectes nuisibles ou gênants. Ces services sont d'autant plus réels, que la faim qui dévore ses petits paraît plus insatiable, si l'on en juge par leurs cris. Peu d'oiseaux appellent leur parents et réclament leur nourriture avec un bruit plus continuel et plus accentué que la progéniture de l'hirondelle de croisée; c'est à cette habitude que fait allusion le prophète Isaïe, 38 : « *Sicut pullus hirundinis sic clamabo*; je crierai vers vous, ô mon Dieu, avec la même instance que le petit de l'hirondelle, vers sa mère. » Elle fait deux pontes, la première de quatre à six œufs et la seconde de trois à quatre; ils sont d'un blanc lustré, sans tache et un peu piriformes. Leur longueur est de $0^m,016$ à $0^m,018$, et leur diamètre de $0^m,011$ à $0^m,013$.

Quand les hirondelles de croisée ou de cheminée doivent émigrer, elles se réunissent en grand nombre. Quelques-unes, plus âgées ou plus expérimentées, semblent avoir reçu la mission d'avertir les autres que le moment propice pour le départ est arrivé; pendant quelques jours on les voit parcourir les diverses parties d'une ville ou d'une campagne, faire entendre un petit cri très-vif qui ressemble à un cri d'impatience, venir et revenir bien des fois sur leurs pas; on dirait des chefs s'empressant de réunir leurs soldats pour une expédition lointaine. A la voix de ces hirondelles, leurs compagnes se réunissent sur un arbre ou sur un édifice élevé, et là, par de petits cris multipliés, marquent les différents sentiments qu'elles éprouvent au moment d'entreprendre un voyage long et quelquefois périlleux. A Angers, le lieu du rendez-vous est ordinairement le toit si vaste et si élevé du Musée. Pendant plusieurs jours, elles se livrent à des exercices préparatoires et simulent un départ général; les chefs trouvent ainsi le moyen de reconnaître

Départ des hirondelles.

celles qui, par leur énergie et par la puissance de leur vol, pourront être placées en première ligne, et celles qu'il faudra mettre au centre et qui auront besoin d'être soutenues et encouragées.

Après plusieurs jours d'attente et de préparatifs, quand les chefs croient être certains que toutes les hirondelles ont été averties et que toutes les dispositions sont prises, on entend un cri général qui paraît être un assentiment unanime. On dirait une de ces anciennes assemblées parlementaires tumultueuses, acclamant un vote d'où dépend le bien-être d'un grand peuple. A ces cris succède un silence général, et toute la colonie part avec la rapidité de la flèche, au commencement de la nuit, selon le mot d'ordre donné par les chefs, afin d'échapper plus facilement aux oiseaux de proie, et d'éviter l'action énervante du soleil et de la chaleur. C'est ce voyage exécuté pendant la nuit qui a contribué à jeter tant d'incertitude sur l'émigration des hirondelles.

On connaît les vers charmants de L. Racine décrivant le départ de ces oiseaux voyageurs :

> Ceux qui, de nos hivers redoutant le courroux,
> Vont se réfugier dans des climats plus doux,
> Ne laisseront jamais la saison rigoureuse
> Surprendre parmi nous leur troupe paresseuse.
> Dans un sage conseil par le chef assemblé
> Du départ général le grand jour est réglé ;
> Il arrive, tout part : le plus jeune peut-être
> Demande, en regardant les lieux qui l'ont vu naître,
> Quand viendra ce printemps par qui tant d'exilés
> Dans les champs paternels se verront rappelés.
>
> (*La Religion*, chant Ier).

D'après Martial, aucune hirondelle ne pouvait manquer à ce départ, sans être punie comme coupable de trahison.

> Hibernos peterent solito quum more recessus
> Atthides, in nidis una remansit avis.

Deprendere nefas ad tempora verna reversæ,
Et profugam volucres diripuere suæ.
Serò dedit pœnas : discerpi noxia mater
Debuerat; sed tunc, quum laceravit Itym.

« A l'époque où les hirondelles gagnaient, selon leur usage, leurs retraites d'hiver, une d'elles resta dans son nid. Ses compagnes, de retour à l'approche du printemps, découvrirent la trahison, et mirent en pièces la transfuge. On la punit trop tard ; cette mère coupable avait mérité ce supplice, mais alors surtout qu'elle déchira le malheureux Itys. »

Martial, Epig., livre V, Ep. 67. (Traduction de Panckouke.)

HIRONDELLE DE RIVAGE. — HIRUNDO RIPARIA.

Cette hirondelle, plus petite que les espèces précédentes, est aussi plus vive et plus pétulante dans la chasse qu'elle fait aux insectes. Elle doit son nom aux lieux qu'elle habite et dans lesquels elle se reproduit. Elle ne quitte guère les bords des rivières et des fleuves, et établit son nid dans les trous des rats d'eau. Quand elle n'en trouve pas de convenables, elle cherche des terrains friables, et choisit ordinairement ceux qui sont escarpés ou coupés à pic par des éboulements. Elle creuse avec rapidité un trou de 0ᵐ,50 de profondeur. L'ouverture en est étroite pour opposer un obstacle à l'introduction des ennemis de la petite famille, et afin de pouvoir être défendue au besoin avec plus de facilité. Le boyau qui y conduit est souvent en zig-zag, et présente ainsi un nouveau moyen de sûreté. L'extrémité au contraire se développe, et offre une excavation plus spacieuse et plus commode pour les différents mouvements de la couveuse. Quelquefois plusieurs trous, après avoir serpenté pendant 60 ou 80 centimètres dans des directions différentes, viennent se réunir à un carrefour commun qui sert alors à l'éducation de plusieurs familles. Dans le mois de mai 1865, j'ai trouvé deux trous semblables à ceux que je viens de décrire, sur les bords de la Sarthe, près de Morannes, dans une excursion que j'ai faite avec mes jeunes amis Eugène Lelong, Guillaume Bodinier et Louis Manceau. Aussi, ce n'est qu'avec le concours persévérant et énergique de ceux-ci que j'ai pu pénétrer jusqu'à l'endroit où les hirondelles avaient établi leur nid, et encore, pour remporter cette victoire, mes jeunes naturalistes, dirigés par leur chef intrépide, Eugène Lelong, ont-ils dû pendant des heures entières employer tous les moyens stratégiques des mineurs, sans se laisser arrêter par aucune difficulté. Le nid qui en tapisse le fond est garni de paille, de duvet, de plumes, etc., et contient cinq ou six œufs blancs, piriformes très-fragiles, et même transparents. Ils ont ordinairement $0^m,017$ de longueur, et $0^m,012$ de diamètre.

L'hirondelle de rivage ne fait qu'une couvée; pour dissimuler la véritable entrée de son nid, elle s'y précipite de plein vol et sans ralentir la rapidité de sa course. Au moyen de ses ongles longs et crochus, elle peut se fixer aux bords de son nid, aux flancs des rochers ou des rives escarpées, jusqu'à ce qu'elle ait saisi la proie qu'elle y a aperçue.

HIRONDELLE DE ROCHER. — HIRUNDO RUPESTRIS.

L'hirondelle de rocher vient rarement en Anjou, elle habite les pays de montagnes. C'est là qu'elle fait son nid de la même manière que sa compagne de cheminée, avec cette différence toutefois qu'elle l'appuie le long des rochers, et qu'elle emploie quelques petits morceaux de gravier pour lier la terre, à la place du foin et de la paille. La femelle ne fait qu'une ponte. Les œufs, au nombre de cinq ou six, sont d'un blanc pointillé de brun ; leur longueur ordinaire est de $0^m,020$, et leur diamètre de $0^m,014$. Ils se distinguent de ceux de l'hirondelle de cheminée par des proportions ordinairement plus fortes, et surtout par des taches plus larges et d'une couleur plus foncée.

Cette espèce montre moins de tendresse pour ses petits que ses congénères. Peut-être faut-il attribuer cette disposition aux lieux qu'elle habite. Offrant peu de dangers et fournissant plus de ressources, ils exigent moins de précautions.

Je termine ces notions par quelques renseignements propres à faire distinguer les quatre espèces d'hirondelles.

Le manteau de l'hirondelle de cheminée est d'un noir
à reflets bleuâtres, le dessous du corps blanchâtre, avec
une légère teinte aurore. Les mâles ont les couleurs plus
vives que les femelles.

La gorge et le croupion de l'hirondelle de fenêtre sont
d'un beau blanc. Ce dernier caractère lui a fait donner le
nom de *cul-blanc*. Le reste du corps est d'un noir lustré.

Le collier et le manteau de l'hirondelle de rivage sont
d'un gris de souris ; les autres parties, d'un blanc pâle.
Cette espèce est beaucoup plus petite que ses congénères.
Le mâle affecte une couleur plus sombre que la femelle,
et sa gorge reflète une teinte jaunâtre. L'hirondelle de
rocher, la plus grosse des quatre espèces qui se montrent
en Anjou, a toutes les plumes d'un gris bordé de roux.

QUATRIÈME GENRE. — GOBE-MOUCHES (MUSCICAPÆ).

Les *gobe-mouches* complètent la famille des latirostres.
La Faune de Maine-et-Loire comprend trois espèces de
ces oiseaux. Dans les pays chauds, où les insectes sont
très-multipliés et très-incommodes, les gobe-mouches se
trouvent en grand nombre, et la force de ces auxiliaires
de l'homme croît en proportion avec celle de ses ennemis.
Ils ne viennent dans notre département que pendant l'été,
lorsque leur présence est utile et nécessaire aux hommes
et même aux troupeaux, qu'ils délivrent des insectes qui
les poursuivent ou les persécutent en plein air. Les
gobe-mouches ont le bec comprimé à la base, presque
triangulaire, et garni de poils longs et durs, caractère
que l'on retrouve chez presque tous les oiseaux qui vivent
d'insectes ailés. Ces latirostres sont solitaires et querelleurs ; ils doivent leur nom aux petites mouches qui composent leur nourriture ordinaire. Pour les saisir, ils se
tiennent souvent à l'extrémité des arbres, d'où ils s'é-

lancent sur leur proie, quand celle-ci passe à leur portée. Ils voltigent aussi de branche en branche, et descendent jusqu'à terre, selon que les variations de l'atmosphère engagent les insectes à se tenir dans des endroits plus ou moins élevés. Les gobes-mouches recherchent les bois frais, les promenades publiques et les lieux dans lesquels viennent paître les troupeaux. Le plus souvent ils saisissent les mouches au vol, pour les manger ensuite sur la branche d'où ils se sont élancés. Presque tous les mouvements des gobe-mouches sont accompagnés d'un balancement des pennes de la queue, habitude qui leur imprime une physionomie toute particulière, et qui a contribué à faire de leur nom une épithète peu flatteuse.

GOBE-MOUCHES GRIS. — MUSCICAPA GRISOLA.

La dénomination française donnée à cet oiseau a entièrement la même signification que le nom latin sous lequel il est désigné. La première indique la nourriture, *muscas capere*, « prendre les mouches, » et la seconde, la couleur de cet oiseau.

Le gobe-mouches gris est commun dans notre département, pendant l'été. Il fait un nid assez grossier, qu'il appuie sur quelques inégalités du tronc des arbres. D'autres fois, il le place sur des ceps de vigne. Ce nid contient ordinairement quatre ou cinq œufs d'un fond blanc ou jaune pâle, couvert de taches roussâtres ; leur grand diamètre est de $0^m,018$, et le petit de $0^m,014$.

GOBE-MOUCHES A COLLIER BLANC. — MUSCICAPA ALBICOLLIS.

L'épithète *à collier blanc* sert à distinguer ce gobe-mouches du précédent. Ses habitudes sont presque les mêmes. Plus vif que le gobe-mouches gris, mais aussi

stupide, il se tient ordinairement plus près de la terre ;
il niche assez souvent dans les trous des sitelles, des tor-
cols, des mésanges, et il aime à profiter du travail des
autres. Ses œufs, au nombre de quatre ou cinq, sont d'un
bleu pâle ou d'un vert sale ; leurs dimensions ordinaires
sont $0^m,019$ et $0^m,013$.

GOBE-MOUCHES BEC-FIGUE. — MUSCICAPA LUCTUOSA.

Le mot *luctuosa* qui signifie « sombre, couleur de
deuil, » indique la particularité distinctive du plumage
de cette espèce. Ce gobe-mouches, moins défiant encore
que ses congénères, recherche les insectes, et les mouvements nécessaires, auxquels il se livre pour les capturer,
ont fait croire qu'il becquetait les figues. Mais cette
opinion ne peut s'expliquer que par des cas isolés, qui
constituent plutôt une exception qu'une règle générale.

Le bec-figue niche comme le précédent. Ses œufs,
ordinairement au nombre de quatre ou cinq, ont souvent une forme oblongue et sont d'un bleu verdâtre peu
prononcé. Leur longueur est de $0^m,017$, et leur diamètre
de $0^m,012$.

Les deux dernières espèces sont beaucoup plus rares,
dans notre département, que le gobe-mouches gris. Elles
ne font que le traverser à différentes époques de l'année,
sans s'y arrêter pour nicher.

Dentirostres.

La deuxième famille de l'ordre des Passereaux comprend les Dentirostres. Ceux-ci doivent leur nom à l'é-
chancrure de leur bec, caractère qui les rapproche des
rapaces. Le mot dentirostre est composé de *dens, dentis,*

« dent, » et de *rostrum*, « bec, » et signifie dès lors
« bec avec des dents, bec denté. »

PREMIER GENRE. — PIE-GRIÈCHE (LANIUS).

Je donnerai l'étymologie du mot *pie*, quand il s'agira
de la véritable pie, *corvus pica*, et je me bornerai à expliquer maintenant l'épithète donnée au premier genre
des dentirostres.

La dénomination *grièche* vient de *græca* «grecque : »
elle a été attribuée à ces oiseaux pour indiquer le pays où
ces passereaux sont très-communs, et pour peindre exactement les mœurs des pies-grièches.

Ortie *grièche*, perdrix *grièche* signifient ortie *grecque*,
perdrix *grecque*. Autrefois, les Français appelaient les
cailles des *grièches*, parce que ces oiseaux paraissaient
venir des provinces de la Grèce.

Dans notre langue, l'épithète *grec*, *grecque* conserve
les significations attachées au mot *græcor*, *græcari*,
« faire le Grec, » c'est-à-dire « être hautain, persécuteur
et de mauvaise foi, tendre des piéges aux faibles, etc. »
Dès lors, on a donné ce nom aux personnes en qui
l'on supposait des habitudes désagréables, un caractère
sans pitié, une tendance à des querelles incessantes
jointe souvent à un bavardage fatigant. En un mot, l'é-
pithète *pie-grièche* est restée parmi nous comme une
véritable injure. Toutes les mauvaises acceptions de cet
adjectif conviennent entièrement au premier genre des
dentirostres. Quoique petites et armées de doigts peu
redoutables, les pies-grièches luttent contre tous les rapaces, non-seulement pour se défendre, mais encore
pour éloigner les oiseaux de proie, quand elles jugent que
ceux-ci ne se tiennent pas à une distance assez considérable des lieux où elles ont fixé leur séjour. Chaque

couple, à l'imitation des aigles, se choisit un arrondissement de chasse, sur lequel il veut régner en véritable
despote.

Le vol des pies-grièches sert de transition entre le vol
des pies et celui des oiseaux de proie ; il procède par
une série de courbes figurant des festons et des guirlandes.

Les pies-grièches mettent en fuite les corneilles, les
crécerelles, et elles soutiennent même avec avantage le
combat contre les milans et contre les buses. Elles poursuivent les petits oiseaux, les jeunes levrauts, leur crèvent
la tête avec le bec, ou les étranglent avec les ongles. Leur
audace est telle, que, dans les pays où l'on tend des piéges
aux oiseaux de passage, elles s'élancent au milieu des filets
pour tuer et pour saisir les appeaux, même lorsque ces
derniers sont des chouettes chevêches. Elles immolent
aussi des souris, des mulots et d'autres petits mammifères.
Elles rendent de vrais services, en détruisant des myriades de capricornes qui font des trous aux peupliers et
qui occasionnent ainsi aux arbres des fistules propres à
les faire périr.

Le mot latin *lanius* signifie « bourreau, boucher. » Il
peint d'une manière très-expressive les mœurs des pies-
grièches. Comme les bourreaux, elles font un grand
nombre de victimes, et insultent en outre au malheur de
celles-ci par leurs cris stridents et railleurs ; elles semblent vouloir couvrir leur voix et étouffer leurs plaintes.
Non-seulement les dentirostres tuent les oiseaux et les
insectes, en quantité suffisante pour assouvir leur appétit
vorace ; mais elles pourvoient encore à l'avenir, en faisant
des réserves abondantes. Les pies-grièches enfilent alors
une série de gros coléoptères dans les épines des buissons
élevés et touffus, et semblent imiter ainsi les bouchers, en
faisant en quelque sorte l'étalage des victimes qu'elles
ont immolées.

Cependant ces oiseaux, qui sont perpétuellement en querelle avec tous ceux qui les entourent, prennent un soin affectueux de leurs petits, qu'ils nourrissent et défendent avec une tendresse et un courage extraordinaires. Lorsque ceux-ci sont sortis du nid, ils restent avec leur père et leur mère, et forment une espèce de société, dont les membres ne se séparent qu'à l'approche du printemps suivant. Pendant les premières semaines qui suivent leur sortie du nid, les jeunes pies-grièches rousses et écorcheurs se tiennent à l'extrémité des branches des haies situées sur le bord des routes. Elles regardent d'un air très-niais les voyageurs, et semblent ne pas comprendre le danger auquel elles s'exposent. Il m'est arrivé d'en tuer plusieurs avec l'extrémité de ma canne, sans qu'elles aient cherché à se dérober à la mort.

Quatre espèces de pies-grièches apparaissent et nichent en Anjou.

PIE-GRIÈCHE GRISE. — LANIUS EXCUBITOR.

Cette pie-grièche, la plus grosse des quatre espèces, est rare dans notre département. Elle se montre plus particulièrement dans le Saumurois, où elle niche en petit nombre. L'épithète *grise* désigne la couleur de son plumage ; et le mot *excubitor*, « sentinelle, » retrace une de ses habitudes les plus singulières. Cet oiseau aime, en effet, à se tenir à la pointe des branches isolées et les plus élevées des haies ou des arbres, à y faire sentinelle, jusqu'à ce qu'il aperçoive une proie, sur laquelle il se précipite pour l'immoler ; après quoi il reprend sa première position. De temps en temps, il pousse une espèce de cri, de *qui vive*, pour effrayer et pour faire sortir de leur retraite les gros insectes et les petits oiseaux. Quelques auteurs ont affirmé que le but que se proposait la pie-grièche en occupant la position d'une sentinelle à l'extrémité des arbres les plus élevés était d'avertir les oiseaux, ses voisins, de l'approche du faucon et des autres rapaces.

La pie-grièche grise mange rarement sur place la victime qu'elle a immolée. Elle la dépèce à terre, et l'emporte ensuite, pour la dévorer plus à son aise, à l'extrémité des arbres ou des buissons.

Elle construit, sur la branche fourchue d'un arbre élevé, son nid qui est ordinairement composé de mousse desséchée, encadré d'herbes longues et fines, et tapissé à l'intérieur de grossiers débris de laine.

Ses œufs, au nombre de quatre à six, affectent bien des formes : les uns sont piriformes ; d'autres oblongs, ou présentant une très-légère différence dans le diamètre des deux extrémités. Le fond de la coquille est le plus souvent d'une couleur fauve ; quelques-uns de ces œufs sont pointillés uniformément de taches d'un gris noir ; d'autres sont parsemés de taches plus épaisses et fondues, en quelque sorte, avec la nuance de la coquille. Leur longueur varie de 0^m,025 à 0^m,028, et leur diamètre de 0^m,016 à 0^m,019.

PIE-GRIÈCHE A POITRINE ROSE. — LANIUS MINOR.

Les noms de cette pie-grièche, bien plus répandue en Anjou que les précédentes, sont fondés sur la couleur des plumes de sa poitrine, et sur la proportion de sa taille, inférieure à celle de la pie-grièche grise. Très-souvent aussi on l'appelle *pie-grièche d'Italie*, parce qu'elle se tient presque toujours dans les peupliers d'Italie, auxquels elle confie ordinairement son nid. Celui-ci est formé de petites racines entrelacées ; l'intérieur en est garni de mousse, de laine et, quelquefois, de plantes odoriférantes. Cette pie-grièche, moins défiante et plus sociable que la grise, s'éloigne peu des habitations de l'homme pour construire son nid. Il renferme de cinq à six œufs un peu oblongs, d'un vert clair et blanchâtre, parsemé de petites taches brunes ou de couleur olive. Leur longueur est de 0^m,024 à 0^m,027, et leur diamètre de 0^m,016 à 0^m,017.

PIE-GRIÈCHE ROUSSE. — LANIUS RUTILUS.

L'épithète latine et l'épithète française font connaître la couleur du plumage de cette espèce, plus petite encore que les précédentes. La pie-grièche rousse imite et contrefait, comme toutes ses congénères, le cri ou le chant des oiseaux dans le voisinage desquels elle vit. Elle a même souvent recours à une ruse plus perfide encore : elle fait entendre le cri du père ou de la mère, afin de surprendre plus facilement les petits qui se réunissent et s'approchent, croyant qu'on leur apporte la becquée. Cette faculté lui fournit un moyen de tendre des piéges, d'attirer, de tromper et de multiplier ses victimes. Elle justifie encore ainsi le nom énergique qui a été donné à tous ces dentirostres. Le nid du lanius rutilus est fait avec plus de soin que celui de ses congénères. Formé de petites racines liées entre elles avec art, il est garni à l'intérieur de crin, de laine et de brins d'herbe très-fins. Il est établi dans les haies touffues ; souvent aussi je l'ai trouvé dans les osiers, sur les bords de la Loire. Les œufs, au nombre de quatre à six, sont d'un vert très-pâle, presque blanchâtre, parsemé de taches brunes et presque effacées.

La pie-grièche rousse manifeste, envers ses petits, une tendresse encore plus grande que ne font les autres pies-grièches. La persévérance qu'elle met à couver ses œufs est telle, que la femelle se laisse facilement prendre à la main, plutôt que d'abandonner son nid. Le grand diamètre de ses œufs varie de 0^m,020 à 0^m,023, et le petit de 0^m,014 à 0^m,016.

PIE-GRIÈCHE ÉCORCHEUR. — LANIUS COLLURIO.

L'écorcheur se plaît à briser la tête de ses victimes et à les dépouiller, lorsque celles-ci sont de petits oiseaux. Cette opération n'est pas, comme on pourrait le croire, un acte de cruauté inutile, mais une nécessité fondée sur la conformation des pies-grièches. Elles ne sont pas douées, comme le plus grand nombre des oiseaux carnivores ou piscivores, de la faculté de vomir en pelote la peau et les os ou les arêtes de leurs victimes : dès lors, pour se rendre la digestion possible, elles prennent la précaution de dépouiller et de préparer leur proie.

Le nom scientifique *collurio* peint d'une manière très-expressive cette habitude. Les Grecs appelaient cette pie-grièche KOLLURIÔN, KORULLIÔN, dont la racine est KORUS, « casque, » et LEÏOÔ, « broyer. » Maintenant encore, on donne aux pies-grièches, et à l'écorcheur surtout, le nom de *picquoys*, vieux mot français signifiant « pic, » outil dont on se servait en guise de hache. Cette dénomination indique que ces oiseaux usent de leur bec, comme d'un pic ou d'une hache, pour briser la tête de leurs victimes. L'écorcheur est la plus petite des pies-grièches de l'Europe ; il niche dans les buissons épais et touffus, et même dans les ajoncs. Son nid, à l'extérieur, est composé comme celui de ses congénères ; mais, à l'intérieur, il est ordinairement garni de matières plus molles et mieux choisies. Les œufs, au nombre de cinq à six, varient beaucoup de forme et de couleur. Les uns sont ronds, d'autres oblongs, quelques-uns piriformes ; tous portent vers le gros bout une couronne formée de petits points pressés ou de taches rougeâtres assez régulières. La couleur de la coquille est ordinairement d'un blanc roux ;

la nuance en est plus ou moins foncée, et, quelquefois, elle a une teinte orange. Elle revêt aussi un brillant que ne présentent pas les œufs des autres espèces de pies-grièches. Ceux de l'écorcheur ont de 0^m,020 à 0^m,024 de longueur, et de 0^m,014 à 0^m,016 de diamètre.

DEUXIÈME GENRE. — MERLE (MERULA TURDUS).

Le mot *merle* désigne un genre assez nombreux. Six espèces de merles habitent ou visitent l'Anjou. Le principe de ce nom est *merula*, dont la racine me semble être *merus*, « pur, sans tache, » pour indiquer que le plumage de cet oiseau est d'une seule couleur et sans aucun mélange. *Merus* signifie aussi solitaire, et cette dénomination a été donnée au merle *quia vaga et solitaria pascitur*, « il vagabonde, et il mange toujours seul. » En effet, ces oiseaux ne se réunissent jamais, comme les corneilles, les pies, etc., pour chercher leur nourriture ; et, lorsque plusieurs merles se trouvent dans le même champ, chacun d'eux s'éloigne de ses congénères, et semble craindre de partager avec les autres la proie qu'il peut découvrir. Cette habitude rentre dans le caractère du merle, qui est d'une défiance excessive, ce que l'on est trop souvent porté à prendre pour de la ruse. La racine du mot *merle* ne serait-elle pas aussi *merum*, « vin pur ? » désignation qui rappellerait le goût prononcé que manifeste, pour les raisins, un certain nombre des oiseaux du genre merle ? Et ce qui me paraît encore plus évident, *merle* n'en dériverait-il pas par l'intermédiaire de *merella, merellum* ? En effet, d'après Ducange, « merella vel merellum vinum est tenue, vinum et aquâ mixtum. *Merella* ou *merellum* est un petit vin, du vin mêlé avec de l'eau. » Ainsi, en s'appuyant sur de nombreux textes, l'auteur cité précédemment démontre que le mot *merella* désigne un « vin faible, mélangé d'eau, » celui que les élèves aiment à appeler *abondance*. La pensée reste identique : c'est le jus du raisin, et par conséquent le raisin qui aurait fait donner au genre merle la dénomination sous laquelle il est connu. Quant au substantif ou à l'adjectif *turdus*, c'est le mot primitif employé par les Romains pour désigner, d'une manière particulière, les grives, et dont on a étendu la signification à tous les oiseaux de ce genre. Peut-être pourrait-on en trouver la racine dans les noms des *Turduni* ou *Turdetani*, peuples d'Espagne. Ce qui semblerait fortifier cette étymologie, c'est le grand nombre de grives qui se trouvent en Espagne, et l'habitude des peuples de cette contrée d'engraisser ces oiseaux, pour les manger ou pour les vendre aux Romains : *nam Turdetani et populi sunt qui turdos saginant et vendunt et qui turdorum avidi sunt* (Lexicon Forcellini). Enfin le nom d'*iliacus* donné au merle mauvis, parce que ce passereau se trouve en grand nombre aux environs d'Ilion, viendrait encore corroborer mon hypothèse, en prouvant qu'on donnait autrefois aux oiseaux le nom du pays qu'ils habitaient.

Ducange affirme que les plus habiles pêcheurs désignent indifféremment un certain poisson par les mots *turdus* et *merula*. « *Turdus* est species piscis quem peritiores piscatores *merle* vocant, non distinguentes *turdum* a *merulâ*. » Il n'est donc pas impossible que *turdus* et *merula* étant synonymes, soit qu'ils déterminent un poisson, soit qu'ils déterminent un oiseau, ne doivent avoir la même signification, et dès lors la même origine.

Turdus ne serait-il alors qu'une abréviation de *turgidus* signifiant « enflé, gonflé? » En appliquant cette signification aux effets d'un goût trop vif pour le vin, pour la gourmandise, le problème serait résolu, et l'on expliquerait facilement les locutions populaires : *soûl comme une grive; gras comme un merlan en octobre.*

Aux hypothèses précédentes, qui se trouvaient énumérées dans la première édition de ces Etudes, je crois pouvoir en ajouter quelques autres.

Les Grecs nommaient la grive, ILLAS, ILIAS, mot qui probablement aura donné naissance à *iliacus*. Or, d'après quelques savants, ILLAS serait une corruption de CHILLAS, dont la racine pourrait être CHILOÔ et CHEÏLOÔ, signifiant « repaître, engraisser, » et se rapprochant dès lors du sens de *turgidus*.

Adolphe Pictet (t. I, pag. 481) pense que *turdus* pourrait bien être pour *tursdus* ou *trusdus*, dont la racine sanscrite « *tras* » se traduit par *timere*, « craindre. » Ainsi le mot *turdus* représenterait l'idée de crainte et pourrait se remplacer par « l'oiseau timide, craintif. » Cette explication rentre parfaitement dans le caractère du merle et surtout de la grive, et a de plus l'avantage d'indiquer peut-être la racine de *draine*, « *traie*, » qui ne serait qu'une forme corrompue d'un mot primitif; si le véritable caractère de la timidité, de la crainte, est de fuir et de crier, la draine est assurément l'oiseau timide par excellence. Le mot *tras*, dans le sanscrit, signifie « crier. »

MERLE DRAINE. — TURDUS VISCIVORUS.

L'épithète *draine* peut-elle avoir pour racine deux mots grecs : DRYS, « chêne, » et AÏNOS, « parole, » d'AÉMI ou AÔ, « souffler, » désignant ainsi une habitude caractéristique de ce merle, qui fait entendre un chant dur et sifflé en fuyant d'arbre en arbre? Dériverait-elle de DRAÏÊN, une des formes de la conjugaison de DIDRASKÔ, « fuir, » peignant avec énergie la vie de la *draine*, qui s'écoule en fuites incessantes, toujours accompagnées d'un certain cri d'inquiétude?

Dans le midi de la France, *draie* signifie chemin, et

s'*adrayer* indique l'action d'un homme qui travaille à s'habituer à parcourir rapidement une longue route.

Peut-être, à la pensée d'une opération qui prend depuis quelque temps des proportions colossales en France, serait-il permis de trouver dans le mot *draine* un rapport éloigné avec le *drainage*, dont la racine anglaise *to drain* veut dire « épuiser, dessécher. » Le merle *draine* vit d'insectes et de vers ; il aime à chercher ces derniers dans la terre détrempée par la pluie. Quand l'eau est tombée en abondance, et qu'elle a pénétré profondément le sol, on aperçoit des troupes de draines creusant avec leur bec et avec leurs pieds de petits sillons. Leur but est de trouver plus facilement les vers, et de faciliter ainsi l'écoulement de l'eau qui les gêne dans ce moment, après avoir été cependant la cause de l'abondance de leur récolte.

Le nom de *draine*, ou *drenne*, n'est peut-être aussi qu'un mot qui retrace le chant saccadé de cet oiseau, *dre, dre, trre, trre*, d'où il a reçu les épithètes vulgaires de *traic* et de *criarde*.

L'adjectif *viscivorus* retrace encore une des habitudes de la draine, celle de manger le gui du chêne et des autres arbres, de *viscum*, « gui, » et *vorare*, « manger, dévorer. »

Cet oiseau fixe ordinairement son nid à la bifurcation des grosses branches des arbres, à une hauteur moyenne. Il paraît rechercher, de préférence à tous les autres, les arbres fruitiers, probablement parce que l'extérieur de son nid, se mariant mieux avec la couleur de ces arbres, échappe plus facilement aux yeux de ses ennemis. En effet, ce nid, dont les dimensions sont très-grandes et contribuent ainsi à le trahir, est composé à l'extérieur de racines et de petites branches entrelacées, mélangées et revêtues de lichens blancs, qui couvrent ordinairement en grande quantité l'écorce des arbres fruitiers. Le fond en est garni de mousse ou d'herbes et de racines fines. Le nombre des œufs est de quatre à six ; ils varient beaucoup de grosseur et de couleur. Le plus souvent le fond de la coquille est d'un roux parsemé de taches d'un violet terne et presque effacé. Quelques-uns revêtent une couleur uniformément verdâtre, et offrent quelques ressemblances avec certains œufs d'étourneau. Leur longueur est de 0ᵐ,025 à 0ᵐ,032, et leur diamètre de 0ᵐ,018 à 0ᵐ,022.

MERLE LITORNE. — TURDUS PILARIS.

Ce merle, plus petit que le précédent, apparaît dans les différentes contrées de l'Europe par bandes nombreuses, pendant l'automne ou pendant l'hiver ; il se retire ensuite au sein des forêts des régions du Nord, dans lesquelles il se reproduit. Sa chair est jugée bien inférieure à celle des autres merles ; elle est imprégnée d'une amertume assez prononcée, provenant, selon toute probabilité, de quelques espèces de baies qui composent en partie sa nourriture. C'est dans cette particularité que se trouve sans doute l'étymologie de son nom, LITOS, « vil, petit, » et ORNIS, « oiseau, — oiseau de peu de valeur. »

L'épithète *pilaris*, « poilu, » indique que la litorne a autour du bec des poils plus longs que ceux des autres grives. Ce merle voyage en troupes innombrables, et occasionne des ravages considérables dans les propriétés sur lesquelles il s'arrête. Il mange avec une gourmandise, une avidité devenue proverbiale. Pour assouvir son appétit insatiable, il abat encore plus de fruits qu'il n'en dévore. Son nom ne dériverait-il pas alors de *pilo, pilare*, « voler, ravager ? » et le mot *litorne* ne s'expliquerait-il pas dans le même sens, par antiphrase ? car LITOS signifie aussi *frugal*.

Le merle litorne appuie sur les branches ou sur le tronc

des arbres un nid ayant quelque ressemblance avec celui
de la draine. Ses œufs, au nombre de quatre à six, sont
le plus souvent d'une couleur verte, parsemés de petits
points roux, bruns ou noirâtres, et régulièrement plus
gros et moins pointus que ceux du merle noir. Leur longueur varie de 0^m,025 à 0^m,030, et leur diamètre de
0^m,018 à 0^m,022.

MERLE GRIVE. — TURDUS MUSICUS.

L'épithète *grive* me semble avoir été donnée à ce
merle parce qu'il aime à fréquenter les vignes, à manger
les raisins, à *se griser*. En effet le mot *se griser* vient
du mot latin *græcari*, signifiant « faire le grec, se
livrer à l'ivrognerie, à une gaieté bruyante, exploiter les
autres, en s'emparant, avec une adresse plus ou moins
grande, de ce qui leur appartient, etc. » Les mots *grec* et
gris étaient synonymes dans le moyen âge, comme il est
facile de s'en convaincre par ces expressions du vieux
roman d'Alexandre : *Il fut bien escouté d'Alexandre et
des Gris.* D'où le mot *gris* n'indiquait pas seulement la
couleur désignée par ce nom, mais encore une conduite
semblable à celle des Grecs, et, pour représenter les
habitudes de ceux qui se livraient aux excès du vin et à
toutes les tristes conséquences de l'ivresse, on pouvait
dire indifféremment: qu'ils faisaient les *grecs* ou les *gris*.
Du mot *gris*, on a formé, selon Génin, *griu* et le féminin
griue, et enfin *grive*. Villehardoin appelle la Grèce, la
Griève.

L'adjectif *grivois* donné aux soldats ou aux personnes
qui se livrent à une joie folle, fruit de l'ivresse, vient
encore corroborer cette opinion.

L'habitude du merle grive, de manger des raisins avec
une avidité insatiable, justifierait alors complétement la
signification de l'épithète qui lui a été donnée. *Grivelée*

signifiait autrefois *petite volerie.* Enfin le proverbe populaire, « *soûl comme une grive,* » sanctionne encore la
justesse de cette étymologie, et s'appuie lui-même sur les
faits recueillis par les chasseurs. Ceux-ci ont constaté,
dans les grives, une véritable ivresse, manifestée dans
leur vol et dans l'ensemble de leurs mouvements, pendant
leur séjour dans les vignes. M. Littré n'adopte pas l'étymologie indiquée par Génin, et il croit que le mot *gris,*
dans le sens d'ivresse, n'est que l'expression d'une plaisanterie, employée pour indiquer l'état entre le blanc et
le noir, et, figurément, entre la raison et l'ivresse.

Quant à l'épithète *musicus,* « musicien, » elle a été
donnée au merle grive à cause de son chant, le plus
agréable de tous ceux des oiseaux de ce genre. Le
merle et la grive sont deux des plus délicieux chantres
de la campagne. Leur voix pénétrante et fortement ac-
centuée s'étend à plusieurs kilomètres de distance. Les
notes de leur chant, ordinairement sur un diapason fort
élevé, tranchent par leur intensité sur toutes les autres
voix, et forment comme la haute-contre du concert harmonieux que les oiseaux nous donnent au printemps en
fêtant, par un hymne d'amour, l'œuvre de la création
qui sans cesse se renouvelle.

Cependant la grive a, dans ses notes, quelque chose de
bien supérieur au merle, dont le chant est plutôt sifflé
que chanté. Le rossignol, avec les incroyables ressources
de son gosier, n'a rien d'aussi sonore que le *zip, zip* ou
trhit, trhit de la grive. Les diverses parties du chant de
la grive ne se répètent pas d'une manière régulière ; elles
paraissent plutôt résulter de l'inspiration du moment.
Peut-être pourrait-on admettre l'hypothèse que le nom
de *grive* a été donné à cet oiseau par onomatopée et par
corruption de son chant « *tri-tri,* » ou « *gri-gri.* » Le
merle grive chante principalement, lorsque le temps est
frais et même froid ; il semblerait que, plus la tempéra-

ture s'abaisse, plus son gosier acquiert d'élasticité et de puissance. L'air plus dense transmet aussi son chant avec plus de netteté, et ce chant est si attrayant que, quand une grive se fait entendre, on se sent porté à s'arrêter pour en jouir. Ses phrases ne se touchent pas; elles laissent entre elles quelques secondes d'intervalle, particularité qui dispose encore à prêter l'oreille avec plus d'attention.

Le merle grive niche dans notre département; il établit son nid dans les taillis, dans les buissons épais, ou sur les arbres peu élevés. Presque chaque année, plusieurs couples se reproduisent dans les taillis appartenant à M. de Boguais, et situés derrière la chapelle des Martyrs, auprès d'Angers; c'est là qu'on peut facilement étudier les mœurs de cette grive et jouir de la beauté de son chant. Le nid de cet oiseau est composé de terre gâchée; à l'extérieur il est revêtu de mousse et d'herbes fines. Les œufs, au nombre de quatre à six, reposent sur la terre nue; ils sont d'une belle couleur bleu de ciel, avec des taches rondes, d'un noir foncé, plus ou moins larges, répandues sur toute la coquille et formant quelquefois une couronne vers le gros bout. Ces œufs sont ordinairement beaucoup plus ronds que ceux des autres oiseaux de ce genre; ils ont de $0^m,025$ à $0^m,028$ de longueur, et de $0^m,019$ à $0^m,022$ de diamètre.

MERLE MAUVIS. — TURDUS ILIACUS.

Le nom scientifique *iliacus* indique que ce merle venait des côtes d'Asie, des environs d'Ilion, où il séjournait en si grand nombre, qu'il semblait en quelque sorte y avoir acquis le droit de cité (*Iliacus*). Quant au mot *mauvis*, il dérive de *mala-avis*, et signifie « oiseau malfaisant, » désignation justifiée par les ravages qu'il exerce dans les vignes où il s'arrête pour assouvir sa faim insatiable. Ducange traduit *mauvis* par *malvitius*, et Génin l'interprète par le mot français *malvis*, « mauvais visage. » La pensée resterait la même, car ce mot indiquerait que le *mauvis* est semblable à ces êtres d'un « visage sinistre, » que l'on craint de voir, à cause de leurs nombreux méfaits.

Le merle mauvis établit son nid dans les buissons. Ses œufs, au nombre de quatre à six, sont d'un bleu verdâtre, parsemés de petits points noirs. La coquille en est généralement plus luisante que dans les autres espèces de merles. Ces œufs, dont le grand diamètre est de $0^m,023$ et le petit de $0^m,018$, sont déposés dans un nid façonné avec des herbes grossières et de la mousse.

Le mauvis niche en grande quantité aux environs de Dantzig; presque partout ailleurs, il ne fait que passer, sans s'y reproduire.

MERLE A PLASTRON. — TURDUS TORQUATUS.

Les noms donnés à ce merle, dans les différentes langues, ont le même sens, et sont fondés sur le plastron blanc qui décore sa poitrine. Ce plastron est plus ou moins étendu, selon l'âge de l'oiseau; il est toujours moins prononcé chez la femelle que chez le mâle. Chaque année, le merle à plastron visite notre département, et un certain nombre de couples s'y arrêtent pour nicher. Placé à une petite élévation de terre, au milieu ou au pied des buissons, appliqué sur le tronc des arbres, le nid de cet oiseau est formé de feuilles sèches, de racines et de mousses liées ensemble par de la terre argileuse. L'intérieur est garni de mousse ou de foin. Les œufs, d'un vert bleu, sont parsemés de taches d'un brun rougeâtre, formant quelquefois une couronne vers le gros bout. Les taches sont régulièrement moins nombreuses, mais plus longues que celles des œufs du merle noir. Ils ont beau-

coup de ressemblance avec quelques variétés de ces derniers ; cependant leurs dimensions sont presque toujours
plus fortes. Ils pourraient aussi se confondre avec de gros
œufs oblongs du merle draine. Leur longueur varie de
$0^m,026$ à $0^m,030$, et leur diamètre de $0^m,019$ à $0^m,022$.

MERLE NOIR. — TURDUS MERULA.

Les épithètes données à ce merle s'expliquent d'elles-
mêmes, et sont fondées sur son plumage sans mélange
et plus noir encore que celui du corbeau. Le merle noir,
le plus commun des oiseaux de ce genre, est sédentaire
en Anjou. Il établit son nid tantôt à terre, sur les talus
des fossés, habitude qui lui a fait donner le nom de merle
terrier : tantôt au pied des buissons épais, sur la tête des
arbres émondés, le long des vieilles souches entourées
de lierre. Ces nids, dont quelques-uns sont bien fa-
çonnés, présentent des dimensions assez considérables ;
ils sont composés de racines, de feuilles desséchées, de
mousse, de foin, et revêtus quelquefois à l'extérieur de
terre argileuse. Les œufs, au nombre de quatre à six,
présentent un grand nombre de variétés, bien différentes
les unes des autres. Quelques-uns sont ronds, d'autres
oblongs, piriformes, etc. Leur couleur se nuance du vert
très-foncé au jaune d'ocre. Tous sont pointillés de brun
clair ou jaunâtre. Quelquefois, les points sont si petits et
si multipliés, qu'ils semblent composer le fond de la coquille et y former une seconde couche, qui recouvre la
première. Enfin, quelques-uns présentent une couronne
vers le gros bout, ou une large tache en forme de calotte.
Leur grand diamètre est de $0^m,025$ à $0^m,032$, et le petit
de $0^m,016$ à $0^m,022$.

Le merle noir a une antipathie extrême pour le renard ; c'est lui qui souvent, du haut des arbres, indique

aux chasseurs la retraite de cet animal, qu'il accompagne et poursuit de ses cris pendant plus d'un kilomètre de distance. Il annonce de même l'approche de l'oiseau de proie.

En général, la chair du merle est bien moins recherchée que celle de la grive. Cependant le merle à plastron tué pendant les vendanges fournit un mets qui le cède à peine à la caille. Dans le midi de la France, la chair des merles de la Corse, à cause des baies odoriférantes dont ils se nourrissent, est très-estimée des gastronomes.

<hr>

TROISIÈME GENRE.

LE GRAND-JASEUR DE BOHÊME. — BOMBYCILLA GARRULA.

Le *grand-jaseur* doit son nom au gazouillement qu'il se plaît à faire entendre, et qui le distingue des oiseaux qui chantent ou qui parlent. L'adjectif *grand* sert à le séparer du jaseur d'Amérique, auquel il ressemble sous plusieurs rapports, mais dont il s'éloigne par des proportions plus grandes. Errant et vagabond, cet oiseau n'a pas de patrie connue ; comme les bohémiens, il semble suivre dans ses migrations continuelles plutôt un caprice qu'un besoin. Partout on le trouve, et toujours de passage. A certaines époques, il apparaît par bandes nombreuses dans quelques contrées, pour ne plus revenir qu'à des époques éloignées et irrégulières.

Le grand-jaseur n'habite pas la Bohême ; il ne vient dans cette province que d'une manière accidentelle, et le nom de *bohême* n'aurait été, d'après certains auteurs, ajouté au sien que parce que les Autrichiens, en voyant autrefois des bandes innombrables de jaseurs s'abattre sur leur pays du côté des frontières de la Bohême, avaient pensé que cette région était la véritable patrie du bombycilla. Cette explication, fondée sur la désignation

« originaire de Bohême, » n'est pas la véritable. L'épithète *bohemicus*, « bohême, bohémien, » rend d'une manière plus exacte, plus dramatique, les habitudes de cet oiseau. Le jaseur est, dans toute la force du terme, un vrai bohême; manière d'indiquer immédiatement que, dans les habitudes de cet oiseau, il y a quelque chose d'extraordinaire, de désordonné, de vagabond. C'est pour cela qu'il ne porte ni le nom de *migratorius*, ni celui de *viator*, ni celui de *peregrinus*, mais celui de *bohemicus*. En effet, les premiers adjectifs indiquent bien l'idée d'un voyage, mais d'un voyage déterminé, à heure fixe, accompli après des préparatifs sérieux et avec des ressources convenables. Or il n'en est pas ainsi des migrations du jaseur : elles sont essentiellement baroques, éventuelles, incertaines; elles représentent un voyage en zigzag, sans but, sans raison plausible, et ne peuvent mieux être résumées que par ce mot *bohême*. Cet adjectif convient encore parfaitement au costume et à la livrée de l'oiseau. C'est, par le fait, un plumage très-original, orné de galons d'or sur les ailes et sur la queue, terne et sans éclat sur le reste du corps. Sa huppe, qu'il relève assez souvent d'une manière grotesque, ressemble au diadème d'un roi de théâtre. Le mot *bohême* convient au jaseur à cause de son plumage, qui en fait un véritable histrion, et l'assimile à ces bouffons, à ces baladins, dont le costume est un mélange disparate de soie et de bure.

Le mot *garrula* signifie « jaseur, » et l'adjectif *bombycivora*, de *bombyx, bombycis*, « ver à soie, » et *vorare*, « dévorer, » indique que « les vers à soie » sont recherchés de cet oiseau. Peut-être trouverait-on dans ce goût particulier le motif des migrations incessantes du grand-jaseur.

Cet oiseau est aussi désigné très-souvent par le mot *bombycilla*, dont l'étymologie doit être *bombyx*, « soie » et *cilium*, « cil. » Alors cette épithète indiquerait une

particularité propre au grand-jaseur, dont les narines
sont cachées sous de petites plumes soyeuses dirigées en
avant. Ces plumes se relèvent en forme de panache, et
viennent ombrager ses yeux.

Jusqu'à ce moment-ci (août 1858), les ornithologistes
français n'avaient, sur le lieu, le temps et le mode de
nidification du grand jaseur, que des renseignements faux
ou très-incomplets. Un naturaliste de l'Allemagne, M. H.-
Ferd. Moeschler, que j'avais prié de vouloir bien faire
exécuter des recherches sur cette question par ses cor-
respondants du nord de l'Europe, vient de m'adresser
six œufs du grand-jaseur et quelques détails obtenus
après plusieurs années d'investigations incessantes et
pénibles. Grâce à la persévérance et à la bienveillance
de mon correspondant et ami, je puis donner, sur le nid
et les œufs du bombycilla garrula, des notions détaillées
et précises.

Les grands-jaseurs se réunissent en troupes assez considérables dans la Laponie, vers la fin du printemps. Dès
le commencement de juin, le mâle et la femelle travaillent
à la construction de leur nid. Ils choisissent de préférence les pins, les sapins et les bouleaux les plus élevés.
Ce nid est appuyé ordinairement à la bifurcation de plusieurs branches. Le diamètre en est d'environ $0^m,14$,
et l'épaisseur sur les bords de $0^m,03$. La base et la
partie extérieure sont composées de petites branches
sèches de sapin ou d'autres arbres des régions boréales.
Les vides entre ces branches sont remplis par des
mousses, telles que le *bryum* et l'*hypnum*, ainsi que
les feuilles aciculaires des pins et les flocons du coton
des arbres. La coupe du nid a $0^m,03$ de profondeur;
elle est formée presque exclusivement de filaments très-
déliés de l'*usnée barbue* ou *chevelue* (*usnea barbata*),
espèce de lichen qui croît ordinairement sur le tronc
des vieux arbres, d'où il pend en masses filamenteuses

plus ou moins longues et plus ou moins touffues. L'intérieur du nid est garni de tiges fines de *gramen* mêlées à des plumes de lagopède, ou à celles du grand-jaseur lui-même. Par sa forme et par les matières qui le composent, ce nid se rapproche de celui du casse-noix. La ponte du jaseur a lieu ordinairement vers la fin de juin ; elle varie de quatre à six œufs. Ceux-ci ont de $0^m,022$ à $0^m,024$ de longueur, et de $0^m,016$ à $0^m,018$ de diamètre. Le fond de la coquille est d'un blanc bleuâtre ou d'un gris perle pâle, moucheté de taches rondes ou un peu oblongues d'un noir assez foncé, surtout vers le centre, ou enfin d'un bleu gris pâle. Ces taches sont répandues régulièrement sur toute l'étendue de la coquille. Quelques-unes ayant les mêmes formes, mais une couleur plus pâle que les premières, semblent presque effacées ou fondues dans la teinte primitive de l'œuf. Elles représentent en quelque sorte une seconde couche plus foncée, mais incomplète et ne couvrant qu'irrégulièrement une partie de la coquille. Les œufs du grand-jaseur affectent ordinairement une forme assez allongée et un peu piriforme. Moins gros et moins ventrus que les œufs du gros-bec ordinaire (*Fringilla coccothraustes*), et d'une teinte plus vive, ils en diffèrent encore par leurs taches petites et presque rondes, tandis que celles des œufs du gros-bec sont formées, assez ordinairement, de larges points étendus en zigzag.

QUATRIÈME GENRE.

LE LORIOT. — ORIOLUS GALBULA.

Le loriot est un des oiseaux les plus beaux qui visitent notre continent. Il habite le nord de l'Afrique et, chaque année, il se répand dans les contrées méridionales de l'Europe pour s'y reproduire. Le loriot doit, selon quelques auteurs, son nom à son cri : *ouriou, ouriou,* que l'on traduit trop facilement par celui de *louriou, louriot, loriot.* Cependant la véritable étymologie de ce nom me semble se trouver dans son nom latin *oriolus,* dérivé du grec CHLÔRIÔN, dont la racine CHLÔROS signifie « jaune, » et désigne la belle couleur qui éclate sur la plus grande partie du plumage du mâle adulte. Scaliger le dérive d'*aureolus,* allongement d'*aureus,* « doré. » Cette opinion est partagée par Génin, qui pense que *loriot* est la contraction de l'article *le* et du substantif *auriouz,* dérivant d'*aureolus* et signifiant « couleur d'or, doré. » *Loriot* résumerait donc ces deux mots, et pourrait être remplacé par cette expression : *le doré* ou *l'oiseau couleur d'or.*

Pour justifier son opinion, Génin cite les passages suivants des anciens auteurs :

> Ce fut en mai, que la rose est fleurie ;
> L'*auriouz* chante, et li mauvis s'escrie...
>
> (GÉRARD DE VIANE, v. 3293).

> Et parmi les genz plaisséis,
> Russignous, merles et mauvis ,
> Geais, *oriouz,* treie et calandre, etc.
>
> (*Chron. des ducs de Normandie,* 11, pag. 133).

> Là sist li empereres sur un cuisin vaillant,
> La plume est d'*oriol,* la teie d'escarimant.

> Là était assis l'empereur sur un coussin précieux de plumes de loriot, avec une taic d'écarlate.
>
> (*Voyage de Charlemagne à Jérusalem,* p. 12).
> (GÉNIN, *Récréations philologiques,* p. 101).

Quant à l'épithète *galbula,* « verdâtre, » elle peint la couleur de la femelle et celle des petits ; car, par une coïncidence touchante, les petits, dans presque toutes les espèces, ressemblent par leur plumage, avant la mue, à

leur mère, dont la sollicitude veille avec tant d'empressement sur les premiers instants de leur vie.

Le loriot choisit la bifurcation des petites branches, à
l'extrémité des arbres les plus élevés, pour y établir son
nid. Celui-ci est composé de brins de foin ou de paille
artistement entrelacés ; il est assujetti aux deux branches par des galons, des fils, des rubans, des filaments
de chanvre, quelquefois même par des chaînes de montre, des lacets recueillis sur les grandes routes. Ces
tissus s'enroulent plusieurs fois autour des branches, et
pénètrent dans le nid, dont ils lient fortement les différentes parties entre elles. L'intérieur est garni de
laine, de crin, du duvet des fleurs et même, quelquefois,
de papier fin. Ce nid présente un gracieux tableau
lorsque, semblable à un hamac, il subit les ondulations
du vent, pendant que la femelle couve ses œufs et que le
mâle, dont la couleur jaune contraste avec la verdure du
feuillage, se tient perché sur une branche voisine et
varie de la manière la plus douce possible son chant sifflé. Les œufs, au nombre de quatre à six, sont d'un
blanc brillant, parsemé de taches noires et d'un brun
rougeâtre. Lorsqu'ils sont nouvellement pondus, la coquille paraît transparente et d'une belle couleur rose.
Leur grand diamètre varie de $0^m,027$ à $0^m,030$, et le
petit de $0^m,018$ à $0^m,022$.

Le loriot arrive très-tard en Anjou, vers le mois
d'avril, et repart dans les derniers jours d'août. Il ne
séjourne dans notre pays que pendant la saison des cerises, qui composent presque exclusivement sa nourriture. Les gens de la campagne prétendent que, dans son
chant, il répète ces paroles : « Je suis le compère *Loriot*,
qui mange les cerises et laisse les *noyaux*, » ou bien
celles-ci : « Quand cerises sont en saison, je dis *confiteor
Deo.* »

Martial dit que cet oiseau, d'un caractère ordinairement très-défiant, se laisse prendre aux filets à l'époque où le raisin commence à mûrir :

Galbula decipitur calamis et retibus ales
Turget adhuc viridi quum rudis uva mero.

Le loriot se prend aux gluaux et aux filets, alors que commence à grossir le raisin encore vert.   (MARTIAL., liv. XII, *Epig.* 58.)

CINQUIÈME GENRE. — LES TRAQUETS.

LE TRAQUET MOTTEUX. — SAXICOLA ŒNANTHE.

Le genre traquet comprend des oiseaux brillants de couleurs, et remarquables par la grâce et la rapidité de leurs mouvements. Quatre espèces visitent l'Anjou, et trois s'y reproduisent. Ces oiseaux doivent leur nom français au mouvement continuel de leurs ailes et de leur queue, qui les a fait comparer au *traquet* des moulins, que le vent, la vapeur ou l'eau agitent d'une manière incessante.

L'épithète *motteux* retrace l'histoire entière du traquet désigné par ce nom. Il se tient, en effet, dans les terrains dont les sillons n'ont pas encore reçu la dernière façon, cherche les petits insectes qui s'y réfugient, voltige de *motte* en *motte*, et tour à tour paraît sur leur point culminant, ou se dérobe à la vue du chasseur en se cachant derrière leur épaisseur. C'est encore sous « les mottes » qu'il niche et élève ses petits. Le mot *saxicola* fait connaître les lieux que les traquets fréquentent ; il dérive de *saxum*, « rocher, » et *colo*, « habiter, » et signifie dès lors « oiseau qui aime, recherche et habite les rochers. »

L'adjectif *œnanthe* vient compléter encore ces renseignements précis et y ajouter un caractère nouveau. Ce mot dérive, en effet, d'oïnè, « vigne, » et ANTHOS, « fleur. » Les traquets, par leurs mouvements gracieux

et rapides, par la beauté de leur plumage, embellissent
et vivifient les vignobles, dont la culture et l'aspect sont
ordinairement plus sombres et moins animés que ceux
des terres ensemencées.

Le traquet motteux se pratique un nid sous les mottes
ou sous les pierres ; là, il réunit des débris de paille, de
mousse, de crin, y mêle quelques plumes, et pond quatre
ou cinq œufs un peu obtus, d'un bleu pâle et régulièrement sans aucune tache. Grand diamètre de 0^m,018 à
0^m,022 ; petit de 0^m,012 à 0^m,015.

TRAQUET TARIER. — SAXICOLA RUBETRA.

Ce traquet se montre dans toutes les contrées tempérées de l'Europe ; il aime les prairies, le bord des
cours d'eaux, des marais ; il recherche aussi les terrains
incultes, les landes, etc. ; on le voit à chaque instant à
l'extrémité des bruyères ou des herbes les plus élevées,
toujours en mouvement, agitant les ailes et la queue,
comme s'il devait reprendre immédiatement son vol. Ce
balancement me semble cependant lui être plutôt com-
mandé par la nécessité, comme s'il était destiné à lui
fournir le moyen de se maintenir en équilibre dans une
position très-difficile.

Ce charmant petit oiseau doit peut-être le nom de
tarier à son habitude de nicher « à terre, » habitude qui
l'a fait nommer *terrasson*. Plus probablement pourrait-
on, en admettant le mot dans toute son acception, en
fonder l'explication sur l'extrême facilité de cet oiseau à
pénétrer, avec la même promptitude que la *tariere* pénètre partout, dans les herbes touffues, pour s'y soustraire aux regards de ses ennemis, et y trouver sa nourriture.

Le nom scientifique *rubetra* signifie, d'après quelques

naturalistes, « oiseau rougeâtre, » et s'expliquerait par le « rouge bai » de la poitrine du tarier. Mais je pense que la racine véritable pourrait bien être *rubus*, « buisson, ronces, mûres, » et que dès lors ce nom indiquerait que le tarier se plaît dans les ronces et qu'il aime les mûres. Cette étymologie se trouve fortifiée par le nom grec ʙᴀᴛɪs, appliqué au tarier, et qui dérive lui-même de ʙᴀᴛos, signifiant « ronce, mûre. » Quant à la terminaison *tra*, ne pourrait-elle pas venir de *tero*, « piller, broyer, se frayer un passage? » Dès lors cet adjectif se traduirait ainsi : « oiseau qui pille, qui mange des mûres, » ou qui, comme une tarière, « se fait un passage au milieu des ronces. » Virgile a dit : *Terere iter*, « se frayer un chemin. » Cette dernière explication viendrait fortifier celle que j'avais précédemment énoncée.

Le tarier fait le plus souvent son nid dans les prairies. Il le construit très-simplement au pied d'une touffe épaisse d'herbe ; l'extérieur est composé de quelques brins de foin desséchés ; l'intérieur est garni de laine, d'aigrettes de chardon et de duvet des plantes. La femelle y dépose quatre ou cinq œufs d'un bleu vert très-prononcé, parsemé de points d'un brun roux plus ou moins foncé et répandus surtout vers le gros bout; quelques-uns de ces œufs ne portent aucune tache ; les uns sont entièrement ronds, les autres oblongs. Leur grand diamètre est de $0^m,016$ à $0^m,018$, et le petit de $0^m,012$ à $0^m,014$.

TRAQUET PATRE. — SAXICOLA RUBICOLA.

Le *traquet pâtre* est le véritable ornement des pays qu'il habite; il y répand la vie par ses courses incessantes et par la grâce de ses mouvements. Toujours agité, il s'élève en imprimant à son vol de petites secousses, et retombe en tournant sur lui-même, justifiant ainsi son nom de *traquet*. Ce saxicole aime les terrains arides, les landes, les bruyères, les contrées solitaires et sauvages ; là, il devient le compagnon assidu du berger. Il égaie le jeune pâtre dans ses longues heures de solitude et d'ennui, par son cri et par la légèreté avec laquelle il aime à se reposer et à se balancer sur les tiges les plus élevées, les plus isolées et les plus flexibles des buissons et des herbes. Dans une heureuse pensée, pour l'identifier davantage encore au jeune pâtre dont il est le compagnon et l'ami assidu, on les a désignés tous les deux par le même nom. Souvent le traquet pâtre se plaît à suivre la charrue qui trace les sillons, à saisir les petits vers que le soc amène à la surface. Quelquefois même il se pose sur la bêche du travailleur pour s'emparer des insectes qui s'y sont attachés.

L'épithète *rubicola* dérive de *rubus,* « mûre, » et *colo,* « habiter, » et indique que le traquet pâtre recherche les ronces et les buissons.

Peut-être l'étymologie la plus vraie, si toutefois cette dénomination était de date récente et de formation irrégulière, serait-elle *rubus*, *rubi*, et *color*, « oiseau couleur de mûre, de couleur noire ; » elle serait alors fondée sur les nuances du plumage de ce traquet, qui le font désigner partout sous le nom de *petit charbonnier.*

Le pâtre chasse les mouches et les insectes au vol ; à terre, il poursuit les sauterelles avec une grande agilité.

Le nid du rubicole, placé à terre, dans les champs en friche ou au pied d'un buisson, et souvent sur les bords des fossés le long de routes solitaires, est composé, en dehors, de foin, de filaments d'herbes sèches, et garni, en dedans, de crin, de laine, de plumes. Dans mes courses, avec mes jeunes amis Daniel Métivier et Eugène Lelong, je l'ai trouvé fréquemment sur les talus des fossés profonds qui serpentent dans les vastes landes de Bécon. Revêtant la forme d'une petite coupe aplatie, ce nid se confond par ses nuances avec la couleur du terrain auquel il est confié. Dissimulé dans une excavation dont il ne dépasse pas les bords, il est le plus souvent abrité par une touffe d'herbe ou par un petit arbuste qui en protége l'ouverture, tout en la dérobant à la vue des passants, à l'action du soleil et aux inconvénients de la pluie. Il contient quatre ou cinq œufs d'un vert très-pâle et un peu gris, parsemé de petits points roussâtres formant assez souvent une couronne vers le gros bout. Le coucou y dépose fréquemment un œuf.

Le grand diamètre varie de $0^m,014$ à $0^m,016$, et le petit de $0^m,012$ à $0^m,014$.

TRAQUET OREILLARD. — SAXICOLA AURITA.

Chaque année ce traquet passe en Anjou pour se rendre dans des contrées où il doit se reproduire. Il offre deux races très-distinctes, dont l'une est beaucoup plus grosse que l'autre, et doit son nom d'*oreillard*, *auritus*, à la bande noire qui de chaque côté du bec s'étend derrière les oreilles en passant sous les yeux. Ce saxicole aime les contrées chaudes, et recherche, de préférence à tous les autres lieux, les collines, les montagnes les plus élevées et les terrains arides.

L'*oreillard* niche à terre sous des mottes, des pierres ou dans les trous des vieux murs situés près de terre. Son nid n'est pas façonné avec soin ; il est composé à l'extérieur de foin, d'herbe fine, et à l'intérieur, de laine, de mousse et de plumes. Les œufs, dont le nombre varie de quatre à cinq, sont d'un bleu verdâtre pointillé, surtout vers le gros bout, de petites taches d'un noir rougeâtre formant une couronne. Leur grand diamètre est de $0^m,018$ à $0^m,020$, et le petit, de $0^m,014$ à $0^m,016$.

La chair des traquets, comme celle de tous les oiseaux à pieds noirs, est très-recherchée par les gastronomes.

SIXIÈME GENRE. — LES FAUVETTES.

Les Fauvettes forment un genre très-nombreux. Dix-neuf espèces habitent ou visitent chaque année notre département. Vives, agiles, gracieuses, elles embellissent de leur présence et charment par leur chant les taillis, les buissons, les vergers, les bords des rivières et les roseaux des marais. Aucun site ne leur est étranger; aucune localité n'est privée du plaisir de les voir et de les entendre. Les unes semblent avoir pour tâche de distraire dans leurs travaux les bergers et les moissonneurs; d'autres, de charmer les pêcheurs et d'animer, par leur chant et par la rapidité de leurs mouvements, les bords isolés et solitaires des rivières. Quelques-unes s'associent aux travaux des bûcherons, et ne les abandonnent pas même pendant les journées sombres et froides de l'hiver. Quand toute la nature semble morte ou endormie, les fauvettes viennent apporter à ces travailleurs l'image du mouvement, de l'espérance et de la vie. Dieu, qui a été si généreux dans les avantages variés qu'il a prodigués à ces chantres de nos bois et de nos campagnes, semblerait avoir oublié de parer leur plumage. Il est obscur et terne, et je pense que c'est à cette couleur sombre qu'ils doivent le nom de *fauvettes*. Belon le fait dériver de *fovea*, « petite fosse, » parce qu'il prétend que les fauvettes ont été ainsi désignées à cause de leur habitude d'entrer dans les fossettes et les murailles. Cette étymologie, qui me paraît fausse, n'a pas même l'avantage de s'appuyer sur les mœurs des fauvettes. A l'exception d'une ou deux espèces, toutes les autres nichent à ciel ouvert, et aucune ne passe sa vie dans les trous des murailles, pas même pour y chercher sa nourriture ou son repos.

FAUVETTE ROUSSEROLE. — SYLVIA TURDOIDES.

Cette fauvette, la plus grande de toutes celles qui sont connues en Europe, doit son nom au brun roux et uniforme qui couvre sa queue et toutes les parties supérieures du corps. Les deux épithètes *turdoïdes* et *turdoïde* indiquent que la rousserole ressemble à la grive, de *tardus*, « grive, » et ΕΪΔΟS, « ressemblance. » Cette expression est peut-être simplement un diminutif de *turdus*, et signifierait alors « petite grive. » Ce qui fortifierait cette dernière opinion, c'est que la rousserole a été classée pendant très-longtemps parmi les grives.

Le nom générique de *sylvia*, que l'on a donné à toutes les fauvettes, vient certainement par l'intermédiaire de *sylva*, de XYLON, dérivé lui-même de HYLÊ, « bois, broussailles, taillis, » et indique ainsi une partie des lieux que ces passereaux habitent.

La rousserole vient chaque année dans nos contrées, en très-grand nombre, animer les bords des rivières ou des marais plantés de roseaux. Elle grimpe avec rapidité et avec grâce le long des tiges des joncs, pour y saisir les insectes. Elle poursuit aussi au vol les libellules qu'elle aperçoit. Son cri saccadé, *cara, cra, cara*, auquel elle doit son nom vulgaire, trahit souvent sa présence. Cependant, malgré cette indication précise, la rousserole est difficile à découvrir à cause de son habileté à se cacher et à se glisser derrière les roseaux et les herbes épaisses auxquelles elle reste suspendue très-facilement. Pour composer son nid, elle choisit quatre ou cinq roseaux assez rapprochés, les réunit par des filaments de plantes aquatiques, qu'elle enroule bien des fois autour des joncs pour former une espèce de bourse grossière. Ce nid a quelquefois une hauteur de près de deux décimètres, et semble avoir été ainsi fabriqué pour arracher aux dangers de l'inondation des œufs ou des petits de la fauvette. Il ressemble alors à plusieurs nids superposés. L'intérieur en est garni de débris fins et déliés de feuilles de roseaux ; il contient ordinairement quatre ou cinq œufs dont le fond blanc verdâtre ou bleuâtre est parsemé de points ou de taches noires ou brunes qui forment quelquefois une couronne vers le gros bout. Ces œufs sont un peu piriformes, et le plus grand nombre sont oblongs ; plusieurs seraient confondus facilement avec des œufs de moineau, dont ils ne diffèrent souvent que par leurs taches plus larges et une couleur plus foncée et plus bleuâtre. Leur grand diamètre varie de 0^m,020 à 0^m,023, et le petit de 0^m,017 à 0^m,019.

Les gens de la campagne nomment la fauvette rousserole *paisse des marais*, parce que, par la couleur de son plumage, elle ressemble entièrement au moineau. Dans leur langage expressif, ils l'appellent encore la *racasse*, à cause du chant rauque et assourdissant, *cra, cra, cara, cara*, que cette fauvette fait entendre le jour et même la nuit. C'est ce chant qui indique très-souvent l'endroit où se trouve le nid de la rousserole. Un jour que, de concert avec M. Aristide Olivier, je visitais en bateau les différentes parties de la Fosse-de-Sorges, notre attention fut éveillée par le chant d'une rousserole ; plus saccadé encore et plus fatigant que celui de ses congénères, il révélait une préoccupation très-vive. Nous nous dirigeâmes vers l'endroit d'où elle faisait entendre ses cris, et nous trouvâmes un nid contenant cinq œufs ; soutenu par quelques joncs auxquels il était assujetti, il se trouvait à deux décimètres au-dessus de l'eau. En nous approchant pour l'examiner en détail, nous fûmes très-étonnés d'en trouver un second lié aux mêmes roseaux et plongeant à deux centimètres environ dans l'eau. Il renfermait quatre œufs. Une crue subite l'avait submergé, et la pauvre mère, ne voulant pas abandonner entièrement l'espoir de sa jeune famille, avait construit un second nid au-dessus du premier pour veiller sur les deux en même temps. C'était la crainte d'un deuxième malheur, que lui faisait redouter notre présence, qui donnait à son chant cette expression saisissante de mélancolie et d'angoisse.

FAUVETTE EFFARVATE. — SYLVIA ARUNDINACEA.

Cette fauvette, une des plus babillardes et des plus agiles de l'Europe, a un caractère peu sociable. Elle éloigne du lieu qu'elle a choisi pour nicher, non-seulement les oiseaux étrangers à son espèce, mais encore ses congénères. Elle semble avoir recours à un bruit assourdissant pour arriver à ses fins. L'effarvate grimpe sans cesse avec une grande agilité le long des roseaux, pour y saisir les insectes qui y adhèrent ; elle redescend, remonte avec une grâce et une rapidité remarquables, s'arrête à l'extrémité des tiges, y reste un instant en observation, puis s'élance avec la vitesse de l'éclair pour saisir au vol un insecte ou une libellule, et continuer ensuite le même exercice. Tous ses mouvements ont, par leur rapidité, une apparence d'irritation et de colère. Dès lors, son nom *effarvate* ou *effervete* pourrait dériver de *efferveo*, signifiant « s'échauffer, s'animer. » Quant à l'épithète *arundinacea*, « des roseaux, » elle indique les lieux dans lesquels cette fauvette vit et se reproduit.

L'effarvate, comme la rousserole, établit son nid dans les roseaux, qu'elle réunit au moyen de filaments de plantes aquatiques. Ce nid est construit avec plus de soin que celui de sa congénère; l'extérieur est composé d'herbes et de feuilles entrelacées, et l'intérieur est garni de plusieurs couches de pelures sèches de roseaux très-fines, très-déliées et très-molles. Il ressemble exactement, pour la forme, à ces petits paniers d'osier qui servent, en Anjou, à faire les crémets.

Vers le milieu du mois de juin 1865, en parcourant les bords de la Sarthe, près de Morannes, avec mes jeunes amis Eugène Lelong, Guillaume Bodinier et Louis Manceau, je découvris un nid d'effarvate dont la construction me parut faite encore avec plus d'art que les autres. Ce gracieux travail reposait sur les branches entrelacées d'une forte tige de mauve. Les larges feuilles de la plante ondulaient au-dessus du nid, et semblaient destinées à préserver la mère et ses petits des ardeurs du soleil et des inconvénients de la pluie. Les fleurs de la mauve s'épanouissaient, comme une couronne au-dessus d'un riant berceau. Des touffes nombreuses et serrées de roseaux formaient, autour de la demeure de la future famille, un rideau de verdure, et complétaient ainsi les charmes de ce séjour privilégié. Là, nous eûmes une lutte à soutenir; d'un côté, nous désirions augmenter les richesses de nos collections et emporter le nid et les œufs; de l'autre, il nous répugnait de ne pas laisser la pauvre mère jouir des fruits du pénible travail qu'elle s'était imposé pour construire ce petit chef-d'œuvre, et aussi de briser les douces espérances qu'elle y avait confiées. Le sentiment de la générosité triompha; et nous nous éloignâmes, en faisant des vœux pour que le nid échappât aux regards de tous les ennemis de la petite famille.

Les œufs, au nombre de quatre ou cinq, varient beaucoup de couleur. Les uns sont d'un vert brun uniforme, ou parsemés de taches, d'une nuance plus foncée, qui s'harmonisent avec la première teinte. Le plus souvent, le fond de la coquille est d'un blanc sale ou verdâtre, sur lequel se trouvent des taches brunes plus ou moins nombreuses et parsemées irrégulièrement. Les œufs se rapprochent, par leur couleur, de quelques-uns de ceux de la rousserole, dont l'effarvate n'est, en quelque sorte, qu'une variété plus petite.

Quand les eaux s'élèvent à une certaine hauteur, et que l'effarvate craint de voir sa jeune famille submergée, elle abandonne les roseaux, et établit son nid dans les haies voisines des rivières ou des marais; elle le pose à la bifurcation de plusieurs petites branches, qu'elle unit de la même manière que les roseaux. J'ai trouvé de jolis nids d'effarvate, non loin de l'étang Saint-Nicolas; ils étaient fixés à de petites branches d'aubépine.

Cette fauvette niche aussi, assez souvent, parmi les grandes herbes qui croissent dans les îles et sur les bords de la Loire.

Le grand diamètre de ses œufs est de $0^m,016$ à $0^m,018$, et le petit de $0,^m,014$ à $0^m,017$.

FAUVETTE VERDEROLLE. — SYLVIA PALUSTRIS.

La *verderolle* se rapproche beaucoup de l'effarvate; mais elle s'en éloigne, cependant, par ses pieds « verdâtres » et par les parties supérieures de son plumage légèrement nuancées de la même couleur. C'est ce qui la distingue des autres fauvettes, et lui a fait donner le nom qu'elle porte.

Le véritable chant de la verderolle est aussi très-différent de celui de l'effarvate. Néanmoins, elle contrefait assez souvent la voix de sa congénère, ainsi que celle du traquet motteux et des autres oiseaux, près desquels elle séjourne.

L'épithète *palustris* indique que ce passereau aime et habite les « marais. » Cette fauvette niche, ainsi que les précédentes, dans notre département, mais en plus petit nombre. Son nid sphérique est placé près de terre, dans les herbes élevées et dans les lieux humides. Formé à l'extérieur de tiges d'herbes fines et desséchées, il est garni en dedans de crin, de filaments très-déliés et du duvet des plantes. Il contient de quatre à six œufs d'un gris cendré, parsemé de taches brunes un peu verdâtres, avec d'autres qui ne diffèrent de la couleur de la coquille que par une nuance plus foncée.

Leur longueur est de 0^m,018 à 0^m,020, et leur diamètre de 0^m,012 à 0^m,014.

FAUVETTE PHRAGMITE. — SYLVIA PHRAGMITIS.

Cette fauvette ressemble à la suivante par sa taille, par ses habitudes, et même par son plumage. Elle en diffère par sa gorge, qui est presque blanche, et par ses flancs qui ne portent aucune tache. On la distingue assez facilement de sa congénère, par les nuances de l'ensemble de son plumage, qui est plus sombre et beaucoup moins jaune.

Les deux noms de cet oiseau ont la même signification ; ils viennent de PHRAGMITÈS, signifiant « oiseau qui vit dans les haies, les roseaux, etc., » dénomination qui n'ajoute rien de spécial au nom de cette fauvette, et qui pourrait convenir à beaucoup d'autres.

La phragmite se reproduit en Anjou. Son nid a la forme d'un petit panier ; il est souvent fixé à quelques roseaux, et le plus souvent à des tiges d'herbe ou même de blé, surtout quand l'inondation éloigne cette fauvette des bords des rivières. Ce nid est composé de brins d'herbes souples et déliés entrelacés avec art ; l'intérieur est matelassé avec les mêmes éléments, mais plus fins et plus mous. La femelle y pond quatre ou cinq œufs d'un jaune pâle et uniforme. Quelques-uns cependant sont d'un jaune verdâtre, revêtu d'une seconde couche non régulière et plus nuancée que la première, qu'elle laisse entrevoir. Quelquefois aussi, on remarque vers le gros bout un ou deux filets noirs très-déliés et serpentant en zig-zag.

Le grand diamètre est de 0ᵐ,016 à 0ᵐ,018, et le petit de 0ᵐ,012 à 0ᵐ,014.

FAUVETTE AQUATIQUE. — SYLVIA AQUATICA.

L'*aquatique* aime les lieux « marécageux et humides ; elle vit sur le bord des eaux, » auxquelles elle doit son nom. Sa nourriture consiste en vers, en petits limaçons, en insectes qu'elle saisit à terre ou en grimpant en travers, le long des osiers et des tiges d'herbe, qu'elle fouille en tous sens. Elle redescend la tête en bas, et remonte aussitôt pour redescendre encore, rappelant par ses habitudes et par la rapidité de ses mouvements, sur les bords des rivières, la vie active des mésanges dans les vergers. L'aquatique se distingue de la phragmite, spécialement par la bande d'un blanc roux qui sillonne sa tête, et par les taches de même couleur répandues au centre des plumes qui garnissent ses flancs et sa poitrine.

L'aquatique fait un nid semblable à celui de la phragmite. L'intérieur est peut-être composé de matières plus molles et plus délicates. Il renferme quatre ou cinq œufs d'un gris verdâtre avec de très-petits points olivâtres ; ils ressemblent à quelques variétés de la fauvette grisette, mais ils sont beaucoup plus petits ; quelques-uns se rapprochent aussi, par la couleur et les taches, de certains œufs de la bergeronnette printanière. Les marchands ont abusé de ces ressemblances, et le plus grand nombre des œufs vendus par eux, sous le nom de la fauvette aquatique, n'appartiennent pas à cette espèce.

Le grand diamètre est de $0^m,016$ à $0^m,017$, et le petit de $0^m,011$ à $0^m,013$.

FAUVETTE LOCUSTELLE. — SYLVIA LOCUSTELLA.

La locustelle est beaucoup plus commune en Anjou et dans les autres départements, qu'on ne le pense ordinairement. Les habitudes de cette fauvette servent à la dérober aux recherches des chasseurs et de ses ennemis. Elle se tient habituellement cachée à terre, la plus grande partie de la journée, dans les herbes et dans les endroits humides. Elle ne s'envole pas quand on approche ; mais elle court avec rapidité comme le râle de genêt, et déconcerte ainsi ceux qui la poursuivent. De toutes les fauvettes, la locustelle est la seule qui puisse marcher, privilége dont elle se sert avec avantage. Elle doit encore un moyen d'échapper à ceux qui la poursuivent à la particularité de mœurs qui l'a fait dénommer *locustelle*, « petite sauterelle. » En effet, cette fauvette fait entendre un cri semblable à celui de la cigale ou de la sauterelle, *locusta*, et, comme cette dernière, elle continue ce bruit pendant très-longtemps. Les habitants des campagnes la désignent sous le nom de *longue haleine*, à cause de ce chant prolongé qui contribue à tromper le chasseur, en lui faisant confondre la locustelle avec les cigales. Enfin, elle niche plus tard que les autres fauvettes, et le plus souvent dans les plantes fourragères et dans les champs de haricots, ce qui rend presque toujours vaines les recherches des dénicheurs ; car, lorsque le moment de pénétrer dans ces cultures est arrivé, les petits sont envolés. Son nid repose assez souvent à terre. Il est orné d'herbes entrelacées, et garni intérieurement du duvet des plantes ou de paille très-fine et bien souple. Les œufs, au nombre de quatre ou cinq, sont d'un gris rose quelquefois uniforme, émaillé le plus souvent de petits points de même nuance, mais plus foncé ; quelquefois ces points varient du jaunâtre au rougeâtre.

Le grand diamètre est de 0^m,016 à 0^m,018, et le petit de 0^m,012 à 0^m,013.

Ici se termine la première subdivision des fauvettes, admise par un certain nombre de naturalistes et désignée sous le nom commun de *calamoherpes*, peignant très-bien les habitudes générales de ces fauvettes. Cette dénomination dérive de KALAMOS, « roseau, herbe, » et HERPÔ, « ramper, glisser, grimper, » et signifie alors oiseaux qui « se glissent entre les roseaux, qui grimpent le long des tiges. » Cette dernière habitude est tout à fait caractéristique ; car les calamoherpes non-seulement parcourent les roseaux dans tous les sens avec une grande agilité, mais encore ils effectuent ces évolutions en s'élevant de côté. Leur corps forme avec les roseaux un angle qui varie de l'aigu au droit, selon que l'oiseau a besoin d'en modifier l'inclinaison, pour capturer sa proie ou pour se dérober à ses ennemis.

Les fauvettes comprises dans la deuxième subdivision portent le nom de *rubiettes*, parce que toutes les espèces groupées sous cette désignation ont quelque partie de leur plumage de couleur « rougeâtre. »

FAUVETTE PIT-CHOU. — SYLVIA PROVINCIALIS.

Le *pit-chou* doit, selon quelques auteurs, son nom aux petites dimensions de sa taille. D'après Buffon et plusieurs naturalistes, cette dénomination signifierait en provençal, « petit, menu. » Elle serait alors très-bien attribuée à un oiseau qui est l'un des plus petits de l'Europe. Des ornithologistes avaient pensé, au contraire, faire dériver ce nom d'une habitude de cette fauvette, habitude qui convient à beaucoup d'autres oiseaux. Le pit-chou se plaît à parcourir les terrains plantés de choux, et visite les feuilles dans tous les sens pour y saisir les insectes qui s'y trouvent attachés. Dès-lors, il *picote*, non les choux, mais la proie qu'il poursuit. Dans la langue provençale, le verbe *pita* veut dire « ramasser, avec le bec, sa nourriture grain à grain. » On dit d'un avare : c'est un « pite dardenne. » *Dardenne* est l'ancienne pièce de deux liards. L'avare est donc un homme qui ramasse une à une les pièces de deux liards, comme un oiseau recueille son grain. *Pit-chou* signifierait donc un passereau qui récolte sa nourriture « grain à grain, petit à petit, sur les choux. »

Quelques écrivains avaient même soutenu que cette fauvette se cachait sous les feuilles des choux, pendant la nuit, afin d'éviter les attaques des chauves-souris très-friandes de sa chair. Cette hypothèse ne peut être admise, par la raison que la chauve-souris, du moins celle de notre pays, ne vit pas d'oiseaux, mais d'insectes.

L'épithète *provincialis* indique que le pit-chou est très-multiplié dans la Provence, qui paraît être sa patrie. Cette fauvette se montre en Anjou, mais en petit nombre ; quelques couples y sont même sédentaires et s'y reproduisent.

J'ai rencontré le pit-chou dans les taillis formés de brosses (chêne tauzin — *quercus toza*) plantés sur les bords de l'étang Saint-Nicolas. Le nid, placé dans les buissons à peu d'élévation de terre, est composé à l'extérieur de gramen, et garni à l'intérieur de crin ou de matière cotonneuse. Il renferme quatre ou cinq œufs, dont le fond de la coquille est d'un brun grisâtre, parsemé de points bruns ou d'un jaune sale et pâle, avec des taches effacées rougeâtres, brunes ou rousses, formant quelquefois par leur rapprochement une espèce de calotte. Ces œufs peuvent facilement être confondus avec les petites variétés de la passerinette, ou même de la grisette. Leur grand diamètre est de 0^m,016 à 0^m,018, et le petit de 0^m,012 à 0^m,014.

FAUVETTE ROUGE-GORGE. — SYLVIA RUBECULA.

Cette fauvette, la plus répandue de toutes et la seule qui soit sédentaire en Anjou, est presque méprisée dans toutes les contrées qu'elle habite. Le nom populaire qui lui est donné dans plusieurs campagnes vient ajouter encore au ridicule attaché à sa triste existence. On l'appelle la *gadille*. Cette dénomination cependant, comme le nom commun et le nom scientifique du *rouge-gorge*, est fondée sur le plastron « rouge » qui couvre sa poitrine en remontant jusqu'à « la gorge. » En effet, d'après Ménage, *gadille* dérive de *rubiadïlla*, *rubjadilla*, *jadilla*, *gadilla ;* dès lors, la racine, dont la terminaison seule aurait prévalu, serait *rubia*, « rouge ; » ce qui expliquerait pourquoi *gadille* est synonyme de *roupie*. Belon dit qu'on appelle le *rouge-gorge* la *roupie* ou la *gadille*, parce qu'on voit cet oiseau venir aux villes et aux villages lorsque « les roupies » pendent au nez des personnes; ce qui signifierait que ces oiseaux voltigent même pendant les plus grands froids, qui font « rougir » le nez des villageois.

Le rouge-gorge vit de petits insectes et de vermisseaux qu'il cherche dans les buissons. Peu défiant, il se laisse facilement approcher. Dans les pipées, il est ordinairement une des premières victimes qui viennent se prendre aux gluaux. Sa pose, ses manières, tout en lui semble dire à l'homme qu'il réclame une indulgence, hélas ! trop souvent refusée. Malgré l'ingratitude qui le poursuit sans cesse, le rouge-gorge reste ami de l'homme, et s'attache aux pas du bûcheron, dans les forêts solitaires. Par son chant plaintif, il paraît s'associer à ses labeurs, et, quand tout est mort autour de lui, cet oiseau est encore pour le bûcheron une image de la vie. Il vient becqueter le pain du travailleur, se poser sur l'instrument de ses fatigues, et semble lui demander à faire partie de la famille. Souvent aussi le villageois voit le rouge-gorge se percher sur l'arbre voisin de la chaumière, et égayer par son petit chant le repas du soir composé d'un pain trempé de sueurs. Il s'arrête longtemps sur le toit rustique, et continue son ramage jusqu'à ce que l'heure du repos ait sonné pour la famille fatiguée. Afin de s'identifier davantage encore à la vie de labeur des gens de la campagne, il est de tous les oiseaux celui qui se réveille et chante le plus tôt, qui s'endort et chante le plus tard. C'est à lui, et non au moineau, que doivent se rapporter ces paroles : *Sicut passer solitarius in tecto.* — « Comme le passereau solitaire sur les toits. » Dans la saison des frimats, le rouge-gorge se pose sur les maisons, sur les croisées et réclame l'hospitalité au foyer domestique. Si l'accueil fait à sa demande lui paraît favorable, ce passereau s'enhardit, s'arrête quelques instants sur la porte entr'ouverte, et pénètre à l'intérieur de la maison pour recueillir quelques miettes de pain ; c'est un indigent qui a confiance dans la générosité de l'homme, et dont l'espérance ne devrait pas être trompée. Ce qu'il demande est si peu de chose ! Son cri est si plaintif, sa confiance si naïve ! Puis lui-même est souvent si généreux, si hospitalier ! Que de fois il couve l'œuf que la femelle du coucou a déposé dans son nid, et comme il entoure de soins celui qui doit le payer d'ingratitude !

Une vieille légende bretonne raconte que le rouge-gorge accompagna Jésus-Christ sur le Calvaire, chercha à le consoler par son chant, et détacha une épine de la couronne du divin Rédempteur pour adoucir, autant qu'il le pouvait, ses souffrances. Afin de récompenser sa courageuse sympathie, Dieu laissa, sur la poitrine du rouge-gorge, l'empreinte d'une goutte de son sang divin, et cet oiseau reçut alors la mission de s'attacher aux pas de ceux qui travaillent et qui souffrent, pour continuer ainsi son rôle d'ami et de consolateur.

Un poète malheureux a traduit dans quelques beaux vers la croyance naïve de la vieille Armorique ; mais il lui a enlevé une partie de son doux parfum :

Lorsque de ses douleurs le blond fils de Marie
Mourant réjouissait Sion et Samarie,
   Hérode, Pilate et l'enfer ;
Son agonie émut d'une pitié profonde
Les anges dans le ciel, les femmes en ce monde,
   Et les petits oiseaux dans l'air.

Et sur le Golgotha, noir de peuple infidèle,
Quand les vautours, à grand bruit d'aile,
   Flairant la mort, volaient en rond :
Sortant d'un bois en fleur au pied de la colline,
   Une fauvette pèlerine
Pour consoler Jésus se posa sur son front.

Oubliant pour la croix son doux nid sur la branche,
Elle chantait, pleurait et piétinait en vain,
Et de son bec pieux mordait l'épine-blanche,
   Vermeille, hélas ! du sang divin ;
   Et l'ironique diadème
Pesait plus douloureux au front du moribond,
Et Jésus, souriant d'un sourire suprême,
Dit à la fauvette : A quoi bon ?...

A quoi bon te rougir aux blessures divines ?
Aux clous du saint gibet, à quoi bon t'écorcher ?
Il est, petit oiseau, des maux et des épines
Que du front et du cœur on ne peut arracher.

   La tempête qui m'environne
   Jette au vent ta plume et ta voix,
Et ton stérile effort au poids de ma couronne,
Sans même l'effeuiller, ajoute un nouveau poids.

La fauvette comprit, et, déployant son aile,
Au perchoir épineux déchirée à moitié,
Dans son nid que berçait la branche maternelle
Courut ensevelir ses chants et sa pitié.

Bien des fois aussi le rouge-gorge s'est empressé de venir au secours des voyageurs égarés dans les forêts. Quand le jour disparaît et que le chasseur ou le pèlerin ne savent plus quels sentiers suivre pour regagner leurs demeures, le rouge-gorge voltige autour d'eux, dissipe leurs préoccupations et leur tristesse par son chant sympathique, et, en les précédant, leur indique la route qu'il a si souvent parcourue lorsqu'il accompagnait chaque fois le bûcheron fatigué regagnant le foyer domestique. O rouge-gorge, si justement nommé la fauvette du Calvaire, continue ta noble mission et sois béni des hommes comme tu l'as été par un Dieu mourant !

Le nid du rouge-gorge est le plus souvent posé à terre dans les trous des vieux murs. Il est composé presque toujours d'un lit de feuilles desséchées sur lequel repose une espèce de coupe aplatie formée de mousse, de bourre et de crins entrelacés. Il contient de cinq à six œufs dont la grosseur, la forme et les couleurs varient beaucoup. Souvent ils sont d'un roux uniforme parsemé de points imperceptibles et de couleur de brique. Quelques-uns portent sur un fond d'un blanc sale de larges taches roussâtres réunies en plus grand nombre vers le gros bout. D'autres sont d'un blanc mat strié de points noirâtres formant une couronne, et ressemblent à de petits œufs de la pie-grièche écorcheur.

Le rouge-gorge élève ses petits avec une tendresse remarquable ; le mâle partage avec la femelle le soin de l'incubation. Les membres d'une famille malheureuse ne doivent-ils pas s'entr'aider ?

Le grand diamètre des œufs est de 0^m,017 à 0^m,020, et le petit de 0^m,014 à 0^m,016.

FAUVETTE GORGE-BLEUE. — SYLVIA SUECICA.

Cet oiseau, l'un des plus brillants de l'Europe, rappelle par ses couleurs vives et nuancées ceux des tropiques. Il doit son nom au magnifique bleu azuré qui couvre sa poitrine et sa gorge. Ce plastron se développe avec l'âge de l'oiseau, et encadre une tache d'un blanc pur et éclatant. Une bande d'un noir mat règne au-dessous du bleu, et fait encore ressortir d'une manière plus sensible les autres couleurs.

L'épithète *suecica*, « suédoise, » indique que cette fauvette est très-commune en Suède. Quelques naturalistes ont distingué deux espèces de gorge-bleue, l'une nommée *suecica*, et l'autre *cyanecula*, de *cyaneus*, « bleu céleste. » Selon l'opinion la plus probable, ce sont deux variétés de la même espèce, et dont les légères différences peuvent dépendre du climat habité par cette fauvette.

La gorge-bleue se reproduit, chaque année, en Anjou. On la trouve dans les osiers et dans les arbustes qui croissent sur le bord des rivières ; principalement au-dessus et au-dessous des Ponts-de-Cé, dans les oseraies qui bordent la Loire, et dans les marais de la Baumette. Elle est difficile à trouver, parce que, se taisant la plus grande partie de la journée, elle se trahit dès lors très-rarement par son chant. Puis elle reste à terre dans les grandes herbes ou dans les fourrés. Son nid composé, en dehors, d'herbes sèches, de mousse et de racines déliées, est revêtu, en dedans, d'une couche de foin, de crin et de plumes. Ordinairement il est placé à terre, caché sous des racines, des branches d'osier ou des touffes d'herbe. Quelquefois, comme celui du rouge-gorge, il est confié à des excavations pratiquées dans la terre ou dans les fentes des troncs des vieux arbres. Les œufs, au nombre de quatre à six, sont d'un bleu verdâtre, reflétant quelquefois plusieurs nuances. Ils ressemblent assez à ceux du rossignol ; mais ils sont plus petits et presque toujours pointus des deux bouts. Leur longueur varie de $0^m,016$ à $0^m,018$, et leur diamètre de $0^m,013$ à $0^m,017$.

FAUVETTE ROUGE-QUEUE. — SYLVIA TITHYS.

Cette fauvette ne fait qu'apparaître dans notre département. Elle y séjourne seulement quelques jours à l'époque de ses migrations ; et encore ce passage n'a lieu que d'une manière irrégulière. Elle doit son nom vulgaire à la couleur des plumes de sa queue.

Quant à celui de *tithys*, je le crois assez récent et mal formé, soit du mot τιτιζ qui servait à désigner un petit oiseau chez les Grecs, et dérivé lui-même de τιτιζô, « pépier, piailler, » soit de son cri *tui-tui*. Cette dénomination, qui convient bien à cette fauvette, la distingue aussi naturellement de ses congénères, puisqu'elle n'a ni chant ni ramage proprement dit, mais seulement un petit son flûté, composé de notes aiguës et empreintes d'un sentiment de tristesse, en rapport avec les lieux solitaires qu'elle habite.

La rouge-queue se plaît dans les terrains rocailleux dont elle visite toutes les sinuosités pour y saisir les insectes ; elle parcourt aussi les bords des torrents et les terres nouvellement labourées, où elle se nourrit de vermisseaux.

Cette fauvette fait son nid dans les fentes des rochers, entre les pierres tombées des montagnes, et assez souvent sous les hangars isolés des habitations. Composé extérieurement de feuilles desséchées ou de mousse, il est revêtu à l'intérieur de plumes, de crin ou d'autres matières molles et flexibles. Il contient de quatre à six œufs d'un blanc pur et lustré : ces œufs se rapprochent de ceux du torcol; mais on les distingue assez facilement de ces derniers, parce que ceux de la sylvia tithys sont légèrement piriformes, tandis que ceux du torcol sont presque toujours oblongs.

M. l'abbé Caire, ornithologiste éclairé et persévérant, a découvert une nouvelle espèce de fauvette tithys. La femelle ressemble à celle dont je viens de parler; mais le mâle adulte est très-différent de celui qui se montre en Anjou. Cette fauvette a reçu le nom de celui qui l'a découverte, et elle est connue sous le nom de *sylvia* ou *ruticella Carii*. Les œufs de cette seconde espèce sont également d'un blanc pur, mais un peu moins gros et plus ronds que ceux de la sylvia tithys. Quelques-uns sont pointillés de taches d'un brun roux.

Le grand diamètre des œufs de la première espèce varie de $0^m,017$ à $0^m,019$, et le petit de $0^m,012$ à $0^m,014$.

FAUVETTE DE MURAILLE. — SYLVIA PHŒNICURA.

Ce passereau, très-commun en Anjou, est désigné sous plusieurs noms, selon les habitudes que l'on considère en lui. On le nomme *rossignol de muraille*, parce qu'il se plaît à percher sur les ruines ou sur les toits, où il fait entendre son chant très-accentué, agréable, mais mélancolique. Puis il se rapproche du rossignol, en ce que, comme lui, il ne chante que le soir et le matin. Mais il s'en éloigne, en ce qu'il se place dans des lieux élevés pour redire ses accents, tandis que son congénère, se dérobant le plus possible aux regards, recherche les endroits bas et fourrés. La fauvette de murailles est encore appelée *hoche-queue*, à cause du mouvement qu'elle imprime, de droite à gauche, aux pennes de sa queue. Quant à sa dénomination la plus ordinaire, elle lui a été donnée parce que cet oiseau aime à établir son nid dans les trous et dans les crevasses des vieux murs ; enfin son nom de *cul-rouge* est fondé sur les nuances de sa queue, et l'épithète *phœnicura* retrace la même idée, puisqu'elle vient de phoïnikouros, dont les racines sont phoïnikos, « rouge, » et oura, « queue. »

Cette fauvette, remarquable par la vivacité de ses mouvements, est très-répandue dans notre département et dans toute l'Europe. Elle fait son nid dans les trous des murailles ou des arbres fruitiers. Ce nid prend, dès lors, toutes les formes de l'endroit auquel il est confié, et devient tour à tour oblong, carré, triangulaire, petit ou grand, selon les dimensions des excavations qui le contiennent. Quelques-uns ont des proportions très-considérables ; ils sont composés de mousse, de plumes et de crin. Peu de nids offrent aux petits une couche plus molle et plus chaude. La ponte varie de quatre à six œufs d'un bleu brillant et d'un diamètre moins considérable ordinairement que celui des œufs de l'accenteur mouchet, avec lesquels ils pourraient être confondus assez facilement ; cependant ces derniers sont moins allongés que ceux de la fauvette de muraille et d'une couleur plus terne.

Le grand diamètre est de $0^m,017$ à $0^m,020$, et le petit de $0^m,012$ à $0^m,014$.

FAUVETTE ROSSIGNOL. — SYLVIA LUSCINIA.

Le rossignol est de tous les oiseaux connus celui dont le chant est le plus varié, le plus harmonieux et le plus étendu. A lui seul il réunit toutes les ressources et toutes les beautés de la voix des autres oiseaux chanteurs. Son nom français *rossignol* a été formé par corruption du latin *lusciniana*, mot qui dérive de *luscinus*, employé par Plaute pour désigner cette fauvette. *Luscinius* ou *luscinia* est formé de *lux, lucis,* « jour, » ou de *lucus, luci,* « bois, » et de *canere, cecini,* « chanter, » et signifie alors : « oiseau qui chante au point du jour ou dans les bois, *qui canit sub lucem* ou *in lucis.* » Le rossignol paraît en effet se complaire dans son chant et fuir tout ce qui pourrait en diminuer l'éclat. C'est pour cela qu'il ne se fait entendre que le matin et le soir, lorsque tout se tait autour de lui, et qu'il peut régner en maître absolu. Il aime aussi à chanter dans les bois les plus sombres et les plus solitaires, évitant tout ce qui pourrait le distraire, tout bruit qui enlèverait à sa voix quelque chose de son incomparable beauté. Cependant, dès que les petits du rossignol sont élevés, son chant si simple, si harmonieux, si étendu et si souvent admiré, est remplacé par un son rauque assez semblable au coassement du crapaud.

Cet oiseau vient chaque année se reproduire en Anjou. Il établit son nid à terre ou près de terre, dans les fourrés et dans les taillis les plus épais, au milieu des haies touffues, sur la pente des fossés ombragés. Ce nid, régulièrement composé de feuilles desséchées, est assez profond et pénètre en terre dans un petit creux de quelques centimètres, préparé par le rossignol pour donner plus de solidité à son travail. L'intérieur est garni de feuilles plus délicates que celles de l'enveloppe, de petites racines et de crin. Les œufs, au nombre de quatre à cinq, sont d'un brun uniforme avec quelques reflets verdâtres ou d'un brun olivâtre. La femelle seule est chargée des soins de l'incubation, et malgré la sollicitude qu'elle manifeste pour cette opération, elle abandonne son nid dès que le coucou y a déposé un œuf.

Le grand diamètre est de 0^m,018 à 0^m,020, et le petit de 0^m,013 à 0^m,015.

FAUVETTE PHILOMÈLE. — SYLVIA PHILOMELA.

La fauvette philomèle se rapproche beaucoup du rossignol ; ses habitudes sont les mêmes ; elle en diffère cependant par la nuance plus foncée de son plumage et par sa taille plus forte. En liberté, on la reconnaît facilement à sa voix plus vibrante encore que celle de sa congénère, et surtout à ses roulades beaucoup plus prolongées.

Son nom de *philomèle*, de ΡΗΙΛΟΣ, « ami, » et ΜΈΛΟΣ, « chant, » rappelle l'histoire de la fille de Pandion, roi d'Athènes. Cette malheureuse princesse ayant subi d'indignes traitements de la part de son beau-frère Térée, chercha à s'en venger. Ne pouvant dévoiler de vive voix ses infortunes, puisqu'on lui avait coupé la langue, elle retraça au fond de sa prison, sur une toile, tout ce qu'elle avait souffert. Cette toile fut envoyée à sa sœur Progné, qui, à la tête d'une troupe de Bacchantes, délivra Philomèle. Puis, par un mouvement de délire incompréhensible, Progné immole son propre fils, et, dans un grand festin, elle en sert les membres à son époux ; à la fin du repas, la mère coupable jette sur la table la tête du jeune Itys, et lorsque son mari se jette sur elle pour assouvir sa fureur, il se trouve changé en épervier, Progné en hirondelle, Itys en faisan, et Philomèle en la fauvette qui porte son nom. Les habitudes de ce passereau, son éloignement pour la société des autres oiseaux et surtout pour celle de l'homme, la mélancolie de son chant semblaient, chez les païens, justifier ce récit de la mythologie. Depuis cette métamorphose, l'épervier poursuit inutilement l'hirondelle, et Philomèle échappe aussi à ses serres par l'obscurité et la solitude des lieux qu'elle habite.

Suivant l'opinion qui me semble la plus probable,

j'admets que la fauvette philomèle se reproduit en Anjou. Son nid ressemble à celui du rossignol ; ses œufs ne diffèrent de ceux de la précédente que par des dimensions un peu plus fortes et par une nuance assez souvent plus sombre. Le grand diamètre de ces œufs est de $0^m,020$ à $0^m,022$; le petit, de $0^m,014$ à $0^m,016$.

Ici se termine la section des rubiettes. Pour compléter la nomenclature des fauvettes, il ne reste plus qu'à parcourir la subdivision comprenant les fauvettes proprement dites.

FAUVETTE ORPHÉE. — SYLVIA ORPHEA.

Si le nom de la fauvette philomèle rappelle le souvenir de crimes atroces, celui de l'*orphée* ne rappelle du moins à notre esprit que les aventures d'un époux malheureux. Orphée, fils d'Apollon et de Clio, jouait admirablement de la lyre. Son épouse Eurydice, ayant été piquée par une vipère, le jour de ses noces, descendit dans le sombre séjour de Pluton. Orphée résolut d'arracher aux enfers celle qu'il aimait tendrement. La puissance de sa lyre triompha de tous les obstacles ; les lois immuables de la mort furent suspendues par l'harmonie du fils d'Apollon, et Eurydice lui fut rendue. Malheureusement une condition était imposée : Orphée devait précéder Eurydice, et ne la regarder que lorsqu'il serait sorti des noirs abîmes. Déjà il franchissait le seuil de cet empire ténébreux, lorsque, cédant à un désir bien naturel, il se retourne, voit Eurydice qui disparaît et lui est enlevée pour toujours. Inconsolable de cette perte, Orphée fuit la société des hommes, et cherche dans les accents de sa lyre un soulagement à sa douleur. Les forêts, les montagnes, les animaux se montrèrent sensibles aux charmes de son harmonie ; mais elle ne put calmer le ressentitiment des femmes, dont Orphée avait repoussé l'union depuis la mort d'Eurydice. Le malheureux chantre fut massacré par les Bacchantes en fureur, et sa tête, jetée dans l'Hèbre, murmurait encore le nom d'Eurydice.

> Tum quoque, marmorea caput a cervice revulsum
> Gurgite quum medio portans Æagrius Hebrus
> Volveret, Eurydicen vox ipsa et frigida lingua,
> Ah! miseram Eurydicen! anima fugiente, vocabat,
> Eurydicen toto referebant flumine ripæ [1].

> L'Èbre roula sa tête encor toute sanglante :
> Là, sa langue glacée et sa voix expirante,
> Jusqu'au dernier soupir formant un faible son,
> D'Eurydice, en flottant, murmurait le doux nom :
> Eurydice, ô douleur! Touchés de son supplice,
> Les échos répétaient : Eurydice! Eurydice!

DELILLE.

Tel est le sommaire de la vie mythologique de celui auquel l'ornithologie a emprunté le nom qu'elle donne à l'une des plus gracieuses fauvettes. L'orphée ressemble à la fauvette à tête noire, ce qui l'a fait surnommer la *grosse tête noire*. Elle en diffère essentiellement par ses dimensions, qui sont plus fortes même que celles du rossignol. Son chant est puissant et doux, mais moins étendu que celui des deux espèces précédentes. Il respire la mélancolie et la tristesse, et fournit à cet oiseau un moyen d'échapper à la poursuite des chasseurs. L'orphée jouit de la faculté de modifier son ramage, de telle sorte que, lorsqu'on est près d'elle, son chant paraît venir de bien loin ou d'un côté tout opposé à celui qu'elle occupe. Ceux qui se guident sur ce renseignement pour capturer l'orphée se trompent toujours, et, dans cette circonstance encore, la voix de cet oiseau semble venir des entrailles de la terre ou se perdre dans ses profondeurs :

---

[1] Virgile, *Géorgiques*, l. IV, v. 524 et suivants.

rapport qui n'a pas dû échapper à ceux qui ont uni par le même nom la fauvette et l'époux infortuné.

Non-seulement l'orphée traverse notre département chaque année, mais elle s'y arrête quelquefois pour s'y reproduire. Cette année, j'ai reçu de Charcé, par l'entremise de Mlle Chauveau, institutrice, un très-beau nid d'orphée, contenant cinq œufs. Ce nid, très-gros, est composé à l'extérieur de gramen, de paille et de racines, et de crin à l'intérieur. Les œufs, d'un blanc sale, sont parsemés de taches brunes ou d'un cendré jaunâtre ; le centre des taches est d'une couleur plus foncée que sur les bords, où elle semble se confondre avec les nuances de la coquille. Le nid de l'orphée est placé ordinairement sur les arbustes ou dans les haies et les buissons épais. Ses œufs mesurent, par le grand diamètre, de 0^m,017 à 0^m,019, et par le petit, de 0^m,013 à 0^m,015.

FAUVETTE A TÊTE NOIRE. — SYLVIA ATRICAPILLA.

Cette fauvette, l'une des plus communes en Europe, doit son nom au noir profond répandu sur le dessus de sa tête. Peu craintive, elle vient animer de son chant et de son vol non-seulement les campagnes, mais encore les jardins des villes. Elle dissimule peu l'endroit qu'elle a choisi pour y construire son nid. Elle l'établit dans les haies, sur les bords des chemins, dans les groseilliers, les rosiers et les autres arbustes. Il est composé à l'extérieur de gramen, et garni à l'intérieur de quelques brins de crin. Arrondi en forme de coupe, il est très-peu épais et ordinairement transparent. Les œufs qu'il contient, au nombre de quatre à cinq, varient beaucoup en grosseur et en couleur. Régulièrement ils ont des dimensions fortes, si on les compare à la taille de l'oiseau. Les uns, presque arrondis, ont le fond de la coquille d'un blanc sale ou roussâtre parsemé de taches brunes dont le centre est plus foncé que les bords; d'autres ont une couleur rougeâtre pointillée de noir. Quelques-uns paraissent recouverts de deux couches uniformes d'un jaune pâle et effacé, dont la seconde semble plus épaisse que la première. Enfin, on en trouve qui sont entièrement blancs. Pour cette fauvette, comme pour les autres oiseaux, cette grande variété dans les couleurs des œufs me semble provenir non-seulement de la différence d'âge des femelles, et des lieux qu'elles habitent, mais surtout de la nourriture qu'elles trouvent. En effet, les couvées successives des mêmes oiseaux présentant une grande variété de nuances dans les œufs, ce changement me semble ne pouvoir être attribué qu'à la nourriture, qui varie avec le cours de l'année.

Quelquefois il est très-difficile de distinguer les œufs de la fauvette à tête noire de ceux de la fauvette des jardins, si ce n'est par la petite différence qui existe dans leurs dimensions. Les œufs de la première sont ordinairement un peu moins longs et moins blanchâtres que ceux de la seconde.

La fauvette à tête noire fait chaque année plusieurs couvées. Elle rivalise avec le rossignol pour la fraîcheur et l'harmonie de son chant; mais s'il est aussi doux et aussi flexible, il est moins étendu. Le mâle partage avec la femelle les soucis de l'incubation; il prodigue à ses petits les soins les plus tendres, et, quand ils sont menacés par un ennemi, il cherche à l'éloigner des objets de son amour en feignant d'être blessé et de traîner l'aile. Puis, quand il pense avoir écarté le danger par cette ruse innocente, il s'envole et revient auprès de ses petits par une route détournée.

Grand diamètre des œufs de 0^m,017 à 0^m,020 ; petit, de 0^m,012 à 0^m,014.

FAUVETTE DES JARDINS. — SYLVIA HORTENSIS.

Cette fauvette aime à séjourner dans les jardins, *hortus*, *horti*, à y chercher sa nourriture, à s'y reproduire, habitudes qui justifient son nom. Le nid de la fauvette des jardins, composé à l'extérieur de paille et de brins d'herbe, et garni de crin à l'intérieur, se trouve ordinairement dans les massifs et dans les haies des jardins. Le crin, employé par la plupart des petits oiseaux dans la contexture de leurs nids, me paraît fournir une nouvelle preuve de l'instinct admirable que Dieu leur a donné, dans sa tendre sollicitude pour tous les êtres de la création. Cette matière, tout à la fois chaude et flexible, se trouve facilement partout; par son élasticité, elle se prête à tous les mouvements de la couveuse; avec le secours de cette garniture intérieure, le nid se développe selon l'âge des petits qu'il renferme, reçoit et conserve cependant toujours la forme ronde, la plus commode et la plus favorable pour l'incubation.

Le nid de la fauvette des jardins contient ordinairement quatre ou cinq œufs. La coquille en est d'un blanc jaunâtre parsemé de taches brunes, dont le milieu est d'une nuance plus foncée, tandis que celle des bords semble presque effacée.

Cette fauvette recherche encore les lieux ombragés et voisins des petits cours d'eau. Elle aime à nicher près de ses congénères, avec lesquelles elle vit en bonne harmonie. Son chant, varié et coulant, est moins éclatant que celui de la fauvette à tête noire.

Le grand diamètre de ses œufs est de $0^m,018$ à $0^m,020$, et le petit de $0^m,013$ à $0^m,014$.

FAUVETTE GRISETTE. — SYLVIA CINEREA.

La couleur cendrée de cette fauvette lui a peut-être fait donner son nom vulgaire et son nom scientifique.

Et cette hypothèse me paraît d'autant plus probable, que Ménage, Pierroni, Roquefort prétendent que le mot *gris*, représenté dans la basse latinité par les expressions *griseus*, *grisius*, dérive, selon ces auteurs, du latin *cinereus*, « de couleur de cendre, » ou de *varius* , « petit-gris. » On appelle ainsi une espèce de fourrure, parce que la peau qui la compose est de couleur grise, c'est-à-dire variée de différentes nuances. Cet oiseau se trouve en très-grand nombre dans toute l'Europe. Il ne paraît nullement redouter le voisinage de l'homme. Son chant moins agréable que celui de la plupart de ses congénères, plaît cependant par son excessive volubilité. Plus élancée dans ses formes qu'un certain nombre d'autres fauvettes, la grisette est aussi plus vive dans ses mouvements. Elle est sans cesse en activité; on la voit tour à tour voltiger de branche en branche ou courir de buisson en buisson, voler en pirouettant au-dessus des haies, pour y pénétrer ensuite avec agilité, et se livrer à toute sorte d'ébats qui semblent indiquer un caractère léger et folâtre. La gaieté de la *grisette*, l'étourderie de ses mouvements, son chant saccadé, cette espèce de joyeuse folie qu'elle manifeste dans l'ensemble de ses habitudes, ne pourraient-ils pas faire supposer à son nom l'étymologie qui a été donnée à l'épithète *grive*?

La fauvette grisette fait deux, trois et même quatre couvées par an. Son nid, grossièrement façonné, est composé de petits brins de gramen et de paille; l'intérieur est quelquefois garni de flocons de laine ou du coton des plantes. Il est placé le plus souvent dans les haies peu élevées, sur le bord des routes, ou confié aux ronces qui s'étendent sur les fossés. Les œufs, au nombre de quatre ou cinq, varient beaucoup en dimensions et en couleurs. Les uns sont d'un blanc sale et verdâtre parsemé de petits points ou de larges taches noirâtres toujours plus nombreuses vers le gros bout. D'autres sont tout ronds ou très-allongés. On en trouve dont la coquille, d'un blanc de lait, porte vers le gros bout une couronne de petits points grisâtres. Enfin, quelques-uns revêtent la couleur jaunâtre avec des taches brunes. Malheureusement cette grande variété donne lieu à des erreurs involontaires ou à des fraudes calculées. Beaucoup d'œufs de la fauvette grisette circulent dans les collections et chez les marchands comme appartenant au pit-chou, à l'aquatique ou même à la passerinette.

Le grand diamètre est de 0^m,015 à 0^m,018, et le petit de 0^m,011 à 0^m,014.

FAUVETTE BABILLARDE. — SYLVIA CURRUCA.

La fauvette *babillarde* doit son nom à son chant peu étendu et sans cesse répété. Cet oiseau aime les taillis et les endroits fourrés. Sans cesse en mouvement, comme les mésanges et les pouillots, il poursuit et recherche dans ses chasses continuelles les insectes et les petites mouches qu'il rencontre sur les branches ou qu'il saisit au vol. Comme la fauvette grisette, il s'élève au-dessus des buissons en tournant sur lui-même, pour y pénétrer ensuite avec la rapidité de la flèche. Dans ses évolutions, il retrace les ruses et les habitudes de l'épervier poursuivant sa proie. La babillarde enfle les plumes de sa gorge et de sa tête toutes les fois qu'elle reprend son chant monotone; cette habitude lui donne un air d'importance qui ne sied guère à sa petite taille.

L'épithète *curruca*, par laquelle elle est désignée dans presque tous les ouvrages d'ornithologie, est un mot qui n'a jamais été employé que par Juvénal, dans sa satire vi[e]. Le sens qu'il a attaché à *curruca* ne peut convenir à la fauvette babillarde que parce que cette sylvie, par ses habitudes, a paru couver, avec plus de facilité encore que ses congénères, l'œuf que le coucou aime à déposer sou-

vent dans son nid. La femelle semble alors, par une indifférence coupable, imposer au mâle la pénible fonction
de pourvoir à la nourriture et à l'éducation d'un petit
qui ne devrait pas faire partie de la famille.

Quelques auteurs, d'après Forcellini, pensent que
curruca n'est autre chose qu'*urruca*. Ce mot signifierait
alors « l'oiseau qui vit dans les parties inférieures des
buissons et des orties, » ou plutôt encore « l'oiseau le
plus infime du genre, » ce qui rentrerait dans la pensée
de Juvénal, qui est une idée de mépris. Les différentes
acceptions des épithètes *curruca* et *urruca* peuvent se
justifier par les habitudes de la babillarde. Elle se tient
dans les taillis les plus sombres. On dirait une coupable
fuyant la lumière.

Ce passereau, dont la présence a été signalée en Anjou,
niche dans les buissons, dans les taillis ou sur les
branches peu élevées des arbres. Son nid, composé à l'extérieur d'herbe ou de paille desséchée, est garni à l'intérieur de crin ou de plantes molles. Il contient quatre ou
cinq œufs de couleur blanche, légèrement jaunâtre, parsemés, surtout vers le gros bout, de taches rousses ou
olivâtres dont le centre est beaucoup plus foncé que les
bords. Ils reproduisent assez bien les nuances et la forme
des œufs de la fauvette orphée; mais ils sont d'une di-
mension beaucoup plus petite. Leur grand diamètre est
de 0^m,014 à 0^m,016, et le petit de 0^m,011 à 0^m,013.

FAUVETTE A POITRINE JAUNE. — SYLVIA HIPPOLAIS,
OU PLUTÔT HYPOLAIS.

Augustin Niphus, cité par Aldrovande [1], prétend que
cette fauvette a été nommée *hippolaïs* du mot HIPPOS,
« cheval, » parce qu'elle fait son nid dans l'œil d'un

[1] Liv. XVII, ch. xxxiv.

cheval mort. Une pareille étymologie, comme le savant Bolonais le fait remarquer, est ridicule, indigne d'un homme docte, et provient de l'ignorance du grec. Il faut écrire, en effet, non *hippolaïs*, mais *hypolaïs*, de HYPO-LAÏS ou ÉPILAÏS (Aristote), dont les racines, suivant les meilleurs dictionnaires, sont HYPO, « sous, » ÉPI, « sur, » LAS, LAAS, LAOS, LAES, « rochers. » Ce mot indique non, d'après l'interprétation fournie par certains lexiques, que cet oiseau se tient « sous » ou « parmi les pierres et les rochers, » mais qu'il cherche « sous » ou « parmi les pierres » les insectes et les vermisseaux qui lui servent de nourriture. L'hypolaïs imite la voix, le chant, le cri de rappel de tous les oiseaux qui sont dans son voisinage, depuis la rousserole des marais jusqu'à l'hirondelle des cheminées, et depuis la pie-grièche jusqu'au moineau. Cette facilité excessive l'a fait surnommer généralement fauvette *polyglotte*, de POLYS, « plusieurs, » et GLÔTTA, « langue, — oiseau qui fait entendre plusieurs chants, qui parle en quelque sorte plusieurs langues. » En m'appuyant sur cette dernière étymologie et sur les habitudes de cette fauvette, j'avais pensé que le mot HYPOLAÏS pouvait dériver de HYPO, « sens dessus dessous, » et de LALIS, pour LALOS, « babillard, » et signifier alors fauvette « babillant à tort et à travers, » comme il est très-facile de le constater pendant le temps de son séjour dans notre département. Mais, en me conformant davantage aux lois de l'étymologie, je m'arrête à la première, comme à la seule véritable.

L'hypolaïs se reproduit, chaque année, en Anjou ; elle recherche ordinairement les buissons touffus et les haies impénétrables pour y établir son nid. Là, selon la méthode des rousseroles, elle réunit plusieurs branches d'aubépine, de ronce ou d'arbustes par des brins de paille ou d'herbes sèches et déliées. Elle continue ensuite son travail en donnant à son nid une grande profondeur. L'intérieur est garni de crin, de laine, du coton des saules et d'autres matières souples et molles. L'extérieur, assujetti par les bords à ces petites branches, est composé de plantes entrelacées avec art. La femelle y dépose quatre ou cinq œufs très-jolis, surtout lorsqu'ils sont nouvellement pondus. Leur couleur est d'un rouge lilas, ou violeté et parsemé de raies et de taches noires ou rougeâtres. Leur longueur est de 0^m,016 à 0^m,019, et leur diamètre de 0^m,012 à 0^m,013.

Les naturalistes ont fait un genre hypolaïs, qui comprend plusieurs espèces. L'une d'elles, l'*ictérine*, de ΙΚΤΈΡΟΣ, « jaunisse, » me paraît venir chaque année dans notre département. Elle est d'autant plus facile à confondre avec la fauvette à poitrine jaune, qu'elle a les mêmes nuances de plumage, les mêmes habitudes que celle-ci. Les nids et les œufs des deux espèces se ressemblent entièrement. L'ictérine diffère de l'hypolaïs proprement dite par des proportions un peu plus grandes, par un bec plus court, des ailes plus longues et une queue un peu plus fourchue au centre.

Malheureusement ces fauvettes, ainsi que la plupart des oiseaux qui ne visitent l'Anjou que pour s'y reproduire, arrivent dans un temps où la chasse est interdite, pour nous quitter vers l'époque où elle est ouverte. Dès lors, il est difficile de pouvoir étudier ces oiseaux ; d'autant plus que presque tous ceux qui restent plus longtemps parmi nous perdent leur voix après la nidification, et échappent à toutes les recherches en ne trahissant plus leur présence par leur chant.

Je pense que les fauvettes mélanocéphale, à lunettes, passerinette, passent chaque année dans notre département, et que même elles s'y reproduisent. Cette hypothèse devient presque une certitude, si l'on admet comme exactes les descriptions des nids et des œufs de ces oiseaux, faites par MM. Dégland, Bailly et Crespon.

Pour faciliter aux ornithologistes de notre Anjou la vérification de mon assertion, je vais donner quelques détails sur ces trois fauvettes et sur leur mode de nidification.

FAUVETTE MELANOCEPHALE. — SYLVIA MELANOCEPHALA.

Les épithètes données à cet oiseau, en latin et en français, ont la même étymologie ; toutes les deux elles dérivent du grec MÉLAS, « noire, » et KÉPHALÊ, « tête, » et signifient « fauvette à tête noire. » La melanocéphale ressemble beaucoup à la *sylvia atricapilla,* fauvette à tête noire ; ses dimensions sont inférieures à celles de sa congénère, de cinq millimètres seulement. La couleur rougeâtre qui entoure ses yeux est le signe le plus caractéristique qui la sépare des autres sylvies. Elle vit et niche comme la fauvette à tête noire, et peut être ainsi facilement confondue avec cette dernière. Ses œufs, au nombre de quatre à cinq, ont $0^m,018$ ou $0^m,019$ de longueur, et $0^m,013$ ou $0^m,017$ de diamètre. D'après M. Crespon, ils sont d'une couleur blanchâtre, et parsemés de points noirâtres, en forme de couronne, vers le gros bout. Selon M. Dégland, leur teinte est d'un gris roussâtre, moucheté de petits points fauves ou d'un roux olivâtre, plus rapprochés au gros bout et peu sensibles. Cette différence peut s'expliquer par les variétés qui ont été communiquées à ces naturalistes. Quoi qu'il en soit, l'on trouve en Anjou des types se rapportant exactement aux œufs décrits par ces deux auteurs.

FAUVETTE A LUNETTES. — SYLVIA CONSPICILLATA.

Cette jolie petite sylvie, dont les différents noms ont la même signification, se distingue de la fauvette grisette par les plumes noires qu'elle porte en forme de lunettes autour du cercle blanc de ses yeux, par des couleurs plus pures et plus vives, et par des dimensions plus petites. Elle a ordinairement trois centimètres de moins que sa congénère, à laquelle elle ressemble par l'ensemble de ses habitudes et par son genre de nourriture. La fauvette à lunettes fait son nid avec les mêmes matériaux que la grisette; il renferme ordinairement quatre ou cinq œufs dont la longueur varie de $0^m,014$ à $0^m,016$, et le diamètre de $0^m,011$ à $0^m,012$. La coquille de ces œufs est blanchâtre, ou d'un blanc teint de grisâtre, avec de nombreux points ou de petites taches brunes ou verdâtres, formant quelquefois une espèce de calotte vers le gros bout.

FAUVETTE PASSERINETTE. — SYLVIA PASSERINA.

Le nom donné à cette fauvette est un diminutif du mot *passer*, « moineau, » et indique que la couleur d'une partie de son plumage se rapporte par ses nuances à celui du moineau. Le mâle a toutes les parties supérieures d'un cendré couleur de plomb, inclinant au bleu, et toutes les parties inférieures en général d'un roux de brique avec une légère teinte de violet. Le ventre et l'abdomen sont blanchâtres; deux petits traits blancs, en forme de moustaches, partent de la base du bec et descendent de chaque côté du cou: enfin, la queue est noirâtre.

La longueur de la passerinette est de 13 centimètres. La femelle a le dessus du corps d'un cendré clair, avec une très-légère teinte olivâtre; les parties inférieures sont d'un gris roussâtre clair ou jaunâtre, le ventre blanchâtre tirant un peu au roux. La bande blanche près du bec est peu apparente.

La passerinette habite de préférence les localités montueuses couvertes de broussailles et d'arbustes. Elle aime beaucoup les fruits sucrés. Elle a aussi les mêmes habitudes que la grisette ; elle construit, avec les mêmes matériaux et dans les mêmes endroits, un nid en forme de coupe, contenant quatre ou cinq œufs. Ceux-ci sont blanchâtres ou d'un blanc inclinant au verdâtre, avec des taches et des points tirant sur le violet pâle, mêlés avec quelques autres d'un cendré roux et très-rapprochés sur le gros bout, où la couleur du fond s'aperçoit à peine. Quelques-uns sont d'un blanc cendré, avec des points d'un gris roussâtre plus nombreux vers le gros bout et se confondant avec la couleur de la coquille. Leur longueur varie de 0ᵐ,015 à 0ᵐ,016, et leur diamètre de 0ᵐ,012 à 0ᵐ,013.

Les différences qui existent entre ces dernières sylvies sont si difficiles à saisir, qu'elles ont échappé pendant longtemps à un grand nombre de naturalistes. Maintenant encore, malgré les travaux récents et de nouvelles observations, plusieurs auteurs distingués, et parmi eux, M. Nordmann, ont soutenu que la fauvette grisette, *sylvia cinerea*, la passerinette, *sylvia passerina*, la fauvette à lunettes, *sylvia conspicillata*, pourraient bien ne former qu'une seule espèce, se manifestant par plusieurs variétés.

J'abandonne aux savants la solution de ce problème. Cependant je puis constater dès maintenant, quelle que soit leur décision, que l'on trouve en Anjou les différentes variétés d'œufs attribuées aux trois espèces précédentes.

SEPTIÈME GENRE. — POUILLOTS.

Dans la Faune de Maine-et-Loire, aux fauvettes succèdent les pouillots. Pendant très-longtemps, ces derniers ont été classés parmi les sylvies, avec lesquelles ils ont beaucoup de rapport. Les pouillots sont, avec les roitelets et le troglodyte, les plus petits oiseaux de l'Europe. C'est aussi aux dimensions de leur taille qu'ils doivent le nom de *pouillot*, formé de *pullus*, *pusillus*, « petit. » Ces passereaux vivent régulièrement en société ; on les rencontre, quelquefois, en troupes assez nombreuses. Sans cesse en mouvement, ils papillonnent autour des branches et des feuilles, afin d'y saisir les vers et les insectes. Aussi, le bon sens populaire les a-t-il désignés sous le nom de *frétillet*. Ils visitent les arbres dans tous les sens pour y trouver leur proie, et accompagnent leur chasse d'un cri vif et perçant, qui semble être souvent un cri de rappel. Quatre espèces de pouillots parcourent l'Anjou et s'y reproduisent. La cinquième espèce, le pouillot à ventre jaune, admise par M. Millet, n'est, d'après la grande majorité des naturalistes, que le pouillot fitis, jeune âge et en plumage d'automne.

POUILLOT SIFFLEUR. — SYLVIA SIBILATRIX.

Les noms du *pouillot siffleur*, le plus grand du genre, lui viennent de son cri de rappel, qui est aussi son cri ordinaire. Ce cri perçant ressemble à un sifflement ; il est assez semblable à celui que fait entendre le bouvreuil, et sa puissance étonne de la part d'un oiseau si faible.

Le siffleur établit son nid près de terre, dans les broussailles, dans les lieux humides, sur le bord des fossés. Des feuilles de fougères desséchées, de la guinche (molinie bleuâtre, *molinia cœrulea*), de la mousse en forment l'extérieur ; des plumes, du crin et des matières molles en garnissent l'intérieur. Ce nid a la forme d'une grosse boule oblongue ou d'un four de campagne, selon les endroits dans lesquels il se trouve établi. Une petite ouverture y est pratiquée du côté le moins exposé aux regards ; le plus ordinairement, elle est tournée vers le fossé. L'entrée se trouve à peu près au milieu du nid, de manière cependant que la partie supérieure puisse s'avancer pour former toit, et préserver la mère et sa jeune famille de la pluie et de l'humidité de la rosée. Ce nid, par sa couleur et par sa position, échappe facilement aux regards ; mais il se trouve malheureusement trop près de terre, pour n'être pas souvent visité et dévasté par les lézards verts et par les couleuvres. Les œufs, dont le nombre varie de cinq à sept, sont un peu oblongs ; la coquille en est d'un blanc plus ou moins rosé et pointillé de taches d'un brun roux et rougeâtre, plus nombreuses et plus rapprochées à mesure qu'elles s'élèvent vers le gros bout. Ces œufs se distinguent de ceux du natterer, par leurs dimensions un peu plus fortes et par le fond de la coquille toujours plus blanc ; enfin les taches des œufs du siffleur sont ordinairement plus larges et plus séparées les unes des autres, que celles des œufs du natterer.

Le grand diamètre des œufs du pouillot siffleur est de $0^m,014$ à $0^m,016$, et le petit de $0^m,011$ à $0^m,012$.

POUILLOT FITIS. — SYLVIA TROCHILUS.

La difficulté de distinguer les différentes espèces de pouillots, qui ont tous des traits de ressemblance, a forcé les naturalistes à remarquer en eux certaines particularités, qu'ils omettent d'ordinaire dans le classement des autres oiseaux. Le cri triste et mélancolique du pouillot fitis, qui semble faire entendre ce mot : « fist-fist, » a suffi pour que Bechstein lui donnât le nom de *fitis*, expression défigurée du chant du pouillot *trochilus*. Quant à cette dernière dénomination, elle convient à tous les pouillots ; elle dérive de TROCHILOS, dont la racine TRÉCHÔ, « tour-

ner, » voltiger avec vitesse, représente le vol papillon-
nant et bruyant de ces oiseaux, tournant autour des
petites branches avec la même rapidité et le même bourdonnement que le fuseau sous une main exercée.

Le nid du pouillot fitis, beaucoup plus restreint dans
ses dimensions que celui du précédent, est composé des

mêmes matières, et placé souvent moins près de terre;
on le trouve dans les bois ou dans les taillis, non loin
des petits cours d'eau ou des fossés, suspendu à de
grandes tiges de fougères. On le prendrait facilement
pour le nid du rat des moissons. Il contient cinq ou six
œufs, moins gros et plus allongés que ceux du siffleur,
d'un fond blanchâtre disparaissant sous des petits points
très-multipliés d'un rouge de brique, et recouvrant
presque entièrement le fond de la coquille. Ils pourraient

être confondus avec quelques variétés des œufs de la mésange bleue ; mais ces derniers, cependant, ne sont jamais aussi chargés de taches.

Grand diamètre de $0^m,014$ à $0^m,015$; petit, de $0^m,010$ à $0^m,012$.

———

POUILLOT VÉLOCE. — SYLVIA RUFUS.

Les noms de ce pouillot offrent une nouvelle preuve de la peine que l'on éprouve à saisir des nuances dans les couleurs, ou des différences dans les habitudes de ces petits oiseaux. Les noms de *véloce* et de *rufus*, « roux, » peuvent convenir à tous les pouillots, puisque tous sont d'une agilité remarquable, et que leur couleur fauve les avait fait classer parmi les sylvies. Pendant l'hiver, on trouve le véloce en grand nombre dans les arbustes et dans les osiers plantés sur le bord des rivières et surtout des marais ou des étangs. De l'extrémité des branches, qu'il visite en tous sens, il se précipite sur la proie qu'il aperçoit fixée aux plantes aquatiques ou entraînée par les eaux. Quand cette proie est attachée à un débris ou à un objet capable de le supporter, il s'y fixe, et dès lors s'abandonne, sur cette espèce d'esquif, au cours de l'eau, jusqu'à ce que sa faim soit satisfaite, ou que sa patience soit vaincue. On peut constater ces habitudes du véloce près des bords de l'étang Saint-Nicolas, principalement à l'endroit où l'eau décrit une courbe entre les deux bouquets de sapins. Le véloce a la faculté de modifier sa voix, et de faire croire qu'il chante bien loin du chasseur, lorsqu'il en est très-près. Ainsi, dans le mois de mai 1857, j'étais occupé avec plusieurs jeunes gens à chercher un nid de pouillot véloce dans les petits taillis situés sur la rive droite du même étang ; pendant nos investigations, le mâle resta perché à l'extrémité d'un arbre, faisant entendre un cri d'inquiétude qui nous

semblait devoir diriger nos pas. Après un certain temps
consacré à des recherches inutiles, nous nous aperçûmes
que nous étions les victimes du petit ventriloque. Nous
ne pouvions l'entrevoir lui-même, et, lorsque nous pen-
sions être près de le découvrir, son chant nous paraissait
venir de bien loin, pour se rapprocher quand nous nous
éloignions, puis recommencer sans cesse, par une ruse
qui nous fatiguait sans amener aucun résultat.

Le pouillot véloce est, en Anjou, le plus répandu des
oiseaux de ce genre. Comme le siffleur, il niche très-près
de terre, le long des talus des fossés et toujours du côté
de la route, espérant ainsi éviter plus facilement les
regards des hommes. Pour le découvrir, en effet, on est
non-seulement obligé de se courber profondément, mais
de descendre même dans le fossé. Ce nid, construit avec
les mêmes éléments que ceux des pouillots précédents,
contient de cinq à sept œufs variant de formes et de

taches. Peut-être trouverait-on, dans ces différences très-sensibles, une preuve en faveur de ceux qui admettent une cinquième espèce de pouillot. Ces nuances très-distinctes méritent de fixer l'attention des naturalistes. Quelques nids contiennent des œufs presque ronds, dont la coquille est d'un blanc parsemé de taches noires; d'autres présentent des œufs de forme allongée, couverts de taches plus petites et d'un rouge de brique.

Grand diamètre de $0^m,014$ à $0^m,017$; petit, de $0^m,011$ à $0^m,013$.

POUILLOT NATTERER ou BONELLI. — SYLVIA NATTERERI ou BONELLI.

Ce pouillot porte indifféremment le nom de *Natterer* ou celui de *Bonelli*. Il doit ces dénominations aux deux savants qui les premiers ont pu, par de minutieuses observations, le distinguer des autres espèces. Les habitudes de cet oiseau sont les mêmes que celles de ses congénères. Il niche comme le véloce, en préférant toutefois la lisière des bois à tous les autres lieux. Son nid renferme cinq ou six œufs, plus petits que ceux du siffleur, et tellement chargés de points rougeâtres, qu'ils paraissent se confondre et donner à la coquille une nouvelle nuance; celle-ci semble quelquefois tirer sur le violet.

Grand diamètre de $0^m,014$ à $0^m,017$; petit, de $0,^m011$ à $0^m,012$.

HUITIÈME GENRE.

ACCENTEUR PÉGOT. — ACCENTOR ALPINUS.

Les inflexions brèves et saccadées du chant de *l'accenteur* ont déterminé les ornithologistes à donner à cet oiseau un nom qui reproduisît cette particularité : *accen-*

tor, « celui qui entonne. » On dirait qu'il annonce une *antienne* sur un ton mélancolique ; c'est un chant commencé et subitement interrompu. Quant au mot *pégot*, il me semble pouvoir s'expliquer de deux manières. L'accenteur *alpin* vit sur le sommet des montagnes du midi de l'Europe, et en particulier sur celui des Alpes. Il se nourrit d'insectes et de graines, double avantage qui lui permet de séjourner, presque en tout temps, dans les mêmes pays. Cet oiseau se plaît dans les régions solitaires. Fixé sur une pierre, il s'y tient immobile pendant longtemps, regardant autour de lui, d'un air hébété, tout ce qui se fait, et ne paraissant pas redouter l'approche de l'homme, par indifférence ou par ignorance du danger. Cette habitude, cet air stupide, lui ont fait donner le nom de *pégot*, dérivé de *pée*, expression du pays de Comminges (Haute-Gascogne), signifiant « hébété, imbécile. » La couleur noirâtre du plumage de cet oiseau pourrait peut-être faire admettre que *pégot* vient du vieux mot français *pége*, signifiant « couleur de poix, noirâtre. » Cet accenteur niche à terre, dans les inégalités de terrain ou entre les pierres ; son nid, composé de racines, de brins d'herbe et de paille, est très-solidement construit. Ces différentes matières sont tellement unies et liées, qu'elles paraissent avoir été soumises à l'action d'une presse puissante. Les bords du nid ont jusqu'à $0^m,05$ d'épaisseur. Il contient de quatre à six œufs bleus sans tache ; leur longueur varie de $0^m,020$ à $0^m,024$, et leur diamètre de $0^m,015$ à $0^m,017$.

Le pégot traverse l'Anjou très-rarement, et n'y séjourne jamais.

ACCENTEUR MOUCHET. — ACCENTOR MODULARIS.

Ce congénère du pégot est sédentaire dans notre département. On le trouve partout et en grand nombre.

Il se tient dans les taillis et dans les haies épaisses, sans cesse occupé à recueillir quelques petites graines, à saisir des vermisseaux, des insectes et surtout des mouches, habitude qui lui a fait donner l'épithète *mouchet*. Cet accenteur est très-lent dans ses mouvements; il sautille, d'un air stupide et peu défiant, dans les buissons : aussi a-t-il reçu le nom expressif de *traîne-buisson*. Son chant est bref, peu varié; il le fait suivre ou précéder de quelques sons plaintifs, tremblants, qu'il semble se plaire à *moduler*, ce qui explique sa dénomination latine *modularis*.

L'accenteur mouchet établit son nid dans les arbustes et dans les haies, à environ un mètre de terre; ce nid, assez volumineux, est formé ordinairement d'une couche épaisse de mousse disposée en coupe, revêtue, à l'extérieur, de quelques brins de paille ou de petites racines, et, à l'intérieur, de crin. Il renferme quatre ou cinq œufs bleus, un peu ventrus, et se distinguant de ceux du rossignol de murailles, par une forme moins allongée et par une couleur plus pâle.

Grand diamètre de $0^m,017$ à $0^m,019$; petit, de $0^m,012$ à $0^m,014$.

NEUVIÈME GENRE.

ROITELET HUPPÉ. — REGULUS CRISTATUS.

Deux fois chaque année, notre département est traversé par des bandes de petits oiseaux, dont le cri et le vol plaisent à ceux qui en sont les témoins. Il parcourent, avec une vitesse et une grâce qui tiennent beaucoup de celles du papillon, les taillis et surtout les arbres verts, cherchant les petites mouches, les insectes et leurs larves. Aucune partie des arbres n'échappe à leurs inves-

tigations multipliées; on les voit suspendus à l'extrémité
même des feuilles agitées par le vent, le corps renversé,
afin d'être plus certains de ne rien oublier sur leur passage. Ces oiseaux si vifs, si gracieux, sont des habitants
des Alpes qui, malgré leur faiblesse, entreprennent et
exécutent de longs voyages. Les naturalistes les ont
nommés *roitelets*, « petits rois, » à cause de leur huppe
et de leur bandeau, qui semble être une couronne.

En Europe, trois espèces forment ce genre; deux seulement nous visitent. Celles-ci se distinguent entre elles
par la huppe et par le triple bandeau de vives couleurs,
qui embellissent encore leur petite tête. Cette particularité a servi pour former les noms vulgaires ou savants qu'ils
portent. Pendant longtemps, ils ont été confondus dans
une seule espèce, et c'est M. Brehm, naturaliste saxon,
qui le premier les a déterminés d'une manière précise.

Le roitelet huppé, mâle, porte sur le sommet de la
tête une huppe d'un jaune orange, encadrée, sur les côtés
et par devant, entre des plumes effilées, noires à l'extrémité des barbes, et d'un jaune vif à l'intérieur. Ces plumes
font en quelque sorte partie de la huppe; car elles s'élèvent ou s'abaissent avec elle.

Le diadème des femelles est moins brillant que celui
des mâles. Cet oiseau établit son nid dans les arbres
élevés et touffus; il lui donne la forme d'une boule très-
ronde, dans laquelle est pratiqué un petit trou placé en
dessous, afin que l'eau n'y puisse pénétrer. Cette ouverture est ordinairement dissimulée sous un branche. Souvent il m'est arrivé d'examiner ce nid dans tous les sens,
avant d'apercevoir l'ouverture qui donnait passage à la
femelle. De la mousse parsemée de petits lichens, et
unie par des toiles d'araignée, en compose l'extérieur;
des plumes et du crin garnissent l'intérieur. Ce nid renferme de six à huit œufs d'un blanc sale ou jaunâtre, et
dont le gros bout est ordinairement d'une nuance uni-

forme, mais plus foncée ; on dirait une seconde couche répandue sur la première en forme de calotte.

Le grand diamètre est de 0^m,012 à 0^m,013, et le petit, de 0^m,009 à 0^m,010.

ROITELET A TRIPLE BANDEAU. — REGULUS IGNICAPILLUS.

Le *roitelet à triple bandeau* doit son nom aux différentes bandes blanches et noires qui sillonnent sa tête et encadrent sa huppe. Celle-ci est d'un orangé couleur de feu, ce qu'indique très-énergiquement l'épithète latine *igni-capillus*, de *ignis*, « feu, » et *capillus*, « cheveu, » — « cheveu de flamme. » Ses habitudes sont les mêmes que celles du précédent, avec lequel il émigre et vit en bonne harmonie. Son nid est fait de la même manière ; il est placé au milieu de petites branches qui, en retombant, l'enveloppent et le cachent tout à la fois.

Ses œufs diffèrent de ceux de son congénère, par leur couleur rose et par de petits points d'un rouge un peu effacé ; leurs dimensions sont aussi un peu plus petites que dans l'espèce précédente.

Grand diamètre, de 0^m,011 à 0^m,012 ; petit, de 0^m,008 à 0^m,009.

DIXIÈME GENRE.

TROGLODYTE D'EUROPE. — TROGLODYTES VULGARIS.

Les anciens avaient donné le nom de *Troglodytes* à des peuples d'Afrique dont ils connaissaient peu les habitudes précises, et qu'ils supposaient devoir vivre en sauvages, et habiter les cavernes et les bois. Selon une opinion admise par un certain nombre d'historiens modernes, le peuple des Troglodytes n'aurait jamais existé ; et les anciens auraient vu des hommes là où n'existaient

réellement que des singes. Quoi qu'il en soit, les ornithologistes se sont apppuyés sur ces données, vraies ou
fausses, pour imposer à un très-petit oiseau le nom de
troglodyte, composé de ΤΡΩΓΛΈ, « trou, caverne, » et
ΔΥΝΩ, ΔΥΩ, « entrer, habiter. » Ce passereau aime, en
effet, à visiter, à parcourir les fentes, les crevasses des
vieilles murailles, les trous des arbres vermoulus, pour
y saisir les insectes et les vermisseaux. De plus, il choisit quelque anfractuosité de vieux mur tapissé de lierre,
ou le débris d'un nid, ou même l'excavation d'un arbre,
pour y établir son domicile, et y passer la nuit à l'abri
du froid et de tout danger.

En Anjou, on appelle communément le troglodyte
berrichot, *beurichon* et *burrichon*. Ce nom vulgaire dérive du vieux mot latin *burrichus*, signifiant « roux, »
dont la racine est ΠΥΡΡΗΟΣ ou ΠΥΡΡΗΟΣ, « roux. » *Burrichus*
ou *burricus* est un diminutif de *burrhus*, ancien mot latin
signifiant « roux, » témoin ce passage de Festus :
« *Burrum* dicebant antiqui quod nunc dicimus *rufum* »
(cité par Ménage à l'article *Bourrique*). Cette dénomination, *petit roux*, est parfaitement justifiée par la couleur uniforme des plumes du troglodyte.

Quant au mot *robertaud*, *petit Robert*, *petit maître
Robert*, il convient à ce petit oiseau, qui fait acte de propriétaire en se glissant partout, même dans l'intérieur
des maisons, pour y manger ou pour s'y reproduire, et
sans demander aucun consentement. Ce mot a, en outre,
le même sens que *beurichon*, car *Robert* vient de l'allemand *Rotbert*, signifiant « barbe rousse, » et peut dès
lors se traduire encore ainsi : « le petit roux. »

Le courage que déploie le troglodyte en présence
du danger, l'énergie avec laquelle il attaque les oiseaux
beaucoup plus gros que lui, surtout lorsque sa jeune famille est menacée, l'ont peut-être aussi fait comparer
aux grands guerriers de l'antiquité, et lui ont mérité le

nom de « Roi-Bertaut. » Dans leur langage naïf et expressif, les campagnards auront voulu consacrer leur juste
appréciation de la valeur du petit roux, et ils lui ont dé-
cerné une couronne, comme prix de son courage. Ils imi-
taient en cela les Romains, qui avaient trouvé une certaine
analogie entre César et les troglodytes. « La veille du
jour où Jules César reçut ses vingt-deux coups de poi-
gnard dans le Sénat, un troglodyte fut écharpé de la
même façon sur la place publique par une vingtaine
d'autres petites bêtes, et cet événement, qui semblait un
triste présage pour le nouveau roi, impressionna vivement les amis du grand homme, et les fit se douter de
l'affaire qui se machinait. » (*Histoire romaine*, de
Michelet.)

L'imagination ne s'est pas arrêtée à comparer le troglodyte aux rois et aux empereurs; elle a supposé encore
que le petit Robert avait défié l'aigle dans son vol audacieux, et que, pour triompher de son terrible adversaire,
il s'était élancé sur le dos du roi des airs. Aussi, lorsque
l'oiseau de Jupiter se fut élevé à une hauteur inaccessible, il jeta un regard de dédain pour apercevoir son
rival qu'il croyait encore à la surface de la terre. Mais
tout à coup retentit à ses oreilles un chant de victoire :
c'était le roi Bertaut déployant toutes les richesses de son
gosier musical pour célébrer son triomphe.

Dans quelques localités, les habitants de la campagne
appellent le troglodyte le petit *mussot*, du mot *mussare*,
formé, d'après Ménage, de MUO, MUSSÔ, « se cacher, »
qui lui-même a servi de racine, selon l'autorité de Scaliger, à MUS, « SOURIS. » MUS, APO TOU MUEÏN, *id est abdere
se in latibula, inlatebrare se, quod sane mus facit*
(Scaliger, sur Ausone, 2-27); parce que, comme les
souris, il se fraie un passage, avec une grande adresse et
une grande rapidité, au milieu des fourrés les plus épais,
et que, de plus, il se rapproche de la couleur de la souris

par les nuances sombres et uniformes de son plumage.

Le troglodyte se plaît aussi dans les haies touffues, dans les lierres qui tapissent les murs ou serpentent autour des arbres. Ses mouvements sont vifs et saccadés; son chant, assez agréable, est très-étendu et très-perçant pour un si petit oiseau; ce chant ne se compose que d'une seule phrase non interrompue qui dure cinq ou six secondes. Cette particularité, très-rare chez les oiseaux, mérite d'être remarquée. Car les phrases du rossignol ne se prolongent pas au-delà de deux ou trois secondes; celles du merle noir durent trois ou quatre secondes; celles du merle grive, deux ou trois; seule, l'alouette l'emporte sur le troglodyte par un chant qui se soutient pendant l'espace de plusieurs minutes.

La queue du troglodyte est toujours relevée en éventail, et ses mouvements semblent indiquer une colère ou une irritation presque continuelle, qui imprime à tout son corps un mouvement de bascule. On le voit sans cesse paraître et disparaître derrière les branches ou les feuilles; il trompe la vigilance de tous ses ennemis par cette espèce de fuite stratégique. Dans le temps de la nidification, le mâle se tient près de son nid, surveille tous ceux qui s'en approchent, et manifeste, par le mouvement de ses plumes et par ses cris non interrompus, l'inquiétude qui l'agite. Le troglodyte établit son nid le long des arbres couverts de lierre, sous les hangars près des fermes, dans les trous des vieux murs et, quelquefois, à une petite distance de terre, entre les branches d'un arbuste ou des charmilles. Ce nid, dont les dimensions sont très-considérables. présente ordinairement la forme d'une boule oblongue; un petit trou très-rond, placé sur le côté ou vers le haut, donne passage à la couveuse. Cette ouverture est fortifiée par de petites racines qui, en assujettissant la mousse, l'empêchent de céder sous la pression occasionnée par l'entrée et par la sortie de la femelle. Le haut du nid s'avance presque toujours, afin de servir de toit et de préserver l'intérieur contre les in-

convénients de la pluie et les intempéries de la saison. Il forme ainsi une petite *marquise* champêtre. Des feuilles desséchées de fougère ou d'autres plantes, de la mousse liée par des racines, forment l'extérieur ; le dedans est garni de plumes et de crin. Il contient de cinq à sept œufs très-gros pour les dimensions de l'oiseau. Leur forme est un peu oblongue ; le fond de la coquille est d'un blanc uniforme, et de couleur rose lorsque les œufs ne sont pas vidés. Le plus souvent ils sont parsemés de points rougeâtres. Le nid du troglodyte est très-remarquable par la propreté qui y règne intérieurement. Le père et la mère le purgent continuellement des insectes qui s'y introduisent et des excréments de la petite famille.

Le grand diamètre des œufs est de $0^m,014$ à $0^m,016$, et le petit, de $0^m,011$ à $0^m,012$.

ONZIÈME GENRE.

BERGERONNETTE. — MOTACILLA.

Le genre des bergeronnettes comprend un certain nombre d'oiseaux intéressants par les habitudes auxquelles ils doivent leurs différents noms. Ces passereaux vivent de vermisseaux, d'insectes, et recherchent les lieux où ils peuvent les trouver le plus facilement. Par gaieté et pour saisir au vol quelque insecte ailé, ils aiment à s'élancer à une petite élévation au-dessus des prairies, à tourner sur eux-mêmes, et à retomber ensuite, pour recommencer plusieurs fois les mêmes évolutions. On les voit courir avec grâce et agilité au bord des rivières, voltiger sur les feuilles de nénuphar ou sur les roseaux inclinés. Ils se plaisent à visiter les bassins, dans lesquels s'abreuvent les troupeaux, ou qui servent de lavoirs publics : cette habitude les a fait nommer *lavandières*. Le mouvement imprimé sans cesse de haut en bas à leur longue queue leur a mérité l'épithète de *hoche-queue* ou *motacilles*, en latin *motacilla*, de *moveo*, « agiter, remuer, » et *cilleo* ou *cillo*, même sens, « remue-mouvantes, » épithète, on le voit, essentiellement caractéristique. Quant au nom de *bergeronnette*, ils le doivent à leur habitude de suivre les cultivateurs et les bergers, et de s'attacher à leurs pas sans craindre leurs attaques. Ils se tiennent derrière la charrue qui trace les sillons, saisissent les insectes sous les mottes renversées, ne redoutant ni les animaux ni ceux qui les dirigent. Dans les prairies, ils restent au milieu du troupeau, suivant tour à tour les bestiaux, et vivant des insectes ou des vermisseaux que les pas pesants des vaches ou des bœufs font sortir de leurs retraites. D'autres fois, ils s'attachent au dos des moutons, des porcs même, et les débarrassent des insectes qui les tourmentent. Souvent on a vu une ou deux bergeronnettes fixées sur un seul animal, le suivre dans sa course furieuse déterminée par les piqûres qu'il ressentait et dont il ne comprenait pas le motif, et ne l'abandonner que lorsque la visite générale était terminée.

Les bergeronnettes ont beaucoup de rapports les unes avec les autres; dès lors, quelques naturalistes ont réuni plusieurs espèces en une seule; d'autres, au contraire, ont fait un grand nombre de subdivisions. On admet généralement quatre espèces, qui toutes visitent l'Anjou, et dont trois s'y reproduisent.

BERGERONNETTE GRISE. — MOTACILLA ALBA.

La bergeronnette *grise* doit son nom à l'ensemble de sa couleur, d'un gris blanchâtre ; elle niche dans notre département. Composé de mousse, de crins et de plumes, son nid est placé ordinairement dans les tas de pierres situés sur le bord des eaux. Il prend, dès lors, la forme du trou auquel il est confié. Pour en dissimuler l'entrée, le père et la mère y pénètrent par différents passages. Ce nid contient quatre ou cinq œufs d'un blanc grisâtre parsemé de petits points d'un brun noirâtre, et dont le grand diamètre est de $0^{m},020$, et le petit de $0^{m},015$.

BERGERONNETTE LUGUBRE. — MOTACILLA LUGUBRIS.

Quelques ornithologistes pensent que la véritable bergeronnette *lugubre* ne vient pas en Europe, et que celle à laquelle on a donné ce nom, à cause des nuances plus sombres et plus foncées de son plumage, n'est qu'une variété de la grise.

Quant à la bergeronnette *Yarrell*, ainsi appelée du nom du savant Anglais qui l'a déterminée, elle est considérée par les uns comme une variété dépendant de la vieillesse du sujet, ou de l'influence du climat ; d'autres auteurs l'ont érigée en espèce.

Quoi qu'il en soit, les deux bergeronnettes lugubre et Yarrell ont les mêmes habitudes que la grise. Leur nid est en tout conforme à celui de cette dernière, et leurs œufs ne diffèrent que par la couleur de la coquille quelquefois plus foncée : variétés insuffisantes cependant pour servir de fondement à une distinction d'espèces, puisque ces variétés se manifestent d'une manière encore plus sensible dans les œufs de presque tous les passereaux.

BERGERONNETTE JAUNE. — MOTACILLA BOARULA.

Cette bergeronnette se distingue des précédentes, non-seulement par les nuances de son plumage auxquelles elle doit un de ses noms, mais encore par son caractère. Ennemie de la société, elle recherche la solitude, et attaque celles de ses congénères qui se trouvent dans les lieux qu'elle parcourt. Elle accompagne son vol d'un petit cri plaintif et vibrant. Son nom paraît provenir de *Boaria*, ancienne désignation sous laquelle était connue la Bavière, depuis le moment où les Boïens, chassés de la Bohême par les Marcomans, vinrent s'y établir. Ce nom de Boïens semble avoir été donné à tous les peuples qui s'occupaient principalement d'élever des troupeaux ; dès lors, il serait assez rationnel d'en chercher l'étymologie dans la même racine que le mot grec ΒΟΫΣ, « bœuf.» On rencontre les Boïens de la Gaule, les Boïens d'Italie, les Boïens de la Germanie, etc. Dans le Poitou, maintenant encore, le bœuf est appelé *boe*, et le bouvier *boier ;* *bouvier* lui-même dérive évidemment de *boviarius*.

Dans Ducange *boarius* est *pastor boum*, « le pasteur des bœufs, » et, d'après Forcellini, *boarius* peut se remplacer par ces mots : *ad boves pertinens*, « qui se rapporte aux bœufs, qui leur ressemble. » Chez les Romains, on appelait *forum boarium*, « le marché aux bœufs. »

D'après ces explications, l'épithète *boarule*, donnée à la bergeronnette jaune, semblerait indiquer, au premier coup d'œil, que cet oiseau s'attache aux pas des troupeaux, et que, comme un certain nombre de ses congénères, il cherche sa nourriture jusque sur le dos des bœufs. Mais les habitudes de la bergeronnette jaune s'opposent à cette hypothèse. Car, plus sauvage que toutes les autres espèces, elle fuit la présence de l'homme et des troupeaux, n'habite que les endroits solitaires, et surtout le bord des cours d'eau.

On a proposé aussi d'expliquer *boarule* et particulièrement *boarine*, en faisant dériver l'un et l'autre de ʙoûs, « bœuf, » et ʀʜɪɴos, « peau, » pour indiquer un oiseau dont « la peau, la couleur se rapproche de celle du bœuf, *ad boves pertinens.* » Dans ce sens, *boarule* ou *boarine* seraient synonymes de *jaune*, épithète qui désigne ordinairement cette bergeronnette. Mais il y a plus d'une objection à ce que ʙoûs et ʀʜɪɴos puissent être les racines de *boarine* et, à plus forte raison, de *boarule*. Ces deux mots ne sont peut-être, en définitive, que des allongements de *boarius* cité plus haut. Mais cela n'importe pas pour l'idée exprimée, qui reste à peu près la même.

Souvent la boarule traverse les villes pour s'arrêter de jardin en jardin, de cour en cour, afin de visiter tous les endroits humides. On l'aperçoit solitaire et perchée sur le toit des maisons, où elle fait entendre son cri perçant, et d'où elle semble rechercher les endroits les plus favorables à ses investigations.

Son nid, composé à l'extérieur de brins d'herbe et de débris de plantes, est garni à l'intérieur de plumes et de crin. Placé à terre et sous des pierres, près des cours d'eau, il contient de quatre à six œufs d'un blanc sale, roussâtre ou même isabelle. La couleur de quelques-uns est uniforme; d'autres sont couverts d'une seconde couche presque effacée, ou de petites taches grisâtres et jaunâtres. Grand diamètre de $0^m,018$ à $0^m,020$; petit, de $0^m,014$ à $0^m,015$.

BERGERONNETTE PRINTANIÈRE. — MOTACILLA FLAVA.

Cette bergeronnette, la plus sociable de tout le genre, est très-répandue en Europe. Elle arrive en grand nombre, dès les premiers jours du printemps, dans les pays où elle doit nicher. Elle paraît annoncer le retour de la belle saison, et c'est cette particularité qui lui a fait donner son nom français. Quant au mot *flava*, «jaune,» il indique que son plumage se rapproche de celui de la précédente. Elle niche à terre dans l'herbe, près des rivières, et pond le même nombre d'œufs que la boarule. La couleur de ces œufs est plus jaune, plus rousse et plus uniforme que celle des œufs de sa congénère. Grand diamètre de 0^m,017 à 0^m,018 ; petit, de 0^m,013 à 0^m,014.

Quelques naturalistes ont admis une bergeronnette *flaveole* (*motacilla flaveola*, « jaunâtre, ») qui, selon l'opinion la plus accréditée, n'est qu'une variété de la printanière. Les œufs qu'on lui attribue sont d'un blanc roussâtre ou jaunâtre uniforme, et strié de petits points bruns peu visibles.

———

DOUZIÈME GENRE.

PIPIT RICHARD. — ANTHUS RICHARDI.

Les pipits ont été pendant très-longtemps confondus avec les alouettes, dont ils se rapprochent par quelques traits de ressemblance, mais dont ils s'éloignent par plusieurs habitudes. Ces oiseaux forment la transition naturelle entre les bergeronnettes et les alouettes. Comme les premières, ils vivent d'insectes et donnent à leur queue un mouvement de haut en bas. Comme les secondes, ils chantent en s'élevant dans les airs, et présentent des formes beaucoup moins sveltes que les motacilles. Plusieurs espèces semblent prendre plaisir à s'élancer dans les airs du haut des arbres, après s'y être reposés, pour redescendre, la tête en bas, les ailes étendues, représentant une flèche, et accompagnant ce vol irrégulier d'un chant agréable, mais un peu saccadé. Enfin quelques-uns se perchent très-rarement.

Leur nom générique *pipit* est la reproduction de leur chant, *pit-pit*, qu'ils répètent sans cesse , et qui semble être en même temps un chant de joie et un cri de rappel. Leur dénomination latine *anthus* dérive du grec ANTHOS, signifiant « fleur. » Si le mot est pris au figuré, les pipits seront alors considérés comme l'ornement des lieux qu'ils habitent, par leur vol et par leurs mouvements continuels. S'il est adopté selon le sens propre, il indiquera que ces passereaux vivent, en général, au milieu des terrains cultivés, et qu'ils se nourrissent de la graine des fleurs et des plantes.

Le pipit *Richard*, le plus gros de tout, a été dédié par M. Veillot au naturaliste de Lunéville qui l'avait signalé le premier. Comme tous ses congénères, il niche à terre ; son nid se compose de petites racines et de brins de foin, ou de plantes ; il renferme quatre ou cinq œufs , dont la coquille, d'un blanc gris sale, est revêtue de taches d'un noir rougeâtre.

Leur grand diamètre varie de $0^m,022$ à $0^m,028$, et le petit de $0^m,018$ à $0^m,020$.

PITIT SPIONCELLE. — ANTHUS AQUATICUS.

L'épithète *spinula*, qui, chez certains auteurs, sert à désigner ce pipit, rappelle une des habitudes de ce passereau, celle de se plaire et de vivre dans les terrains plantés de buissons d'épines, *spina*, « épine. » C'est le même motif qui l'a fait nommer *spinoletta*. Le deuxième surnom *aquaticus*, « aquatique, » nous retrace une autre habitude de cet oiseau, celle de fréquenter les lieux humides, et les bords des rivières et des marais. Quant au mot *spioncelle*, il dérive de *spionia*, expression employée

par Pline pour désigner « la vigne sauvage. » Du substantif *spionia* on a fait l'adjectif *spionicus*, « qui appartient à la vigne sauvage, » d'où *spioncelle*. Cette qualifica-
tion, indiquant un oiseau qui « vit dans la vigne sauvage, »
convenait d'autant mieux au pipit qu'il détermine, que ce
passereau est appelé dans le midi de la France *bec-figue
des vignes*. Les Romains le nommaient *ficedula*, « bec-
figue. » Les gens de la campagne, très-bons observateurs, désignent le pipit spioncelle sous le nom de *vinette*.
Ainsi se trouve réalisé, par le bon sens populaire, le
désir que Martial exprimait, il y a bien des siècles, sous
la forme d'une épigramme :

> Cum me ficus alat, cum pascar dulcibus uvis,
> Cur potius nomen non dedit uva mihi ?

Puisque je me nourris non-seulement de figues, mais aussi de
raisins sucrés, pourquoi n'est-ce pas le raisin qui me donne son
nom [1] ?

Cependant le mot *spionicus* eût dû être remplacé par
un autre, pour représenter exactement les habitudes d'un
oiseau qui se rapproche de la grive par le plumage, par
le chant et par la nourriture, et qui, comme elle, préfère
les vignes cultivées à celles qui sont sauvages. Le spioncelle manifeste une grande variabilité dans ses goûts, et
c'est cette particularité qui a induit en erreur plusieurs
naturalistes, et lui a valu des noms d'une signification
toute différente. A quelques époques de l'année, et revêtu d'un certain plumage, on voit le spioncelle fréquenter les terrains marécageux et les bords des rivières :
on le nomme alors *anthus aquaticus*, « le pipit des
eaux. » A une autre époque, et avec une livrée différente,
on l'a remarqué dans les endroits rocailleux, couverts de
buissons, sur les montagnes : on lui a, par conséquent,
donné la dénomination d'*anthus montanus*, « pipit des

---

[1] MARTIAL, livre XIII, Épigramme 49.

montagnes. » Ces pérégrinations dans des lieux si différents ne sont pas, chez les spioncelles, le résultat d'un
caprice; mais elles leur sont dictées par l'instinct raisonné
qui les dirige vers les endroits où, selon les saisons, ils
trouveront plus de ressources et d'abondance pour leur
nourriture. Le pipit spioncelle est appelé *spipolette* par
un certain nombre de naturalistes; et Buffon, entre
autres, s'empresse d'adopter cette désignation qui a été
choisie par les Florentins. Le nom de *spipolette* paraît
dériver tout naturellement du verbe italien *spipolare*[1], qui
signifie « chanter avec caprice. » Cette expression peindrait très-bien une des habitudes de ce pipit, qui, comme
celui des buissons, s'élève à une certaine hauteur pour
retomber la tête en bas, en faisant la flèche et en accompagnant ses évolutions d'un chant gracieux, mais dé-
cousu. Ce chant paraît être effectivement un chant de
fantaisie plus ou moins soutenu, selon la hauteur à laquelle l'oiseau s'est élevé, et dépendant ainsi des difficultés qu'il peut éprouver par la résistance de l'air ou
par l'approche d'un danger. On dirait un enfant qui ne
redit pas une leçon selon les principes de son maître,
mais qui brode un thème selon ses dispositions et ses
caprices.

Les gastronomes romains, comme ceux de nos jours,
estimaient la chair du pipit spioncelle plus délicate et
plus succulente que celle des autres oiseaux.

Le spioncelle fait, à terre, dans les endroits rocailleux,
un nid composé de racines et d'herbes. Il contient de
quatre à six œufs ventrus, de teintes et de couleurs très-
différentes. Les uns sont d'un blanc sale; d'autres, d'un
gris un peu violet; on en trouve de rougeâtres; tous
portent des taches brunes ou noirâtres, toujours plus
nombreuses vers le gros bout. Quelques-uns paraissent

---

[1] Dictionnaire d'Alberti.

avoir une seconde couche plus foncée que la première, et qui donne à une partie de l'œuf une teinte toute particulière.

Grand diamètre, de 0^m,020 à 0^m,023 ; petit, de 0^m,015 à 0^m,017.

PIPIT ROUSSELINE. — ANTHUS RUFESCENS.

Le nom de cet oiseau, en français et en latin, est fondé sur les nuances de son plumage. Le pipit rousseline aime à s'élever à des hauteurs considérables en répétant son ramage un peu monotone, puis à se laisser tomber, la tête en bas, avec la rapidité de la flèche, dont il prend la ressemblance, en conservant ses ailes étendues sans leur imprimer aucun mouvement.

Son nid, composé de mousse, de petites racines, d'herbe et de crin, reçoit ordinairement de quatre à six œufs, dont la coquille, légèrement blanchâtre, est souvent striée de points, de taches et même de raies qui varient du violet au brun ou au roux foncé.

Le grand diamètre des œufs est de 0^m,020 à 0^m,024, et le petit, de 0^m,017 à 0^m,018.

PIPIT FARLOUSE. — ANTHUS PRATENSIS.

Le pipit farlouse est très-commun dans notre département ; il est le plus petit du genre, et ressemble beaucoup au pipit des arbres. Souvent il est désigné sous le nom « d'alouette des prés, » *prati alauda ;* ce sont ces deux derniers mots réunis et défigurés qui ont formé la dénomination *farlouse*, en subissant, d'après Le Duchat, les transformations suivantes : *prati alauda*, puis *pralauda, fralauda, farloue*, et enfin *farlouse*. L'épithète latine *pratensis*, « de pré, » représente la même idée. Con-

trairement à l'opinion émise par Le Duchat, je pense
que *farlouse* est simplement une corruption de *farlota*,
mot de l'idiome breton, signifiant « se divertir, s'amuser,
s'ébattre, se livrer à une joie folâtre, » et qui, dès lors,
caractériserait très-bien les habitudes que j'ai décrites
en parlant de l'épithète *spipolette,* donnée aux spioncelles. Le pipit farlouse vit en bandes nombreuses, se
tient de préférence dans les herbes et dans tous les lieux
humides et arrosés ; il y poursuit les insectes et les petits

vermisseaux. On le trouve en très-grand nombre, pendant l'automne et l'hiver, dans les marais de la Baumette
et sur les bords de l'étang Saint-Nicolas ; à l'approche
du chasseur, il s'élève à une hauteur peu considérable,
par un vol incertain et saccadé, en faisant entendre un
petit cri répété qui paraît être en même temps un cri de
rappel et de mécontentement. On voit qu'il s'éloigne à
regret des lieux qu'il avait choisis pour y chercher sa
nourriture, et dans lesquels il revient presque immédiatement, dès qu'il aperçoit que le danger est passé.

Le pipit farlouse fait son nid à terre, dans les champs

ensemencés, dans les prairies, quelquefois dans les taillis ou au pied d'un buisson. Des herbes sèches, des racines et un peu de mousse en composent l'extérieur. Les œufs, au nombre de quatre ou cinq, reposent sur une petite couche de crin et de duvet de plantes ; ils varient de couleurs plus que les œufs de tous les autres oiseaux. Ils présentent toutes les formes, les couleurs et les nuances les plus variées. Chez les uns, le fond de la coquille est d'un blanc un peu enfumé ; chez d'autres, il varie du blanchâtre au rougeâtre, avec des points ou des taches brunes, pourprées, violettes. Les uns sont parsemés de petits points couleur de brique ; d'autres portent de larges taches brunes effacées et se fondant dans les premières teintes de la coquille. Enfin, quelques-uns sont ronds, d'autres oblongs, et un certain nombre piriformes. Souvent les couleurs de ces œufs ont un éclat si vif, qu'ils semblent avoir été recouverts d'une couche de vernis.

Leur grand diamètre est de 0^m,018 à 0^m,022 ; le petit, de 0^m,014 à 0^m,016.

PIPIT DES ARBRES. — ANTHUS ARBOREUS.

Ce passereau doit son nom à quelques-unes de ses habitudes. Il se perche plus facilement que ses congénères, et fréquente plus volontiers qu'eux les lieux plantés d'arbres ou parsemés de buissons. Il se distingue facilement du pipit farlouse, par un éperon beaucoup plus court que celui de son congénère ; et c'est même à cette particularité qu'il doit l'avantage de pouvoir se percher. Il niche cependant à terre, comme tous les pipits. Son nid, formé d'herbe, de foin et de mousse, est garni à l'intérieur de crin et de petites racines très-déliées. Placé dans les fourrages, dans les bruyères ou dans les taillis, il contient de quatre à six œufs un peu oblongs. La coquille en est souvent d'un blanc grisâtre strié de petits points bruns ou noirâtres. Elle offre des traits ou des taches rougeâtres ou d'un cendré violet, sur un fond blanc recouvert d'une seconde couche rougeâtre. Ces œufs offrent les mêmes variétés que ceux du pipit farlouse.

Désirant obtenir des renseignements positifs sur les motifs qui pouvaient amener des modifications si essentielles dans les nuances et dans les dimensions des œufs du pipit des arbres, j'avais prié mon excellent ami, M. Raoul de Baracé, de me venir en aide. Grâce à ses soins bienveillants, j'obtins trois femelles, capturées sur leurs nids à 200 mètres de distance les unes des autres et dans le même temps. Le premier nid contenait des œufs presque ronds, petits, pointillés de gris d'une manière uniforme. Les œufs du second, beaucoup plus gros que les précédents, ressemblaient à certaines variétés de ceux de la fauvette à tête noire; ils étaient parsemés de taches rougeâtres, irrégulières, fondues dans la coquille, représentant diverses couches superposées. Enfin, le troisième nid renfermait cinq œufs : le fond de la coquille en était d'une couleur rougeâtre, pointillé de petites taches de même nuance, mais un peu plus foncée et très-régulière. Ces nids ayant été trouvés à la même époque, dans la même contrée, dans la même propriété, les raisons de température, de climat, de nourriture, alléguées pour expliquer les variétés de coloration des œufs de quelques espèces de pipit, s'évanouissent, et la difficulté de la solution de ce problème subsiste dans toute sa force.

Les œufs du pipit des arbres ont le grand diamètre de $0^m,019$ à $0^m,020$, et le petit, de $0^m,012$ à $0^m,017$.

PIPIT OBSCUR. — ANTHUS OBSCURUS, MARITIMUS.

La présence du pipit obscur a été signalée en Anjou; quelques naturalistes même ont pensé qu'il s'y était reproduit. La couleur sombre du plumage de cet oiseau, les lieux qu'il recherche de préférence justifient les épithètes *obscur* et *maritime*, sous lesquelles il est désigné. Il habite ordinairement le nord de l'Europe, et se répand dans des régions plus tempérées. Il se tient sur les bords de la mer, où on le rencontre en très-grand nombre, et dans les joncs et les marécages situés à l'embouchure des rivières. On le voit, par troupes assez considérables, courir sur les terrains couverts et abandonnés tour à tour par les flots de la mer, dans les marais salants. Il cherche alors, dans les terres humides et détrempées, de petits vermisseaux. Il niche à terre, souvent dans les îlots, sur les bords de la mer, dans les touffes d'herbe ou entre les rochers. Son nid, formé d'herbes desséchées, de racines et de mousse, renferme de quatre à six œufs un peu oblongs, d'un gris verdâtre, strié de petits points bruns ou noirâtres.

Leur grand diamètre est de 0^m,020 à 0^m,022, et le petit de 0^m,015 à 0^m016.

Ici se termine la deuxième famille de l'ordre des Passereaux.

———

TROISIÈME FAMILLE.

Conirostres.

Les alouettes et les mésanges, dont je vais essayer de décrire les mœurs, en recherchant l'étymologie de leurs noms, appartiennent à la troisième famille de l'ordre des passereaux, laquelle comprend un très-grand nombre de genres et d'espèces.

Celles-ci diffèrent essentiellement entre elles, par leurs proportions et par leurs habitudes.

Afin de les désigner par un même nom, les naturalistes ne les ont envisagées que sous un rapport, celui du bec : dès lors ils les ont nommées *conirostres*, des mots latins *conum*, « cône, » *rostrum*, « bec, » parce que tous les oiseaux renfermés dans cette famille ont les deux mandibules du bec très-fortes, sans échancrure, bombées et de *forme conique*.

L'inspection du bec de ces passereaux prouve, d'une manière évidente, qu'ils sont destinés à vivre principalement de graines, et que Dieu leur a donné dans cet organe un moyen puissant de les concasser avec facilité.

PREMIER GENRE.

ALAUDÆ. — LES ALOUETTES.

Les recherches auxquelles j'ai dû me livrer pour déterminer dans sa racine première l'étymologie du mot *alouette*, m'ont amené à conclure que personne jusqu'ici ne l'a indiquée avec une entière certitude. La question, en effet, n'est pas de savoir si *alouette* est la transformation allongée de *alauda*, ce qui ne paraît pas douteux, mais d'où vient lui-même le mot *alauda*, et ce qu'il signifie ; en un mot : pourquoi l'alouette porte-t-elle le nom d'*alouette*?

D'abord il est facile de suivre, dans les poètes du moyen âge et de la renaissance, la formation du mot *alouette*. Au treizième siècle, Guiart disait dans sa chronique rimée :

> Au matin il point que l'*aloe*
> Sa douce chansonnette loe.

Deux siècles plus tard, Alain Chartier empruntait à notre petit oiseau cette comparaison gracieuse :

> Les biens mondains, les hommes, les gloires
> Qu'on aime tant, désire, prise et loue,
> Ne sont qu'abus et choses transitoires
> Plus tôt passant que le vol d'une *aloue*.

Et Dubartas, cent ans après, employait déjà le diminutif, l'ayant emprunté peut-être au mot *lodetta* de la langue italienne.

> La gentille *alouette* avec son tirelire,
> Tirelire, relire tirelirant tire
> Vers la voute du ciel, puis son vol en ce lieu
> Vire et semble nous dire : adieu, adieu, adieu !

Ainsi, *alauda, aloe, aloue, alouette*, telle est, du latin jusqu'à nous, l'histoire des transformations de ce mot.

Quelle est maintenant la signification d'*alauda*? Nous savons, par des témoignages écrits, que les Romains n'ont pas toujours employé ce mot pour désigner l'alouette. Ils la nommèrent d'abord *galerita* (avis galerita), ce qui signifie proprement oiseau coiffé d'un *galerum* ou *galerus*, c'est-à-dire, d'une sorte de casque en peau non préparée ; voulant désigner ainsi, sans doute, le petit bouquet de plumes ou la crête qui décore la tête de l'alouette huppée. C'est aussi ce caractère extérieur qui avait frappé les Grecs, lesquels désignaient l'alouette par les mots κορυδος, κορυδαλος, κορυδαλλις, dont la racine κορυς signifie tout à la fois « casque » et « tête couverte de cheveux. » Une preuve encore que, par *galerita*, les Romains avaient bien l'intention de dire « un oiseau à casque, un oiseau huppé, » c'est que le même mot servait à désigner, peut-être même longtemps auparavant, une légion, *legio galerita*, dont les casques étaient couverts de peaux de bêtes et terminés par une aigrette, ainsi qu'on le voit dans Pline (liv. XI, ch. 1) : « L'alouette se rend en gaulois par le mot *alaud*, d'où ce nom a été donné à une légion romaine qui était désignée *anciennement* par le mot *galerita*, à cause de *la crête* qui surmontait le casque des légionnaires. » Marcellus Empiricus, Suétone, Grégoire de Tours, attestent également qu'*alauda* a été pris pour remplacer *galerita*. « Avis galerita quæ gallice *alauda* dicitur, — la *galerita* que les Gaulois appellent *alaud*, » dit le premier, et Grégoire de Tours : « Avis corydalus, quam *alaudam* vocamus, — le corydalos, que nous appelons *alauda*. » Il y a plus, c'est que la *legio galerita* fut remplacée aussi par la *legio alauda*, ou plutôt par les *alaudæ*. Suétone (Vie de César, ch. xxiv) dit expressément que César ajouta, aux légions qu'il avait reçues de la république, d'autres légions levées à ses frais, et entre autres une légion de Gaulois, qu'il organisa selon la discipline et la tenue des Romains, et qui porta le nom d'*alaudæ*. Il paraît même, et ceci doit flatter quelque peu notre orgueil national, que ces Gaulois n'étaient pas les plus mauvais soldats de l'armée romaine : car Cicéron ne craint pas de les nommer sur le même rang que les vétérans, et, qui plus est, à leur tête : « Huc accedunt *alaudæ* cæterique veterani. — On voit venir ici les *alaudes*, et les *autres vétérans* (Philipp., 13, 2). » Comme si nous disions aujourd'hui : Les zouaves et les autres troupes d'élite.

Alauda est donc un mot gaulois latinisé. Quelle en est la signification ? En le substituant au mot *galerita*, dont le sens est précis, les Romains ont-ils voulu représenter la même idée ? *Alauda* est-il en gaulois la traduction de *galerita*, comme *galerita* traduisait exactement KORYDA-LOS ? C'est ici que l'incertitude commence ; et il faut bien dire qu'elle n'est pas médiocre.

A première vue, rien de plus facile. *Alauda* et *alouette* sembleraient venir du celtique *alc'houéder*, *alc'houedez*, ou *allwedé*, qui eux-mêmes sont formés de *all* et *c'hweder* ou *hueder*, que le P. Lepelletier interprète de la manière suivante :

« *All* semble être, dit-il, la même chose que *alli*, aver-tissement, et ce mot pourrait bien entrer dans le nom de cet oiseau dont le chant avertit le laboureur du temps propre au travail.

> D'a clevet au allwedez
> Orcand d'en goulou dez.

ce qui veut dire : « à écouter l'alouette, lorsqu'elle chante au point du jour. » On a vu d'ailleurs, par les vers de Guiart, cités plus haut, et mieux encore, on sait, par le témoignage des gens de la campagne, que l'alouette chante dès le point du jour.

« L'alouette est la fille du jour, — dit Michelet. — Dès « qu'il commence, quand l'horizon s'empourpre et que le « soleil va paraître, elle part du sillon comme une flèche « et porte au ciel l'hymne de joie ! »

Mais pour que cette explication de *all* pût être admise, il faudrait qu'elle fût d'autre part fortifiée par le sens de *weder*, qui est, dit le P. Lepelletier, *le fond du composé*. Or, *ec'hweder*, *chweder*, ou *huëder* tout seul, désignent aussi l'alouette. Et Davies, auteur cité par le P. Lepelletier, fait dériver *huëder* de *ehuëdyz* et *huëdid*, composé du *hu*, bonnet poilu, et *ehediad* ou *hediad*, volatile, ce qui voudrait dire « volatile à coiffure, » comme *galerita* et ϰορυδαλος. Que devient alors le préfixe *all*, avec sa signification *d'avertissement*? Il me semble que nous en sommes fort éloignés.

Toutefois je dois ajouter que le P. Lepelletier ne se trouve pas lui-même tellement assuré de son explication, qu'il n'ait cru devoir en risquer une autre. « Car, dit-il, « puisque le nom breton de cet oiseau est si diversifié, « on peut en donner diverses étymologies. *Uc'heder* et « *uhedez* seraient faits d'*uc'h*, haut, et de *hediad*, que « l'on a expliqué ci-dessus. Ce petit oiseau vole et chante « fort haut. Il faut observer que le nom *hediad* est dérivé « de *hedi*, *ched*, *volare*, voler. *Hedez* est proprement un

« substantif qui doit signifier *vol.* » Ici la particule *all* ne serait pas déplacée, et *allwedez* indiquerait alors l'oiseau qui « vole en avertissant, » en « donnant un signal. »

Je ne rapporte ensuite que pour mémoire une autre étymologie du même P. Lepelletier, qui ferait venir *all'hweder* de *c'hwita*, «siffler, » et *c'hwiter* «siffleur,» ou bien encore *ec'hweder* de *aës*, « aisément, » et du même *c'hwiter*, « ce qui convient, — dit-il, — à l'alouette. » Comment? C'est ce qu'il a négligé de nous dire. Je sais que l'alouette apprend aisément à répéter les airs qu'elle entend; mais il est impossible que les vieux Celtes aient pensé à tirer le nom de l'alouette d'une particularité qu'ils n'ont pas dû découvrir tout d'abord. Or il tombe sous le sens, et ce devrait être un axiome de la science étymologique, que la langue populaire a cherché les noms des animaux dans leurs caractères, leurs qualités, leurs habitudes les plus communes et les plus faciles à connaître. C'est en partant de ce principe que je suis porté à donner à *allweder* ou à *alc'hweder* la signification de « oiseau avertisseur, oiseau signal, » dont le chant est le *premier signe* de l'approche du jour, et comme le *premier cri* de la terre à son réveil.

C'est peut-être aussi dans cet ordre d'idées qu'il faut aller chercher l'explication d'une tradition qui ferait de l'alouette une sorte d'oiseau national chez les Gaulois. «Jules « César, — dit M. Michelet, dans son *Histoire romaine,* — « engagea à tout prix les meilleurs guerriers gaulois dans « ses légions; il en composa une légion tout entière « dont les soldats portaient une alouette sur leur casque « et qu'on appelait pour cette raison l'*alauda.* Sous cet « emblème *tout national* de la vigilance matinale et de la « vive gaieté, ces intrépides soldats passèrent les Alpes « en chantant et jusqu'à Pharsale poursuivirent de leurs « défis les taciturnes légions de Pompée. L'alouette gou-

« loise conduite par l'aigle romaine prit Rome une se-
« conde fois. »

Ce n'est là, il est vrai, qu'une tradition ; mais il faut
bien qu'elle ait un fond de vérité pour subsister même
en l'absence de textes positifs. Qui sait ? peut-être que
le cri de l'alouette était, pour nos ancêtres, les héros de
l'indépendance gauloise, un signe de reconnaissance et de
ralliement, comme le cri de la chouette, chez les Ven-
déens et les Bretons, pendant les guerres de la Révolu-
lution. De nos jours encore, les intrépides habitants de
l'Helvétie, si fiers et si jaloux de leur liberté, n'ont-ils
pas introduit dans leurs hymnes guerriers le chant de
l'alouette ? En faisant redire à leurs fifres ce chant vif et
perçant, ils semblent vouloir donner à leurs mouvements
militaires la prestesse et l'élan rapide de l'alouette. N'est-
ce pas aussi un souvenir et un symbole de leur antique
indépendance ? Quel oiseau d'ailleurs représente mieux
que celui-ci toutes les nobles vertus d'un peuple qui
lutte pour son indépendance ? Cette vigilance qui n'est
jamais en défaut, et qui déjoue tous les piéges de l'ennemi ; cette vivacité de mouvement ; ce vol infatigable
de la terre au ciel et du ciel à la terre ; tout enfin, jusqu'à ce chant joyeux qui ne se tait point, même en présence du péril, n'est-il point ici l'image vivante de l'espérance et de la gaieté dans les combats ? Quel oiseau
convenait mieux pour représenter les intrépides Gaulois
devenus plus tard les joyeux et rapides fantassins de nos
armées françaises ?

Quoi qu'il en soit de ces hypothèses qui n'ont rien
d'improbable, le nom *alauda*, donné à une légion gauloise, comme pour laisser aux vaincus la consolation d'un
souvenir national, prouve que l'alouette avait, à un titre
ou à un autre, une grande importance chez les Gaulois.
Aussi je ne suis point étonné que J. Goropius-Bécan ait
basé sur cette idée l'étymologie d'*alauda*, qui viendrait,

suivant lui, de *all* ou *al*, « tout, » et *aut* ou *aud*, « antique, » ce qu'il explique en disant que « l'alouette était pour les Gaulois comme le *premier* de tous les oiseaux, et par suite *le plus apprécié*, l'oiseau *par excellence*. » Malgré l'autorité d'Hauteserre, cité par Ménage, cette étymologie de Bécan ne me paraît pas être la bonne. Il est bien évident que l'on n'a pas dû commencer par nommer l'alouette « oiseau *antique;* » et, d'autre part, si le mot latin *antiquus*, ou plutôt *antiquissimus*, a quelquefois le sens « d'apprécié, estimé, sacré, » le mot *antique* en français ne l'a point du tout, et probablement J. Goropius-Bécan ne s'aventurerait point à l'affirmer non plus du celtique *aut* ou *aud*. En sorte que cette étymologie repose tout entière sur une sorte de calembourg, dont le sel s'évapore quand on fait passer en français ou en celtique le latin de J. Goropius-Bécan.

Pour en finir avec cette discussion déjà fort longue, je mentionnerai encore une opinion qui fait venir *alauda*, assez capricieusement, de *a laude*.

Plusieurs naturalistes, entre autres Schwenckfeld et Klein, ont soutenu cette opinion.

Les alouettes, en effet, s'élèvent à des hauteurs considérables en faisant entendre un chant agréable; plus elles montent, plus elles étendent leur voix, de sorte que lorsqu'elles disparaissent à nos regards, nous les entendons encore très-distinctement. Elles redescendent ensuite en chantant, et diminuent graduellement la puissance de leur voix jusqu'à ce qu'elles se soient posées à terre. Elles répètent cette ascension un certain nombre de fois, particulièrement le matin et le soir.

Les auteurs que nous venons de nommer ont cru que ces ascensions étaient au nombre de sept, et que les alouettes accomplissaient ainsi le vœu du Roi-Prophète, qui demandait à célébrer les louanges du Seigneur sept fois le jour (Ps. 118) : *Septies in die laudem dixi tibi*. Il leur a semblé que ces oiseaux portaient vers le ciel l'hommage de la reconnaissance des créatures, et qu'ils exprimaient en redescendant leur satisfaction d'avoir accompli un devoir imposé à tout être qui se montre sensible aux bienfaits du Créateur.

Les paysans bas-bretons attribuent au vol perpendiculaire de l'alouette un autre motif. Voici la légende que je lis dans l'ouvrage intitulé *Barzaz-Breiz* [1] : « Les paysans bas-bretons, dans leur poétique naïveté, se figurent que les âmes montent au ciel sous la forme d'une alouette. Comme je suivais un jour de l'œil un de ces oiseaux qui s'élevait en chantant dans les airs, un vieux laboureur, qui charruait à quelques pas de moi, s'arrêta ; et s'appuyant sur les bras de son instrument aratoire, me dit : « Je parie que vous ne savez pas ce qu'elle dit ? » Je l'avouai. « Eh ! bien, ajouta-t-il, voici ce qu'elle chante :

> *Sant Per digor ann nor d'in*
> Saint Pierre ouvre la porte à moi
> *Birwiken na béc'hinn !*
> Jamais je ne pécherai !
> *Na béc'hinn, na béc'hinn !*
> Je ne pécherai, je ne pécherai !

Nous allons voir si on lui ouvre, dit le paysan. » Au bout de quelques minutes comme l'oiseau descendait, il s'écria : « Non, elle a trop péché ; voyez-vous comme elle est de mauvaise humeur ; l'entendez-vous la méchante, répéter

> *Péc'hinn ! péc'hinn ! péc'hinn !* »
> Je pécherai ! je pécherai ! je pécherai ! »

Pour justifier leur opinion, Klein et Schwenckfeld pensèrent que le mot *alauda* était composé de *a* et de *laude* qui vient de *laus*, « louange, » ou *laudare*, « célébrer

[1] *Poésies bretonnes*, par Th. Hersart de la Villemarqué.

les louanges, » et signifiait : « oiseau qui chante et redit les louanges. » Leur opinion pouvait s'appuyer aussi sur le mot *allaudare*, « louer beaucoup et souvent. »

Peut-être ces auteurs avaient-ils été portés à admettre cette étymologie plus pieuse que réelle, en observant que les alouettes font entendre très-rarement leur véritable chant lorsqu'elles sont à terre, et qu'en redoublant l'éclat de leur voix, elles la rendent plus harmonieuse à mesure qu'elles s'approchent du ciel. Ce qui a pu encore les fortifier dans leur opinion, c'est que l'alouette est le seul de tous les oiseaux qui chante en s'élevant perpendiculairement vers le ciel. La farlouse fait bien entendre un chant très-vif dans les airs, mais c'est toujours lorsqu'elle redescend vers la terre ; et son chant devient plus accentué à mesure que le mâle s'approche du nid de sa couveuse. Un sentiment d'amour est donc le motif qui inspire ces accents. Nos deux auteurs ont cru pouvoir trouver au chant de l'alouette un motif plus délicat et presque surnaturel.

Le sens attaché au vieux mot *alouser* pourrait corroborer, dans une certaine mesure, l'opinion précédente, comme on a pu le remarquer dans les vers d'Alain Chartier, cités précédemment.

En effet du mot *alauda* on a pu former le mot *aloue* et le verbe *alouser*, signifiant tout à la fois « louer et acquérir renom. »

Ainsi, *alouser* désignait autrefois l'action de tous ceux qui désiraient plaire et acquérir un renom, qui remplissaient le rôle de flatteurs. On le prenait aussi dans un autre sens : celui de se complaire en soi-même, de chercher à surpasser les autres.

Ces deux dernières acceptions conviennent également à l'alouette. En effet, soit pour dissimuler sa présence et échapper à ses ennemis, soit pour attirer les regards et comme pour acquérir du renom, l'alouette non-seule-

ment imite le chant des autres oiseaux lorsqu'elle est à
terre, mais elle le travaille, elle l'embellit et se permet
des variantes dans lesquelles elle se complaît. Dans ce
cas, elle ne donne pas la louange, elle paraît la rechercher et vouloir *acquérir renom*. Elle s'attache aussi avec
passion aux objets qui peuvent réfléter son image ; elle
aime à s'y contempler ; et cette funeste complaisance est

pour elle, comme pour beaucoup d'autres, la cause de sa
perte. Les chasseurs, profitant de cet instinct, ont eu la
pensée de placer, dans les pays où les alouettes sont
abondantes, des miroirs mobiles sur un pied fixe, et de
les faire mouvoir avec une corde. Les alouettes arrivent
bientôt en grand nombre, voltigent autour de cet appareil en poussant un petit cri de joie, se contemplent dans
toutes les subdivisions des miroirs, et finissent par se
poser à terre, afin de pouvoir prolonger leur satisfaction

plus longtemps et sans fatigue. Là, elles trouvent la récompense de leur vanité : le filet et la mort. Cette chasse se fait au lever du soleil et produit des résultats très-fructueux. Que de victimes ne ferait-elle pas, si elle était appliquée avec toutes ses conséquences à l'espèce humaine ?

Les alouettes, qui recherchent avec tant de passion les miroirs, cause de leur mort, manifestent une crainte très-vive à l'approche des oiseaux de proie, et surtout de l'épervier. Pour se dérober aux serres de ce rapace, elles se précipitent dans toute espèce de piéges ; toute mort leur paraît préférable à celle dont les menace le falconisus. Les anciens ont cherché à expliquer cette appréhension excessive par un fait mythologique.

Scylla, fille de Nisus, roi de Mégare, coupa à son père les cheveux d'or dont dépendait le salut de sa patrie, et livra ainsi son père et son pays à Minos qu'elle aimait éperdûment. Le malheureux père voulut punir sa fille ; mais celle-ci se trouva aussitôt métamorphosée en alouette, et lui-même fut changé en épervier.

Tout le monde connaît ces beaux vers de Virgile :

> Apparet liquido sublimis in aere Nisus,
> Et pro purpureo pœnas dat Scylla capillo :
> Quâcumque illa levem fugiens secat æthera pennis,
> Ecce inimicus, atrox, magno stridore per auras
> Insequitur Nisus : qua se fert Nisus ad auras,
> Illa levem fugiens raptim secat æthera pennis.
>
> (*Géorgiques*, livre I, v. 404-9.)

> Tantôt l'affreux Nisus, avide de vengeance,
> Sur sa fille à grand bruit, du haut des cieux s'élance.
> Scylla vole et fend l'air, Nisus vole et la suit,
> Scylla, plus prompte encor, se détourne et s'enfuit.
>
> (DELILLE.)

Cette fable, en même temps qu'elle faisait connaître, du point de vue de la mythologie, la cause de la crainte

extraordinaire que ressentent les alouettes à l'approche
du falco-nisus, semblait expliquer aussi, par la métamorphose de Scylla qui, de femme devenue alouette, aurait
conservé quelques restes des penchants naturels au beau
sexe, la complaisance avec laquelle ces oiseaux aiment à
se contempler dans les miroirs. Mais ce n'est là qu'une
fable. Pour se dérober à la poursuite de l'épervier, les
alouettes s'élèvent perpendiculairement à des hauteurs
prodigieuses, qui dépassent souvent 1,000 mètres.
Comme tous les faibles et les opprimés, elles cherchent
secours, espérance et consolation en s'approchant du ciel.
Plus elles s'élèvent, plus leur chant revêt le caractère de
la prière ; elles semblent chercher un asile là où l'innocence se repose et où l'iniquité ne peut pénétrer. Cette
confiance n'est pas inutile, car ces ascensions préservent
souvent les alouettes de la mort. Les rapaces ne peuvent
suivre leur proie dans ce vol inaccoutumé pour eux ; ils
sont condamnés à décrire des cercles autour des alouettes
et à attendre qu'elles redescendent vers la terre. Dieu,
encore, y veillera sur elles : en effet, fatiguées par ce vol
hardi et continu, les alouettes retombent des hauteurs de
l'air avec la vitesse d'une balle, puis elles se blottissent
sous une motte de terre ou sous une touffe d'herbe. Là,
leur immobilité et la nuance sombre de leur plumage,
en harmonie avec le refuge qu'elles ont choisi, les dérobe
aux regards de leurs persécuteurs.

Victimes des oiseaux de proie de toutes les formes, les
alouettes trouvent encore un ennemi persévérant dans le
coucou. En effet, il mange leurs œufs, et dépose ensuite
dans le nid un œuf qui, couvé avec soin, donnera naissance à un nouveau persécuteur. Cependant, malgré
toutes ces causes de destruction et les quantités incalculables d'alouettes capturées pendant la saison des neiges,
ces oiseaux apparaissent en hiver, et surtout dans les
pays de plaines, par légions innombrables.

La Providence veille sur elles dans l'intérêt du pays qu'elles habitent.

Les alouettes se tiennent ordinairement à terre, et ne peuvent se percher que très-difficilement.

Elles ont trois doigts en avant et un en arrière.

Le doigt externe est soudé à la base avec le médium, et ne permet pas à l'oiseau de saisir fortement la branche ou l'appui sur lequel il voudrait se reposer.

Le doigt placé en arrière est armé d'un ongle plus long que le doigt lui-même, et très-fort.

La plupart des naturalistes n'ont vu dans cet ongle qu'un embarras, tandis qu'il est pour l'alouette un bienfait de Dieu.

D'un naturel timide et sans défiance contre ses nombreux ennemis, l'alouette ne peut pas toujours leur échapper par son vol. Pour vivre, elle doit dissimuler sa présence. Afin d'atteindre ce but, elle ne fait que très-rarement entendre, comme je l'ai dit, son véritable chant lorsqu'elle est à terre ; mais elle se plaît, au contraire, à tromper ses ennemis en contrefaisant la voix des autres oiseaux. Sa couleur uniforme et fauve se confond facilement avec les nuances des sillons ou même avec les terrains sablonneux qu'elle recherche de préférence aux autres. Sa course au milieu de ces sillons pourrait encore la trahir, et sans son ongle elle serait souvent découverte et perdue. Aussi, toutes les fois qu'un péril se manifeste, l'alouette s'arrête, se tapit le long des mottes, même les plus irrégulières, et se tient immobile et en quelque sorte suspendue en enfonçant dans la terre son ongle qui lui sert d'appui et de *miséricorde*. Avec ce puissant secours, elle peut conserver longtemps une position qui, sans cela, lui serait impossible. Cet ongle est encore pour l'alouette d'une grande utilité dans ses courses à travers les terres labourées ou les sables des déserts ; en augmentant considérablement la base de son pied, il lui donne beaucoup plus de solidité, et facilite les excursions pénibles et continues qu'elle doit entreprendre pour trouver sa nourriture.

Afin de réparer les pertes nombreuses que tant de périls occasionnent dans les rangs des alouettes, Dieu a doué ces oiseaux d'une grande fécondité : elles font deux, trois et même quatre couvées par an, surtout au milieu des déserts où leur présence est plus nécessaire encore que partout ailleurs ; car elles y détruisent ces myriades de sauterelles qui deviennent de temps en temps de véritables fléaux.

Il serait très-curieux d'étudier et de constater si ces nuées de sauterelles, qui s'échappent de l'Afrique pour porter au loin la dévastation, la famine et la peste, ne manifestent pas leur présence après les hivers rigoureux et abondants en neige, pendant lesquels les alouettes succombent en plus grande quantité. S'il en était ainsi, les services rendus par les alouettes seraient démontrés d'une manière plus rigoureuse et plus intéressante ; et dès lors il deviendrait difficile de justifier les arrêtés qui proscrivent les alouettes sous le nom d'animaux destructeurs et *nuisibles*.

Avant d'étudier en particulier chaque espèce d'alouette, ce serait ici le lieu de discuter la valeur d'une remarque faite par plusieurs personnes, et notamment par François Pithou dans son *Glossaire sur les Capitulaires de Charlemagne*, à savoir qu'il y a un rapport marqué, quant à la forme, entre *alauda* et *allodium* ; d'où Pithou n'hésite pas à donner *alauda* pour racine à *allodium*. A première vue, cette affirmation ne manque pas de vraisemblance. De même en effet qu'on trouve, en français, *alleu* et *aleu*, on dit, en latin, *alodium* et *allodium* et, chose bien remarquable, *alaudium* et *allaudium*. Les deux *ll* n'établissent donc pas une différence importante, et, d'autre part, l'*o*, transition entre l'*au* d'*alauda* et l'*ou* d'*alouette*, subsiste dans le mot *alodetta*, qui est encore employé pour signifier *alouette* par les habitants de la Lombardie.

Dans cette hypothèse, Pithou fait dériver *allodium* ou *alaudium* de l'étymologie déjà citée de J. Goropius-Bécan, *al—aud*, parce que l'*allodium* ou l'*alleu* en français était une terre qui donnait toute la considération attachée à une propriété antique : « *Quasi omnino antiqua sit et* « *hœreditas aviatica ; vel forsan alludere videtur ad hu-* « *jus aviculœ morem in symbolis plerumque usurpa-* « *tum, quœ ut a terra sese elevans post aliquot crispante* « *voce versiculos decantatos felici epodo Deum laudat,* « *ita allodium sit terra sublimior veluti quœ solum Deum* « *ratione dominii recognoscat superiorem.* — Comme « si le mot *alleu* désignait la possession primordiale « tenue par héritage des aïeux; ou bien comme si l'on « voulait faire allusion aux mœurs de l'alouette qui sont « souvent employées d'une manière symbolique. Cet « oiseau, lorsqu'il s'élève de terre, fait entendre des airs « joyeux comme pour louer Dieu; de même l'*alleu* est « une terre élevée au-dessus des autres et qui ne recon- « naît que Dieu seul pour propriétaire. » En d'autres termes, afin d'éclaircir la phrase tant soit peu embarrassée de l'auteur, l'*alouette* ou l'*allouette*, chez les Gaulois, avait été l'oiseau *antique, primordial,* c'est-à-dire *supérieur à tous les autres* par son vol et son chant réunis, car il est le seul qui, en chantant, s'élève ainsi dans les airs; et pareillement, l'*alleu*, après la conquête, aurait été la terre *antique, primordiale,* dont la possession l'*emportait sur toutes les autres,* et dont le propriétaire ne relevait que de Dieu. L'on conçoit que dans cette hypothèse, si *allodium* ne dérive pas précisément d'*alauda,* et *alleu* d'*alouette,* ces différents mots appartiennent à une souche commune, ce qui revient au même.

L'étymologie précédente soulève une objection, comme

je l'ai dit plus haut. C'est qu'il faudrait prouver qu'en celtique l'idée d'*ancien*, d'*antique*, a emporté, comme en grec et en latin, celle de *vénérable*, de *plus grand*, de *plus important*, de *supérieur*. La chose n'est pas impossible. Quoi qu'il en soit, l'opinion de F. Pithou, relative à la communauté d'origine existant entre *allodium* et *alouette* me semblerait pouvoir être, jusqu'à un certain point, confirmée par une remarque qui m'est personnelle, et que je tire des noms *Alleuds*, *Alaudière*, donnés à quelques endroits en France.

Dans le département de Maine-et-Loire, la commune *Les Alleuds* est située dans une contrée où les alouettes sont en si grande quantité que, dans la discussion de la nouvelle loi sur la chasse, il a été question de faire une exception en faveur de ce pays. Il eût été permis aux habitants de prendre des alouettes dans les temps de neige, motivant ce privilége sur les pertes qu'occasionneraient aux fermiers l'application de la loi générale. Un très-grand nombre d'entre eux, en effet, capturent pendant l'hiver des quantités innombrables d'alouettes, dont le prix s'élève à plusieurs centaines de francs pour chaque villageois. Ici, au moins, le mot *Alleuds* me paraît signifier très-probablement « portion de terre habitée, recherchée par les *alouettes*. » Le mot *alleu*, en général, ne saurait avoir un sens aussi restreint : vient-il, toutefois, de la même racine qu'*alouette* comme l'a prétendu l'écrivain cité plus haut?

D'abord, il faut le dire, un certain nombre d'auteurs font dériver le mot *alleu* de l'allemand *all*, « tout, » et *od*, « propriété. » Si l'on admet leur étymologie, il est clair qu'il ne saurait y avoir qu'un rapport fortuit de son entre les deux mots qui nous occupent. Mais rien ne démontre qu'il faille s'en tenir à cette supposition. D'autres font venir *alleu* de *a* et de *loos* ou *los*, signifiant dans l'ancienne langue allemande « sort, partage, lot. » Il est remarquable que cette étymologie coïncide avec celle que fournit le P. Lepelletier. — «Le terme du jurisconsulte *allodium* est — dit-il à l'article *laut* — régulièrement formé du breton *alloden*, « la part, la portion, le partage. » *Al* est l'article, *loden* est le nom correspondant au verbe *loden, lawden, laoden*, dérivé de *laut, laot, lot*, qui signifie « part, portion, lot. » — Le mot français, le même dans les deux traductions et dérivé de l'une et de l'autre source, prouve la conformité de la racine. Cette similitude n'eût-elle pas existé, les Francs ont nécessairement emprunté aux Gaulois une foule de locutions, et il eût été fort possible que, voulant exprimer une propriété exempte de toute servitude, les vainqueurs se fussent servis d'un mot formé d'éléments appartenant à l'idiome des vaincus, afin de se faire mieux comprendre de ceux-ci. A plus forte raison l'ont-ils pu faire dans le cas présent, où ils avaient l'avantage de trouver un terme d'origine identique dans leur propre langue. *Alouette*, maintenant, proviendrait-il aussi de *al-loden?* Je laisse à de plus versés que moi dans la connaissance du celtique le soin de trancher cette question. A en juger par le provençal *lautzo*, abréviation de *alauso*, et par l'italien *lodola*, abréviation de *allodola*, on pencherait pour l'affirmative. Ces formes nous mènent loin d'*alchwedé*, et surtout de *huider*. Pourquoi le latin aurait-il été calqué sur ce mot du dialecte breton, et non sur un mot du dialecte aquitain? Lors même que, contrairement à l'opinion de M. Granier de Cassagnac, on soutiendrait que *lodola* et *lauzo* [1] ne sont que des corruptions du latin même, il serait encore très-probable que les Celtes Aquitains fussent demeurés assez fidèles au génie de leur langue pour que la partie principale du

---

[1] Cité, ainsi que *lauzetto*, par M. Granier de Cassagnac, dans son opuscule intitulé : *Antiquité des patois, antériorité de la langue française sur le latin*, p. 31-32. Paris, Dentu, éditeur.

mot se fût le plus exactement conservée, et il paraîtrait difficile de n'y pas reconnaître une racine analogue à *laut* et *loden* ou *lawden*. En admettant donc, d'une part, la communauté d'origine assignée aux termes *alleu* et *alouette* par F. Pithou, et de l'autre l'étymologie mieux fondée d'*alleu* fournie par le P. Lepelletier, n'y aurait-il pas quelques inductions à tirer de ce nouveau point de vue?

Si *alleu* veut dire la *part*, la *portion*, la *propriété par excellence,* que pouvait, en suivant la même idée, signifier *alouette?* L'*oiseau spécialement attaché à la propriété?* L'on allègue que l'alouette est un oiseau de passage. Il n'en est pas moins vrai qu'il s'arrête de préférence, comme j'en ai fait la remarque, dans telle ou telle localité. Les Gaulois ont-ils été, par l'abondance des alouettes, portés à croire qu'elles affectionnaient particulièrement certaines parties remarquables de leurs possessions? Les ont-ils, en quelque sorte, identifiées avec leur territoire? A supposer qu'ils eussent voulu, dès le principe, symboliser l'indépendance, la supériorité, à quelque point de vue que ce fût, de la terre aussi bien que des hommes, ils n'auraient pu choisir un oiseau qui leur en offrît de plus puissants moyens que l'alouette cochevis, « au visage de coq, » semblable par la crête à cet animal, autre emblème de la vigilance matinale comme elle, mais auquel elle est bien supérieure par ce vol audacieux et par ce chant unique que j'ai déjà plusieurs fois caractérisés. Et c'est pourquoi, sans doute, ils ont fait de l'alouette un de leurs insignes nationaux, et, soit de leur propre mouvement, soit par l'effet des circonstances, se sont, nous l'avons dit, appelés de son nom en servant à l'étranger.

Au reste, le P. Lepelletier ouvre le champ à une tout autre explication. « Le mot latin *laus*, louange, peut encore, —dit-il,—être notre *lawden*, comme en hébreu *eleq* signifie *partager* et *louer*, ou *complimenter*, *gracieuser* de belles paroles, *flatter*. » Une chose curieuse, en effet, c'est que, dans un grand nombre de langues, une parenté originelle semble avoir embrassé les mots qui exprimaient l'idée de *placer*, à part ou ensemble, par conséquent de *diviser*, de *séparer* ou de *réunir*, et ceux qui exprimaient l'idée de *dire*, de *parler*, de *louer*. Cela est frappant en grec : LÉGÔ, y signifie tout à la fois *dire*, *parler*, *rassembler* et *coucher* : d'où LOGOS, « discours, » et LOCHOS, » armée, embuscade, accouchement. » En latin, une affinité semblable relie *loqui*, *locutus* et *locare*, *locus*, pluriel *loci; laus*, par cette dernière forme, se rattache à la même racine primitive, et, comme l'a très-bien vu le savant auteur du dictionnaire breton, se rapproche du celtique *laut*, *loaden*, comme de l'allemand *loos* ou *los*. Notre mot *louer* a une double signification analogue, indiquée, dans les deux sens différents, par les mots *louange* et *lot*. Il semble que le langage ait été considéré, dès la plus haute antiquité, comme un instrument de distinction, de distribution, que *parler* soit mettre chaque chose à sa place, et *louer*, assigner à chacun le *lot*, la *part* qui lui est due. Cette analogie si frappante dans les langues primitives serait-elle fondée sur le souvenir de la Bible? *Dixit et facta sunt.* « Dieu dit, et toutes choses furent créées et occupèrent la place déterminée par la volonté du Créateur. » Est-ce sous l'influence de cette pensée, qu'en grec et dans d'autres idiomes, la même expression a été employée pour signifier, comme je l'ai dit ci-dessus, *parler* et *mettre au jour?* Ceux qui ont créé les langues primitives ont-ils voulu refléter dans leurs expressions cette puissance de Dieu qui les avait frappés? La personnification la plus entière de la volonté et de la puissance divine, s'est appelée, d'après les desseins du Tout-Puissant, *Verbe*, parole par excellence. Ce *Verbe*, cette *Parole par excel-*

lence s'est nommée elle-même la *Vérité* : *Ego sum Veritas*. Ainsi d'après Dieu, la parole est et doit être l'expression, la personnification de la vérité. Parler est donc envisager chaque fait, chaque chose, chaque personne sous son véritable point de vue ; c'est donc distribuer à chaque fait, à chaque chose, à chaque personne la louange et le blâme qui lui sont dûs selon les circonstances ; c'est donc faire à chaque chose, à chaque être, sa véritable *part*, lui concéder son véritable *lot*. Il n'est donc pas étonnant que *lawden* ait signifié chez les Celtes *partager* et *louer*. Or voici, non sans vraisemblance, comment les choses ont pu se passer. Le mot *alouette* serait, à l'origine, dérivé de la racine *lawden*, prise dans le sens de *louer*. Alors *alouette* aurait signifié *oiseau qui loue*, qui célèbre soit l'auteur de la lumière, soit le retour de la clarté, la naissance du jour, si l'on jugeait trop mystique l'interprétation adoptée par plusieurs modernes, et précisément fondée sur le rapprochement d'*alauda* et de *laudare*. Ou bien il aurait signifié l'oiseau qui, par l'élévation de son vol et l'ardeur de son chant, cherchait à s'attirer la louange. Le mot *alleu*, postérieurement, serait venu de la même racine prise dans le sens de *partager*. Dès lors, s'expliquerait le rapport existant, non-seulement entre *alleu* et *alouette*, mais encore entre plusieurs autres mots indiqués précédemment, et *aloue, alouser, allouer, alauso, lauzetto*, etc. Je donne ces conjectures sous toutes réserves. Néanmoins et dans tous les cas, je crois pouvoir maintenir que *les alleuds*, nom attribué à certaines localités, notamment en Anjou, ont vraisemblablement avec le mot *alouette* un rapport direct.

Je trouve enfin, dans une dernière hypothèse, une étymologie que je demande à présenter. Elle consisterait à faire dériver *alouette* de deux anciens mots celtiques, *al*, « le, » et *laouën*, « joyeux. » Dans ce cas, l'alouette signifierait « l'oiseau de la gaieté, » et il eût alors très-bien convenu pour symboliser l'entrain des soldats gaulois et devenir notre emblème militaire et national.

Pour ceux qui auraient cru trouver dans la langue bretonne l'origine du mot *alouette*, la dernière étymologie que je viens de donner pourrait peut-être se fortifier encore par le mot dont se servent les Bretons pour désigner les pouillots, les roitelets et tous les petits oiseaux qui se font remarquer par leur agilité, par leur chant joyeux, et par leurs mouvements continuels. Ils les appellent *laouënan*, de *laouën*, « joyeux, » et *an* pour *ezn*, « volatiles, » c'est-à-dire « joyeux oiseaux, oiseaux de la gaieté. » Or, si une pareille expression peut être appliquée avec raison à un oiseau, c'est surtout à l'alouette qui, à tous ces titres de la gaieté, du chant, du vol, serait parfaitement appelée « l'oiseau de la joie. »

On pourrait aussi laisser de côté la terminaison *an* et prendre pour racine du mot *alouette*, l'article *al* et le substantif *laouën* ; on obtiendrait alors : « l'oiseau joyeux par excellence, » comme je l'ai dit, et l'on suivrait plus facilement encore la formation du mot *alouette* dans ses modifications successives, de *allouën* ou *aloën* en *aloe*, *aloue* et *alouette*.

Il est temps de clore cette discussion, dans laquelle j'ai déroulé le tableau de beaucoup d'opinions différentes. Pour faire connaître, ce qui est en moi une impression et un désir, plutôt qu'une conviction si difficile à se former, je voudrais que la science étymologique, mieux éclairée sur ce point, permît de s'attacher définitivement à l'explication la plus simple, la plus appropriée de toutes au sujet, à celle que donne Court de Gébelin dans son ouvrage du *Monde primitif : Alauda*, « alouette, — nom « que les Romains empruntèrent des Gaulois ; il fut très- « expressif ; formé de *al*, « s'élever » et *aud* « chant, »

« mot à mot : « qui s'élève en chantant, » ce qui carac-
« térise cet oiseau [1]. »

J'ai dû examiner chacune des hypothèses précédentes,
ne fût-ce que pour exercer la sagacité des personnes qui
aiment les problèmes d'une solution difficile. Dans un
temps où les recherches historiques sont en si grand
honneur, nul ne me reprochera, je l'espère, de m'être
étendu sur un sujet qui n'intéresse pas uniquement la
science ornithologique, mais qui se lie étroitement aussi
à l'étude même de nos origines nationales.

Les alouettes ont beaucoup de traits de ressemblance
avec les pipits ; mais elles s'en éloignent par une taille
moins élancée, par une queue courte et par une tête plate
et arrondie. Ce genre renferme un grand nombre d'espèces dont quatre viennent, chaque année, se reproduire
en Anjou.

ALOUETTE COCHEVIS. — ALAUDA CRISTATA.

L'alouette *cochevis*, appelée en grec κορυς et κορυδαλος, et en latin *cristata*, « huppée, » doit son nom au
petit bouquet de plumes étagées qui surmonte, comme
une *crête de coq*, la tête du mâle et de la femelle, et représente assez bien un triangle, un peu comme le casque
de nos sapeurs-pompiers, en petite tenue. Le mot *cochevis* est composé de *coche* pour *coq* et de *vis*, ancien substantif qui était employé pour signifier « visage. »

Le roman de la Rose, en parlant de Narcisse, dit :

> Il vit en l'eau claire et nette
> Son *vis*, son nez et sa bouchette.

Ainsi *cochevis* veut donc dire : « visage de coq, ressemblance de coq. »

Ce nom n'avait-il été donné à cette alouette qu'à cause

---

[1] *Dictionnaire étymologique* de Court de Gébelin.

de la huppe qu'elle porte? Sa ressemblance avec le coq n'était-elle pas aussi fondée sur sa vigilance et sur son chant matinal? L'alouette cochevis élève ou abaisse à volonté cette huppe, selon les impressions qu'elle éprouve. On la trouve très-souvent sur les routes; elle cherche, dans les excréments des animaux, les grains d'avoine non digérés. A l'approche des passants, elle ne manifeste qu'une faible crainte, et, sans avoir recours au vol, elle s'éloigne d'eux en courant avec une rapidité et une grâce semblables à celles qu'on admire dans la démarche des goëlands et des mouettes. Cette grâce et cette légèreté sont un des priviléges de presque tous les oiseaux qui ne sont pas conformés pour se percher. Ne pouvant, dans leur fuite, se dérober à leurs ennemis en se reposant et en se cachant sur les branches et sous le feuillage des arbres, ils seraient condamnés à un vol continu et très-fatigant, si la Providence ne leur avait donné une ressource puissante dans leur course rapide, dont les avantages s'accroissent encore par un exercice incessant.

L'alouette cochevis se tient sur les côtés de la route pendant quelques instants pour laisser circuler les voyageurs, et revient ensuite continuer ses investigations. Si le chemin est étroit, et que l'alouette se sente encore trop près des hommes, elle voltige, se pose sur les murs ou sur quelque monticule, attend avec calme et patience l'éloignement de ses ennemis, pour reprendre ensuite sa première occupation. Cette alouette ne vit pas en troupes nombreuses, comme l'alouette des champs; mais on la trouve en petites bandes, qui semblent être la réunion des différentes générations d'une même famille. Dans ce cas, un des membres les plus âgés ou les plus expérimentés se tient ordinairement en sentinelle sur un point culminant, et fait entendre, de temps en temps, un signal, pour prévenir ses congénères de veiller avec persévérance, et de fuir quand le péril se manifeste. Alors tous les individus de la bande jettent un petit cri, qui semble être un signe d'obéissance à l'avertissement reçu et, en même temps, un mot d'ordre répété aux retardataires et aux insouciants. Dans leur fuite, ces alouettes s'élèvent à une petite hauteur par des bonds multipliés.

Leur vol saccadé et leur taille peu élancée donnent à ces oiseaux une certaine ressemblance avec les rapaces nocturnes.

Les alouettes sont des oiseaux pulvérateurs, caractère qui les rapproche des gallinacés, et explique pourquoi elles recherchent les terrains sablonneux.

Elles vivent de graines, de sauterelles et d'œufs de fourmis.

Le cochevis niche à terre; il choisit un pas de bœuf ou de cheval, et y réunit quelques brins d'herbe, sur lesquels la femelle dépose quatre ou cinq œufs.

Quelquefois il place son nid au milieu d'une touffe d'herbe ou dans les blés. Ces œufs sont d'un gris roussâtre ou jaunâtre, ou d'un cendré clair parsemé de taches ou de points bruns et roussâtres. Ils portent assez souvent une couronne vers le gros bout.

On trouve fréquemment une variété d'œufs plus gros, plus colorés et plus luisants que ceux que je viens de décrire.

Leur grand diamètre varie de 0^m,019 à 0^m,022, et le petit de 0^m,014 à 0^m,017.

ALOUETTE DES CHAMPS. — ALAUDA ARVENSIS.

L'alouette *des champs* recherche plus que ses congénères les terrains cultivés ; c'est à cette préférence qu'elle doit ses noms.

Plus multipliée que le cochevis, l'alouette des champs présente deux variétés bien distinctes.

Celle qui séjourne dans l'Anjou, et qui s'y reproduit, a des proportions plus grandes que celle qui apparaît dans les temps de froid ou de neige.

L'alouette des champs est douée d'une voix très-agréable et très-étendue ; elle se plaît à la faire entendre pendant qu'elle décrit dans les airs des cercles concentriques, comme ceux des rapaces qui veulent étourdir leurs victimes.

Elle s'élève à des hauteurs considérables, pour redescendre ensuite, avec la rapidité de la balle, quand elle est menacée par un oiseau de proie ou attirée par un sentiment d'amour.

Lorsqu'un de ces motifs ne la sollicite pas à accélérer son vol, elle descend lentement en étendant ses ailes. Elle semble se complaire dans cette manœuvre ; on dirait un aéronaute jouissant avec délices de toutes les ressources de son parachute.

Cette alouette niche dans les herbes, dans les blés, dans les bruyères, ou entre les mottes de terre ; elle prépare elle-même un petit creux en grattant la terre avec ses ongles. Elle le remplit d'herbes fines et déliées, de mousse, de racines, et y dépose de trois à cinq œufs, d'un blanc sale, nuancé de verdâtre, et parsemé d'un grand nombre de petits points noirâtres, qui forment une seconde couche plus foncée que la première.

Quelques-uns portent vers le gros bout une couronne composée d'une seconde couche de petits points. Lorsque ces œufs sont récemment vidés, ils ont une teinte générale beaucoup plus noire que celle qu'ils conservent plus tard. Leur grand diamètre varie de $0^m,021$ à $0^m,023$, et le petit de $0^m,015$ à $0^m,017$.

ALOUETTE LULU. — ALAUDA ARBOREA.

La tête de l'alouette *lulu* est surmontée d'une huppe, qui diffère de celle du cochevis en ce que les plumes qui la composent ne sont pas étagées, ni terminées en pointe. Cette espèce doit son nom au chant qu'elle fait entendre quelquefois : *lu lu lu lu*. Cependant son véritable chant est : *bu du li, bu du li ;* il est peu gracieux. Cette alouette contrefait aussi, mais d'une manière ridicule, le chant des autres oiseaux. Elle ne vit pas en bandes nombreuses comme l'alouette des champs ; mais elle se réunit par petites troupes. Elle se plaît dans les lieux accidentés et incultes, dans les vignes et dans les landes. Elle se perche quelquefois, et c'est à cette habitude, tont exceptionnelle parmi les alouettes, qu'elle doit son épithète *arborea*, alouette « des arbres. »

L'alouette lulu s'élève moins haut que ses congénères, et dans son vol elle ne décrit pas de cercles concentriques. Elle niche à terre, dans les bruyères et dans les champs, à l'abri d'une motte ou d'une plante.

Elle réunit dans une petite cavité quelques racines ou des filaments d'herbes sèches, du crin, du coton, des plantes, et forme avec ces matériaux une coupe aplatie, sur laquelle la femelle dépose quatre ou cinq œufs d'un blanc gris ou roussâtre, pointillé de gris et de brun. Quelques-uns de ces œufs portent une couronne comme ceux de la pie-grièche écorcheur. Les uns sont ronds, d'autres oblongs, d'autres ont une teinte rougeâtre avec des nuances d'un cendré pâle.

Leur grand diamètre est de 0^m,017 à 0^m,020, et le petit de 0^m,014 à 0^m,017.

ALOUETTE CALANDRELLE. — ALAUDA BRACHYDACTYLA.

Le mot *calandrelle* est un diminutif de celui de *calandre*, formé lui-même de KALANDRA, expression servant à désigner, chez les Grecs, la grosse alouette.

Malheureusement M. Alexandre, dans son dictionnaire grec, met à la suite du mot KALANDRA un *R* suivi d'un point d'interrogation, pour indiquer que la racine de ce mot lui est inconnue; question indirecte qu'il adresse trop souvent pour la satisfaction de ceux qui recherchent le sens primitif des mots. Je me trouve donc encore dans la nécessité de hasarder quelques hypothèses. Le mot KALANDROS, KALANDRA, dériverait-il de KALOS, KALÈ, KALON, « beau, belle, » et de DÉRÈ, poétique, pour DÉÏRA, « cou, gosier? » Alors *calandre* signifierait « beau cou, beau gosier? »

Cette interprétation se justifierait, dans la calandrelle, par le cercle de plumes blanches, en forme de couronne, placé des deux côtés de sa gorge, et encadrant une belle tache noire. Cette particularité a toujours frappé les populations; et en Provence, où l'on élève beaucoup de calandres, on les appelle *couloussades*, à cause de leur collier noir. Il est toutefois beaucoup plus probable que le mot KALANDRA, *calandre*, a trait aux ressources musicales de l'oiseau qui le porte. La calandre est douée d'une voix très-étendue et très-agréable; de plus elle a le privilége de pouvoir joindre à son chant celui du chardonneret, du serin, de la linotte et de tous les oiseaux près desquels elle séjourne. En captivité, on peut lui apprendre très-facilement à imiter toute espèce de ramage; elle rend très-bien le miaulement de la chatte, le gloussement de la poule, etc. Marot (III, 33) relate, sous forme de légende, cette facilité de la calandre à imiter le chant de tous les autres oiseaux : « Incontinent que Viscontin mourut, son âme entra au corps d'une calandre; ores qu'il est calandre devenu, il contrefait tous les oiseaux du monde. »

Dans le midi de l'Europe où elle est commune, on l'élève en grand nombre pour jouir de la variété de son chant. En Italie, on dit d'une personne qui chante très-bien : *Elle chante comme une calandre*. Ainsi, dans la patrie chérie de la musique, la calandre paraît détrôner même le rossignol [1].

D'après ces considérations, plusieurs étymologistes ont donné pour origine à *calandre* les mots ΚΑLÔS, « bien, » et ΑÉÏDÔ, « chanter. » Et si l'on voulait écrire, en adoptant l'ancienne forme grecque, CHALANDRA, *chalandre*, l'étymologie, pour être différente, ne s'en rapporterait pas moins au chant de ce même oiseau. Ce serait alors CHALÔ, « relâcher, distendre, » mot qui s'y applique parfaitement. Car le propre de sa voix est de s'élever à une hauteur considérable, et d'en descendre ensuite par des inflexions rapides. Quelques auteurs prétendent que les anciens habitants de la Gaule appelaient les alouettes *bardalis*, nom qui semble appartenir à la même famille que le mot *barde*, par lequel on désignait ceux qui célébraient en public les hauts faits des guerriers et la gloire de la patrie. Si cette opinion était fondée, elle prouverait que, pour les Gaulois, l'alouette était le chantre par excellence. Peut-être aussi nos ancêtres avaient-ils trouvé quelque ressemblance entre le *bardalis* et le chant de l'alouette *lulu*. Je suis donc fondé à croire que les parti-

[1] On lit dans un ouvrage italien (Lionello, par le P. Bresciani, chap. II, page 8) : « Au passage d'un golfe, une calandre harmo- « nieuse s'élevait dans le ciel, droit comme une flèche ; elle se « balançait dans les airs et les faisait retentir de son chant si « varié, de ses pauses, de ses passages, de ses roulades, de ses « groupes et de ses reprises : Alisa ne pouvait se rassasier de « l'entendre, de la suivre de son regard dans son ascension, et « puis, retombant comme une pierre, se relevait et recommen- « çait son chant joyeux. — Je vois, disait-elle, comment au tra- « vail peuvent s'unir l'hymne de louange à la gloire de Dieu et « l'action de grâces pour la miséricorde et l'amour qu'il a témoi- « gnés à ses créatures. Cette calandre parcourt les airs ; elle va « et vient, elle monte et descend, jamais elle ne s'arrête, jamais « elle ne suspend son cantique naturel. »

cularités du plumage de la calandre et de la calandrelle, et surtout les habitudes musicales de ces oiseaux, semblent justifier les étymologies que je soumets à l'appréciation des savants.

Ne pourrait-on pas prendre le mot *calandre* dans le même sens que l'instrument employé à imprimer les étoffes, et auxquels on donne pour racine KYLINDROS, « cylindre, » parce qu'il est de forme ronde ? Cette acception de *calandre* serait alors fondée sur les différents cercles blancs et noirs qui se déroulent, en s'encadrant réciproquement, et embellissent les deux côtés du cou de la calandre et de celui de la calandrelle.

Enfin, l'habitude de ces oiseaux, de descendre des hauteurs où ils se sont élevés par une série de cercles concentriques en forme de spirale, ne servirait-elle pas encore à justifier la dernière acception donnée au mot *calandre*, puisqu'en effet, dans leur vol, ils semblent décrire un véritable cylindre? A l'appui de cette hypothèse, je peux invoquer le mot *girolle*, nom vulgaire donné à la calandre dans sa véritable patrie. Cette dénomination, adoptée généralement en Italie, dérive de *girare*, « tourner sur soi-même. »

M. Littré dit que calandra vient probablement de *caliendrum*, bonnet, de CALLYNTRON, « ornement. » Ce qui signifierait que cet oiseau a été ainsi appelé parce qu'il porte une huppe ; assertion qui ne me paraît pas fondée. Car il est évident que si telle était la racine du mot *calandre*, il devrait s'appliquer à l'alouette huppée et non pas à sa congénère dont la tête est dépourvue d'ornement.

Le nom scientifique *brachydactyle* est composé de BRACHYS, « court, » et DACTYLE, « ongle ; » il a été donné à la calandrelle parce que cet oiseau a le quatrième doigt armé « d'un ongle court, » exception caractéristique pour les oiseaux de ce genre.

D'après les explications données ci-dessus, il est facile de constater les nombreux points de comparaison qui existent entre le coq et l'alouette. C'étaient, chez les Gaulois, deux oiseaux représentant les mêmes idées, et pouvant être adoptés indifféremment pour signifier le travail matinal, la vigilance, etc.

Cette considération nouvelle me conduit à proposer encore une étymologie du mot *calandre*. De ce point de vue, il me semblerait dériver naturellement de ΚΑΛΕΌ, « appeler, exciter, provoquer, » et ΑΝΈΡ, ΑΝDROS, « l'homme, » et signifier alors « oiseau qui appelle, réveille l'homme, » qui le provoque et l'excite au travail. Un autre sens pourrait encore être donné au mot *calandre*, en l'expliquant par une particularité des mœurs de l'oiseau. La calandre et la calandrelle courent devant les chasseurs avec une rapidité si extraordinaire, que, dans le midi de la France, où ces oiseaux sont très-communs et où l'on a pu étudier leurs mœurs d'une manière plus exacte que dans les autres contrées, on leur a donné le nom de *courrentia*, « coureuses. » Par cette course si particulière et si caractéristique, ces oiseaux ne semblent-ils pas « provoquer, défier » le chasseur ? N'en serait-il pas de même pour leur chant ?

Comme sa congénère, la calandrelle niche à terre, dans les landes, ou sous les mottes d'un sillon. Son nid se compose d'une petite cavité tapissée d'herbes, de quelques racines, d'herbes fines, ou de brins de foin ; c'est là que la femelle pond quatre ou cinq œufs un peu allongés, d'un blanc sale et grisâtre. La coquille est parsemée de petits points roux ou gris, très-peu apparents, et confondus de manière à former une seconde couche plus foncée que la première. Quelquefois les points sont plus multipliés vers le gros bout et composent une couronne ou une espèce de calotte. On en trouve dont la teinte brune et luisante les ferait accepter facilement pour certaines variétés du moineau friquet ou du pipit maritime.

Leur longueur est de $0^m,016$ à $0^m,018$, et leur diamètre de $0^m,012$ à $0^m,014$.

DEUXIÈME GENRE.

MÉSANGE. — PARUS.

Les mésanges composent un genre très-nombreux et remarquable par les mœurs des oiseaux qui sont groupés sous cette dénomination.

Vives, pétulantes et sans cesse en mouvement, les mésanges parcourent les villes et les campagnes, et visitent tour à tour les toits et les arbres, dont elles fouillent toutes les sinuosités, pour y saisir les insectes et les petits vermisseaux qui se cachent sous l'écorce ou dans les fissures du bois. Pour découvrir plus facilement leur proie, les mésanges prennent toute espèce de positions ; elles décrivent des spirales autour des branches, descendent la tête en bas, et conservent assez longtemps cette dernière position afin d'arriver plus facilement au but qu'elles se proposent. Souvent, fixées sur une feuille agitée par le vent, elles n'abandonnent leur frêle appui que pour en gagner un autre tout aussi mobile. Lorsque les feuilles sont desséchées et tombées à terre, elles les retournent dans tous les sens. Enfin, quand la neige ou le givre couvrent les arbres, les mésanges cherchent les insectes engourdis par le froid jusque sous cette enveloppe glacée, qui ne peut pas même dérober les victimes à l'audacieuse persévérance de leurs ennemis.

Elles se répandent ensuite dans les villes, visitent le dessous des toits en décrivant une série de courbes allongées, passent et repassent plusieurs fois dans les mêmes endroits, et ne quittent le théâtre de leurs inves-

tigations que lorsqu'elles se sont assurées que rien n'a
échappé à leurs regards scrutateurs. Dans leurs courses
réitérées, les mésanges font entendre un cri strident et
saccadé, cri de satisfaction ou de colère tour à tour, et
même de rappel, car elles voyagent presque toujours en
petites troupes. Semblables à des forbans, elles sentent
le besoin de s'unir pour se livrer plus facilement à leurs
déprédations; pour se défendre et pour attaquer, mais
en même temps, par un sentiment de défiance réciproque,
elles se tiennent toujours à une certaine distance les
unes des autres. Si quelqu'une de la bande est forcée de
suspendre sa course, par indisposition ou par quelque
blessure, ses compagnes se précipitent sur elle, l'immolent, partagent ses membres, et se disputent surtout
sa cervelle.

Si les mésanges se livrent à de telles violences contre
leurs congénères, à plus forte raison doivent-elles les
exercer à l'égard des autres oiseaux, soit en liberté, soit
en captivité. Quand elles sont renfermées dans des vo-
lières, elles brisent à coups de bec la tête de leurs compagnons d'infortune, et montrent, dans cette circonstance,
toutes les faces de leur détestable caractère.

Les mésanges attaquent les chouettes et les oiseaux
beaucoup plus gros qu'elles, et cherchent surtout à leur
crever les yeux, pour être plus certaines d'un triomphe complet. Elles se défendent de l'homme, en se mettant sur le dos, à la manière des rapaces, et se servent
alors, avec un acharnement et une intrépidité remarquables, de leurs ongles et de leur bec.

Les mésanges mordent opiniâtrement, et souvent alors
on éprouve de la difficulté à leur faire lâcher prise. Elles
vivent non-seulement d'insectes, mais encore de graines
qu'elles brisent avec leur bec, après les avoir assujetties
sous leurs doigts. Assez souvent, ces oiseaux percent,
avec beaucoup d'adresse, l'enveloppe des baies ou des

fruits, et en enlèvent le contenu, au moyen d'un trou qui ferait honneur à un ouvrier exercé. Si les mésanges rendent d'immenses services, en détruisant une grande quantité de chenilles, de larves, de vers et de petits insectes, elles exercent aussi de terribles ravages dans les vergers qu'elles parcourent, et où elles attaquent les boutons des arbres fruitiers. Elles occasionnent des pertes réelles dans les lieux habités par les abeilles, dont elles immolent un nombre considérable ; aussi les anciens appelaient-ils la mésange, *avis apibus inimica*, « l'oiseau ennemi des abeilles. »

Quant aux noms scientifiques et vulgaires consacrés à désigner ces conirostres, peut-être ont-ils une commune origine. En effet, l'audace, la force, la méchanceté et la vivacité des mésanges ont dû étonner les observateurs, quels qu'ils fussent et, en particulier, les naturalistes, lorsque ceux-ci rapprochaient ces qualités des dimensions si petites de ces conirostres. Dès lors, l'attention des auteurs aurait été fixée sur la petite taille des mésanges, et leur petitesse serait devenue la base de leur nom. Ainsi, *parus* ne serait qu'une corruption de *parvus*, « petit, » comme *parum* l'est de *parvum*, comme, d'après la même idée, *mésange* dériverait aussi de ΜΈΙΟΝ, « inférieur, plus petit. » Malheureusement l'*a* est long dans *parus*, et bref dans *parum*, ce qui paraît s'opposer absolument à l'adoption de cette étymologie ; néanmoins elle semblerait être confirmée par le nom que les Anglais donnent aux mésanges : ils les appellent *titmouses*, « petites souris, petites rongeuses. » Quant à l'autre étymologie grecque, ΜΈΙΟΟ̂, elle me semblerait, au moins, plus naturelle que celle qui est adoptée par le plus grand nombre des auteurs, et qui fait dériver *mésange* de *meseck*, mot employé en Allemagne pour désigner cet oiseau.

Le père Labbe prétend que la dénomination *mésange* a été donnée à ces conirostres à cause du « mélange » très-varié de leurs plumes. Il appuie son opinion sur le mot *mesk* qui signifie « mélange, » ainsi que sur le grec misgô, et le latin *misceo*. Alors, cette étymologie reposerait sur les différentes bandes noires, bleues, blanches, etc., qui diversifient le plumage des mésanges, et le rendent assez agréable dans son ensemble.

Je pense que l'on pourrait encore hasarder l'étymologie suivante :

Le mot *mésange* ne serait-il pas composé de deux noms celtiques, *mes*, « beaucoup, » et *angen*, « cruel, inexorable, » d'où est venue probablement la vieille dénomination française *angir* signifiant « tourmenter, vexer, » et le mot *angoisse*, toujours usité ? *Angen* représente aussi, dans l'ancien allemand, l'idée de « presser, » de « serrer, » de « violenter. » En grec angkhô a le même sens, et est probablement le principe de toutes ces locutions. En l'alliant avec mésos, « milieu, » il signifierait : « qui étrangle par le milieu ; » et, d'une façon comme de l'autre, le mot *mésange* retracerait d'une manière exacte le caractère de ces petits tyrans.

Les mésanges se livrent à des investigations incessantes, non-seulement pour se procurer leur nourriture de chaque jour, mais aussi afin de se préparer des provisions pour l'hiver. Elles entassent des graines dans les trous des arbres, et c'est dans ces réserves qu'elles puisent pendant les jours de disette. Malheur aux oiseaux téméraires qui voudraient recourir à ces greniers d'abondance ! Car les mésanges ne pratiquent pas la vertu de charité. Dans cette circonstance, elles défendent leur propriété avec un courage qui tient de la fureur, et qui prouve qu'elles n'admettent pas, en ce qui les concerne, les idées de certains politiques trop enclins au partage du bien d'autrui.

Les plumes de leur tête se dressent comme une huppe, tandis que leurs cris métalliques décèlent l'indignation qui les anime et qui décuple leurs forces. C'est alors qu'elles se précipitent sur leurs ennemis, se cramponnent à leur dos, et leur ouvrent le crâne à coups de bec, à moins qu'elles ne soient forcées de succomber sous les serres d'un ennemi beaucoup plus puissant qu'elles. Dans ce cas même, le vainqueur a de la peine à se débarrasser de sa victime, dont les ongles restent profondément attachés au corps de son adversaire.

Si les mésanges défendent avec énergie leurs trésors, elles pillent sans scrupule celui des autres oiseaux, même de ceux qui sembleraient devoir leur paraître sacrés. Elles brisent les œufs qu'elles trouvent dans les nids, et attendent que la mère se soit éloignée de ses petits, pour se précipiter sur eux et les dévorer avec une avidité féroce. Cette habitude cruelle ne pourrait-elle pas fournir une autre étymologie du mot *mésange?* Ne semblerait-il pas formé des dénominations, *ange*, «messager,» et *més*, « mauvais?» (La particule *més* donne presque toujours au mot, auquel elle est jointe, une signification odieuse, exemple : *més-alliance, més-estime, més-intelligence, més-aventure*, etc.) Dès lors *mésange* serait synonyme de *messager* « méchant, cruel, qui porte le ravage et la mort dans ses courses perpétuelles, qui ne respecte rien,» pas même les petits de ses congénères. Enfin, les mésanges pondent un très-grand nombre d'œufs; elles sont, de tous les oiseaux, ceux dont la fécondité est la plus grande. En français on appelle *mésange* une femme, mère d'une nombreuse famille. Le mot *mésange* ne pourrait-il pas lui-même avoir une étymologie d'accord avec cette dénomination? car *anger* signifie se propager, se multiplier, et *més-ange* représenterait exactement l'oiseau qui se multiplie beaucoup et pour le mal. De même le mot *parus* semblerait peut-être à quelques personnes une abréviation de *partus*, ce qui me reporterait à un souvenir de mes jeunes années.

A Saumur s'élève une belle chapelle, bien chère à tous ceux qui croient et qui prient, à tous ceux qui aiment à déposer, dans les sanctuaires de la Mère de Dieu, leurs joies et leurs douleurs, leurs espérances et leurs craintes. L'église de Notre-Dame-des-Ardilliers, dont les dalles ont été mouillées par les larmes du repentir ou de la reconnaissance de bien des milliers de pèlerins, porte, autour de son dôme, cette inscription, que les bienfaits de la Mère de Dieu ont aussi gravée dans tous les cœurs catholiques :

VIRGINI DEIPARÆ, *A la Vierge Mère de Dieu.*

Ces paroles, expression du symbole de nos pères, y furent placées dans le siècle où tous les grands génies, qui composaient l'auréole de gloire de Louis XIV, aimaient à manifester, dans leurs chefs-d'œuvre de toute nature, leur foi catholique et leur culte d'amour et de reconnaissance pour la Mère de Dieu. La main sanglante de la Révolution respecta cette devise, tout en faisant disparaître celle qui se rapportait au grand Roi. Or, ces paroles furent traduites, il y a quelques années, par un ministre protestant de Saumur, M. Duvivier, et mises, selon lui, à la portée des fidèles. M. Duvivier écrivit que cet exergue était un acte d'idolâtrie et signifiait : « A la Vierge, égale à Dieu. » M. Desmé de l'Isle prouva très-facilement à M. Duvivier, dans une petite brochure pleine de logique et de bon sens, que le ministre protestant ignorait les premiers éléments de la langue latine, et que *Deiparæ* n'a jamais signifié égale à Dieu, mais Mère de Dieu.

Parus, comme la terminaison *para*, semblerait donc impliquer une idée de « génération » et aurait pour racine, *pario*, « enfanter. » Un grand nombre des mots qui représentent, en latin ou en français, une idée d'en-fantement, soit spirituel, soit naturel, commencent par la même syllabe *par*, *parents*, *parrains*, etc. Mais la prosodie vient encore s'opposer à cette hypothèse, si bien fondée cependant sur la nature des mésanges. Deux vers latins, où *parus* figure avec sa quantité correcte, vont peut-être nous fournir la véritable étymologie de *parus*, en nous montrant que c'est un mot latin formé, par onomatopée, du *cri de la mésange*. Elle fait entendre, en effet, une voix stridente, métallique, qui avait particulièrement fixé l'attention des anciens :

On lit dans l'auteur du petit poème intitulé *Philomèle*[1] :

> Parus enim quamvis per noctem tinniat omnem,
> At sua vox nulli jure placere potest.

« La mésange aurait beau prolonger toute la nuit ses notes aiguës, il n'est personne à qui sa voix puisse justement plaire. » La mésange semble répéter de cette voix de *scie* qui l'a fait appeler le *serrurier* : *para!* ou *parra!* d'où, en changeant la dernière syllable : *parus*. Ce nom serait donc fondé, d'après les anciens auteurs, sur le cri de la mésange, lequel dans tous les pays a frappé ceux qui l'entendaient, et déchire les oreilles les moins sensibles à l'harmonie.

Quoi qu'il en soit, la fécondité des mésanges se trouve combattue par l'excès de leur audace et de leur pétulance ; en effet, un très-grand nombre de ces oiseaux se laissent prendre à la pipée, et, dans ce cas, elles sont les victimes de leur caractère cruel qui les entraîne à se précipiter sur les chouettes, sans se préoccuper des piéges tendus sous leurs pas. C'est ainsi que la soif du sang les fait déroger à leur défiance habituelle ; car elles prennent, dans l'ensemble de leur vie, mille précautions pour échapper à leurs ennemis. Jamais elles n'entrent dans un trou d'arbre, pour y déposer des provisions ou pour

---

[1] Cité par Aldrovande.

y passer la nuit, sans avoir regardé plusieurs fois si leur démarche n'est pas surveillée, ni même soupçonnée.

MÉSANGE CHARBONNIÈRE. — PARUS MAJOR.

La Mésange charbonnière aime et recherche les pays plantés d'arbres fruitiers. Ceux-ci lui offrent une nourriture abondante ; car les lichens qui les couvrent sont autant de retraites favorables où se cachent les insectes, qui trouvent dans leurs replis multipliés où déposer leurs œufs et leurs larves. C'est là aussi que la présence des mésanges est utile ; c'est là par conséquent que Dieu les multiplie davantage, pour qu'elles viennent en aide aux agriculteurs, en préservant les fleurs et les fruits des ravages des chenilles et des vers. L'épithète latine *major* indique que cette espèce est *la plus grosse* du genre. Quant à l'adjectif français *charbonnière*, il fait connaître une particularité du plumage de cet oiseau. Une espèce de capuchon d'un *noir brillant* et lustré couvre la tête de la mésange charbonnière, et s'étend sur son cou. Enfin, un large plastron de la même couleur règne depuis le dessous du bec jusqu'aux pieds, et justifie la dénomination de *charbonnière* qui sert à la distinguer de ses congénères.

L'opinion de quelques auteurs, qui prétendent que cette mésange doit son nom à l'habitude qu'elle a d'établir son nid dans les huttes des charbonniers, n'est nullement fondée. En effet, la mésange recherche pour se reproduire, non les bois, mais les vergers ; elle établit son nid dans les trous des arbres fruitiers, et quelquefois dans ceux des murs des enclos. Ce nid est composé de mousse, de plumes, de crins, de lichens, et prend la forme et les dimensions de l'endroit auquel il est confié. Il contient de huit à douze œufs d'un blanc rose, quand ils sont frais et non vidés. Leur coquille est parsemée de taches rousses dont les dimensions s'étendent souvent à mesure que ces taches se rapprochent du gros bout. Le grand diamètre de ces œufs varie de $0^m,015$ à $0^m,018$, et le petit de $0^m,012$ à $0^m,014$.

Dans le midi de la France, la grosse charbonnière a reçu le nom vulgaire de *saraïé*, c'est-à-dire de *serrurier*, à cause de son cri aigu et saccadé qui ressemble à celui que produit le fer lorsqu'il est scié avec rapidité. Ce cri, que l'on entend souvent à l'époque du printemps, le long des routes, dans les pays ombragés, a quelque chose de triste et de sinistre.

MÉSANGE PETITE CHARBONNIÈRE. — PARUS ATER.

Cette mésange doit son nom latin *ater* à la couleur noire de son plumage, et son épithète française aux dimensions de sa taille inférieure à celle de la précédente. Moins défiante que quelques-unes de ses congénères, elle habite les lieux plantés de bois de sapins et d'arbres verts. Son chant n'est pas aussi fatigant ni aussi monotone que celui de la plupart des autres mésanges. Elle est encore plus pétulante et plus vive que les autres espèces de la même famille. La petite charbonnière vit en bandes peu nombreuses, dont chacune choisit un chef chargé de veiller à la sûreté commune, et d'avertir tous les autres membres à l'approche du danger. Cette mésange niche dans les trous des arbres fruitiers ; ses œufs, au nombre de huit à dix, sont d'un blanc rose ou mat, selon qu'ils sont pleins ou vides ; ils sont parsemés de taches d'un rouge assez vif. Le petit diamètre est de $0^m,010$ à $0^m,012$, et le grand de $0^m,013$ à $0^m,014$.

Chaque année, cette mésange traverse l'Anjou ; mais sa présence, à l'époque de la nidification, n'a pas encore été suffisamment constatée. Aussi, l'opinion la plus commune et la mieux fondée admet-elle que, si la petite charbonnière se reproduit dans notre département, ce cas est plutôt une exception qu'une habitude.

MÉSANGE BLEUE. — PARUS CÆRULEUS.

De toutes les mésanges, celle-ci est la plus répandue ; ses couleurs si vives et d'*un bleu d'azur* justifient les épithètes qui lui ont été assignées dans toutes les langues. Plus solitaire que ses congénères, elle vit, comme elles, d'insectes et de vers ; mais quand cette nourriture lui manque, elle s'abat dans les jardins où elle exerce des dégâts considérables, en s'attaquant aux boutons des arbres fruitiers. Souvent même, elle détache le fruit qui commence à se former, et elle l'emporte dans ses greniers de réserve. Cette mésange a un appétit très-prononcé pour la chair, et, lorsqu'elle rencontre quelques cadavres de petits mammifères ou d'oiseaux, elle s'acharne sur ces débris avec une voracité et une persévérance incroyables. Après son passage, on ne trouve plus que des squelettes dénudés, comme si le scalpel les avait fouillés dans tous les sens. Cet oiseau grimpe avec légèreté le long des tiges des roseaux et du sorgho pour y poursuivre des insectes, et ne craint pas, dans cette chasse, de se trouver en guerre avec les rousseroles et les autres cala-moherpes dont elle se fait respecter et craindre. On la voit, même pendant l'hiver, venir, sur les grandes routes,

disputer avec succès aux bruants et aux moineaux les débris des graines qui se trouvent dans les excréments des chevaux.

Le nid de la mésange bleue, composé des mêmes matières que ceux des précédentes, est aussi confié aux trous des arbres fruitiers. Ses œufs, au nombre de sept à dix, d'un blanc mat ou couleur chair, sont parsemés de taches rouges très-irrégulières et de points de même couleur, plus abondants vers le gros bout. Le grand diamètre varie de 0^m,014 à 0^m,016, et le petit de 0^m,012 à 0^m,013.

MÉSANGE NONNETTE. — PARUS PALUSTRIS.

La dénomination *palustris*, « de marais, » indique que cette mésange a les mêmes habitudes que la précédente, et qu'elle cherche souvent sa nourriture sur les tiges des herbes ou sur les roseaux des marais. Elle aime aussi à habiter les bois plantés sur le bord des eaux, et qui lui offrent ainsi une double source de richesse. Quant à l'épithète *nonnette*, *nonneta*, elle est un diminutif de *nonna*, *nonnue*, terme de respect par lequel on désignait dans l'antiquité les *aïeux* et les *aïeules*, et qu'on donna ensuite, par déférence, aux personnes consacrées à Dieu, par la même raison qu'on appelle encore *pères* ou *mères* les membres de certaines congrégations. Ce mot représentait, chez les Romains, les personnes qui, avec une tendresse véritable, élevaient des enfants abandonnés. Aussi n'a-t-on pas manqué de le donner, à juste titre, à ces saintes filles, héritières de la charité de saint Vincent de Paul, qui remplacent auprès des enfants trouvés ou orphelins, des parents morts ou dénaturés.

Cette dénomination, qui a été étendue à toutes les personnes consacrées à Dieu, a, si l'on en croit certains étymologistes, pour racine, νοος, νοῦς, « entendement, » νοέιν, « penser, méditer, » et représente ainsi tous ceux qui appuient les œuvres de leur vie sur des pensées sérieuses. Dès lors, on trouverait moins étonnant que, dans notre siècle de légèreté et d'irréflexion, le mot *nonne* ne fût pas compris, et qu'il fût devenu un terme propre à jeter le ridicule sur les personnes auxquelles il est attribué. Il y a tant de gens qui fuient les pensées sérieuses, tant qui craignent de se retrouver en face d'eux-mêmes ! assez semblables en cela à ceux qui ne veulent pas établir ni vérifier la balance de leurs affaires, dans l'appréhension qu'ils éprouvent de voir se dresser devant eux un effrayant déficit. Erreur dangereuse cependant! car un abîme qu'on ne sonde pas inspire moins de terreur, il est vrai ; mais il engloutit subitement et sans retour.

Je dois dire, néanmoins, que le mot *nonne* dérive avec beaucoup plus de vraisemblance, soit de l'égyptien *nonn*, « religieux, » soit du grec NANNA, NANNÈ, « tante maternelle, » auquel se rattache également, selon toute apparence, l'italien *nonno*, « grand-père, » et *nonna*, « grand'mère ; » c'est d'ailleurs, et toujours comme on le voit, une idée de vénération que ces différents termes expriment par celle d'ancienneté. *Nonne* correspond à « prêtre, » PRESBYTÉROS, « plus âgé, vieillard. »

Maintenant, pourquoi avait-on donné ce nom à la mésange des marais ?

Les naturalistes ayant remarqué que la mésange des marais avait la tête entièrement noire, ont cru y trouver une ressemblance avec les voiles qui recouvrent la tête d'un grand nombre de religieuses ; elle semble, en effet, avoir une espèce de capuchon ; puis l'ensemble de son plumage est plus sombre que celui des autres mésanges ; d'où les auteurs ont appelé cette mésange, *la religieuse* ou *la nonnette*.

Elle veille aussi avec un soin tout particulier sur ses œufs, et manifeste pour ses petits une tendresse vraiment remarquable.

La mésange nonnette niche comme les précédentes. Ses œufs, au nombre de six à dix, sont régulièrement plus longs que ceux de ses congénères, et portent vers le gros bout une couronne de points rougeâtres. Ces points sont ordinairement moins larges que dans les œufs décrits antérieurement.

Leur longueur varie de $0^m,014$ à $0^m,015$, et leur diamètre de $0^m,010$ à $0^m,012$.

MÉSANGE HUPPÉE. — PARUS CRISTATUS.

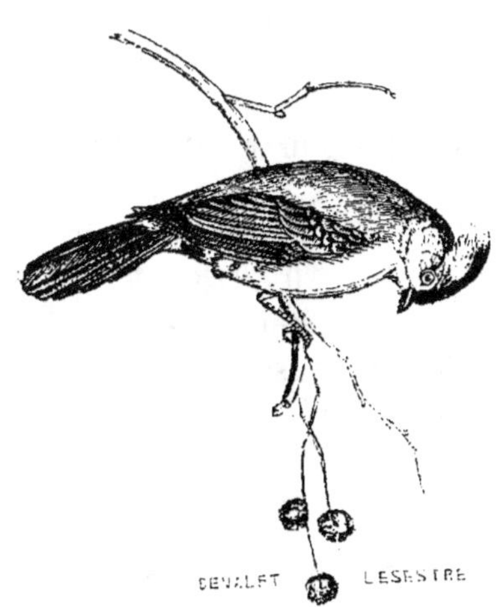

Cette mésange doit son nom à l'aigrette, *crista*, ou huppe qui orne sa tête et lui donne un aspect tout particulier. Cette huppe est formée de plumes acuminées, noires et bordées d'un filet blanchâtre; elles sont étagées et réunies en pointe. De loin, ces plumes représentent une corne triangulaire, dont la base repose sur la tête de la mésange.

Celle-ci habite en grand nombre les forêts des Alpes. Pendant longtemps, les naturalistes ont pensé qu'elle ne faisait que traverser l'Anjou au moment de ses migrations. Les recherches persévérantes de M. Raoul de Baracé ont démontré que la mésange huppée s'arrête dans notre département pour s'y reproduire, et que, dans certaines localités, elle se trouve en aussi grand nombre que les autres mésanges. Aux environs du Lion-d'Angers, où elle est très-multipliée, il a été constaté que si sa présence avait été ignorée au moment de la nidification, c'est que cette espèce travaille à la construction de son nid plus tard que ses congénères : les feuilles des arbres fruitiers étant alors très-développées, la mésange huppée arrive plus facilement à dissimuler ses courses et à dérober aux regards les trous qu'elle a choisis pour élever sa petite famille. Ses œufs varient de six à dix; ils sont blancs et parsemés de grosses taches d'un rouge assez vif.

Le caractère qui sert à le distinguer des œufs des autres mésanges, et spécialement de ceux de la grosse charbonnière, est la forme ronde qu'ils affectent souvent, et surtout les dimensions des taches réunies ordinairement vers le gros bout en forme de couronne, et qui sont beaucoup plus rondes et plus larges que dans les autres espèces.

Le grand diamètre est de $0^m,014$ à $0^m,016$, et le petit de $0^m,011$ à $0^m,013$.

Buffon prétend que la chair de cette mésange est parfumée, à cause des graines de genévrier dont elle se nourrit dans les pays de montagnes, où elle vit en petites bandes.

MÉSANGE A LONGUE QUEUE. — PARUS CAUDATUS.

Cette mésange, la plus petite de toutes celles qui visitent l'Anjou, vole avec la rapidité et la grâce d'une flèche lancée par une main puissante et habile. Elle doit peut-être cette vitesse à la longueur de sa queue, qui dépasse même celle de son corps, et lui imprime un mouvement accéléré et quelquefois ondulé. Les deux noms, l'un scientifique, l'autre vulgaire, de cette mésange sont dus à la longueur de sa queue. Ce gracieux petit oiseau aime à vivre en famille, et, dans cette espèce, la famille est nombreuse, car chaque femelle pond de douze à vingt œufs. Les uns sont ronds, d'autres oblongs; quelques-uns sont tachés, d'autres parsemés de petits points rougeâtres formant quelquefois une couronne vers le gros bout. Le grand diamètre est de $0^m,008$ à $0^m,012$, et le petit de $0^m,005$ à $0^m,007$. Le nid auquel sont confiés ces œufs a la forme d'une boule ovale; le haut est toujours plus large que le bas. Ce nid, composé de mousse légère et de petits lichens liés entre eux par des toiles d'araignée, est construit le long d'un arbre, avec la couleur duquel il se confond assez facilement. Pour dissimuler davantage à la vue leur charmant petit travail, le père et la mère choisissent ordinairement comme point d'appui la naissance d'une grosse branche. Celle-ci fortifie le travail, et contribue à tromper les regards des ennemis de la jeune famille. L'intérieur du nid est revêtu d'un véritable lit de plumes. Une ouverture très-ronde, pratiquée sur le dôme de l'édifice, donne passage à la femelle. Souvent une seconde ouverture est ménagée pour faciliter l'entrée et la sortie du mâle, qui vient apporter à sa compagne de la nourriture pendant le travail de

l'incubation. Cette deuxième ouverture est presque nécessitée par la longueur de la queue de cet oiseau. Les ouvertures se trouvant placées l'une vis-à-vis de l'autre, les mouvements deviennent plus faciles et la mésange à longue queue n'est point forcée de tourner sur elle-même dans une enceinte très étroite. Cette deuxième porte est fermée après l'éclosion des œufs. Le plus souvent, une seule ouverture est pratiquée dans ces nids, et la seconde ne paraît être que le travail des mésanges plus âgées, plus expérimentées, plus industrieuses ou plus coquettes. Cette mésange, comme les troglodytes, les roitelets, les pouillots et tous les petits oiseaux qui nichent en plein air et doivent élever une nombreuse famille, donne à son nid la forme ronde. La chaleur que la pauvre mère développe, au prix de bien des fatigues, se conserve plus facilement sous la voûte de ce petit four ; elle s'élève, frappe les parois intérieures du dôme construit avec tant de soin, et retombe en faisant sentir à la mère, aux œufs et plus tard aux petits, une douce et salutaire influence !

Benedicite, omnes volucres cœli, Domino! O vous tous, petits oiseaux du ciel, bénissez le Seigneur ! bénissez le Seigneur qui veille sur vous avec tant de sollicitude et d'amour !

Cette mésange pourrait, aussi bien que la nonnette, être appelée *palustris,* car elle se trouve, surtout pendant l'hiver, presque continuellement dans les osiers et dans les arbres qui croissent sur le bord des rivières ou des étangs.

MÉSANGE MOUSTACHE. — PARUS BIARMICUS.

La belle bande noire, veloutée et presque triangulaire qui orne la tête du mâle et s'étend en pointe des deux côtés du cou, justifie l'épithète vulgaire qui a été donnée à cette espèce. Quant à l'adjectif *biarmicus,* il indique la contrée où cette mésange est assez multipliée , la Biarmie, actuellement nommée Permie, vaste étendue de pays comprenant les gouvernements de Vologda et d'Arkangel.

Le nid de la mésange moustache est très-artistement composé d'herbes sèches, de fleurs, de duvet et de mousse. Il ressemble à une boule ou à une bourse. Ordinairement, l'ouverture est pratiquée en dessus. Ce nid est attaché, par des filaments de plantes, au-dessus des eaux, à des roseaux ou à des branches de petits arbustes. Il renferme de cinq à huit œufs ronds, d'un blanc d'ivoire, parsemé de taches d'un rouge pâle ; ils portent aussi des filets de même nuance, en forme de veines, et distribués en zig zag.

Cette mésange a des mœurs très-douces ; elle vit d'insectes ailés, de semences de roseaux ; elle ne craint pas l'approche de l'homme, et court à terre et sur les feuilles de nénuphar avec la même grâce que les bergeronnettes. Autrefois ce gracieux oiseau avait fait élection de domicile dans l'étang de Rou-Marson, où chaque année il se reproduisait. Par l'éclat de son plumage et par la rapidité de ses courses continuelles, il embellissait et vivifiait ce pays solitaire ; malheureusement, la guerre persévérante qui lui a été déclarée l'a forcé à quitter une contrée dont il était un des plus jolis ornements. Cependant il s'y montre encore de temps en temps, mais à des époques irrégulières.

Le *Parus biarmicus* vit en petites troupes ; les différents membres de la même famille s'appellent par un cri métallique assez semblable au son d'une petite clochette d'argent ou au son vibrant d'une mandoline. Les gens de la campagne, dans leur langage expressif, l'ont nommé *trin-trin*.

Buffon prétend que, lorsque ces familles émigrent ou se livrent aux travaux de la nidification, le mâle couvre la femelle de ses ailes, pendant les moments de repos, pour la préserver ou de la fraîcheur de l'air ou des rayons brûlants du soleil.

Le grand diamètre des œufs varie de 0^m,016 à 0^m,020, et le petit de 0^m,015 à 0^m,017.

TROISIÈME GENRE.

BRUANT. — EMBERIZA.

Ici s'arrêtait la deuxième édition de mes *Essais étymologiques*, car les mots *bruant*, *emberize*, s'étaient présentés à moi comme le Cap des Tempêtes ; et, dans la crainte de m'exposer à un naufrage certain, il m'avait semblé sage de rechercher au préalable un pilote expérimenté, avec le secours duquel le terrible passage pût devenir le Cap de Bonne-Espérance. Ce pilote, j'allais partout le quêtant avec persévérance, sans pouvoir le rencontrer nulle part, lorsque l'un de mes savants contradicteurs me conseilla d'avoir recours au dictionnaire de M. Littré, prétendant qu'avec ce secours, l'explication des étymologies deviendrait facile, claire, etc. J'eus la naïveté de le croire, et non-seulement je m'empressai de consulter le travail du docte membre de l'Institut, mais j'achetai même toutes les livraisons mises à la disposition du public, afin de pouvoir profiter des lumières résumées dans cet immense répertoire.

Je me hâte donc d'y chercher le mot *bruant*, et voici ce que je lis : « *Bruant*, voy. *bréant*. »

Je passe à l'article *bréant*, et je transcris l'explication ainsi conçue qui figure sous ce mot : « *Bréant*, nom vulgaire de l'embérize citrinelle, dite aussi verdon et verdier. C'est un oiseau *jaune* de la grosseur d'un moineau. »

Le renseignement ne me parut pas satisfaisant, car ce qui m'y semble le plus clair, c'est que, d'après M. Littré, le bruant n'est autre chose que le bréant, que le bréant est l'emberize citrinelle et que ce conirostre est appelé *verdier* et *verdon* parce que c'est un oiseau *jaune* de la grosseur d'un moineau ! Aussi, déconcerté par l'impénétrable obscurité de ces étymologies, je me flattais au moins de trouver au mot *emberize* ce que j'avais cherché inutilement aux articles *bréant* et *bruant*. Je lis : « *Emberize*, nom moderne du genre Bruant. Scheler le tire de l'allemand *emmeriz, emberitz ; emberitz* dérive lui-même de *ammer*, qui signifie aussi *emberize*. »

En présence d'un exposé si concluant, je regrettais que le savant auteur n'eût pas composé un dictionnaire allemand, car il eût pu y consigner, à l'usage des Germains, les renseignements dont il a gratifié les Français, et ils auraient lu : « *Ammer*, d'où sont dérivés *emmeritz*, *emberitz* , *embritz* , et le français *emberize* qui signifie aussi *ammer*. » Et alors la question eût été complétement élucidée pour les vrais savants. Quant à moi, n'y comprenant plus rien, je fis part de ma déception à mon conseiller. Celui-ci me répondit : Si M. Littré n'a pas indiqué d'autres étymologies que celles que contient son dictionnaire, c'est qu'il n'en existe pas. Après une telle sentence, il me fallait ou admettre cette décision et renoncer à ma conviction profonde en condamnant mes principes avoués, ou m'exposer à mériter de nouveau et plus que par le passé la note de téméraire, en m'affranchissant de la tutelle que j'avais acceptée, pour un moment et avec tant de confiance. Je me résigne donc à cette nouvelle censure, et cela d'autant plus volontiers que j'ai l'espérance que mes hypothèses n'auront pas du moins l'inconvénient de voiler les lumières si vives projetées par les étymologies que fournit le dictionnaire de M. Littré.

Pour nous tirer d'incertitude, en ce qui concerne le bruant, je vais, ami lecteur, exposer, le plus clairement qu'il me sera possible, les mœurs de cet oiseau, qui me serviront, si je ne m'abuse, à expliquer son nom. Le genre bruant comprend un très-grand nombre d'espèces qui se subdivisent en deux sections, lesquelles se distinguent par leurs doigts. Une section est composée des espèces qui se perchent facilement et ont l'ongle postérieur court et courbé; l'autre se rapproche des alouettes, et renferme les espèces qui ont un doigt armé d'un ongle long, et plus ou moins droit. Presque tous les individus du genre bruant ont le bec armé à l'intérieur d'un tubercule osseux, variant de forme selon les espèces, et qui leur sert à concasser leur nourriture. Cette disposition spéciale les a fait classer, avec raison, par quelques auteurs, dans la famille des Fringilles. Ce mot *fringille* me semble avoir pour racine *effringo*, « briser, écraser, » qui, lui-même, dérive, ainsi que plusieurs autres composés, de *frango*, ayant le même sens. Par le radical de ce dernier verbe, l'on remonte jusqu'au grec ʀʜÊɢ ou ʀʜᴀɢ, qui ont servi à former ʀʜÈɢɴᴜÉïɴ et ʀʜᴀssÉïɴ, signifiant également « rompre, briser, déchirer. » Le tubercule dont est pourvu le bec du bruant est une sorte de meule, qui justifierait fort bien l'application du mot *fringille*, « briseur, broyeur, » meunier, si l'on veut.

Cependant, M. Millet persiste à ranger les bruants dans la famille des conirostres : il faut croire qu'il y a été poussé par des considérations puissantes.

Les bruants ont un chant très-fatigant, que le proyer, le bruant de haies, le bruant jaune, le bruant des roseaux, etc., répètent le long des prairies, des haies ou des rivières. C'est ce bruit assourdissant qui les a fait appeler *crécerelles*, expression très-significative. Dans quelques pays on a comparé ce chant au cri de l'âne; c'est lui aussi qui a fait donner au bruant zizi un nom peu poétique. Bien plus, beaucoup de bruants répètent leur cri le jour et la nuit; ces oiseaux semblent partager leur existence entre deux fonctions : crier et manger, un peu comme les Romains dans les temps de décadence. Aussi avait-on profité de cette aptitude des bruants pour les engraisser et en alimenter la table des Hortensius, des Lucullus et des gastronomes, leurs successeurs. On clôturait un certain nombre de bruants dans des chambres hermétiquement fermées. Puis on éclairait ces appartements d'une manière continue au moyen de lanternes ou de lampes, et alors les bruants pouvaient manger et crier sans discontinuer : leur effigie aurait dû orner le mausolée de Sardanapale. Grâce à cet insatiable appétit, les bruants arrivent assez promptement à être, sous le nom d'*ortolans*, un des mets favoris des gastronomes de tous les pays et de tous les temps.

Une des espèces de bruants est désignée par Buffon et par plusieurs autres naturalistes sous le nom de *la co-*

queluche. Or, d'après le dictionnaire de Bouillet, « la *coqueluche* est une espèce de rhume, ainsi nommé sans doute de ce que, pendant la quinte, la respiration des personnes qui en sont atteintes, devenue sonore, imite le chant du coq. » Si l'on admet cette explication, il s'ensuit que le bruant *la coqueluche* aurait pu mériter son nom parce qu'il se serait rapproché du coq par le chant désagréable qu'il fait entendre jour et nuit, et qui trouble le sommeil des voisins.

Je ne cite cette explication de Bouillet que comme un simple renseignement; car plus tard j'en donnerai une autre qui me semble bien plus fondée.

De toutes ces observations, je pourrais, je crois, déduire déjà que le mot *bruant* dérive du verbe *bruire*, signifiant « crier d'une manière aiguë. » Ainsi, Chateaubriand a dit : « Les serpents à sonnettes *bruyaient* de toutes parts..... Le vent *bruit* dans la forêt. » Dès lors s'expliquerait naturellement pourquoi les gens de la campagne comparent le chant du bruant au cri de l'âne et à celui du faucon crécerelle, et pourquoi *bruant* et *bréant* sont synonymes.

Au xiiie siècle, on lit dans Ronc, page 85 : « Bruient li mont, et li val reson. »

Un clair ruisseau bruyant près de l'ombrage.

(MAROT.)

De plus, le mot « bruit » se rend, en langue wallon, par *bruet*, dans le dialecte bourguignon par *bru*, et dans le latin de la basse latinité par *brugitus*.

Selon Ménage, « broyer, réduire en poudre avec bruit, » pourrait dériver de l'ancien mot *brai*, *boue*, et signifierait alors « réduire en poussière. » Il y aurait donc dans ce nom deux idées exprimées : celle de *broyer*, *brayer*, « réduire en poussière, » et celle de *bruit*; deux idées qu'éveille d'ailleurs le mot *braye*, par lequel on désigne un instrument qui sert à broyer le lin et le chanvre, et dont le bruit monotone et agaçant peut être comparé à celui que fait le bruant. Le chant de cet oiseau est encore assimilé avec raison par les gens de la campagne au son strident que produisent les cigales et les grosses sauterelles, lorsqu'elles frottent leurs élytres avec leurs longues pattes.

Enfin, un auteur a pensé que le bruant devait son nom au *bruit* qu'il fait entendre quand il s'envole; et ce bruit est en effet très-sensible, surtout dans le vol du proyer.

Quoi qu'il en soit de ces hypothèses qui me semblent assez plausibles, je crois pouvoir en avancer de plus fondées encore.

Tous les bruants, qu'ils aient l'ongle postérieur court ou long, droit ou courbé, tous vivent à terre ou dans les herbes, dans les prairies, dans les bruyères ou sur les rochers; tous se nourrissent de graines, de semences, de petites baies, d'insectes et de vermisseaux; ils sont omnivores. En outre, ils peuvent être facilement classés parmi les *ventrus*, et, comme tous les êtres de cette catégorie, ils absorbent beaucoup, *pensent* peu; oiseaux stupides, ils se jettent dans tous les piéges possibles, pourvu que derrière ces piéges, ils entrevoient une satisfaction de leurs appétits grossiers. Ils étouffent aussi la voix harmonieuse des autres oiseaux par le bruit de leurs cris assourdissants. Enfin, comme conséquence de ces dispositions naturelles, les bruants vivent plus près de la terre que du ciel : il leur paraît pénible de s'éloigner de cette terre; c'est près d'elle qu'ils nichent; c'est près d'elle qu'ils élèvent leur famille. Cette dernière particularité a dû certainement les faire séparer des véritables Fringilles; c'est là vraiment la ligne de démarcation entre les bruants et tous les autres gros-becs. Les bruants recherchent donc les bruyères, les haies, les racines pour vivre et pour s'y reproduire; ce sont là les lieux qu'ils hantent, selon la vieille expression française. Or, les bruyères étaient appelés autrefois *brue*, et le menu bois *bruaille;* en breton, un pied de bruyère s'appelle *brugen*, et se prononce *bruguenen*. Le bruant serait donc l'oiseau qui « hante la brue, la bruaille, et même la brai, la boue. »

Cette explication, une fois acceptée, aurait l'immense avantage d'établir la vraie synonymie qui devrait exister entre *bruant* et *emberize*. Si, en effet, l'affirmation de M. Toussenel était prouvée et que le mot *emberize* fût dérivé du grec, il pourrait avoir pour racines ÉM pour ÉN, « dans, » BAÏNÔ, BAÏNÉÏN, « marcher, » et RHIZA, « racine, » signifiant alors « oiseau qui marche parmi les racines, » et, dans un sens plus large, « oiseau qui vit au milieu des racines, au milieu des broussailles. » Ce serait bien une dénomination essentiellement caractéristique, et qui ferait connaître une des habitudes spéciales au bruant.

Dans cette espèce, le père, la mère, les petits, tous sont doués d'un appétit dévorant; d'où il suit que, lorsque la jeune famille se développe, les parents ont peine à suffire à ses besoins. Pour simplifier alors leur travail, le père et la mère, qui ont établi leur nid à terre ou tout près de terre, peuvent, sans inconvénient pour leurs petits, les déterminer à sortir de leur berceau avant qu'ils soient capables de voler. Puis, comme la faim, chez les les bruants et chez ceux qui leur ressemblent, a une voix très-puissante, elle est facilement entendue, et elle devient très-promptement une bonne conseillère. Les petits cherchent entre les racines, dans les broussailles, dans les herbes, de petits vermisseaux; ils travaillent à se procurer une nourriture en rapport avec leur appétit, et viennent ainsi en aide à leurs parents. Chez toutes les autres espèces d'oiseaux, les petits ne quittent le nid que lorsqu'ils peuvent voler, accompagner leurs parents et se dérober aux dangers qui les menacent. Pour les bruants, la faim l'emporte sur la crainte de la mort. Ce trait caractéristique se trouverait avec raison indiqué par la dénomination *bruant* ou *emberize*, en admettant toutefois les hypothèses précédentes, que je soumets à l'appréciation de mes lecteurs.

Si ces étymologies ne sont pas d'une évidence rigoureuse, du moins paraîtront-elles aussi lumineuses que d'autres, par lesquelles on fait dériver *emberize* du mot allemand *ammer*, sans en donner aucune explication.

Peut-être y aurait-il un moyen de simplifier la difficulté en écrivant *hammer* et non *ammer*. S'il en était ainsi, le mot *hammer*, signifiant, en allemand aussi bien qu'en anglais, « marteau, martinet, marteler, » il s'en suivrait que cette expression aurait alors un sens très-fondé, et qu'elle représenterait très-bien un oiseau dont le chant composé, selon les espèces, de deux ou quatre notes répétées toujours sur le même ton, ressemble assez bien à un « marteau frappant d'une manière continue et assourdissante, » et le mot *emberize*, donné au bruant, dériverait alors d'une expression qui permettrait de le traduire par celle-ci : « le frappeur, » ce qui justifierait la première de mes hypothèses.

Cette opinion me paraît même d'autant plus fondée, qu'en Suisse, le bruant est appelé indifféremment *emmeritz, embritz, emmerling, emmering, hemmerling*.

Or, ce dernier mot signifie aussi « bouffon, bruyant, fatigant, » et justifierait non-seulement l'explication dans le sens de « marteau, » mais encore celle que nous avons donnée du mot *cirlus*. Le mouvement de hochequeue continu qu'imprime à tout son corps le bruant l'identifierait encore, d'un autre point de vue, avec le « marteau » et le « martinet, » mis en mouvement, d'une manière régulière, par un moteur puissant, mouvement toujours accompagné d'un bruit désagréable.

Dans quelques contrées de la France, on appelle le

bruant *roussette*, ce qui prouve que les gens de la campagne ont été frappés de la nuance « rousse » ou « brune » du plumage de ces oiseaux, et qu'ils ont voulu en faire dominer le souvenir dans leur expression populaire.

Ici, comme dans bien d'autres circonstances, je ne veux pas décider quelle est la véritable étymologie du mot *bruant*. J'ai indiqué, en décrivant les mœurs de l'emberize, quelles pouvaient être les deux racines de cette dernière dénomination ; toutes les deux me paraissent plausibles à certains points de vue. Je laisse donc à la sagacité de mes lecteurs le soin de conclure, et de voter pour l'une ou pour l'autre en toute liberté et sans crainte de blâme, avantage précieux qui ne m'a pas toujours été concédé.

Peut-être aussi, la véritable étymologie du mot *bruant* repose-t-elle sur une onomatopée, représentant d'une manière expressive le chant de cet oiseau, chant qui se rapproche de la syllabe « bru, bru, » répétée d'une manière assourdissante.

BRUANT JAUNE. — CITRINELLA.

Les deux épithètes *jaune* et *citrinella*, de *citrinus*, « couleur de citron, » ont la même signification, et rappellent la couleur dominante du plumage de cette espèce de bruant. L'emberize jaune est sédentaire en Anjou, et elle peut l'être à peu près dans tous les pays ; car, grâce à son appétit très-développé et à son goût peu difficile à satisfaire, elle trouve toujours quelque genre de nourriture pour assouvir sa faim. Les baies, les semences, les graines, les fruits, les insectes, les vermisseaux, lui fournissent tour à tour leur tribut. Quand le froid devient rigoureux et que la neige couvre la terre, on rencontre les bruants en troupes considérable sur les routes, où, mêlés aux pinsons et aux moineaux, ils cherchent quelques grains d'avoine dans les excréments des chevaux. C'est dans cette saison que ceux qui sont forcés d'abandonner les régions du Nord, alors couvertes de neige, se laissent prendre en grande quantité. Sur les versants des Alpes, les villageois tendent des filets à l'une des extrémités de leurs hangars, et, lorsque les bruants jaunes s'aventurent sous ce toit inhospitalier, pour y manger les graines que l'on y a disséminées comme un appât trompeur, les habitants poussent des cris sauvages, et les oiseaux se précipitent dans les lacets, où ils trouvent la captivité et la mort. En Belgique, on a recours à une autre chasse appelée *la ramaille*. Un homme se promène, pendant une nuit obscure, le long des haies, avec une torche allumée ; les bruants voltigent aussitôt en troupes nombreuses autour de cette lumière, et là ils sont abattus par des personnes armées de rameaux épais, et qui suivent toutes les pérégrinations du porteur de torche.

Le bruant jaune se tient très-souvent à l'extrémité des arbres, ou à la pointe la plus élevée des haies. C'est là qu'il redit son chant de cigale, et c'est ainsi qu'il trahit la présence de son nid. Celui-ci est simplement fait à terre, sur le bord des fossés qui serpentent dans les landes, ou sur la lisière des bois taillis ; façonné d'une manière assez grossière, il est composé de paille, de feuilles, de mousse, de racines, de crin, de laine, ou d'herbes très-déliées. Souvent ce nid représente une coupe entièrement enfoncée dans la terre, et dont les bords affleurent à la surface. Sa couleur, ainsi que celle de la couveuse, se confond facilement avec les nuances des terrains auxquels il est confié, et c'est cette circonstance qui contribue beaucoup à le dérober aux recherches de ses ennemis.

La femelle dépose dans ce nid de quatre à six œufs, d'un blanc bleuâtre, parsemé de taches noires ou violettes, celles-ci semées en zigzag et d'une manière irrégulière.

Presque tous les œufs de bruant ont des taches qui ressemblent à des filets tracés suivant des lignes capricieuses. Les œufs du bruant jaune se distinguent de ceux du bruant fou et de ceux du bruant zizi, parce que les filets sont plus gros que sur les œufs du premier, et que la couleur en est plus violacée que sur les œufs du second. Ils ont de 0^m,018 à 0^m,020 de longueur, et de 0^m,014 à 0^m,015 de diamètre.

Le père partage avec la mère les soins de l'incubation, quoiqu'il lui en abandonne la plus grande partie. La femelle se laisse facilement approcher et prendre sur son nid. J'ai pu, en parcourant les landes de Bécon avec mes jeunes amis Eugène Lelong et Daniel Métivier, constater l'exactitude de ces détails caractéristiques.

Schwenckfeld rapporte, en paraissant y ajouter une certaine confiance, qu'une croyance populaire admettait que le bruant jaune offrait un remède souverain *contre la jaunisse;* que, pour se guérir, il suffisait de considérer attentivement le bruant citrinelle, qui devenait alors plus jaune qu'auparavant, et cela à l'avantage du malade ! ! S'il en était ainsi, le bruant jaune eût remplacé, et avec avantage, auprès de beaucoup de malades, l'influence salutaire des eaux de Vichy. Schwenckfeld eût pu ajouter, pour corroborer son opinion, que c'est peut-être à ce remède, si simple et si puissant, que les gens de la campagne doivent d'ignorer et la nécessité d'aller à Vichy et les causes qui y conduisent ! !

BRUANT DES HAIES ou BRUANT ZIZI. — CIRLUS.

Les différents noms donnés à ce conirostre contribuent à faire connaître ses habitudes, et à le caractériser d'une manière très-exacte. Il doit la première de ses dénominations aux lieux qu'il fréquente pour vivre et pour

se reproduire. C'est dans les haies qu'il cherche sa nourriture ; c'est là qu'il établit son nid ; c'est à l'extrémité
des branches des buissons que se pose le mâle, et qu'il
reste des heures entières, occupé à répéter à sa couveuse
un chant désagréable, que l'on a essayé de reproduire
par l'épithète *zizi*.

Quant au mot *cirlus*, je l'ai déjà expliqué dans la petite
préface de ces *Essais étymologiques*. Il dérive de KILLOU-
ROS, *cillurus*, d'où l'on a formé, par transposition des liquides *cirrulus*, et par abréviation *cirlus*. Les racines
de KILLOUROS sont KELLÔ, « se mouvoir, » et OURA
« queue, » expressions qui représentent exactement
l'une des habitudes des bruants, et, en particulier celle
du zizi et de l'embérize des roseaux. Ces oiseaux impriment à leur queue un mouvement de haut en bas assez
brusque et même plus saccadé que celui qui caractérise la
bergeronnette ou le hoche-queue. D'un autre côté, KELLÔ
a donné naissance au dérivé KILLOS, *cillus*, « âne, » et
dans ce dernier mot, la liquide « *r* » aura remplacé la
liquide « *l*, » pour former *cirlus*, dont la signification
naturelle sera « stupide comme un âne, » etc. Ce qui
vient corroborer cette opinion, c'est le mot *cirliscus*,
allongement évident de *cirlus*. Cette expression se trouve
dans les glossaires, avec la signification de « rustre,
paysan grossier, » etc. De plus, le bruant zizi est appelé
stultus, *matto*, « sot, imbécile, » dans les anciens
traités d'ornithologie d'Aldrovande et des autres auteurs.

Tout, dans ce conirostre, se réunit pour justifier l'épithète de mépris que les savants lui ont donnée à juste
titre. Ses formes, ses couleurs n'ont rien de gracieux ;
son chant, ou plutôt son cri le rapproche de l'âne. La
position qu'il affectionne lui imprime encore davantage
un air de stupidité : il ressemble à un acrobate de bas
étage, ayant peine à se maintenir en équilibre, et cherchant, par les mouvements saccadés de sa queue, à con-

server son centre de gravité ; à un bohémien fixé le long
des routes, et poursuivant de sa voix rauque et monotone
les voyageurs qui les parcourent. Comme les bohémiens
aussi, il ne se pique pas de propreté : son bec est toujours terreux ; aussi les Suisses l'appellent-ils *emmerling*,
qui signifie « bouffon grossier. » Enfin, il se jette dans
toute espèce de pièges, et nous fait vérifier ainsi la justesse de l'épithète qui lui a été attribuée. A l'exemple des
moutons de Panurge, auxquels on attribue un instinct
irréfléchi d'imitation, il suffit qu'un bruant se précipite
dans un filet, pour que tous les autres l'y suivent.

Le bruant zizi place son nid dans les haies, près de
terre ; grossièrement façonné, ce nid est composé à l'extérieur de mousse, d'herbes sèches, de racines chevelues ; à
l'intérieur, de crin, de brins d'herbes très-déliés, et quelquefois de laine et du coton des arbres. Il contient de
quatre à six œufs d'un blanc grisâtre parsemé de points
et de raies en zig-zag, dont la couleur est brune ou
noirâtre. Ils se distinguent de ceux du bruant jaune par
leur forme ordinairement moins allongée, et surtout par
leur teinte qui est noirâtre, tandis que celle des œufs de
l'emberize jaune est violacée.

Leur grand diamètre est de 0^m,018 à 0^m,019, et le
petit de 0^m,014 à 0^m,015.

BRUANT DES ROSEAUX (LA COQUELUCHE). — SCHŒNICLUS.

La dénomination *schœniclus* a la même signification
que le nom vulgaire *bruant des roseaux ;* elle dérive de
schoïxos, « jonc, roseau. » et indique les habitudes de
ce conirostre, qui vit et se reproduit dans les grandes
herbes et dans les petits roseaux situés sur le bord des
rivières.

Le bruant des roseaux a un vol très-rapide et très-bruyant : il disparaît avec la rapidité de l'éclair, en faisant entendre une espèce de sifflement sinistre; on dirait un projectile volant pour porter la mort. Cependant il ne sème le carnage que parmi les petits insectes qu'il rencontre en grimpant le long des herbes et des roseaux, dont les semences composent sa principale nourriture. Dans ses investigations, il est bien loin de montrer la légèreté et la grâce qui caractérisent les fauvettes des roseaux. On croirait qu'il remplit une mission pour laquelle il n'a pas été fait. Cependant il rend de véritables services aux oiseaux qui habitent les mêmes parages que lui. Sans cesse en mouvement, l'œil toujours au guet, le bruant des roseaux semble être la sentinelle avancée du bord des rivières. Dès qu'il aperçoit le chasseur approcher de la rive, il fait entendre un petit cri, semblable à celui du sifflet d'une locomotive, et ce cri, devenant un signal et un avertissement pour tous les oiseaux, a très-souvent privé le chasseur d'une proie dont il se croyait assuré.

Cette habitude avait été remarquée par les Grecs ; aussi les habitants de Mételin ou de l'ancienne Lesbos avaient-ils établi pour gardien de leur basse-cour une espèce d'ortolan nommé mitilène, et qui se rapproche beaucoup du bruant des roseaux. Le mitilène placé dans une cage, sur une élévation dominant la basse-cour, avertissait tous les oiseaux confiés à sa surveillance, et dès qu'un faucon, un épervier, etc., paraissait au haut des airs, le gardien poussait un cri d'alarme, et tous les habitants de la basse-cour se réfugiaient dans leur domicile.

Le bruant des roseaux éloigne aussi les autres oiseaux qui se trouvent dans les lieux où il s'est choisi une demeure; il piaille comme les moineaux; comme eux, avant de se percher dans les roseaux où il passe la nuit, il fait un tapage capable d'étourdir les oreilles les plus aguerries. Par quelques-unes de ses habitudes, le bruant se rapproche donc du moineau ordinaire et du moineau friquet, avec lesquels les nuances de son plumage semblent encore le confondre. Aussi les pêcheurs l'appellent-ils la *paisse des roseaux*.

Ce conirostre a été désigné par Buffon sous le nom de *coqueluche*.

Qu'est-ce que la coqueluche ?

Comment ce nom peut-il être appliqué au bruant des roseaux ?

La coqueluche, en terme de médecine, est une maladie caractérisée par une toux violente, et qui attaque particulièrement les enfants. D'après les ouvrages spéciaux sur la matière, on aurait ainsi appelé cette toux, parce que la respiration de ceux qui en sont atteints, devient sonore et imite le chant du *coq*. Si l'on devait prendre le mot *coqueluche* dans cette acception, il est évident qu'en l'appliquant au bruant des roseaux, on aurait eu l'intention de déterminer cet oiseau par son chant fatigant et qui, comme la coqueluche, empêche les voisins de dormir ; caractère d'autant plus fondé, que le bruant des roseaux, comme le coq, fait entendre son cri pendant la nuit, surtout lorsqu'il fait clair de lune.

Le soir, lorsque les faucheurs quittent le lieu de leurs travaux, et que les derniers rayons du jour disparaissent derrière les collines, on voit de tous côtés des ombres se diriger vers les roseaux, en faisant entendre un vol et un cri bruyants ; ce sont les bruants des roseaux qui filent et disparaissent dans l'ombre comme des feux follets. Ils se rendent au quartier général qu'ils ont choisi ; bientôt, à mesure que le nombre en augmente, le bruit devient plus grand ; on dirait un bivouac de soldats excités par des libations copieuses, où chacun redit, sur un ton plus élevé que celui de ses compagnons de gloire, ses hauts faits et ses triomphes.

Aucun d'eux ne voulant céder à son voisin, le tapage

va toujours croissant ; il semble même indiquer qu'on ne se borne pas aux paroles, mais que plus d'un bruant déplace son confrère d'un poste qu'il lui enviait, et que cette victoire n'a pas été obtenue sans combat. Ce vacarme assourdissant se prolonge bien avant dans la nuit. Assis sur la rive opposée, le naturaliste cherche à comprendre toutes les péripéties de ce drame nocturne ; il voudrait bien être témoin des dernières scènes ; mais sa patience se fatigue, assez semblable aux policemen en face de certains meetings : dès lors que la sûreté publique n'est pas compromise, il se retire, espérant que la fatigue et le besoin de repos réduiront au silence tous ces orateurs bruyants.

Voici, selon moi, le véritable motif qui a fait donner au bruant le nom de *coqueluche*.

Dans le xvᵉ et le xvɪᵉ siècle, le nom de *coqueluche* fut donné à une grippe très-violente, et pour laquelle les malades se couvraient la tête d'une espèce de capuchon appelé *coqueluche*, dérivé de *cuculuccia*, *cucullus*, d'après Ménage.

Non-seulement on désigna cette grippe du nom du capuchon, qui n'était qu'un préservatif, un remède contre la maladie, mais *on l'appliqua encore à la toux convulsive des enfants.*

Ce capuchon ou cette coqueluche ressemblait à la capeline ou à la frileuse dont les femmes se servent tour à tour, pendant l'été ou pendant l'hiver, pour se garantir la tête ou les épaules contre les atteintes de la chaleur ou du froid.

Le mot *coqueluche* représentait donc avant tout l'idée d'un « capuchon. » Or c'est de ce point de vue qu'il a pu être appliqué au bruant des roseaux.

Cet oiseau, dont le plumage est d'une nuance pâle, a la tête, les joues, la gorge, le devant du cou d'une couleur noire très-foncée, et qui contraste d'une manière d'autant plus sensible avec le reste du corps, qu'elle en est séparée par un collier blanchâtre ; il paraît donc véritablement avoir une *coqueluche*. Cette particularité n'a pas échappé au regard intelligent et observateur des gens de la campagne : ils ont donné à ce bruant le nom de *charbonnier*, comme ils le donnent encore au traquet-pâtre qui, lui aussi, porte un « capuchon. » Une preuve irrésistible de la vérité de cette explication, c'est que le mâle seul est désigné sous le nom de *coqueluche*, parce que seul il porte le « capuchon, » la femelle étant privée de ce signe caractéristique. D'après cette dernière explication, être « la coqueluche d'une localité, » c'est y être en vogue, fêté, choyé, etc., en vertu du sentiment que l'on traduit par cette expression populaire, *être coiffé* d'une personne.

Le bruant des roseaux établit son nid près de terre, dans les grandes herbes, sur le bord des rivières, dans les petits roseaux, ou même quelquefois à terre, entre les racines des arbustes qui croissent près de l'eau. Ce nid, façonné avec des feuilles desséchées de roseaux et des filaments de plantes, se rapproche un peu, pour sa construction, de celui de la fauvette effarvate ; il contient ordinairement de 4 à 5 œufs un peu oblongs, d'un gris roux ou violacé, avec des taches brunes, le tout parsemé de petits traits en zigzag d'un brun noir, plus foncé que la teinte générale de la couleur de la coquille, et semblant y former une deuxième couche, enduite d'une sorte de vernis. Ils ont de $0^m,017$ à $0^m,019$ de longueur, et de 0^m013 à $0^m,014$ de diamètre.

Pendant très-longtemps, on a confondu le bruant des marais avec le bruant des roseaux ; les habitudes et le plumage de ces deux conirostres sont les mêmes. Mais il est facile de distinguer cette espèce de la précédente, par ses proportions qui sont plus grandes, et surtout par son bec qui est court, gros, bombé et très-fort.

BRUANT DES MARAIS. — PALUSTRIS.

Le bruant des marais vit et se reproduit comme son congénère près des cours d'eau ; il habite de préférence les pays marécageux. Dans le moment de la nidification, cet oiseau paraît peu farouche ; il se laisse facilement approcher, pour s'envoler ensuite à une petite distance, et renouveler ainsi ce stratagème, dans l'intention d'éloigner ses ennemis du berceau de sa jeune famille. Ce nid est façonné comme celui du bruant des roseaux ; il est aussi placé dans les grandes herbes et dans les petits joncs ; il contient de quatre à six œufs d'un blanc terne, avec des taches brunes grisâtres, parsemées de lignes de couleur noirâtre décrivant des zigzags, et une espèce de couronne vers le gros bout. Leur grand diamètre varie de $0^m,018$ à $0^m,020$, et le petit de $0^m,014$ à $0^m,015$. Ces œufs peuvent facilement se confondre avec ceux de l'espèce précédente ; le caractère qui pourrait servir davantage à les distinguer, c'est que les œufs du bruant des marais ont des dimensions un peu plus grandes que celles du bruant des roseaux.

D'après des observations récentes, ces deux espèces de bruants vivent en bonne harmonie, dans les mêmes contrées, et, selon toute probabilité, le bruant des marais, non-seulement habite l'Anjou, mais encore s'y reproduit.

Le bruant des marais se joint à celui des roseaux pour passer la nuit ; il contribue à augmenter le vacarme de son congénère, et, dans cette espèce de charivari, on distingue assez facilement sa voix, qui est plus forte et plus brève que celle de son voisin.

Pendant le jour, on peut le reconnaître aussi à ses mouvements beaucoup moins prestes que ceux du bruant des roseaux, et à la défiance plus grande encore qu'il manifeste à l'approche du chasseur.

BRUANT ORTOLAN. — HORTULANUS.

Le bruant *ortolan* tire ses différents noms de la même racine *hortulanus* signifiant : « qui se tient dans les jardins. » C'est de cette dénomination que s'est formé l'italien *ortolano*, forme primitive du mot *ortolan*.

Cependant, il ne faudrait pas employer ce mot dans son sens le plus restreint. Mais, dans une acception un peu large, il signifie que l'*ortolan* se rapproche des lieux habités, plus que ses congénères ; qu'il vient chercher sa nourriture, et qu'il se reproduit dans les jardins, mais principalement dans les vignes, qui en sont quelquefois la dépendance, surtout en Italie.

Cette espèce de bruant est très-recherchée par les gastronomes ; elle est regardée comme la plus délicate de tout l'ordre des passereaux ; elle s'engraisse facilement et très-promptement. Il suffit, pour en faire de véritables petites poulardes, de renfermer, pendant quelques jours, les ortolans dans des chambres obscures, éclairées par des veilleuses, et de leur donner pour nourriture du millet, qu'on a eu soin de tremper dans de l'eau bouillante. Ils se trouvent si bien de leur repas, qu'on est obligé de les tuer, pour les empêcher d'étouffer. On peut aussi les mettre dans une cage couverte entièrement de soie sombre, en laissant le jour pénétrer dans le réservoir où est placé le millet.

L'ortolan creuse quelquefois un trou à terre, dans les vignes ou près des haies ; il le remplit de racines, d'herbes, de crin, de bourre, etc., et confectionne ainsi grossièrement le nid qui doit contenir sa jeune famille. Le plus souvent il le fait sur une petite élévation, le long de quelques petits arbustes, et surtout sur les ceps de vigne. Quand les chasseurs ou les chiens s'approchent de l'endroit où est établi le nid de l'ortolan, le mâle se

laisse tomber à terre en traînant l'aile ; puis, lorsque par
ce stratagème, il a éloigné les ennemis de sa famille, il
reprend son vol, et revient près d'elle par une voie détournée, afin de tranquilliser la couveuse. Le nid contient ordinairement de quatre à cinq œufs d'un blanc
mat ou rougeâtre, parsemé de taches ou de raies noirâtres, de couleur violacée, qui se déroulent en zigzag
tout autour de l'œuf. Le signe distinctif des œufs de
l'ortolan est une forme beaucoup plus ronde que celle
des autres espèces. Ils ont leur grand diamètre de 0^m,018
à 0^m,020, et le petit de 0^m,014 à 0^{m}015. Le mâle s'occupe, avec beaucoup de sollicitude, d'apporter de la
nourriture à la femelle, pendant le temps de l'incubation. Quand les petits sont sortis du nid, ils forment
avec leurs parents une société qui persévère jusqu'à
l'année suivante. Quelquefois même, plusieurs de ces
familles s'unissent, pour ne plus se séparer qu'au printemps suivant. Ces habitudes d'association expliquent
pourquoi les ortolans, aussi peu défiants que leurs congénères, se laissent prendre par troupes assez nombreuses.

BRUANT PROYER. — MILIARIUS.

Cette espèce, qui est la plus grosse du genre, présente
aux observateurs deux races bien distinctes, dont l'une
est beaucoup plus grosse que l'autre. La différence de
grosseur est, du reste, le seul trait caractéristique qui
fasse distinguer entre eux ces bruants dont toutes les
habitudes sont les mêmes.

Le bruant proyer a été désigné sous bien des noms
différents ; il est appelé *le gros ortolan des marais ;*
comme l'ortolan, il s'engraisse facilement ; comme la
coqueluche, il se tient près des cours d'eau, et, comme
le fou, il préfère les prairies situées près des rivières à

tous les autres lieux. On peut donc, selon que l'on considère l'une ou l'autre de ces habitudes, modifier la dénomination du proyer.

Les anciens l'appelaient *miliarius,* « *quia milio pinguis fit,* — parce qu'il s'engraisse avec du millet. »

Les habitants de la campagne, très-bons observateurs, le désignent sous le nom de *tri-tri,* expression qui n'est que la réunion des deux notes que cet oiseau répète sans cesse, et d'une manière très-fatigante, dans le temps de la nidification. Lorsque cette époque est arrivée, les proyers se réunissent en assez grand nombre sur un terrain élevé et découvert, non loin des prairies. Les mâles font alors entendre leur chant « tri-tri » avec un entrain toujours croissant; puis ils s'élèvent à une petite hauteur en continuant leur cri d'une manière encore plus vive. Pendant leur ascension, ils présentent un phénomène très-curieux : la tête droite, les pieds perpendiculaires et pendants, ils impriment à leurs ailes un mouvement de trépidation très-original ; ils représentent une croix, dont les deux bras subiraient un mouvement convulsif. Lorsque les mâles ont répété plusieurs fois cette ascension, ils se laissent tomber près des femelles, et, après quelques instants d'un tapage assez assourdissant, chaque couple se dirige vers les prairies, pour y faire élection d'un domicile. Ces évolutions ont pour but, sans doute, de développer tous les charmes du vol et de la voix des mâles, et de déterminer ainsi le choix des femelles ; c'est une demande en mariage, sous la forme d'un concours musical. Dans leur simplicité naïve, les habitants de la campagne, non-seulement ont pensé que le bruant répétait « tri-tri, » mais ils ont cru même y reconnaître « prie, prie, je prie, je demande, » expression vive du sentiment qui l'anime, surtout à cette époque, et dès lors ils l'ont désigné sous le nom de *proyer,* du vieux mot français *proier,* « prier, fatiguer de ses demandes. » Cette habitude a dû frapper d'autant plus ceux qui en étaient témoins, que, lorsque le temps de la nidification est passé, le proyer renonce à son cri et à cette singulière manière de voler. Ce qui rend cette étymologie encore plus plausible, c'est que le proyer est appelé par différents auteurs : *preyer*, *prier*, aussi bien que *térits*, d'après les différentes nuances de son cri (Buffon).

Le proyer établit son nid dans les prairies situées près des rivières ; fixé à terre ou dans une épaisse touffe d'herbe, ce nid est composé de brins d'herbes sèches, de petites racines, de fibres des plantes ; à l'intérieur, il est garni de bourre et de crin. Il offre une construction peu soignée, et contient de quatre à cinq œufs, un peu ventrus, d'un gris blanchâtre, sur lequel paraît étendue une seconde couche de nuance rousse, parsemée de raies brunes, ou d'un noir gris et violacé et semées en zigzag. Ces taches sont ordinairement plus nombreuses vers le gros bout. Quelques-uns de ces œufs font exception à la forme la plus ordinaire, et sont très-allongés. Le grand diamètre varie de $0^m,021$ à $0^m,023$, et le petit de $0^m,015$ à $0^m,017$.

Quand la femelle se livre au travail de l'incubation, le mâle se tient à l'extrémité d'un arbre ou de la branche la plus élevée d'une haie, et là, placé en sentinelle, il répète, d'une manière continue et assourdissante, son chant « tri-tri, » qu'il termine invariablement par la finale « tit-ritz! » De temps en temps, il s'élève dans les airs, ou plutôt il se laisse tomber de la place qu'il occupe, et fait ce qu'on appelle en langage vulgaire le *Saint-Esprit* : il descend, en agitant ses ailes d'un frémissement mille fois répété, et porte la becquée à sa famille. Ce devoir accompli, il reprend sa première position, pour la quitter et la reprendre tour à tour.

Les petits sortent du nid avant de pouvoir voler ; ils se répandent dans la prairie, courent et se cachent dans les touffes d'herbes : ce qui explique pourquoi les chiens des chasseurs les trouvent facilement au commencement de la chasse. C'est cette habitude qui trompe si souvent les dénicheurs inexpérimentés. Le chant du proyer indique que, près de lui, se trouve le berceau de sa jeune famille, puisqu'il perd sa voix lorsque ses petits sont élevés ; mais souvent le nid est vide, avant que ceux-ci puissent se suffire à eux-mêmes. Alors le père et la mère leur viennent en aide, et on les voit tour à tour descendre vers quelque touffe d'herbe. Trompé par ces apparences, le jeune naturaliste se dirige avec empressement vers l'endroit qui lui semble ainsi clairement indiqué ; il le scrute avec une attention persévérante, mais sans obtenir aucun résultat. S'il se cache derrière une haie épaisse pour suivre avec anxiété les évolutions de cet oiseau, le proyer lui fait parcourir bientôt les replis et les accidents de terrain de la prairie, mais presque toujours sans succès. Comment ne finirait-il pas par se croire la victime d'une mystification et des ruses calculées du proyer? Et cependant il n'en est rien. Le père et la mère suivent chaque mouvement de leurs petits qui, dispersés dans l'herbe, vont cherchant leur nourriture ; il en résulte tout naturellement que le mâle et la femelle se laissent tomber tour à tour, là où se trouve leur jeune famille, et que celle-ci, n'étant jamais en repos, leurs mouvements , qui paraissent être l'effet d'une stratégie savante pour tromper leurs ennemis, ne sont, en réalité, que la preuve et le résultat de leur vigilance.

Pour compléter cette notice sur le proyer miliaire, je dois ajouter qu'il fait craquer son bec lorsqu'il prend son vol, et qu'il paraît plus ennemi de la captivité que ses congénères. Souvent il se tue, lorsqu'on le met en cage pour le faire engraisser.

BRUANT DE PRÉ ou BRUANT FOU. — CIA, PRATENSIS.

Le bruant de pré doit un de ses noms, *cia*, au cri qu'il fait entendre en volant, et même lorsqu'il est arrêté. Ce nom, donné au bruant ortolan, eût été bien plus fondé, puisque son chant est « tia tia tia... tî. »

L'adjectif *pratensis*, « de pré, » ne peut guère le caractériser ; car il convient tout aussi exactement à plusieurs autres espèces ; il en est de même de l'épithète *fou*, qui pourrait très-bien s'appliquer à tous les bruants, oiseaux dépourvus d'intelligence et de prudence, et qui, comme tous les gourmands, sacrifient leurs intérêts les plus chers à la satisfaction grossière d'un moment.

Cependant le bruant de pré mérite, plus qu'aucun autre membre de la famille, la dénomination de *fou*, parce que, plus encore que tout autre, il se précipite, avec une étourderie aveugle, dans toute espèce de piége, pourvu que son appétit y entrevoie un appât. Or, sacrifier sa vie très-légèrement, lorsque l'intérêt de la société ou l'accomplissement d'un devoir supérieur ne l'exige pas, c'est faire un véritable acte de folie. Cette dénomination est donc fondée sur la raison et le bon sens populaire. Peut-être aussi doit-il son nom à la facilité avec laquelle il s'enivre. Dans beaucoup de contrées, on répand, dans les lieux visités ordinairement par les bruants de pré, des grains de blé ou d'avoine gonflés dans l'eau-de-vie. Les fous se précipitent sur cette nourriture, dont ils sont très-friands, et bientôt ivres et tournant sur eux-mêmes, ils sont pris à la main par les chasseurs ; ils méritent donc à double titre leur dénomination ; car l'ivresse est la plus coupable de toutes les folies, puisqu'elle est volontaire, et qu'elle entraîne la ruine, et de celui qui s'y abandonne, et souvent d'une famille entière.

Le bruant fou se tient dans les haies, où il chasse les insectes et les petits vermisseaux. Comme le zizi, il imprime à sa queue un mouvement très-saccadé de bas en haut. Il niche à terre ou près de terre, sur les montagnes ou dans les prairies, au pied de petits arbustes ou au milieu d'une touffe d'herbes. Son nid est façonné d'une manière grossière, et avec les mêmes matières que les précédents; il contient de quatre à cinq œufs d'un blanc bleuâtre ou violacé, parsemé en zigzag de traits et de lignes noirâtres. Ces traits sont plus déliés que sur les œufs des autres bruants, et c'est leur caractère distinctif. Des lignes très-fines se déroulent dans tous les sens, se croisent pour former, en quelque sorte, une petite perruque recouvrant la coquille de l'œuf, en laissant toutefois entrevoir la nuance de la première couche. Ces œufs se rapprochent beaucoup de ceux du bruant jaune, par les nuances de la couleur; mais ils s'en éloignent, par leur forme plus arrondie, et surtout par les traits semés en zigzag et beaucoup plus fins que dans les autres espèces. Le grand diamètre des œufs du fou varie de $0^{m},019$ à $0^{m},020$ de longueur, et le petit de $0^{m},014$ à $0^{m},015$.

———————

BRUANT DE NEIGE. — NIVALIS.

Le bruant de neige, dont les différentes dénominations indiquent les climats qu'il habite de préférence à tout autre, est compris dans la deuxième section du genre Emberize. Il forme avec le bruant montain la section des *Plectrophanes*, de PLECTRON, « ergot, » et PHAÏNÔ, « briller, paraître; — oiseaux dont l'ergot apparaît, » dont l'ergot est plus long que celui des autres. Ils eussent été mieux désignés par le mot *plectrophore* appliqué à certains insectes, et qui signifie « porte-ergot, » de PLECTRON, « ergot, » et PHÉRÔ, « porter. » Les campagnards, plus simples et plus énergiques dans les dénominations qu'ils emploient, appellent ces oiseaux les *éperonniers*, expression très-juste et très-caractéristique.

Les bruants de neige changent de livrée deux fois par an : pendant l'hiver, ils deviennent blanchâtres, couleur de neige, nouveau motif qui justifie leurs noms. Ces oiseaux se tiennent à terre comme les alouettes ; ils courent et piétinent dans les terrains couverts de neige. Ils dorment très-peu, et se mettent à sautiller dès qu'ils aperçoivent de la lumière. Ils semblent avoir horreur des ténèbres ; c'est peut-être cet instinct qui les dirige, pendant l'été, sur le sommet des hautes montagnes des régions du nord, où il n'y a pas de nuit. Le bruant de neige visite chaque année notre département, pendant l'hiver, et surtout lorsqu'un froid rigoureux et continu le force à quitter les contrées qu'il habite, et où il ne peut plus trouver de nourriture.

Il se reproduit dans les régions glaciales. Il établit ordinairement, entre les fentes des rochers, son nid, qui prend dès lors la forme de l'emplacement auquel il est confié. Composé d'herbes fines, longues et desséchées, entremêlées de plumes de tétras, ce nid est peu solidement façonné ; ses bords n'ont que $0^m,02$ d'épaisseur, tandis que ceux du bruant jaune, du bruant ortolan, ont jusqu'à $0^m,08$. Cette grande différence provient nécessairement de la difficulté qu'éprouve le bruant de neige à se procurer des matériaux dans les régions désolées qu'il habite. Son nid contient de quatre à cinq œufs, un peu oblongs, d'un blanc bleuâtre, pointillé de gris, de violet, et parsemé de taches d'un brun noirâtre ; ils semblent être revêtus de plusieurs couches superposées, et dont la seconde a des teintes plus foncées que la première.

Le grand diamètre varie de $0^m,020$ à $0^m,022$, et le petit de $0^m,014$ à $0^m,016$.

QUATRIÈME GENRE.

FRINGILLES. — FRINGILLÆ.

Dans la *Faune* de M. Millet, les fringilles succèdent aux bruants; j'ai suivi cet ordre afin de rester fidèle au principe que j'ai admis au commencement de mes essais, à savoir : de ne justifier ni critiquer les classifications de notre honorable doyen. Cependant, je dois dire que dans beaucoup d'ornithologies, les embérizes sont comprises dans la famille des fringilles, qui renferme, en effet, des espèces très-variées, ayant beaucoup de traits de ressemblance avec les bruants, mais s'en éloignant aussi par plusieurs caractères, et surtout par la manière de nicher.

Les fringilles vivent de graines et d'insectes ; dès lors, ils peuvent partout trouver une nourriture facile ; aussi habitent-ils toutes les contrées du globe. Cependant, quand l'hiver fait sentir ses rigueurs, et que les insectes et les graines, recouverts d'une couche épaisse de neige et sous une enveloppe glacée, ne peuvent plus procurer une nourriture suffisante aux fringilles, ces oiseaux émigrent par bandes innombrables, composées de beaucoup d'espèces, qu'un même besoin réunit, et qu'un même instinct dirige.

De tous les oiseaux, les fringilles sont, après les gallinacés et les pigeons, les plus faciles à soumettre à la domesticité : aussi trouverons-nous parmi eux des espèces qui éveilleront facilement nos souvenirs d'enfance, et dont les mœurs nous offriront des études d'autant plus attachantes, que nous serons à même d'en vérifier les détails, et d'en constater l'exactitude.

Les fringilles sont soumis à deux mues chaque année, et les mâles ressemblent aux femelles pendant l'hiver; particularité qui a donné lieu à beaucoup d'erreurs, et qui nous fournira une série de remarques pleines d'intérêt.

Mais d'abord, quelle est l'étymologie du mot *fringille* ou *fringilla?*

Ce nom est celui qui désigne les pinsons : *fringilla*, *frigilla*, « pinson, oiseau qui chante en hiver, » telles sont les seules explications que nous lisons dans les glossaires. Ainsi, le pinson a donné son nom au genre tout entier; il reste donc à expliquer quelle est la signification attachée à l'expression latine déterminant le pinson. Tous les fringilles ont été classés et subdivisés d'après la forme de leurs becs; tous ont les mandibules armées pour concasser avec facilité les graines, dont ils brisent l'enveloppe avec une grande précision, afin d'en manger le contenu, après en avoir rejeté les débris. Dès lors, *fringilla* eût pu dériver de *effringo* composé de *frango*, « concasser, briser; » je l'eusse admis d'autant plus facilement, que, d'après une règle générale, tous les composés de *frango* changent l'*a* en *i*, tels que *confringo*, *defringo*, *effringo*, *infringo*, *perfringo*, et que tous indiquent l'idée de « rompre, briser. » Mais Festus, cité par Forcellini, prétend que *fringilla* est : *avis, dicta quod frigore cantet et vigeat;* c'est-à-dire : « les fringilles sont ainsi nommés, parce qu'ils chantent et ont toute leur vigueur pendant *la saison froide.* » En effet, loin de rester, comme beaucoup d'autres oiseaux, presque engourdis par les rigueurs du froid, les fringilles font entendre leur chant et paraissent, pendant l'hiver, aussi vifs et aussi alertes que pendant les jours de printemps. Tel serait, d'après Festus, le principe de leur nom. « *Alii putant a sono quem edit,* » ajoute Forcellini; — d'autres pensent que le nom de *fringilles* serait une onomatopée, et retracerait, du moins en partie, le chant ou plutôt le cri saccadé du pinson, type de la famille. Enfin, ce nom ne pourrait-il pas encore avoir pour principe, *frigulo?* et *fringulare,* « crier comme le geai? » et surtout *fringutio,* « babiller, jaser, caqueter, bredouiller, faire un trémoussement, un frétillement de corps qui marque le désir ou la joie?» Cette dernière hypothèse aurait l'avantage de peindre, d'après nature, les habitudes de la plupart des oiseaux de cette nombreuse famille. Le verbe *frigulo* n'aurait-il pas lui-même pour racine *frigus,* malgré la différence de quantité? car le froid a pour conséquence de faire « trembler, frétiller, » et, dès lors, les interprétations des auteurs cités précédemment pourraient se concilier avec l'hypothèse que je propose.

Martial me vient en aide dans cette circonstance, et fortifie la supposition précédente par l'expression qu'il emploie pour désigner le pinson, laquelle se rapproche beaucoup du verbe *fringulare* :

> Hunc sturnos inopes, *fringuillarumque querelas*
> Audit et arguto passere vernat ager.

Mais nos campagnes n'entendent que le maigre étourneau, les plaintes du pinson, et le chant aigu du passereau qui fête le printemps. (Liv. IX, Épig. 55.)

Pour constater la justesse de cette remarque, et reconnaître que le chant du pinson et le frétillement du moineau ont dû frapper les naturalistes, chargés de nommer ces oiseaux, il suffit, en tout temps, de se promener sous les arbres que fréquente le pinson, et où il doit construire son nid; ou encore, d'assister au coucher des moineaux. Le cri monotone et plaintif du pinson et le tapage assourdissant du passereau ne peuvent être reproduits que par une expression stridente, et qui rappelle aussi le bruit que l'on obtient en brisant avec rapidité les graines et les corps solides. Ainsi, le mot *fringilles* pourrait donc représenter l'idée de « briser, » de « concasser, » et celle de « chanter d'une manière peu agréable. » Mais ce dernier sens ne peut convenir qu'à quelques espèces et dans certaines parties de l'année ; il serait faux, si l'on voulait l'appliquer à tous les *fringilles* ; car cette famille renferme des chantres dont la voix est agréable, en liberté, comme en captivité.

CHARDONNERET. — CARDUELIS.

L'étymologie des noms donnés à ce gracieux fringille est facile à trouver, et, sans être condamnés à fouiller les glossaires ou à parcourir des routes dangereuses et trop fertiles en hypothèses, on peut déterminer, d'une manière précise, en français et en latin, l'origine des dénominations attribuées au chardonneret. Ces dénominations paraissent exactes, surtout quand on étudie les mœurs de cet oiseau pendant l'automne.

Lorsque les couvées sont terminées, les chardonnerets se réunissent par familles, et quelquefois par bandes assez considérables ; ils semblent alors négliger les insectes pour rechercher les graines et les semences des plantes. On les voit papillonner autour des seneçons, des plantains, et surtout des chardons en fleurs ; ils se reposent avec une grâce et une légèreté remarquables sur les extrémités de ces plantes, et, comme les abeilles, ils ne s'y arrêtent qu'un instant pour continuer ailleurs leurs investigations. Dans cet examen, les chardonnerets *frétillent* et papillonnent, en accompagnant leurs évolutions gracieuses et rapides d'un petit cri de satisfaction ou de rappel, et d'un frémissement d'ailes tout particulier. C'est donc à son goût de prédilection pour les semences de chardons en fleurs que cet oiseau doit son nom vulgaire et son nom scientifique *chardonneret, carduelis* en latin, « chardon. »

Les chardonnerets sont très-estimés pour leur talent musical.

Les oiseleurs et les amateurs distinguent deux espèces de chardonnerets. Le royal est regardé comme l'espèce qui chante le mieux en captivité. On le reconnaît aux six rectrices tachetées de blanc ; ces rectrices sont les trois pennes ou grandes plumes qui, de chaque côté de la queue, portent une large tache blanche presque ovoïde. Elles sont nommées rectrices, parce que la queue, ainsi composée, remplit les fonctions de gouvernail dans la navigation aérienne des oiseaux. C'est cette particularité des six rectrices qui a fait désigner le chardonneret sous le nom vulgaire de *sisain* ou *sizain*.

La seconde espèce comprend les sujets qui n'ont pas les six pennes de la queue marquées de blanc, et qui dès lors paraissent plus noirs que les autres ; aussi les oiseleurs les appellent-ils *charbonniers*. Cette distinction, résultat de l'âge ou de la mue, n'est qu'apparente ; car le chardonneret royal n'a quelquefois que quatre et même que deux pennes maculées de blanc. Si les chardonnerets, quand ils sont revêtus de cette livrée assez pauvre, paraissent chanter moins bien que quand ils en ont une plus brillante, on doit attribuer cette modification à l'effet de la mue qui prive, en général, tous les oiseaux des ressources de leur voix.

Non-seulement le chardonneret est recherché pour ses couleurs brillantes, pour la vivacité de son chant ou la grâce de son vol ; mais il l'est encore pour la patience avec laquelle il se soumet aux rigueurs de la captivité. Par une contradiction qui ne s'explique pas, des enfants, de jeunes filles, de vieilles demoiselles, dont le cœur sensible aime à s'entourer d'animaux auxquels sont prodiguées maintes caresses, et aux caprices desquels on sacrifie des largesses qui seraient si utiles à des indigents, prennent plaisir à tourmenter un des plus gracieux oiseaux de nos contrées. Pour lui, innocent, on rétablit ce que l'on a supprimé pour l'homme coupable : on le condamne à toutes les rigueurs du bagne. Enchaîné sur un perchoir, l'infortuné chardonneret est condamné à se procurer les graines et l'eau qui doivent lui servir de nourriture et de boisson au prix d'efforts pénibles et continus. La nourriture et l'eau sont renfermés dans de petits seaux en fer-blanc attachés à une longue chaîne, et, dès lors, le prisonnier ne peut boire et manger qu'à la condition de rouler et de dérouler tour à tour les chaînes de sa galère. Souvent, par une prévoyance perfide, le fond de la prison est orné d'une glace, et le pauvre chardonneret s'habitue plus facilement aux rigueurs de sa position en pensant, à la vue de son image reflétée, que ses semblables sont soumis aux mêmes tortures que lui ; car les souffrances paraissent aux oiseaux, comme aux hommes, moins pénibles, quand elles sont partagées par leurs frères. Le chardonneret pardonne à ses bourreaux, et il égaie par ses mouvements, par sa joie et par son chant la demeure de ceux auxquels il doit une injuste détention.

En liberté, le chardonneret établit son nid dans les les arbres fruitiers et le long des petites branches des peupliers. Ce nid, qui représente une petite coupe ronde, est très-artiste- ment fait; composé à l'extérieur de petits lichens liés ensemble par des brins de crin et des fils d'araignée, il est garni à l'inté- rieur d'une couche molle et soyeuse du coton des arbres. Peu d'oiseaux de l'Europe peuvent rivaliser avec

le chardonneret, et pour le fini du travail, et pour le confortable du berceau de la jeune famille. Ce chef- d'œuvre renferme quatre ou cinq œufs, variant beaucoup de forme et de grosseur; les uns sont longs, les autres piriformes; les uns d'un blanc uniforme et verdâtre, les autres parsemés de points rougeâtres, ou de nuances violettes. Quelquefois enfin, on en trouve qui offrent deux couches superposées d'un blanc verdâtre. Le grand dia- mètre de ces œufs varie de $0^m,015$ à $0^m,016$, et le petit de $0^m,012$ à $0^m,013$.

Le chardonneret, comme presque tous les fringilles, fait plusieurs couvées par année.

***

TARIN. — SPINUS.

Le tarin traverse chaque année notre département, mais sans s'y reproduire. D'un naturel vif et joyeux, il se rapproche des mésanges et des pouillots par la rapidité

de ses mouvements et par la continuité de son cri de
rappel, qui seul trahit sa présence. Ce fringille aime à
visiter les arbres pour y chercher les insectes cachés sous
les feuilles, et, quoiqu'il préfère, comme les pouillots, se
tenir sur les arbres les plus élevés et les plus touffus,
comme les mésanges aussi, il descend à terre et fouille
les haies et les buissons, quand il ne rencontre aucune
proie dans les régions supérieures. Pendant ses pérégrinations continuelles, il paraît appeler ses semblables
par un cri monotone, qu'on entend de très-loin et qui
se rapproche de ces syllabes : *tirrly*, *tirrly* ; on croirait
aussi très-facilement qu'il articule le mot : *terrin*, *terrin*,
et c'est à cette remarque qu'il doit son nom vulgaire.
Quant au nom scientifique *spinus* (prunier sauvage), il a
été donné au tarin, parce que cet oiseau, qui se plaît
dans les forêts, affectionne particulièrement les pruniers
sauvages, surtout dans la saison de l'hiver, époque à laquelle le fruit de cet arbre lui sert de nourriture.

Quand le tarin séjourne dans notre département, il
manifeste une prédilection très-vive pour les semences
des aulnes. Quoique cet oiseau paraisse d'un naturel plus
sauvage que le chardonneret, il accepte volontiers la captivité, et très-souvent, par ses cris, il invite ses congénères qui jouissent de la liberté à venir partager avec lui
la nourriture de sa prison.

Le tarin se reproduit en captivité et se marie même
avec le serin. Il construit son nid dans les pins des
Alpes, et le dissimule avec beaucoup de soin.; il le confie
quelquefois aux touffes de gui et aux parties les plus
épaisses des arbres verts. Ce nid se rapproche de celui
du chardonneret; semblable à une petite coupe aplatie,
il est composé à l'extérieur de lichens, de mousse et revêtu à l'intérieur de plumes, d'aigrettes et de coton des
plantes. Il contient quatre ou cinq œufs, dont le grand
diamètre varie de $0^m,014$ à $0^m,015$, et le petit de $0^m,010$

à 0^m,011. La coquille en est d'un blanc bleuâtre, parsemé de taches irrégulières, de couleur rougeâtre comme de la rouille ou tirant sur le violet, mais en partie effacées.

LINOTTE. — CANNABINA.

La linotte est très-nombreuse en certaines parties de notre département; elle recherche, de préférence à toutes les autres localités, les landes parsemées de petits arbustes et les lieux plantés de vignes.

Son nom vulgaire lui a été donné à cause de son goût pour la graine du lin. Cette étymologie me rappelle un épisode assez curieux. Il y a quelques années, un membre d'un Conseil général éprouvait une vive préoccupation au sujet d'un de ses votes. Un de ses collègues, me disait-il, lui avait demandé si la Société *Linnéenne*, pour laquelle le Conseil général votait chaque année une petite somme à titre d'encouragement, ne devrait point son nom aux soins qu'elle prend pour développer la culture du lin. Embarrassé par cette demande, mon interlocuteur avait répondu affirmativement, et voté comme son collègue, pensant favoriser la culture d'une plante utile. Depuis, j'ai éprouvé un scrupule, ajouta-t-il, et je vous le soumets *en toute simplicité*.

Je rassurai l'honorable membre du Conseil général sur la délicatesse de sa conscience, et lui procurai un motif de joie bien expansive, en lui citant, pour sa tranquillité, l'exemple du député qui votait contre la *dette flottante*, en pensant qu'il votait contre le budget exagéré de la marine. Du moins, mon bienveillant interlocuteur pouvait se rendre la justice que son intention était louable et éloignée de toute idée d'opposition. S'il eût connu la prédilection de la linotte pour la graine du lin, il eût voté encore avec plus d'énergie; car dans sa pensée, le secours pouvait être utile et aux hommes et aux oiseaux du ciel.

L'épithète *cannabina*, « de chanvre, » fait connaître que la linotte aime à varier sa nourriture, et qu'elle brise tour à tour et la graine du lin et celle du chanvre.

Ce fringille, dont le plumage est très-brillant, présente beaucoup de variétés ; chez un certain nombre d'individus, les nuances, ordinairement si vives et si rouges, sont remplacées par des teintes pâles et blanchâtres.

La linotte construit son nid près de terre, dans de petits arbustes épais, sur des ceps de vignes ou dans de gros ajoncs plantés sur le bord des fossés, des landes ou des lieux incultes. Souvent on le rencontre dans des bruyères touffues ; là, il est dissimulé avec beaucoup de soin, surtout lorsqu'il est placé à l'abri de petits buissons de genévriers rabougris. Ce nid, à l'extérieur, est composé de petites racines et de mousse ; à l'intérieur, il est garni de crin ou du coton des plantes : ce travail se rapproche beaucoup de celui du chardonneret ; mais il est plus grossièrement façonné. Il est exécuté par la femelle seule que le mâle se contente d'égayer par son chant, pendant qu'elle ramasse et coordonne les matériaux pour le berceau de la petite famille. Il contient quatre ou cinq œufs, un peu oblongs, d'un blanc bleuâtre ; les uns sont sans taches, d'autres sont parsemés de points rougeâtres, violacés ou même noirâtres. Quelques-uns laissent apercevoir des points fondus ou effacés dans les nuances de la coquille. Les plus gros se rapprochent des œufs du verdier, et les plus petits de ceux du chardonneret. Le grand diamètre est de $0^m,016$ à $0^m,017$, et le petit de $0^m,012$ à $0^m,013$.

Mais, lorsque le nid est achevé et que les soins de l'incubation commencent, le mâle veille avec une véritable tendresse sur la couveuse ; il l'entoure de soins attentifs, et, comme le mâle de la colombe, il nourrit la femelle en dégorgeant dans son bec la nourriture qu'il a préparée et triturée avec soin. Plus tard, ce sera ce même moyen que le père et la mère prendront pour élever leurs petits. Quand les couvées sont terminées, les linottes se réunissent en bandes nombreuses pour passer la nuit dans les bois. Les dernières arrivées disputent aux autres les places qu'elles avaient prises, et, dès lors, commence ce tapage que nous retrouverons encore plus prononcé chez le moineau, achevant ainsi de justifier l'opinion qui donne pour racine au mot *fringille* le verbe *fringulo, fringulare*. Ces cris, accompagnés de déplacements continuels, — car chaque linotte avance et recule tour à tour, — se prolongent très-longtemps et ne cessent qu'à une heure avancée du soir. Le lendemain matin, les fringilles se partagent en bandes, dont le départ s'effectue successivement et paraît le résultat d'une décision fondée peut-être sur les observations de la veille. Chaque bande se dirige vers les lieux où elle avait laissé ou remarqué des ressources plus abondantes. Le soir, toutes les bandes reviendront se coucher dans le même bois, et renouveler le charivari des jours précédents.

On peut retrouver une partie de ces mêmes habitudes chez les *freux*, qui viennent se coucher, chaque soir, en si grand nombre, dans les bois d'Avrillé, vis-à-vis la chapelle du Champ des Martyrs.

Un vieil adage attribue à la linotte une grande variation dans les résolutions : dire à quelqu'un qu'il a une tête de linotte, c'est la même chose que de le comparer à une girouette. Cette opinion peut être fondée sur les changements brusques que l'on remarque dans la direction du vol des bandes de linottes, changements qui paraissent tellement capricieux, que rien ne peut les justifier. Une autre raison peut encore en être donnée : c'est que la tête de la linotte, ornée d'un si beau rouge lorsque l'oiseau est en liberté, perd ses vives couleurs quand il est condamné à la captivité. Le brillant de cette couleur s'efface peu à peu, et finit par disparaître presque entièrement après la première mue. Une tête de linotte change donc beaucoup de nuances et de couleurs.

SIZERIN. — LINARIA.

Si l'on admet l'opinion des auteurs qui donnent PHRISSÔ, *frigus*, « froid, » pour racine au mot *fringille*, il est certain que le sizerin doit appartenir à cette famille, mais qu'il peut même en être regardé avec raison comme le véritable type. En effet, le sizerin se plaît à habiter les parties les plus froides du globe; on le retrouve dans les contrées les plus rapprochées du pôle, au cap Nord, au Kamschatka, au Groënland : c'est là, qu'au milieu des glaces et des neiges perpétuelles, il se reproduit. Le sizerin n'abandonne ces régions hyperboréennes, que lorsqu'un froid extraordinaire le force à aller chercher dans des climats plus doux une nourriture que d'épais linceuls de glace et de neige dérobent à ses investigations.

Dès lors, ses migrations sont irrégulières, et soumises aux variations de la température. C'est cette irrégularité qui, dans les siècles passés, avait donné lieu à des fables que nous trouvons maintenant bien ridicules (Voir Schwenckfeld, page 344). Les uns soutenaient que l'apparition des sizerins annonçait la peste; d'autres, que ce n'étaient que des rats, qui se métamorphosaient en oiseaux avant l'hiver, et qui reprenaient leur forme de rats pendant le printemps. Ils prétendaient ainsi expliquer pourquoi les sizerins ne paraissent jamais l'été. Cette croyance rappelle celle qui enveloppait de contes absurdes la disparition des hirondelles.

Le sizerin est appelé la linotte des vignes et la linotte des montagnes. Ce nom ne peut lui convenir que parce que les nuances de son plumage sont les mêmes à peu près que celles de la linotte proprement dite ; car toutes ses habitudes devraient le faire plus justement assimiler au tarin.

Le sizerin présente deux variétés bien distinctes, ou même deux véritables espèces ; l'une, moins grosse et moins longue que l'autre, porte le nom de *sizerin cabaret.* Elle a les plumes du croupion roussâtres et brunes, avec une légère teinte de brun rougeâtre vers les couvertures de la queue. La dénomination de *cabaret* a peut-être été donnée à cette espèce, parce qu'on aura cru remarquer une certaine prédilection du sizerin pour les semences de « cabaret, » plante apétale, purgative et aromatique, qui croît sur quelques chaînes de montagnes. Cette opinion est d'autant plus probable, que la plupart des noms des fringilles sont fondés sur le goût présumé de ces oiseaux pour les graines de telles ou telles plantes. Le nom scientifique du cabaret est *asaret*, dérivé d'*asarum*, autre espèce de plante, qui ne croît pas en Maine-et-Loire, et même est très-rare dans tout le centre de la France.

Une autre hypothèse, tout aussi plausible que la première, pourrait donner lieu à une interprétation fondée encore sur le nom d'une plante. MM. Le Maout et Decaisne, dans leur *Flore des jardins et des champs*, indiquent, comme traduction vulgaire du *dipsacus sylvestris*, ces mots : *cabaret des oiseaux*. Cette expression populaire est fondée sur la nature de cette plante. Les feuilles étant très-grandes à la base, opposées les unes aux autres et soudées ensemble, forment un réservoir dans lequel se conserve l'eau pluviale. C'est cette propriété qui a fait nommer la plante *dipsacus*, du grec dipsê, dipsês, et akos, « le remède contre la soif ; » elle ne se multiplie que dans les lieux incultes et arides, et devient ainsi un réservoir ménagé par la Providence, pour étancher la soif des oiseaux et surtout du *sizerin cabaret*.

La seconde espèce de sizerin a les plumes du croupion blanches et d'un rouge rembruni; elle est appelée sizerin boréal. Ce nom indique les lieux habités par ce fringille qui se tient encore plus près du pôle que le *cabaret;* il résiste aussi plus facilement aux rigueurs du froid. C'est très-probablement pour ce motif qu'il se montre beaucoup plus rarement que son congénère dans les régions tempérées; il éprouve moins que lui la nécessité d'émigrer.

Avec le sizerin, je termine la section des fringilles *dégorgeurs*, de ceux qui, comme les colombes, nourrissent leurs petits par voie de « dégorgement. »

Mais avant de commencer l'explication des mœurs d'un nouveau groupe, il me reste à indiquer l'étymologie du nom donné au sizerin ou sizin. Cet oiseau qui, d'après Aldrovande, a beaucoup de rapport avec les chardonnerets royaux ou sizains, me semble avoir reçu le même nom, à cause des mêmes particularités de plumage. En effet, les grandes pennes du sizerin sont d'une couleur brune et bordées d'une nuance plus claire.

Quant au nom scientifique *linaria*, qui dérive de *linarium*, « champ ensemencé de lin, » il indique que les naturalistes pensaient que ce fringille aimait à visiter les lieux consacrés à la culture du lin. Cette dénomination repose cependant plutôt sur une opinion que sur une réalité; car la linotte, comme le sizerin, se trouve souvent dans des contrées où la culture du lin n'existe même pas.

Les deux espèces de sizerins traversent l'Anjou à des époques irrégulières. Le cabaret manifeste sa présence d'une manière beaucoup plus fréquente que le sizerin boréal. Lors de ces apparitions, les sizerins se trouvent mêlés aux tarins et aux linottes.

Le sizerin visite avec une grande agilité les feuilles des arbres, pour y chercher les petits insectes; dans cette investigation, il fait entendre un cri de rappel, comme les roitelets et les mésanges, et, comme ces dernières, pour accomplir avec plus de perfection sa mission, il prend toute espèce de positions, de sorte qu'aucune partie des feuilles n'échappe à ses regards. De ce qu'il se tient souvent sur les chênes, plusieurs auteurs, pour l'identifier avec l'arbre qui lui fournissait sa nourriture, l'ont nommé « la linotte du petit chêne, » *linaria truncalis*.

Ce fringille niche dans les forêts d'arbres verts qui couvrent les montagnes du Nord; il choisit de préférence les arbres les plus touffus et situés sur la lisière des bois. Son nid composé, à l'extérieur, de mousse, de lichens et de racines d'herbes unies par des toiles d'araignée, et, à l'intérieur, de crin et du duvet des plantes, est très-petit et très-difficile à trouver. Ordinairement, il est dissimulé dans les replis des mousses pendantes et des rameaux épais. Il contient de quatre à cinq œufs bleuâtres parsemés de taches d'une teinte rougeâtre ou violette. On remarque quelquefois sur la coquille des raies d'un brun foncé tournant au rouge. Leur longueur varie de $0^m,014$ à $0^m,015$, et leur diamètre de $0^m,010$ à $0^m,011$. Quelques-uns de ces œufs portent, vers le gros bout, une petite couronne formée par une seconde couche plus foncée que la première. Cette description des œufs s'applique surtout à ceux du sizerin cabaret, qui se reproduit dans quelques parties de la Suisse et de la Savoie. Quant à ceux du sizerin boréal, ils présentent les mêmes caractères, avec des nuances moins prononcées et des dimensions plus petites.

PINSON. — FRINGILLA. — CÆLEBS.

Ici commence la deuxième section des fringilles par
l'oiseau qui a donné le nom à la famille. Laissant de côté
la dénomination *fringille* expliquée précédemment, il
me reste à chercher l'étymologie du mot *pinson*, et à
dire pour quels motifs ce passereau est appelé *cœlebs*,
« célibataire. »

Le dictionnaire de Trévoux pense que le mot *pinson*
dérive de *spinthio*, expression de la basse latinité, qui
elle-même a formé la dénomination *pinthio*, d'où viendrait le nom vulgaire donné à l'oiseau type des fringilles. Là s'est arrêtée l'explication du savant dictionnaire
de Trévoux ; il eût pu cependant remonter plus haut,
trouver la racine de *spinthio* et, par conséquent, de
pinson dans l'expression SPINOS, consacrée par les Grecs
à désigner le même oiseau. SPINOS dérive lui-même, par
une transposition de lettres, de SPIZÔ, « gazouiller, »
d'où *fringille*, *pinson*, justifierait entièrement l'interprétation des anciens, et signifierait « oiseau qui
gazouille » pendant la saison du froid.

Quelques naturalistes pensent que le mot *pinson* a été
formé du mot allemand « *pinck*, » qui représente assez
bien un des cris de rappel de ce fringille.

D'autres, enfin, admettent que cette dénomination
vulgaire est fondée sur une habitude du pinson, qui se
défend en « pinçant » jusqu'au sang les personnes qui
veulent le saisir. Très-souvent, avec les mandibules de
son bec, il produit le même effet que lorsque les deux
parties d'une porte enserrent les doigts. On objecte, avec
raison, que cette explication pourrait s'appliquer à beaucoup d'autres oiseaux. Néanmoins, il en est fort peu qui
unissent, à un caractère aussi gai que celui du pinson,
un moyen aussi puissant d'éloigner leurs ennemis.
La même habitude observée chez les mésanges les

fait appeler *pinçonnières* dans beaucoup de contrées.

La première de ces étymologies me paraît la plus fondée, et cependant la dernière rentre aussi davantage dans les habitudes des habitants de la campagne, qui donnent les noms d'après des observations faciles à saisir. On m'objectera, sans aucun doute, que la dénomination *pinsonnières*, donnée aux mésanges, ne saurait venir de « pincer, » non plus que *pinson*, parce que ces deux mots sont écrits avec une *s*. On peut répondre à cette objection que, d'après Roquefort, *pincer* dérive du mot latin *pinso*, *pinsum*, *pinsere*, « pincer, pétrir, piler, » etc., et que, dès lors, en donnant au mot *pinson* l'étymologie indiquée ci-dessus, cette expression ne ferait que se rapprocher encore davantage de la véritable racine ; que de plus, le changement du *c* en *s* ne peut être une difficulté sérieuse. Plusieurs auteurs écrivent *pinsonnières*. Enfin, Perse, dans sa première satire, v. 58, semble justifier mon hypothèse :

O Jane a tergo quem nulla ciconia *pensit*.

« O Janus que par derrière nulle cigogne ne frappe à coups de bec ». *ne pince en becquetant.*

Les personnes versées dans les langues primitives pensent que *pinson* pourrait avoir pour racine *ping* signifiant *sonare*, *tinnire*, « gémir, faire du bruit, » racine qui se concilierait avec le grec σπιξος. Benfey rapporte la dénomination *pinson* au sanscrit *pinga*, « jaune, fauve. » Dès lors, le nom vulgaire de cet oiseau représenterait certaines nuances de son plumage.

Je passe au mot scientifique *cœlebs*, « célibataire, » qui va fournir l'occasion naturelle de décrire les mœurs très-intéressantes du pinson.

Dans cette espèce, les femelles sont beaucoup plus nombreuses que les mâles ; aussi, quand le moment de la nidification arrive, chacune d'elles se réserve le malin plaisir de choisir son époux. Les mâles déploient toutes les ressources de leur gosier musical et toutes les grâces de leurs personnes : c'est plus qu'un concours d'orphéons ; car, au lieu d'une médaille, les vainqueurs obtiennent une compagne.

Les vaincus parmi les pinsons font preuve de bon sens et d'un excellent caractère. Bientôt, en constatant les préoccupations auxquelles sont en proie les vainqueurs pour chercher l'endroit où s'élèvera le berceau de la famille et pour le mettre à l'abri de tout danger ; la difficulté d'en réunir et d'en coordonner les matériaux ; puis les soucis de la paternité, l'ingratitude et quelquefois même les mauvaises dispositions des petits, sans compter toutes les misères de l'intérieur du ménage, le défaut d'entente entre le père et la mère, que sais-je encore ? les pinsons célibataires se livrent à une joie devenue proverbiale, *gai comme un pinson*. Dans l'espèce humaine, plus d'un membre, peut-être instruit par l'expérience, désirerait avoir conservé, malgré les humiliations d'une défaite, les douceurs et les charmes de la gaieté.

Les chefs de famille participent bien un peu à cette gaieté, mais elle est moins soutenue et moins exempte d'angoisses. De plus, pour retrouver la paix joyeuse de leurs congénères, ils ont recours à un moyen qui justifie une seconde fois l'épithète *célibataire*, donnée avec raison aux pinsons. Les naturalistes ont observé que, lorsque le froid excite les pinsons à chercher dans des climats plus doux la nourriture que la neige dérobe à leurs investigations, les femelles et les jeunes mâles se livrent seuls à ces voyages. Les mâles restent dans les pays qu'ils occupaient précédemment, et se livrent alors à toute la gaieté de leur caractère ; on dirait presque des captifs rendus à la liberté. Les vieux mâles auraient-ils reconnu les inconvénients de voyager avec leurs épouses ou leurs filles ?

Que serait-ce, si dames pinsonnes entraînaient avec

elles tout le matériel que le développement du progrès impose maintenant de plus en plus, et si les pinsons étaient condamnés à l'enregistrement, au classement et au déclassement d'un bagage bien fait pour effrayer les plus résignés ! Quoi qu'il en soit du motif qui a déterminé les mâles à se séparer des femelles, pendant les pérégrinations, je me borne à constater le fait sur lequel s'appuie la dénomination *cœlebs* donnée aux pinsons par les savants. Je dois cependant ajouter, pour la vérité pleine et entière de l'explication, que, dans les derniers temps, les naturalistes ont pensé que l'opinion précédente, prise dans sa généralité, était erronée, et que, si l'on avait admis que les femelles seules émigraient, c'est que, dans cette saison, la livrée des mâles ressemblait à celle des femelles, et que, dès lors, mâles et femelles formaient une famille revêtue d'un plumage uniforme.

Après avoir donné cette explication pour la tranquillité de ma conscience, je dis que je préfère les premières observations, à supposer qu'elles soient justes, parce qu'elles justifient l'épithète *cœlebs* imposée aux pinsons.

Non-seulement ce fringille conserve sa gaieté dans les circonstances que je viens d'énumérer, mais encore lorsqu'une maladie, à laquelle il est sujet, vient le priver de la vue. Les hommes ayant remarqué que le chant du pinson devient plus vif, plus agréable, et sa gaieté plus soutenue encore quand il ne voit pas, ont eu la cruelle pensée, non pas de lui crever les yeux, mais de souder ses deux paupières en les labourant avec un fer chaud.

Rendus complétement aveugles par ce procédé, les pinsons peuvent vivre plusieurs années en captivité, et ne répondre à l'égoïsme barbare de leur possesseur que par des cris plus variés et plus continus. Dans quelques parties de la Belgique, chaque villageois possède au moins un pinson que l'on a ainsi privé de la vue. Les dimanches et les jours de fête, les villageois se réunissent autour d'une large table sur laquelle ils déposent leurs captifs renfermés dans leur étroite prison. Puis bientôt après commence un véritable concours, qui donne lieu à des paris quelquefois très-élevés. Chaque Flamand, les coudes appuyés sur la table, en face d'une choppe qu'il remplit et vide tour à tour, au milieu d'une épaisse atmosphère de fumée de tabac, garde un profond silence; on dirait de véritables gentlemen anglais livrés à toutes les émotions que font naître les péripéties d'un steeple-chase ou les succès du Derby. Tous les pinsons rivalisent d'énergie et de persévérance. Dans cette véritable lutte, leur chant, trop vif et trop fort pour être agréable ailleurs que dans la campagne, devient bientôt tellement bruyant, qu'il faut être assuré contre les conséquences d'une pareille harmonie pour pouvoir l'entendre même avec résignation. Les pinsons cessent leur chant successivement, à mesure qu'ils tombent épuisés, et le vainqueur est celui qui peut encore faire entendre sa voix au milieu du silence de ses congénères. Très-souvent les vaincus et même les vainqueurs perdent la vie après de pareils concours, parce que leurs efforts ont été tellement exagérés, que les pauvres fringilles ne peuvent plus retrouver leur voix. Leurs propriétaires, qui ne les conservaient que par un pur égoïsme, donnent la mort à ces pauvres captifs, victimes de leur dévouement pour des ingrats. Afin de pouvoir mieux comprendre les terribles conséquences de cette lutte, il suffit de savoir que, dans ces concours, des pinsons aveuglés peuvent répéter, plus de huit cent fois de suite et sans aucun repos, leur phrase musicale, que les villageois lorrains traduisent ainsi dans leur patois : « *Fi, fi les laboureux, j'vivrons ben sans eux.* »

Détournons-nous de ce spectacle attristant, et terminons l'étude du pinson par quelques détails sur sa nidification. Le pinson recherche ordinairement les arbres fruitiers pour y construire son nid ; peu de berceaux sont plus doux, plus gracieux que celui de ce fringille. Composé à l'extérieur de pointes de lichens réunies par des toiles d'araignée, il est garni à l'intérieur de quelques brins de crin et du duvet des plantes. Appuyé à la naissance d'une grosse branche, ce nid, qui a la forme d'une gracieuse coupe aplatie, est très-bien dérobé aux regards de l'ennemi ; sa couleur se marie facilement à celle de l'arbre auquel il est confié. Il est quelquefois établi dans des haies épaisses, placé à l'embranchement des tiges les plus élevées, et abrité par des touffes de houx. La femelle seule va chercher les matériaux nécessaires pour ce petit édifice. Le mâle lui aide à les coordonner, puis se contente, ensuite, d'avertir sa compagne, par des airs éclatants et saccadés, de l'approche des importuns. Il pourvoit aussi avec une véritable sollicitude à la nourriture de la couveuse. Le pinson manifeste très-vivement alors des sentiments de jalousie ; il ne permet à aucun de ses congénères d'approcher de son nid.

Lorsqu'il croit que l'on en veut à sa nichée, le mâle se laisse tomber à terre et vient au devant de l'ennemi, en feignant d'avoir les ailes brisées. Si les petits sont éclos et que la femelle puisse, sans trop d'inconvénient, abandonner sa jeune famille, elle s'empresse de se joindre au mâle. Quand, par ce stratagème, le père et la mère ont réussi à éloigner le danger qui les menaçait, ils s'envolent rapidement, et reviennent par des voies détournées consoler ceux qui craignaient déjà d'être orphelins. Si, malgré leur stratagème, les pinsons voient l'ennemi approcher de leur jeune famille, le mâle et la femelle poussent les petits hors de leur berceau, et souvent, à coups d'aile, parviennent à les sauver. C'est un spectacle attendrissant de les voir, dans cette circonstance, recourir à tous les moyens que peuvent inspirer l'amour et la sollicitude d'un père et d'une mère.

Le nid du pinson contient quatre ou cinq œufs, dont la forme, les dimensions et les nuances varient beaucoup. Les uns sont ronds, les autres piriformes. La coquille de quelques-uns est bleuâtre ou d'un gris nuancé de rouge ; sur cette couche apparaissent des taches noirâtres quelquefois très-prononcées, d'autres fois effacées. Certains de ces œufs, au contraire, n'ont aucune tache, et la coquille en est d'un bleu pâle. Les variétés nombreuses et très-différentes qui se manifestent dans les œufs du pinson, donnent lieu à beaucoup d'erreurs volontaires ou involontaires de la part des naturalistes et des collectionneurs.

Le grand diamètre varie de $0^m,015$ à $0^m,018$, et le petit de $0^m,012$ à $0^m,014$.

PINSON D'ARDENNES. — MONTIFRINGILLA.

Le nom vulgaire de ce passereau ferait croire qu'il habite en grand nombre dans les forêts des Ardennes ; il n'en est rien. Ce fringille vit et se reproduit dans les régions hyperboréennes ; là, il niche dans les arbres verts qui couronnent les montagnes de ces pays désolés. Cette habitude justifie la dénomination *montifringilla*, « fringille de montagne. » Pour lui donner une dénomination caractéristique, il faudrait l'appeler *le pinson de la Scandinavie*. Dans plusieurs contrées de la France il est nommé aussi *ardennet*, « pinson des Ardennes, » expression qui prouve également combien est répandue l'erreur qui le fait originaire des Ardennes. Ce fringille, dont le plumage varie beaucoup, traverse chaque année l'Anjou pendant l'hiver, surtout lorsqu'un froid rigoureux le force à quitter le Nord. Il apparaît alors par troupes innombrables, et se laisse prendre par milliers aux collets préparés pour capturer les alouettes. Quand il y a déjà quelques semaines qu'il a quitté les forêts boréales, sa chair devient assez agréable, parce que, dans les régions tempérées, elle perd peu à peu l'amertume qu'elle avait contractée dans le Nord, où cet oiseau se nourrit principalement de semences d'arbres à résine.

Le nid du pinson d'Ardennes, composé, à l'extérieur, de lichens et de mousse, à l'intérieur, de crin, de plumes et du coton des plantes, est confié aux parties les plus touffues des arbres verts. Il contient quatre ou cinq œufs ordinairement oblongs, d'un blanc bleuâtre pâle, parsemé de taches noirâtres. Beaucoup de ces œufs ressemblent à ceux du pinson ordinaire, et c'est cette similitude qui favorise les erreurs, involontaires ou non, de la part des marchands naturalistes. Le grand diamètre varie de $0^m,016$ à $0^m,018$, et le petit de $0^m,012$ à $0^m,014$.

Le pinson d'Ardennes manifeste un caractère hargneux, et l'on aurait peine à lui appliquer le proverbe : *gai comme un pinson*. Il vit en mauvaise intelligence avec les autres oiseaux, et même avec ses semblables. Dans la recherche de sa nourriture, il imite les gallinacés, et donne des coups de bec aux voisins, pour les éloigner des graines qu'il a aperçues, et pour les empêcher de s'en emparer. De plus, en parcourant les champs et les routes, les individus qui composent une même bande s'empressent de passer les uns devant les autres, et se livrent alors à une série d'évolutions, dont il est facile de se faire une idée en voyant les bandes de moutons marcher sur les grandes routes. Enfin, le fringille de montagne fait, en se couchant, le même bruit que nous avons déjà signalé pour la linotte, et que nous retrouverons encore d'une manière plus frappante en parlant du moineau. Ce tapage crépusculaire est accompagné aussi de coups de bec distribués en grand nombre par tous les membres de la réunion ; cette manière de se souhaiter la bonne nuit donne lieu à une véritable mêlée, dans laquelle chaque fringille tient à ne pas rester en retour avec ses voisins.

***

MOINEAU. — FRINGILLA. — DOMESTICA.

Ici je m'avance sur un terrain brûlant : quelle est l'ótymologie de *moineau?* Avant de travailler à résoudre cette question, je vais indiquer, en quelques mots, les motifs qui ont fait appeler le moineau *Pierrot* ou *maître Pierre.* Cet oiseau est ainsi nommé parce qu'il se met à l'aise, et qu'il vit très-facilement chez les voisins en vrai propriétaire ; rien ne l'effraie ; si on le chasse par la porte, il revient par la fenêtre, et tous les appareils qu'on emploie pour le mettre en fuite ne font que l'attirer davantage. Pline rapporte qu'un moineau, poursuivi par un émerillon, ne craignit pas de chercher un refuge sous les plis du vêtement de Xénocrate, où il s'établit tout à son aise. En un mot, *Pierrot* ou *petit maître Pierre* est un personnage plus gênant que gêné.

A ce sujet, je me rappelle un fait assez curieux qui s'est présenté en Anjou. Dans un chef-lieu de canton habite un propriétaire, qui a l'avantage de compter dans sa famille un vénérable oncle, doté d'une très-belle fortune, et dont il est l'héritier présomptif. Comme tous les neveux prévoyants et placés dans les mêmes circonstances, notre propriétaire tenait beaucoup à satisfaire son oncle, et cherchait à lui procurer toutes les douceurs qui dépendaient de lui. Or, le respectable oncle aimait beaucoup les primeurs, et, parmi les primeurs, les petits pois. Le neveu s'appliquait donc à cultiver ce légume avec un soin et une persévérance qui puisaient un encouragement dans le désir bien vif de recueillir plus tard un copieux héritage.

Chaque fois que l'oncle visitait son neveu, à l'époque favorable à la culture des petits pois, l'héritier présomptif était heureux de fournir au vieillard, avec un plat abondant du légume désiré, une preuve de ses sentiments affectueux et reconnaissants. Malheureusement, des familles de pierrots, qui n'avaient pas le même motif que le neveu de respecter les petits pois, conspiraient, depuis plusieurs années, contre lui et contre son ingénieux moyen de s'assurer un héritage. Ils mangeaient les petits pois avec une audace persistante, et l'oncle en vint à se plaindre que le plat qu'on lui servait était acheté à vil prix chez les voisins, et n'était plus le résultat d'une culture inspirée par les sentiments du cœur. Le neveu, sensible à ces reproches et plus encore à certaines craintes, résolut d'avoir recours, pour éloigner les pierrots, à tout ce que peut inventer une imagination surexcitée par le désir de s'enrichir. Il suspendit des ardoises qui s'entrechoquaient, de petits moulins, des oiseaux de proie préparés avec soin, etc. Les terribles pierrots affrontaient tout, se moquaient de tout. A ces instruments de terreur succéda l'exhibition d'une crinoline portée autrefois par la nièce. Un instant les pierrots se tinrent à l'écart, ne comprenant rien, avec raison, à un tel appareil; ils craignaient qu'il ne cachât quelque perfidie; mais bientôt ils vinrent se reposer à leur aise sur cet échantillon des produits de l'industrie américaine, et se livrèrent plus que jamais à une guerre acharnée contre les petits pois. Le neveu, que cette persécution déconcertait, commençait à perdre patience, lorsqu'une idée vint à son souvenir et ramena son espoir. Autrefois, il avait rempli de nobles fonctions dans la milice citoyenne appelée à protéger la famille, la propriété, etc., et, depuis que cette milice ne fonctionnait plus, il avait conservé avec soin son équipement complet, afin de prouver plus tard à ses enfants les immenses services qu'il aurait pu contribuer à rendre, si toutefois l'occasion s'en était présentée. Ce n'était donc pas sans un profond regret qu'il sacrifiait le brillant uniforme ; cependant, pour lui, l'héritage devait être préféré à la gloire. Le sacrifice est décidé et bientôt consommé. Un mannequin, auquel on donne autant que possible l'air martial d'un brave garde national, est revêtu du costume traditionnel, et sa tête est couronnée du shako pyramidal, orné de la cocarde aux trois couleurs. Rien n'est oublié ; la main même est armée d'un sabre de bois. Puis le neveu, heureux de son invention, se livre de nouveau à la culture des petits pois. Il entreprend même un voyage de quelques semaines, espérant encore plus que jamais que l'héritage présumé de l'oncle pouvait lui permettre de pareilles vacances. Plein de joie et de confiance, il revient dans son domaine pour recevoir une visite de l'oncle et lui offrir le plat toujours tant désiré. Quel ne fut pas son découragement, quand il trouva son jardin entièrement dévasté ! Tous les pierrots du canton semblaient avoir conspiré contre le garde national. D'abord ils s'en étaient éloignés ; mais bientôt, ayant constaté qu'il n'y avait rien à en craindre et, bien plus, qu'il pouvait servir à protéger leurs familles, des couples s'étaient établis dans les différentes parties de l'uniforme, et un pierrot, plus audacieux encore que les autres, avait élevé sa jeune famille dans le shako, à l'abri de la cocarde citoyenne. L'uniforme tout entier était maculé, et prouvait que les moineaux, comme de véritables pierrots, s'étaient moqués de tout et n'avaient rien respecté. Ce fait contribue à prouver que le public, toujours malin et bon appréciateur des habitudes, a donné avec raison au moineau un nom très-caractéristique. C'est pour le même motif que beaucoup d'auteurs comparent le moineau au gamin de Paris. Le neveu, déconcerté par l'audace des moineaux, a cru devoir renoncer à la culture

des petits pois, et prier Dieu de lui rendre favorables
les dispositions de son oncle à sa dernière heure... Que
deviendra l'héritage? Est-il destiné à disparaître avec le
légume privilégié? Je l'ignore. — Si ce modeste travail
doit avoir les honneurs d'une nouvelle édition, peut-être
pourrai-je alors faire connaître à mes bienveillants lecteurs la fin des épreuves de l'infortuné neveu.

Dans les campagnes, et souvent même dans les villes,
le moineau est appelé *paisse*, du vieux mot latin *passa*,
passare, « passer, » qui a été aussi la racine du mot *passereau*. Pour les enfants, le moineau est le passereau par
excellence; c'est le plus commun de cette espèce; c'est
celui que l'on élève le plus facilement, et peu de familles
se sont privées du plaisir de faire l'éducation de quelques
paisses venant prendre, sur la table, à l'heure du repas,
une nourriture qui ne leur était pas destinée, disputant
même aux chats privilégiés les mets qu'une main pré-
voyante leur avait préparés avec une tendresse presque
maternelle.

Même en liberté, le moineau est susceptible d'une
certaine familiarité. Plusieurs fois, des fenêtres du Musée, j'ai vu des troupes de moineaux assez nombreuses
se réunir à des heures fixes, et venir sur les toits manger
les graines et le pain qu'une main bienveillante aimait
à leur distribuer. C'est ainsi que celle qui devait plus
tard consacrer son pinceau pieux et savant à venir en
aide aux orphelines, dont elle aimait à sécher les larmes
et à protéger l'innocence, préludait à sa mission toute
providentielle, en imitant le Seigneur, qui distribue la
pâture à tous les oiseaux du ciel.

A Paris, dans le jardin des Tuileries, près des marronniers séculaires, on peut chaque jour, à des heures
réglementaires, voir de vieux habitués de cette promenade jeter en l'air des miettes de pain, que des nuées
de moineaux saisissent en tourbillonnant dans l'air, avec

la même adresse et avec la même agilité que lorsqu'ils poursuivent les insectes et les papillons.

Le moineau, dont nous étudions les mœurs, et dont nous essayons d'expliquer la dénomination, est appelé *moineau franc*. L'épithète ajoutée au nom indique-t-elle que cet oiseau est le véritable type du genre? Serait-ce une manière de le distinguer du moineau *soulcie* et du moineau *friquet*? Je ne le pense pas. Je crois que cette expression signifie tout naturellement que le moineau *franc* est ainsi appelé, parce qu'il ne dépasse pas les frontières de la France. Au delà des Pyrénées, il est remplacé par le gros-bec *espagnol*, et de l'autre côté des Alpes, par le gros-bec *cisalpin:* ces deux espèces ne sont que des variétés du moineau franc, et l'on pourrait très-bien les appeler *moineaux espagnols* et *moineaux italiens*. Ce sont des moineaux brunis par un soleil plus chaud que celui de la France.

Quant à l'étymologie du mot *moineau*, quelle est-elle? Des auteurs ont prétendu que moineau dérivait de *moine* et signifiait *petit moine*.

Pour justifier cette opinion, ils s'appuyaient sur le texte cité précédemment : « *Sicut passer solitarius in tecto*, — Comme le passereau solitaire sur les toits. » Ces paroles ne peuvent pas s'appliquer au moineau, mais à la fauvette du Calvaire, au rouge-gorge. Les mœurs du moineau s'opposent à cette interprétation : le moineau vit en bandes nombreuses; il est bien opposé à la solitude et au silence; et, si son nom dérive de *moine*, c'est bien certainement à un autre point de vue.

Voici quelle serait, d'après Belon, la véritable étymologie du mot *moineau*. « Cet un, — dit Belon, — « est nommé *moineau*, parce qu'il semble porter un froc « de la couleur des enfumés. » Le texte me paraît assez concluant par sa naïveté maligne. J'admets volontiers, avec Belon, que ce passereau doit sa dénomination à la couleur de son plumage, qui ressemble aux nuances sombres de la robe des moines.

D'autres écrivains, dirigés par un esprit caustique, ont prétendu que le moineau avait été associé aux moines par son nom, parce que, comme ceux-ci, il vit aux dépens des autres, prélève une dîme abondante sur les biens d'autrui, piaille toujours, et est beaucoup plus nuisible qu'utile. Je rapporte ces assertions avec la fidélité de l'historien, et sans vouloir prétendre qu'elles soient en rien justifiables. J'admettrai volontiers, cependant, que le moineau peut être comparé au moine. Comme celui-ci, il rend bien des services incompris par les esprits superficiels ; comme lui, il a eu l'honneur d'être proscrit dans beaucoup de pays, et, comme lui, il a été réhabilité par les écrits des hommes impartiaux et instruits. Le moine est homme, et, à ce point de vue, il peut et doit même se ressentir des misères inhérentes à l'humanité ; mais l'histoire de tous les temps a inscrit les services immenses et persévérants que les moines ont rendus dans les lettres et dans les sciences. La musique, l'architecture, la peinture, l'agriculture, doivent aux moines une éternelle reconnaissance ; c'est à leur vigilance continuelle, à leur travail opiniâtre qu'est due la conservation de tous les chefs-d'œuvre de l'antiquité.

On les trouve établis volontairement sur la cîme des montagnes, au milieu des neiges perpétuelles, et dans les tristes réduits où sont relégués les malheureux privés de la raison. Appuyés sur la croix, ils se vouent à consoler et à adoucir toutes les souffrances du corps et du cœur. Dans des temps de passion et d'aveuglement, ils ont été proscrits par des esprits prévenus, mais rappelés avec empressement, lorsque le calme et la raison succédaient à la tempête et à la folie. Sous ce rapport, le moineau peut véritablement être comparé au moine ; peu d'oiseaux ont eu des ennemis plus acharnés et des défenseurs plus dévoués.

Si l'on étudie le moineau dans l'ensemble de sa vie, c'est un des oiseaux les plus utiles ; il rend des services incalculables pendant la saison du printemps. Il est l'adversaire le plus redoutable des hannetons, et, dès lors, il préserve les légumes, les récoltes des terribles ravages que cause la multiplication de cet insecte destructeur. En Lorraine, l'on a apprécié les services rendus à l'agriculculture par le moineau, et comme ce passereau ne trouve que très-difficilement où nicher dans les vastes plaines de cette province privée d'arbres, les habitants ont soin de placer, sur la façade de leurs maisons, deux et même trois rangs de pots destinés à donner un asile au moineau, et à faciliter sa propagation.

Le moineau fait chaque année plusieurs couvées, et il élève ses petits à l'époque où les vers et les insectes exercent le plus de ravages. Dans plusieurs rapports lus à la Société d'acclimatation et consacrés à étudier les moyens à prendre pour sauvegarder les intérêts de l'agriculture, il a été constaté, prouvé que le moineau rend d'incalculables services. M. Ray ayant renfermé dans une cage une couvée de jeunes moineaux, le père et la mère continuèrent à les nourrir avec une tendre sollicitude, et, chaque jour, soixante à soixante-dix carapaces de hannetons trouvées sur les planches de la cage prouvaient l'acharnement du moineau à combattre un des adversaires les plus nuisibles à l'agriculture. Les larves des hannetons restent deux ou trois ans en terre sous le nom de vers blancs, de mans ou de turcs. Parmi les hannetons immolés par les moineaux, se trouvent nécessairement des femelles fécondées, et chacune d'elles devant déposer de vingt-cinq à trente œufs, il s'ensuit que les turcs détruits par une seule famille de moineaux, y compris la nourriture du père et de la mère, pendant une année, doivent se compter par centaines de mille. Quand les hannetons manquent, les moineaux dévorent des myriades de chenilles, d'insectes, de pyrales, de pucerons, de cigales, etc.

La guerre que le moineau fait aux cigales avait été remarquée déjà à une époque bien reculée ; car Plutarque, dans la vie de Sylla, en donne une preuve assez curieuse. Cet auteur, pour démontrer que le moineau prédit l'avenir, raconte qu'un jour que les Pères Conscrits, qu'on appellerait maintenant sénateurs, délibéraient sérieusement dans la chapelle de Bellone sur les graves affaires de la République, un moineau pénétra, sans y être invité, dans le sanctuaire des lois. Ce moineau tenait dans le bec une grosse cigale ; il en laissa tomber une moitié sur les Pères Conscrits et emporta l'autre. Les Pères Conscrits suspendirent leurs délibérations et firent venir les augures ; ceux-ci déclarèrent que cet événement annonçait, d'une manière certaine, la guerre civile. Les Pères Conscrits représentaient, selon l'interprétation des augures, les citoyens, les habitants des villes ; le moineau personnifiait les gens de la campagne, et la cigale était la vive image de la République. D'où il suivait que les citadins et les moineaux se partageaient la cigale, ou si l'on veut la chose publique, mais peut-être pas en parties égales ! L'événement prouva que, cette fois, les augures ne s'étaient pas trompés ; la lutte qu'ils avaient annoncée se réalisa, et se perpétue même encore un peu de nos jours.

Enfin, le moineau consomme une grande quantité de graines de plantes nuisibles, qui auraient infesté les jardins, les vergers, les champs. Aussi l'exemple de l'Angleterre, de la Prusse et de la Hongrie, qui avaient déclaré une guerre d'extermination aux moineaux et qui ont été obligées, dans leur propre intérêt, d'encourager

ensuite la reproduction de ces oiseaux, prouve-t-il les services qu'il rend à l'agriculture. Macquillivray, dans le
premier volume de son ouvrage sur les oiseaux, affirme
« que les jardins potagers, aux environs de Londres, ne
« pourraient pas fournir un seul chou au marché de
« cette ville sans le secours des moineaux, aux recher-
« ches desquels n'échappent pas les larves des chenilles
« qui, déposées tous les ans à l'état d'œufs sur les feuilles
« et cachées à la vue de l'homme, auraient bientôt pris
« tout leur développement et porté la disette au foyer des
« cultivateurs de ces jardins. »

Aussi tous les membres des sociétés d'agriculture
unissent-ils de plus en plus leurs voix pour reconnaître
les véritables services rendus aux récoltes par les moineaux, et pour réhabiliter des oiseaux qui n'ont pu être
proscrits que par le caprice et l'ignorance. Le reproche,
qu'on leur adresse, de n'habiter que près des endroits
bien cultivés, pour pouvoir plus facilement se livrer au
pillage, non-seulement ne fournit pas un grief contre
eux, mais offre au contraire un argument en leur faveur. Si le moineau se tient près des champs ensemencés, c'est que là ses services sont plus utiles qu'ailleurs ;
en effet, dans les landes et dans les terrains incultes, il
n'y a rien à préserver, rien à défendre. S'ils se réfugient
dans les clochers, dans les créneaux des vieux châteaux,
c'est pour voir plus facilement les lieux qui réclament
leur concours ; de ces endroits élevés, ils aperçoivent le
champ de bataille sur lequel ils doivent se rendre pour
combattre les ennemis des récoltes de l'homme. Quelques naturalistes prétendent que le moineau dépense,
chaque année, quatre décalitres de blé ; cette accusation
n'est pas fondée, et le serait-elle, elle n'ébranlerait pas
mon opinion. Le moineau ne peut manger le blé que
lorsque celui-ci n'est pas encore récolté ; or le temps qui
s'écoule entre l'instant où le froment commence à mû-

rir et celui où on le coupe, ne peut faire admettre une pareille hypothèse. Si le grief se réalisait, l'utilité et la nécessité du moineau n'en resteraient pas moins évidentes et incontestables. Le moineau serait un fidèle serviteur, un ami infatigable du cultivateur, qui ne ferait que prélever un minime salaire pour les services qu'il rend. Est-ce que l'on peut avec justice reprocher au mercenaire dévoué le pauvre morceau de pain dont il se contente ?

Si chaque moineau dépense, par an, quatre décalitres de blé, et que, d'un autre côté, par la destruction qu'il fait des hannetons, des chenilles, des vers, etc., il sauvegarde d'une perte réelle des centaines de décalitres de blé et de graines, ne sera-t-il pas encore plus utile que nuisible ? Si l'on ne reconnaissait comme utiles que les employés et les ouvriers qui travaillent avec conscience, sans prélever aucun salaire, et les fonctionnaires qui se dévouent à la chose publique par le seul mobile du dévouement, je crois que le nombre en serait bien imperceptible.....

Les moineaux, du moins, n'entrent pas en grève, et, maintenant, ils ne réclament rien de plus que dans les temps où les avantages du progrès n'avaient pas encore rendu nécessaire l'augmentation des salaires.

Je résume donc mon opinion, en m'appuyant sur de nombreuses et de graves autorités, sur l'expérience des siècles et sur mes propres observations, et je maintiens que le moineau est incontestablement un oiseau utile et très-utile, et que, s'il a été proscrit quelquefois, c'est parce que l'on n'avait étudié ses mœurs que sous un rapport, et non dans leurs détails.

Dieu lui-même semble avoir voulu réhabiliter, à un certain point de vue, le moineau, en le plaçant dans la catégorie assez restreinte des *oiseaux purs*. En effet, le Seigneur, dit le Lévitique (ch. xiv, v. 4), ordonne au lépreux, qui désire se purifier de ses souillures, d'offrir en sacrifice deux moineaux vivants ou deux *autres oiseaux purs*.

Peut-être devrais-je ici relater la conduite du grand Frédéric. Ce prince possédait, dans son jardin de Postdam, de magnifiques cerisiers qui, chaque année, produisaient des fruits dont le monarque était très-friand. Un jour que Frédéric vit une bande de moineaux venir lui ravager ses fruits favoris, il entra dans une véritable colère royale et fit promulguer une loi, par laquelle il promettait de payer une récompense de six pfennings, à chaque personne qui livrerait deux têtes de moineaux. Le pfenning valant presque un centime, il s'ensuit que chaque moineau était payé environ trois centimes. L'année dans laquelle fut promulguée la loi, plus de dix mille thalers servirent à solder la prime concédée aux destructeurs de moineaux ; le thaler prussien étant de 3 fr. 75, c'était donc un million deux cent cinquante mille moineaux qui furent sacrifiés, dans une seule année, au caprice du grand Frédéric. Les deux années suivantes, les moineaux furent poursuivis avec le même acharnement, et leur espèce disparut de la Prusse.

Le prince croyait avoir triomphé de ses ennemis et espérait pouvoir manger les fruits de ses nombreux cerisiers. Mais, au commencement du quatrième printemps, les arbres parurent tellement couverts de chenilles, que les fleurs, les feuilles mêmes furent dévorées avec une si audacieuse persévérance, qu'il fut impossible de recueillir un seul fruit. Le roi philosophe reconnaissant qu'il s'était trompé voulut (bel exemple à suivre !) réparer la faute qu'il avait commise, et travailler à conserver, du moins, la vie à ses arbres. Pour obtenir ce résultat, il concéda une prime de six pfennings à tous ceux qui introduiraient dans ses États un couple de moineaux. Les proscrits revinrent en grand nombre, et leur présence

permit au monarque, non-seulement de voir ses cerisiers
se couvrir de fleurs et de feuilles, mais encore de recueillir les fruits qu'il aimait tant à savourer. Puisse
l'exemple du grand Frédéric servir de sujet de médita-
tion aux persécuteurs des pics et de beaucoup d'autres
oiseaux tous aussi injustement proscrits!

L'épithète *domestica* a déjà été longuement expliquée
à l'article de l'hirondelle de cheminée; ici, cette expression peut être prise dans le même sens; mais elle sert
surtout à distinguer le moineau *franc* du moineau soulcie et du moineau friquet, qui tous les deux fuient le
voisinage de l'homme, et aiment à vivre et à se reproduire loin des habitations.

Le moineau franc niche dans les pots que l'on place
au-dessus des fenêtres, dans les trous des murs, dans les
crevasses des terrasses qui bordent les pièces d'eau, sur
les arbres des boulevards, des promenades publiques,
dans les vieux nids de pie, dans les haies élevées, un peu
partout; il s'accommode de tous les lieux. Son nid est
grossièrement façonné, mais confortablement composé.
Il représente une boule plus ou moins grosse, selon les
endroits auxquels il est confié; l'extérieur est formé de
paille et de filaments de plantes, de brins de papier; et
l'extérieur, de morceaux d'étoffe et d'une épaisse couche
de plumes, de coton, etc., offrant aux petits un berceau
sphérique très-chaud et très-souple. Souvent on a re-
proché au moineau de s'emparer de vive force du nid des
hirondelles de fenêtre, pour y établir sa demeure et profiter ainsi du travail des autres. Le grief est fondé, et il
se reproduit de temps en temps. Peut-être en agissant
ainsi, le moineau cherche-t-il une compensation aux
torts que lui fait subir très-souvent certain membre de la
famille des hirondelles. En effet, le martinet des murailles ne pouvant, à cause de la petitesse de ses tarses,
se procurer facilement les matériaux nécessaires pour

façonner son nid, pille, avec une audacieuse et persévérante effronterie, tous les nids de moineaux qu'il rencontre, emportant plumes, coton, paille, etc. En se réfu-
giant dans le nid d'un membre de la même famille, c'est,
de la part du moineau, comme un moyen d'abriter plus
facilement ses enfants sous la sauvegarde de la parenté.

Ce nid renferme de quatre à six œufs affectant toutes
les formes, revêtant toutes les nuances. Les uns sont
ronds, d'autres piriformes, quelques-uns entièrement oblongs comme des olives : les uns sont parsemés de points
noirâtres formant plusieurs couches superposées ; d'autres sont d'un blanc plus ou moins clair avec une couronne vers le gros bout ; d'autres ont des taches grises,
cendrées, brunes, plus ou moins nombreuses, plus ou
moins rapprochées. Quelques-uns peuvent être confondus avec les œufs de la rousserolle. Les variétés de ces
œufs sont si multipliées, qu'elles ont donné lieu à bien
des fraudes, et que les œufs du moineau franc figurent
dans beaucoup de vitrines sous des noms usurpés. Indiquer les dimensions de ces œufs serait chose superflue
et difficile, à cause des variations infinies qu'elles subissent.

FRIQUET. — MONTANA.

En Anjou, le friquet est très souvent appelé la *paisse
des saules*, parce que ce passereau se plaît surtout à nicher dans les trous des vieux saules plantés sur le bord
des rivières, ou dans les terrains marécageux. Dans la
Loire-Inférieure, cette habitude l'a fait désigner sous le
nom de *saulet*. Plus petit, plus vif, plus gracieux que le
moineau franc, le friquet est sans cesse en mouvement ;
il doit son nom à l'ensemble de ses habitudes.

Selon Ménage, la dénomination *friquet* aurait pour
racine *fretillus*, d'où est venu *frétiller*, « remuer, s'agi-

ter beaucoup. » C'est la même raison qui a fait nommer *fritilla*, la bergeronnette, vulgairement appelée hoche-queue.

A peine le friquet est-il posé sur une branche d'arbre ou sur une plante, qu'il se tourne et retourne en tous sens avec une grande rapidité, baissant et haussant la queue sans relâche. Son vol est tellement rapide, qu'il semble bourdonner comme un sphynx.

Si le friquet frétille en tout sens et en tout temps, c'est surtout lorsqu'en compagnie des moineaux francs, il se baigne dans les lieux marécageux exposés au soleil. Les trépidations qu'il communique alors à ses ailes, les mouvements qu'il imprime à tout son corps en tournant sur ses pattes, comme sur un pivot, justifient bien exactement l'étymologie donnée au mot *friquet*. Puis, pour se sécher et pour se débarrasser des vermines qui les tourmentent, les friquets, ainsi que les moineaux, imitent les oiseaux pulvérateurs, et se roulent dans le sable ou sur la terre avec une grande rapidité. En Italie, le moineau friquet est nommé *passa mattugia* ou *moineau fou*. Il n'est donc pas étonnant qu'on ait donné la même épithète au bruant, qui manifestait des habitudes identiques. Il était naturel de désigner par le même mot les mêmes caractères de ces différents oiseaux.

Autrefois, on désignait par le mot *friquet* un enfant enjoué, vif, étourdi, et cependant gracieux.

L'épithète *montana*, « de montagne, montagnard, » indique que, dans certaines localités, le friquet habite les collines, les montagnes. Dans notre département, il se tient dans les lieux couverts et humides. Là, il fait une guerre acharnée aux insectes, et immole beaucoup de hannetons, de vers, d'araignées, de sauterelles, etc. ; il est surtout l'ennemi particulier de la cigale qu'il pour-suit, ainsi que le hanneton et le papillon, et qu'il atteint au vol avec une adresse remarquable. Moins répandu que le moineau franc, il est aussi moins persécuté, et il n'a pas eu, comme lui, les inconvénients de la proscription, ni les honneurs de la réhabilitation. Quand le soleil semble terminer sa carrière, et que les ombres de la nuit commencent à envelopper la terre pour l'engager au repos, les friquets se réunissent en assez grand nombre dans les saulaies, et, avant de se livrer aux douceurs du sommeil, ils imitent les moineaux francs pendant un temps plus ou moins long ; ils représentent assez bien une de nos honorables assemblées, dans les moments d'orages parlementaires, où tous les orateurs parlent en même temps, sans se comprendre. De quoi s'agit-il ? Est-ce une fête de famille ? Est-ce une discussion sur les préséances ? ou une lutte générale dans l'intention d'occuper les positions les plus agréables et les plus commodes pour passer la nuit ? J'ignore le véritable motif du bruit assourdissant que font les friquets ; tout ce que je sais, c'est que le vacarme diminue peu à peu, à mesure que les ténèbres se répandent. Les friquets se réunissent par groupes, par familles, et passent ainsi, autant qu'ils le peuvent, la nuit dans les trous des arbres vermoulus. Ces demeures, ne pouvant contenir qu'un petit nombre d'individus, fournissent peut-être aussi un des motifs de ce bruit crépusculaire ; car il doit y avoir là, comme ailleurs, beaucoup plus de prétendants que d'élus.

Le friquet établit son nid ordinairement dans les trous des vieux arbres ; ce nid prend toutes les formes et se plie à toutes les dimensions des excavations auxquelles il est confié. L'enveloppe en est grossièrement composée de paille, d'herbes, de feuilles sèches ; l'intérieur est garni de laine, de crin, de plumes, de papiers, de chiffons, etc. Il contient quatre ou cinq œufs ordinairement allongés et quelquefois très-oblongs, d'autres fois très-ronds. Le plus souvent la coquille est luisante, ou présente une nuance violet clair. Ces œufs offrent une multitude de variétés, de couleurs, de teintes ; les uns ont un fond blanchâtre, avec une couronne de points noirâtres vers le gros bout ; d'autres sont parsemés de petites taches brunes, noirâtres, très-rapprochées, et offrant, en quelque sorte, deux couches superposées. Quelques-uns de ces œufs peuvent facilement être confondus avec les œufs de la fauvette effarvate, ou avec ceux de l'alouette calandrelle et du pipit des buissons. Le grand diamètre varie de 0^{m}018 à 0^m,019, et le petit de 0^m.013 à 0^m,014.

SOULCIE. — PETRONIA.

Le fringille soulcie est beaucoup plus rare que les précédents. Sédentaire dans quelques parties de notre département, il recherche, de préférence à tous les autres lieux, ceux qui sont plantés de noyers.

Ce moineau doit son nom vulgaire *soulcie, soucie,* « semblable à la couleur de la fleur du souci, » à la belle tache d'un jaune citron que les mâles portent au-devant de leur cou, surtout à l'époque du printemps. Pendant l'automne, cette tache est beaucoup moins apparente ; elle disparaît presque entièrement avec la *mue ruptile.* On appelle ainsi la mue, dans laquelle les oiseaux ne perdent pas leurs plumes tout entières, mais seulement l'extrémité de ces plumes. Dès lors que cette partie du plumage est revêtue de certaines nuances plus ou moins prononcées, il s'ensuit que le plumage de l'oiseau se trouve entièrement modifié par la mue ruptile.

Quant à l'épithète *petronia,* elle me semble avoir pour racine *petro, petronis,* qui signifie « bélier, paysan. » Cette dénomination ne peut se justifier que dans la deuxième acception, parce que le moineau soulcie est beaucoup plus *paysan* que le moineau franc, en ce sens qu'il ne s'approche jamais des villes, ni des habitations de l'homme ; il recherche les endroits solitaires et les arbres touffus qui peuvent plus facilement le dérober à la vue. Les soulcies volent en troupes serrées, comme les moineaux ; mais elles sont moins piailleuses, et leur vol n'est pas aussi précipité. Quelquefois même, elles paraissent voler par ondulations.

Le fringille soulcie établit son nid dans les trous naturels des arbres et surtout des noyers ; la femelle, moins féconde que celle du moineau franc, ne fait ordinairement qu'une couvée. Le nid est formé comme celui des deux espèces précédentes ; il contient quatre ou cinq œufs d'un blanc sale ou même roux, parsemé de points ou de taches brunes ou tirant sur le jaune. Quelques-uns sont piriformes et pointillés comme les œufs d'alouette lulu, d'un gris uniforme. J'en ai reçu plusieurs qui portaient, vers le gros bout, une très-belle couronne de points noirâtres, ce qui aurait pu les faire confondre avec quelques variétés de l'alouette cochevis et de l'alouette des champs. Les œufs de la soulcie ont ordinairement des proportions plus fortes que ceux du moineau franc. Le grand diamètre varie de $0^m,021$ à $0^m,022$, et le petit de $0^m,015$ à $0^m,016$.

<hr>

VERDIER. — CHLORIS.

Le verdier doit son nom vulgaire et sa dénomination scientifique aux nuances de son plumage qui, sans avoir une couleur bien prononcée, justifient cependant les épithètes employées pour désigner ce fringille. *Verdier* dérive de *viridis* qui a la même signification que CHLÔRIS, venant, ainsi que CHLÔROS, « vert, jaune, » de CHLOÉ.

Cet oiseau est confondu avec le bruant ; et presque partout on prend le bruant jaune pour le verdier, et le verdier pour le bruant. Leurs mœurs sont cependant bien différentes, et leur manière de nicher bien opposée.

Le motif plausible de cette erreur est la couleur jaune, tirant sur le vert, du plumage du verdier, qui le rapproche ainsi du bruant citrinelle. Je préférerais, sous toute réserve, tirer l'étymologie du mot verdier de *viridarius* qui servait, d'après plusieurs auteurs, à désigner un garde forestier chargé de veiller et sur les chasses et sur les bois qui lui étaient confiés. Selon Ménage, de Casseneuve et Ducange, *viridarius* serait formé de *viride*, qu'on prend absolument pour «*le bois vert.*» Afin de remplir sa mission, le verdier ou le garde forestier était souvent obligé de parcourir les forêts et les bois, de s'y tenir et d'y habiter en quelque sorte. A ce point de vue, l'étymologie de *verdier* semblerait être bien plus vraie et bien plus caractéristique.

Cet oiseau diffère de la plupart des fringilles par sa prédilection pour les lieux isolés. Il se tient de préférence sur le bord des rivières ou des petits cours d'eau plantés d'arbres dont le feuillage est épais. Il aime à se mettre à l'ombre des rameaux touffus; il paraît craindre et la trop grande lumière et la trop grande chaleur. C'est dans ces lieux solitaires qu'il établit son nid; il le construit sur la tête des arbres que l'on émonde d'une manière régulière; il choisit ceux qui l'ont été depuis deux ou trois ans, et dont les pousses souples et d'une verdure plus vive couvriront plus facilement la demeure de la future famille. D'autres fois le nid est placé le long du tronc de l'arbre à quelques mètres du sol sur plusieurs branches rapprochées les unes des autres. Ce nid est composé de petites bûchettes, sur lesquelles repose une coupe artistement façonnée et formée de racines très-souples et très-déliées, entremêlées quelquefois d'herbes, de mousse et de crin.

Le verdier, dont le caractère est beaucoup plus sociable que celui du moineau, fait, comme lui, plusieurs couvées. La femelle pond à chacune d'elles quatre ou cinq œufs allongés, d'un blanc bleuâtre, comme ceux de la linotte; ils sont parsemés de points ou de taches rougeâtres, ou de couleur violacée et noirâtre. Ces points sont plus nombreux vers le gros bout. Les œufs de verdier varient beaucoup dans leurs dimensions; les plus petits pourraient facilement être confondus avec ceux de la linotte, et les plus gros avec ceux du bec-croisé des sapins. Cependant la coquille des œufs du verdier est toujours plus épaisse que celle du *loxia curvirostra*.

Le grand diamètre varie de $0^m,018$ à $0^m,019$, et le petit de $0^m,012$ à $0^m,013$.

Le verdier élève ses petits avec une sollicitude très-remarquable; il ne les abandonne pas même quand ils sont emmenés en captivité ; car, bien qu'ils soient dans une étroite prison et surtout éloignés de ces ombrages et de cette verdure pour lesquels il manifeste une prédilection persévérante, le verdier veille sur ses petits et leur apporte une nourriture abondante, jusqu'au moment où ils peuvent se suffire à eux-mêmes.

GROS-BEC. — COCCATHRAUSTES.

Si l'on admet que *fringille* veut dire « briser, concasser, » le gros-bec doit certainement être considéré comme le chef de la famille. Cet oiseau est doté d'un bec énorme adapté à une tête dont les dimensions contribuent à lui donner une physionomie exceptionnelle. La tête et le bec semblent s'être égarés en venant s'adapter sur le cou du gros-bec; ils paraissent avoir été destinés à un oiseau beaucoup plus gros. Il ressemble ainsi à ces lutteurs trapus, aux formes peu gracieuses, et qui, par l'ensemble de leur corps, annoncent qu'ils sont loin d'être destinés à des concours d'intelligence. La physionomie du gros-bec est niaise.

Le nom scientifique de ce fringille, *coccathraustes*, dérive de ϰοϰϰos, « graine, bourgeon, » et de thraûô, « fracasser, briser, » etc.

Nous avons vu, à l'article du loriot, que cet oiseau a pour les cerises une prédilection très-sensible, et que les gens de la campagne croient qu'il dit dans son chant : *Je suis le compère Loriot, Qui mange les cerises et laisse les noyaux.* Ces noyaux sont recherchés avec avidité par le gros-bec, qui les brise très-facilement. Il complète ainsi l'œuvre du loriot, et efface toutes les traces des ravages causés par son confrère.

Les gros-becs voyagent par petites bandes, et, dans leur vol, ils se placent les uns à la suite des autres. Quand une de ces bandes s'arrête dans un champ de chanvre, elle y exerce de grands dommages. Lorsque tous les individus ont satisfait leur faim, l'un d'eux fait entendre un cri désagréable, semblable au bruit strident d'une lime, et tous les oiseaux de la bande répondent par un même cri, souvent accompagné d'un craquement de bec, et se dirigent vers les tiges élevées et touffues des arbres pour y passer la nuit. Le lendemain, un des membres de la famille donne le signal du réveil par un cri très-peu harmonieux, et tous le répètent en signe de consentement et de disposition à partir. En liberté, le gros-bec est sauvage et taciturne ; en captivité, il est cruel, et se plaît à briser la tête et les pattes des autres oiseaux renfermés avec lui. Quand il est attaqué, il se met sur le dos comme les oiseaux de proie, fait avec sa tête le moulinet à quatre faces avec une grande rapidité, et distribue généreusement de vigoureux coups de bec. Souvent il tue les oiseaux en les pinçant cruellement et en emportant la pièce à chaque coup de bec ; est-ce pour cela qu'il a été appelé *pinson royal*, c'est-à-dire « pinson par excellence? »

Le gros-bec vit aussi des semences des tilleuls et des

platanes. Il recherche beaucoup les noisettes, et, pour les saisir, il s'accroche souvent par les pieds aux branches qu'il visite, et il conserve la même position jusqu'à ce qu'il ait terminé son repas. Il est évident que, par cette habitude comme par son cri et par l'ensemble de ses mœurs, cet oiseau se rapproche de la mésange, et que, comme elle, il est peu gracieux pour ceux qui entretiennent des relations avec lui.

Le gros-bec imite le verdier; il établit son nid sur la tête des arbres émondés ou sur un faisceau de petites branches; le fond, composé de bûchettes, supporte une coupe formée de petites racines entrelacées avec art; rarement on y trouve du crin. Ce nid renferme quatre ou cinq œufs d'un gris cendré étendu, lavé de bleuâtre, moucheté de taches d'un brun noirâtre ou olivâtre, dont les unes se trouvent effacées dans la coquille, et les autres sont d'une nuance très-prononcée. Presque tous ces œufs ont des raies en forme de veines et qui serpentent d'une manière irrégulière. Le grand diamètre varie de $0^m,020$ à $0^m,025$, et le petit de $0^m,016$ à $0^m,017$. Le service le plus évident que le gros-bec rende à l'agriculture, c'est qu'il nourrit ses petits avec des insectes, des chrysalides, etc.; et, comme sa progéniture est douée d'un appétit caractéristique, il s'ensuit que, pendant la durée de l'éducation de la jeune famille, les insectes, les vers sont immolés en très-grand nombre.

GROS-BEC SERIN ou CINI. — SERINUS.

Ce fringille, l'un des plus gracieux de la famille, habite le midi de la France, et surtout les deux versants des Alpes. Il recherche les pays où règne une température chaude et assez régulière. Le cini traverse notre pays à des époques incertaines; quelques troupes même, attardées par des raisons inconnues, y ont fait, très-rarement, il est vrai, élection de domicile. Par ses formes, par ses habitudes, par les teintes jaunâtres et verdâtres de sa livrée et par son chant, le cini se rapproche du tarin et du venturon ; mais la dénomination de *gros-bec* sert à le distinguer de ces deux fringilles, qui n'ont pas, comme le serin, le bec court et bombé. Le cini vit en bonne intelligence avec tous ses congénères ; d'un caractère doux et sympathique, il se plaît à charmer, par les agréments de son chant, tous les lieux qu'il fréquente, tous les êtres qui l'environnent. Dès le matin, on le voit par petites bandes, cherchant à terre des graines et des semences de plantes, surtout celles du mouron et du seneçon, et ne disputant jamais à d'autres la nourriture qui peut même lui être nécessaire. Quand la chaleur augmente, les cinis aiment à se baigner, puis à regagner les arbres touffus ; et là, à l'abri d'un feuillage épais, les mâles donnent un concert de famille. Ils n'ambitionnent pas l'éclat ; ils ne recherchent pas les applaudissements du public : ils semblent ne désirer qu'une chose, faire passer à tous les membres de leur famille quelques moments d'une distraction pure et agréable, et donner à leurs petits une leçon d'harmonie domestique. L'épithète *serin* a paru à beaucoup d'auteurs la conséquence de ces dispositions du gros-bec. « Le serin, — dit Belon, — a pris son appellation française de l'excellence de son chant. Car tout ainsi que l'on dit que les « syrènes endorment les mariniers de leurs chansons, semblablement, pour ce que ce petit oiseau chante si doucement, il a pris le nom de *serin*. »

La dénomination de *sirène* dérive de séïrèn, qui a lui-même pour racine séïra, « chaîne, » parce que les sirènes enchaînaient, pour ainsi dire, par leurs accents, les malheureux qui se laissaient captiver à cette harmonie perfide. Nicot partage l'opinion de Belon, et dit :

« *Serinus nomen habere putatur a sirenibus*, le serin est considéré comme tirant son nom des sirènes ; » et il ajoute : « à cause de la douceur de son chant. »

Ménage donne lui-même une explication qui pourra satisfaire les savants, en indiquant le radical possible du mot *sirène*. Il affirme que le mot *schir* signifie en hébreu « chant doux et harmonieux, » et qu'il est le principe des mots qui, en grec, en latin et en français, désignaient le gros-bec *serin*, qui signifierait « gros-bec dont la voix est agréable et sympathique. » Cette épithète conviendrait parfaitement à ce fringille, qui sait captiver ceux qui le connaissent et l'entendent, non-seulement par les avantages de sa voix, mais encore par ceux de son caractère et de sa beauté. Je serais alors porté à croire que le mot *cini* a la même signification que *serin*, et que cette épithète n'est qu'une forme plus ou moins incomplète dérivée de *cecini*, parfait de *cano*, qui signifie « chanter. »

J'eusse désiré pouvoir consulter sur ce point le dictionnaire de M. Littré ; mais ce mot a échappé à l'attention du savant professeur. Dès lors, si je me trompe, j'aurai du moins en ma faveur une circonstance atténuante. Cette étymologie, que je donne avec une très-grande réserve, offrira l'avantage de rattacher au mot *cini* la pensée des mêmes habitudes retracées par l'expression *serin*. A cette première hypothèse j'en ajouterai une seconde, mais toutefois avec la même prudence. Cette nouvelle manière d'interpréter le mot *cini* s'appuierait sur les nuances d'une partie des plumes de cet oiseau, qui ont déterminé les campagnards à nommer le *cini* « serin vert de Provence. » Pour le caractériser encore d'une manière plus précise, on eût pu l'appeler le serin *cendré* ; car une des parties les plus apparentes de ce fringille, le dos, est olivâtre avec des taches noirâtres et *cendrées*. Cette dernière couleur est très-prononcée, et contraste d'une manière vive avec les autres nuances jaunes du plumage.

Frappés de ce contraste, les naturalistes n'auraient-ils pas voulu désigner le gros-bec cini par un mot qui fût fondé sur un signe caractéristique du plumage, « la couleur cendrée? » et dès lors *cini* ne serait-il pas une forme abrégée venant comme *cinereus*, « cendré, » du mot *cinis*, « cendre? »

Quelques heures avant le coucher du soleil, les cinis quittent leur salle de concert, et redescendent chercher dans les plaines le repas du soir. Ce repas sera court et frugal, et, bientôt après, tous les membres de la même société regagneront de nouveau les arbres les plus touffus, pour y passer la nuit.

Le cini aime à placer son nid dans les orangers, les rosiers, les arbres fruitiers ; ce nid est formé de petites tiges d'herbes, de pointes de lichens et de mousse unies par des toiles d'araignée. Ce charmant travail renferme quatre ou cinq œufs oblongs, de couleur blanchâtre. Ils sont parsemés de points ou de taches rougeâtres, ou noirâtres avec un mélange de rouge, dont la teinte, sur les bords, paraît effacée.

Ces œufs peuvent facilement être confondus avec ceux du chardonneret. Cependant ils sont généralement plus allongés, plus petits, d'une nuance moins prononcée. Le grand diamètre est de $0^m,014$, et le petit de $0^m,011$.

Pendant que la femelle se livre au travail de l'incubation, le mâle se tient près d'elle avec une attention particulière, prévoit à tous ses besoins et ne néglige rien pour charmer, par la douceur et la variété de son chant, les ennuis de sa compagne. Le serin offre donc, dans l'ensemble de ses habitudes, un modèle touchant de la vie de famille. Aussi son nom ne devrait-il être une épithète injurieuse que pour ceux qui s'affranchissent de plus en plus des liens qui font la véritable satisfaction du foyer domestique.

CINQUIÈME GENRE. — BOUVREUIL.

GROS-BEC BOUVREUIL ou BOUVREUIL COMMUN. — PYRRHULA VULGARIS.

Le bouvreuil compose à lui seul un genre dans la faune de Maine-et-Loire. Beaucoup d'autres espèces appartenant à ce genre ne visitent jamais l'Anjou. Nous pourrions tout au plus constater le passage du *bouvreuil ponceau,* admis par quelques naturalistes comme une véritable espèce, et, par d'autres, comme étant simplement une race plus forte que celle du bouvreuil commun, et qui devrait ses proportions plus grandes au pays de montagnes qu'elle habite. Mais avant de donner quelques détails sur cette question, je dois essayer d'expliquer les noms vulgaires et scientifiques du bouvreuil. J'ouvre le dictionnaire de M. Littré et je copie textuellement l'étymologie suivante : « *Bouvreuil,* mot à mot, *petit bœuf,* par une de ces comparaisons que les noms des animaux présentent non rarement : roitelet, moineau, pierrot, etc.»

Laissant de côté la controverse à laquelle une pareille explication pourrait facilement donner lieu, je dirai que les gens de la campagne, très-bons observateurs, appellent le *bouvreuil, bouvreux,* du même nom qu'ils désignent leurs jeunes taureaux. Pourquoi ont-ils confondu sous la même dénomination un des plus jolis oiseaux de notre Faune et les jeunes taureaux, dont l'impétuosité se manifeste souvent par des actes d'une violence dangereuse? Les villageois ont envisagé le bouvreuil et le jeune taureau sous un même point de vue, celui d'une impétuosité irrégulière et quelquefois très-dangereuse; et, dans leur langage naïf, ils ont assimilé par le même nom et le taureau et le bouvreuil. Cet oiseau mange rarement les insectes; il vit principalement de graines, de plantes, et, quand ces ressources lui font défaut, il attaque, avec une fougue qui tient de la colère, les boutons des arbres fruitiers, et fait alors de véritables ravages. C'est pour cette raison qu'il est souvent appelé *ébourgeonneur*. En quelques instants, la terre est couverte des débris que, dans sa fureur, il paraît prendre plaisir à entasser. Les campagnards ont vu dans cette habitude une certaine ressemblance avec la violence du taureau indompté, brisant tous les obstacles qui s'opposent à ses caprices ou à ses desseins. Pour fortifier cette opinion, je dois entrer dans quelques détails. *Bouvreux* a certainement pour racine, *bos, bovis*, de BOUS, signifiant l'un et l'autre « bœuf ou vache. » Cette expression est remplacée dans certaines localités par le mot *bouvard* ou *bouard*, employé pour désigner un jeune taureau, mot qui pourrait dériver de *bos, bovis*, « bœuf, » et *ardens*, « violent, emporté, » et qui dès lors indiquerait, sous la forme d'une locution populaire, la même pensée que celle qui est exprimée par la science. De plus, *bouvard* ou *bouard* signifie « un marteau, » dont on se servait pour frapper les monnaies ; ce marteau avait été ainsi nommé parce que, comme le bœuf, il frappait d'une manière violente et rapide ; c'est par le même motif qu'on dit : il frappe, il crie comme un *butor*, c'est-à-dire « comme un bœuf. » Il me paraît donc démontré que cette idée de coups violents et rapides a servi de trait d'union entre le bœuf et le gros-bec bouvreuil, et qu'elle a déterminé et les savants et les campagnards à les désigner par des expressions ayant le même principe.

Dans quelques contrées, le bouvreuil se nomme *pivoine :* il ressemble à la plante qui porte ce nom, par le beau rouge qui décore les plumes de son ventre et de sa poitrine. D'autres fois, il est appelé *perroquet de France*, à cause de la forme de son bec et de son aptitude à répéter quelques phrases, comme le véritable perroquet ; enfin, à cause de la belle calotte noire qui couvre sa tête, il a reçu dans quelques localités le nom de *prêtre* et de *chanoine.*

Le nom scientifique *pyrrhula* n'est que la traduction de PYRRHOULAS, composé de PYRRHOS, « rouge, couleur de feu, » et OULOS, « entier, » et signifie dès lors : « oiseau d'une couleur rouge très-prononcée. » Nous retrouvons là, sous une forme savante, la dénomination populaire, « *pivoine.* » Quant à l'épithète *vulgaris,* « vulgaire, commun, » elle sert à distinguer cette espèce de quelques autres du même genre, telles que le bouvreuil *cramoisi,* le bouvreuil *Pallas,* etc., qui sont beaucoup plus rares.

Le *bouvreuil ponceau,* reconnu par quelques naturalistes comme une espèce différente du bouvreuil commun, se trouve surtout dans les pays de montagnes, et en particulier sur les versants des Alpes. Son chant, plus fort et plus prolongé, est un peu différent de celui de son congénère ; ses tarses sont plus allongés, son bec plus gros, et toutes ses proportions sont aussi plus grandes. Enfin, au lieu d'émigrer par petites bandes comme le bouvreuil ordinaire, il voyage par couples. Ces différences sont-elles suffisantes pour déterminer deux espèces distinctes, ou ne doivent-elles servir qu'à établir deux races, comme dans la plupart des autres espèces ? J'abandonne cette solution aux savants, et je me borne, en terminant ces détails, à expliquer l'épithète *coccinea* employée pour désigner le bouvreuil ponceau. Le mot *coccinea* signifie « écarlate » et a le même sens que la dénomination vulgaire ; et les deux noms ont été inspirés par les nuances bien vives du plumage de cet oiseau.

Le bouvreuil établit son nid dans les haies, dans les buissons, dans les rosiers ; ce nid est formé à l'extérieur, de petites bûchettes, de racines légères et de mousse ; l'intérieur est ordinairement garni de crin, entrelacé de filaments déliés des plantes ; il contient quatre ou cinq œufs bleuâtres, parsemés, surtout vers le gros bout, de taches assez rondes, d'une couleur noirâtre, formant une espèce de couronne. Quoique d'un caractère sauvage, le bouvreuil supporte très-bien la captivité; il s'y reproduit, et apprend à répéter le chant de ses compagnons d'infortune. Ses œufs ont de $0^m,017$ à $0^m,0175$ de longueur, et de $0^m,013$ à $0^m,014$ de diamètre.

Le bouvreuil ponceau niche de la même manière que le bouvreuil vulgaire; ses œufs présentent les mêmes nuances et les mêmes taches; seulement, les dimensions sont plus grandes, et le grand diamètre varie de $0^m,0185$ à $0^m,0195$, et le petit de $0^m,0135$ à $0^m,0145$.

M. Bailly avait eu la complaisance de me procurer quelques œufs du bouvreuil ponceau. Je les conserve, dans ma collection, sinon comme des types d'une espèce nouvelle, du moins comme un souvenir précieux de la bienveillance du modeste et savant ornithologiste de la Savoie.

SIXIÈME GENRE. — BEC-CROISÉ.

BEC CROISÉ DES SAPINS. — LOXIA CURVIROSTRA.

Chaque année le bec croisé des sapins abandonne les forêts des montagnes pour visiter des régions plus tempérées, et venir, dans notre pays, chercher une nourriture qu'il ne trouve plus dans son séjour ordinaire. Son passage plus ou moins régulier, dans les mois de décembre et de janvier, a donné lieu à bien des erreurs. La couleur du plumage de cet oiseau variant, selon les âges, du vert au rougeâtre, a déterminé quelques naturalistes à reconnaître plusieurs espèces de becs-croisés des sapins, espèces qui n'existent pas réellement. La dénomination de *bec-croisé* donnée à ce fringille est incomplète; elle ne rend pas exactement la conformation du bec, dont les deux mandibules non–seulement sont croisées, mais se présentent encore à l'observateur comme étant contournées et de travers. Les mandibules de ce bec sont effectivement croisées, mais en sens inverse; elles présentent un aspect disgracieux, mais constituent un instrument très-utile pour l'oiseau qui en est doté. Une mandibule reste fixe, et la seconde

joue sur la première avec d'autant plus d'énergie, qu'elle attaque en diagonale l'objet qui lui est présenté. C'est avec ce puissant instrument que le bec-croisé recueille sa nourriture dans les forêts de sapins, dont il tranche les pommes, afin de pouvoir manger les semences qu'elles contiennent.

Ainsi se trouve justifié son nom de *bec croisé des sapins*. Les dénominations latines représentent la même pensée. Le mot *loxia* dérive de ΛΟΧΟΣ, qui signifie « oblique, » et *curvirostra* est composé de *rostrum*, « bec, » et *curvum*, « courbé. »

Dans l'antiquité, *loxias* était le surnom d'Apollon, à cause de l'ambiguité de ses oracles.

Quoique le bec croisé vive principalement des semences des arbres verts, il mange aussi et très-volontiers les graines de soleil, de chènevis, les pépins de pommes, et même les boutons résineux des peupliers. Cet oiseau se montre peu craintif, très-facile à apprivoiser et peu jaloux de sa liberté. Il niche, depuis le commencement de janvier jusqu'à la fin de mars, dans les forêts de sapins. Son nid repose sur quelques petites branches de mélèze; le fond est composé de bûchettes desséchées portant une coupe aplatie formée de mousse, de crin, de filaments des plantes.

J'ai mesuré les dimensions de plusieurs de ces nids : ils avaient ordinairement 0^m,13 de largeur; l'épaisseur des bords était de 0^m,02, et la profondeur de la coupe de 0^m,03. Ce travail est ordinairement placé sous la protection de branches plus fortes que celles qui supportent le nid, et, en s'avançant, elles font l'office d'une marquise naturelle et préservent le nid, la couveuse et sa petite famille de l'inconvénient des variations de la température. Ce nid renferme quatre ou cinq œufs blanchâtres, teintés de violet, et parsemés de points, de raies, et quelquefois de teintes rougeâtres ou d'un brun rougeâtre, qui sont ordinairement plus prononcées vers le gros bout des œufs ; ceux-ci, dont le grand diamètre est de 0^m,02, et le petit de 0^m,015, ressemblent assez à ceux du fringille verdier ; mais ils sont plus gros et d'une forme moins allongée. Leur coquille surtout est beaucoup plus légère que celle des autres fringilles. Quelques couples du bec croisé se sont arrêtés en Anjou pour s'y reproduire. Ils avaient fixé leur domicile dans le massif d'arbres verts qui se déroule devant l'entrée du grand cimetière de la ville d'Angers.

SEPTIÈME GENRE. — ÉTOURNEAU.

ÉTOURNEAU VULGAIRE. — STURNUS VULGARIS.

Le nom *étourneau vulgaire* n'est que la traduction des dénominations latines *sturnus vulgaris*, ou plutôt de *sturnellus* diminutif de *sturnus*. Là s'arrête l'étymologie donnée par M. Littré. J'y ajouterai que les habitants d'une ville de la Calabre, en Italie, portaient le nom de *sturnini*, « étourneaux. » — « Sturnini, incolæ Sturni oppidi Calabriæ, nunc Steraccio. » Le grand nombre d'étourneaux qui se trouvent dans les environs de cette ville aurait-il fait donner à ces oiseaux le même nom qu'aux habitants ? hypothèse qui pourrait se justifier par les faits cités précédemment, comme l'épithète *iliacus* donnée au merle qui se tient aux environs de la ville d'Ilion. Je laisse la solution de cette question aux maîtres de la science.

Court de Gébelin, dans *Le monde primitif*, tome VII, page 2047, classe le mot *sturnus* dans la même catégorie que *turdus*, « grive, » et *turgidus*, « gonflé, » assignant dès lors à *sturnus* la même racine qu'à ces dernières dénominations. Quant à l'adjectif *vulgaris*, « vulgaire, » il indique que l'espèce dont il est question

est la plus commune du genre ; elle sert en même temps
à la distinguer de l'étourneau *unicolore*, etc.

L'étourneau commun est plus ordinairement appelé
sansonnet ; pour justifier cette dénomination comme
beaucoup d'autres, les savants se bornent à dire qu'on a
donné à certains oiseaux des noms d'hommes, que l'on
a modifiés un peu. Je m'incline devant de si graves autorités. Cependant je me permettrai, à titre de renseignement, de faire une simple remarque. Le mot *sansonnet*
pourrait bien être, d'après plusieurs auteurs, une modification de l'expression *chansonnet*, sous laquelle cet oiseau est connu dans beaucoup de localités, expression
très-caractéristique et qui conviendrait parfaitement à
l'étourneau qui babille toujours. De plus ce nom ne serait
que la reproduction d'une phrase qu'il répète sans cesse,
« sonnez, sonnez. » On retrouverait alors pour cette dénomination la même raison qui a fait appeler la pie *Margot*, et le corbeau *Colas*, à cause des mots que ces oiseaux
aiment à redire souvent (Buffon, édit. in-4°, t. III, p. 176).
J'aurai la témérité de soumettre encore au lecteur une
autre hypothèse, quand les mœurs de ce fringille auront
été expliquées.

L'étourneau vulgaire vit d'insectes, de sauterelles ; il
suit la charrue du laboureur, et s'empare avec rapidité
des vermisseaux qu'elle découvre. Il passe des journées
entières au milieu des troupeaux de moutons, de vaches,
saisissant avec beaucoup d'adresse les vermisseaux que
les pieds de ces animaux font sortir de terre ; souvent on
le voit sur le dos des bœufs, cherchant les insectes qui
se cachent sous leur poil ; et, dans cette investigation, rien
ne parait l'effrayer. Le sansonnet fait une guerre acharnée aux hannetons, à leurs larves, et surtout aux sauterelles qu'il poursuit dans la prairie en écartant les brins
d'herbes avec son bec, dont il sépare les deux mandibules d'une manière exagérée et très-originale. Il im-

mole aussi un très-grand nombre de fourmis ; peut-être faut-il attribuer à ce goût particulier pour les fourmis et pour leurs œufs la saveur peu agréable de la chair de l'étourneau, laquelle a donné lieu à ce dicton populaire : « A défaut de grives, on mange des merles et des étourneaux. »

Les anciens pensaient que la langue de l'étourneau était vénéneuse. Etait-ce à cause de la nourriture spéciale à cet oiseau ? ou bien parce que sa langue babille sans cesse à tort et à travers? Quoi qu'il en soit, dans cette espèce, les femelles se taisent, et les mâles seuls jouissent du privilége d'apprendre à parler, et certes, ils en usent largement : que serait-ce si leurs compagnes avaient la même liberté ! Bien des fois, de vieilles demoiselles qui désirent pouvoir se reposer et laisser causer les autres, ou plutôt, avoir toujours un interlocuteur, se sont empressées le me demander à quels signes elles pouvaient reconnaître les jeunes sansonnets mâles dont elles voulaient faire l'éducation.

Malgré mes renseignements, elles ont presque toujours été victimes de la fourberie des marchands qui, dans cette circonstance, n'ont que des sansonnets mâles à vendre, tandis que leurs cages cependant sont remplies de femelles. Celles-ci se distinguent des mâles par des taches beaucoup plus nombreuses, qui parsèment le plumage du ventre, et par la couleur de leur bec qui est beaucoup moins jaune; malheureusement, ces distinctions caractéristiques ne sont guère sensibles chez les jeunes sujets.

Les étourneaux se réunissent par bandes innombrables, et, quand un oiseau de proie se rencontre sur leur passage ou les poursuit, ils se précipitent sur lui en formant un bataillon si compacte, que le rapace bat en retraite sous la puissance d'un choc qui l'étourdit et auquel il ne s'attendait pas.

Partout le mot étourneau est une épithète peu flatteuse et plus significative encore que celle de *tête de linotte.* Quels sont donc les motifs qui ont pu faire attacher à cette dénomination un sens de caprice et d'étourderie ? Dans leur vol, les étourneaux changent de direction subitement, décrivent des lignes en zigzag, montent, descendent, à droite, à gauche, avec une rapidité extraordinaire, et aucune raison ne paraît pouvoir justifier une pareille stratégie, résultat d'un caprice bizarre. De plus, quand le plomb du chasseur a semé la mort dans les rangs d'une bande d'étourneaux, les survivants, mûs par un bon sentiment, j'aime à le croire, volent en cercle autour des victimes, et donnent ainsi le temps à leurs ennemis de tirer plusieurs coups et d'augmenter d'une manière effrayante les proportions de l'hécatombe qu'ils immolent. Dans ces circonstances, il est facile à un chasseur exercé de tuer un nombre considérable d'étourneaux ; car les rangs sont si serrés, que chaque grain de plomb frappe une victime. Enfin, quand les prairies ont été visitées par les sansonnets, et que les sauterelles et les insectes ne peuvent plus suffire à apaiser la faim de ces myriades d'oiseaux, ceux-ci s'abattent, comme un véritable ouragan, sur les vignes où ils exercent des ravages considérables, moins encore par les grains de raisin qu'ils dévorent, que par ceux qu'ils abattent. Là encore, l'étourneau se conduit comme un véritable étourdi, comme un enfant gâté ; il se laisse aller à tous les caprices d'un appétit de fantaisie ; il choisit les grains de raisin, et, pour un qu'il mange, il en fait tomber quelquefois plusieurs douzaines. Là ne s'arrête pas sa culpabilité : il l'augmente en visitant un grand nombre de raisins, revenant à ceux qu'il avait délaissés, pour les abandonner de nouveau et donner une nouvelle preuve de son étourderie. Je pense ainsi avoir suffisamment justifié le dicton populaire : « étourdi comme un étourneau, » et je crois inutile de charger encore le dossier de maître Samson. Ce dernier grief ne serait-il pas le principe de cette dénomination populaire donnée à l'é-tourneau ? Le souvenir des ravages que Samson se plaisait à exercer dans les vignes des Philistins ; le malin plaisir qu'il prenait à dévaster cette culture privilégiée des ennemis d'Israël, n'auraient-ils pas inspiré l'idée d'assimiler l'étourneau au terrible Samson ? Ce qui me paraît irrécusable, c'est que les gens de la campagne ont dû avoir un motif pour comparer l'oiseau au juge du peuple de Dieu, et que ce motif ne peut être qu'un trait de ressemblance ; or celui que je viens d'indiquer me paraît assez plausible.

Je voulais terminer ici l'exposition de mes griefs contre l'étourneau. Je me vois obligé, à regret, d'ajouter encore quelques preuves pour justifier la croyance populaire, qui fait de cet oiseau le type de l'étourderie. Le sansonnet a la manie des voyages et des voyages en zigzag ; la femelle accompagne le mâle et, comme lui, aime à visiter tous les points du globe. Aucune difficulté ne peut arrêter le couple voyageur : on dirait un ménage anglais. Dans ses pérégrinations irrégulières, l'étourneau s'associe à toute espèce d'oiseaux, dont les mœurs et les habitudes ne lui sont guère sympathiques, et dans le commerce desquels il peut rencontrer plus d'un danger ; il expose sa vie, dépense son temps, sans pouvoir justifier sa conduite par aucun motif raisonnable. Enfin, dans ces voyages incompris, comme en tout autre temps, le sansonnet ne chante pas, mais babille sans cesse, et son babil est incohérent ; il est composé de phrases sans liaison : on dirait de véritables coq-à-l'âne. Sous ce rapport, l'étourneau est donc encore le type de ceux qui parlent à tort et à travers.

Un écrivain, qui a pris la défense de l'étourneau, a apporté en sa faveur une preuve qui, je crois, tourne

contre son client. Il pensait que l'habitude qu'a le sansonnet de se retirer le soir dans les marais pour passer
la nuit, suspendu le long des roseaux, était une preuve
de sagesse et un moyen de se dérober à la vue des rapaces nocturnes. Malheureusement, le soir, encore plus
que le jour, le sansonnet a besoin de babiller, et, en se
retirant dans les marais, il se livre à la satisfaction de
cette habitude avec une espèce de frénésie, qui semble
encore surexcitée par le désir, que chaque étourneau
éprouve, d'occuper la meilleure place. Le tapage infernal
auquel se livre la bande de sansonnets, avant de jouir
du sommeil, est loin d'être un moyen de se soustraire
aux regards de leurs ennemis. Ce bruit intempestif attire
les rapaces, en leur révélant les lieux où se trouve une
proie abondante et facile. De plus, il dirige les chasseurs
et les engage à tirer vers le but indiqué, et leurs coups
moissonnent toujours un grand nombre de victimes.
Ainsi, il y a quelques années, un excellent chasseur de
notre département, M. Edgard de Baracé, tira un coup
de fusil sur des roseaux qui étaient le théâtre du vacarme
que j'ai signalé. Il ne voyait rien, mais il pensait, à en
juger par le bruit, que les acteurs étaient nombreux ;
son espérance ne fut pas trompée : plusieurs douzaines
d'étourneaux avaient été tués. D'autres fois, les sansonnets viennent se percher dans les peupliers plantés le
long des cours d'eau ; là, comme dans les roseaux, ils se
livrent à leur tapage habituel, et trahissent, par leurs
cris, le lieu de leur retraite. Cette fois encore, ils se
livrent à leurs ennemis. Dans cette dernière circonstance, les chasseurs placent un vase à l'extrémité d'une
perche, remplissent le vase de poudre de soufre qu'ils al-
lument, le promènent autour des peupliers pendant quelque temps, et bientôt après, les étourneaux, suffoqués par
la fumée du soufre, tombent par centaines.

Il m'est difficile de voir encore, dans cette bruyante

réunion des étourneaux, une preuve de sagesse et de prévoyance.

Il est juste d'enregistrer, en faveur du sansonnet, un service qu'il rend, peut-être sans le savoir, mais qui n'en est pas moins réel et très-sérieux, service constaté par un grand nombre de naturalistes. Dans leurs courses vagabondes, les bandes d'étourneaux, composées de milliers de sujets, repeuplent les cimes et les revers de l'Atlas, en y semant des graines d'oliviers et de lentisques.

Le sansonnet se reproduit dans notre département; il pond de quatre à six œufs dans les trous des arbres ou dans les crevasses des vieux châteaux, et dans les nids abandonnés par les corneilles et par les écureuils. Ces œufs, d'un bleu uniforme plus ou moins foncé, reposent sur un lit qui prend toutes les formes et les dimensions du trou auquel il est confié. Il est composé de paille, de mousse, de crin et de plumes. Le grand diamètre des œufs varie de $0^m,026$ à $0^m,027$, et le petit de $0^m,019$ à $0^m,020$. L'étourneau ne niche pas isolément; une bande plus ou moins nombreuse, selon les trous d'arbres qu'elle rencontre, se reproduit dans la même localité.

HUITIÈME GENRE. — MARTIN.

MARTIN ROSELIN. — PASTOR ROSEUS.

Déjà plusieurs fois, j'ai eu l'occasion de faire remarquer qu'au mot *Martin* s'attachait l'idée d'une certaine autorité; et le bon Lafontaine, en donnant cette dénomination à l'ours, au bâton, etc., a ajouté à ces deux noms un prestige tout particulier. Ici donc, la même pensée a dû diriger les naturalistes, et le martin, dont je vais essayer d'expliquer les noms par ses mœurs, doit être un oiseau entouré d'une certaine réputation de puissance.

Cet oiseau habite, en effet, les pays où les sauterelles sont très-nombreuses et réclament, dès lors, un adversaire redoutable. Cet adversaire, c'est le martin-roselin ; il immole des myriades de ces terribles insectes, et accomplit sa mission providentielle avec une persévérance et une énergie dignes des plus grands éloges. Les savants modernes appellent le martin-roselin *acridatherus*, « chasseur de sauterelles, » de AKRIS, « sauterelle, » et THÈRAÔ, « chasser.» C'est au martin-roselin que les habitants des pays désolés par des légions innombrables de sauterelles doivent la conservation de leurs récoltes, et l'éloignement des maladies contagieuses engendrées par les cadavres putréfiés de ces insectes. Afin de mieux faire comprendre l'étendue de la mission du martin-roselin et des immenses services qu'il rend, je vais donner un petit résumé des malheurs que causent les sauterelles dans les pays qu'elles visitent.

Je laisserai de côté les détails si émouvants qui sont consignés dans les annales de l'antiquité, et ceux que les journaux de l'Algérie et de la Palestine nous ont donnés de l'apparition des sauterelles pendant l'année 1866, ainsi que sur les épouvantables ravages exercés par ces insectes, qui ne laissaient après leur passage que la désolation, la ruine, la famine et la peste. Je me bornerai à citer quelques renseignements que je dois à la bienveillance de mon honorable ami, M. Léon de Joannis, ancien officier de la marine militaire. Plus il sera constaté que les sauterelles, par leur nombre et par leurs pérégrinations, constituent un véritable fléau, plus on devra reconnaître les services rendus par le martin-roselin, qui s'oppose à la propagation de ces terribles insectes.

« J'ai assisté une fois dans ma vie, — dit M. de Joannis,
« — au curieux phénomène de l'apparition des sauterelles.
« Je me trouvais alors dans la Haute-Egypte, où nous

« étions allés pour enlever l'obélisque de Louqsor. C'était
« vers le mois de mai ; à la suite d'un vent brûlant, ap-
« parurent quelques-uns de ces insectes ; puis, quelques
« instants après, l'air en fut tellement obscurci, qu'on
« ne peut rendre l'effet qu'ils produisaient, qu'en les com-
« parant à une neige épaisse tombant à gros flocons. Ce-
« pendant, ces sauterelles voltigeaient d'abord à une hau-
« teur d'un mètre à un mètre cinquante centimètres,
« puis ensuite un grand nombre tombèrent à terre,
« mais l'immense majorité tournoyant avec un bruit stri-
« dent venait frapper au visage toutes les personnes qui
« s'aventuraient en dehors des habitations. Les récoltes,
« dans la Haute-Egypte, étant faites au mois de mai,
« ces sauterelles ne trouvèrent à dévorer que les feuilles
« de quelques mimosas épars çà et là ; aussi ne restèrent-
« elles pas longtemps à Louqsor et dirigèrent-elles leur
« vol vers la Basse-Egypte, l'Asie-Mineure et la Grèce.
« Là, elles accomplirent l'œuvre de destruction dont
« Dieu menaçait les Egyptiens au chap. x de l'Exode,
« v. 5 : « Les sauterelles couvriront la surface de la
« terre, en sorte qu'elle ne paraîtra plus ; elles mange-
« ront tout ce que la grêle aura épargné ; car elles *ron-*
« *geront* toutes les herbes de la terre et tous les fruits des
« arbres qui poussent dans les champs.

« On s'est étonné qu'Hérodote, qui a beaucoup écrit
« sur l'Egypte, n'ait pas signalé le fléau des sauterelles,
« qui reparaît d'une manière assez périodique ; mais on
« pense que les serpents ailés, dont parle cet auteur, et
« qui, selon lui, débouchent à certaines époques par les
« gorges des montagnes pour venir ravager l'Egypte, ne
« sont autres que les bandes innombrables de ces in-
« sectes dévastateurs. Ce qui est parfaitement démontré,
« c'est que le vent contribue puissamment à l'émigration
« des sauterelles ; car, sans son secours, la faiblesse de
« leur vol ne leur permettrait pas d'entreprendre les

« voyages lointains qu'elles accomplissent, non-seule-
« ment sur terre, mais encore sur la mer, dont elles
« traversent plusieurs centaines de kilomètres. On ignore
« encore aujourd'hui quel est le motif qui rassemble en
« troupe innombrable ces sauterelles et les pousse à
« suivre l'impulsion du vent. La cause la plus probable
« qui force ces insectes à s'abandonner à ces longues
« courses semble être la nécessité de trouver une nour-
« riture suffisante pour leurs myriades de légions. Kirby,
« dans un journal d'Amérique, raconte qu'à 200 milles
« des îles Canaries, après un léger vent de nord-ouest,
« un vaisseau se vit tout à coup enveloppé d'un nuage
« de sauterelles qui couvrirent en un instant le pont et
« les hunes.

« Lorsque, dans le mois de juin 1828, j'entrais dans
« le golfe de Smyrne, sur la corvette *la Pomone*, je fus
« étonné du ralentissement presque subit de la marche
« du navire. Tous les marins cherchaient à connaître la
« cause qui avait modifié tout à coup notre vitesse ; des
« matelots descendirent le long du bord, et il fut constaté
« que nous étions au milieu d'un banc de cadavres de
« sauterelles qui avait plus d'un mètre d'épaisseur. Nous
« eûmes de la peine à traverser cette couche compacte
« qui remplissait tout le golfe, et comme le vent d'*imbat*,
« qui entre tous les jours dans le golfe, poussait les sau-
« terelles vers la plage encadrant la ville de chaque côté,
« la mer rejeta sur le sable, en moins de vingt-quatre
« heures, une couche de sauterelles ayant plus de $0^m,70$
« d'épaisseur. Afin d'éviter les miasmes pestilentiels qui
« se dégageaient de ces cadavres en putréfaction, les au-
« torités de Smyrne obligèrent les habitants à enlever,
« dans de nombreux chariots, ces insectes, et à les por-
« ter au loin dans les terres, où ils furent enfouis pour
« servir d'engrais d'une nouvelle espèce.

« Le terrible fléau des sauterelles se fait aussi sentir

« en Chine. Car, dans une lettre insérée dans les *Annales*
« *de la Société entomologique de France* (séance du
« 1er juin 1836), on affirme que, quand ces insectes n'ont
« plus rien à dévorer, ils pénètrent dans les habita-
« tions, où ils s'attaquent aux habits, aux bonnets, etc.
« Dans l'antiquité, les peuples adressaient aux dieux des
« prières spéciales pour être préservés des sauterelles,
« et offraient des sacrifices à la même intention. Des
« légions de soldats étaient occupées à recueillir les sau-
« terelles et leurs œufs, pour les brûler ensuite, afin
« d'empêcher que leur corruption n'engendrât des mala-
« dies contagieuses. Oresius dit effectivement que, l'an
« 800, ces insectes, rejetés à la côte par la mer, répan-
« dirent une odeur aussi funeste que celle qu'auraient
« pu engendrer les cadavres putréfiés d'une nombreuse
« armée. Barrow, voyageur anglais, rapporte qu'à la
« côte sud de l'Afrique, ces insectes couvrirent le sol
« sur une surface de deux milles carrés, et que, poussés
« par un vent violent, ils formèrent un banc de plus
« d'un mètre de hauteur qui répandait une odeur insup-
« portable à cinquante milles de distance.

« Dans le midi de la France, certaines localités n'ont
« jamais cessé de s'imposer des dépenses pour la des-
« truction des sauterelles ; et, dès le xviie siècle, Marseille
« consacrait, chaque année, 20,000 francs, et Arles,
« 25,000, pour anéantir ces insectes. Aujourd'hui en-
« core, on paie 0,25 centimes le kilogramme de saute-
« relles et 0,50 centimes pour le même poids de leurs
« œufs. On commence dans le mois de mai à recueillir
« les uns et les autres. Pour accomplir cette chasse, on
« se sert d'un drap de grosse toile dont les coins sont
« tenus par quatre personnes, qui, dans leur marche
« rapide, rasent le sol par un des côtés du drap. Les
« insectes effrayés cherchent à fuir, et, en sautant, se
« trouvent enveloppés dans le drap, où ils sont recueillis

« et ensuite mis dans des sacs. Une personne exercée à
« cette chasse peut récolter pour sa part six ou sept
« kilogrammes d'œufs par jour, et chaque kilogramme
« renferme environ 1,600 œufs. »

Je viens de transcrire un aperçu, déjà effrayant, des
ravages des sauterelles, qui portent partout sur leur
passage une épouvantable dévastation, et cependant les
dimensions de ces insectes sont loin d'être en rapport
avec celles dont parle Pline (chap. 29, livre X). Cet auteur
prétend que, dans l'Inde, il existait de son temps des
sauterelles qui n'avaient pas moins de quatre coudées de
long, et dont les grandes pattes, armées de dents, servaient de scies dans le pays, pour scier le bois !

Chez tous les peuples de l'antiquité, les sauterelles
portaient un nom très-caractéristique. Le mot hébreu
signifiait « celui qui se multiplie; » le sanscrit, « sauter; »
le chinois, « ver qui s'avance; » le chaldéen, « ronger. »
Le mot latin *locusta* a été, selon plusieurs auteurs,
formé de *loca-usta*, « lieux brûlés, » et indiquait, dès
lors, le pays de prédilection des sauterelles, qui se multiplient surtout dans les pays soumis à l'action brûlante
du soleil ; ou bien encore le résultat effroyable du passage des sauterelles, après lequel il ne reste plus que des
champs noircis et rasés, comme si le feu y avait passé.

MM. Desforges-Boucher, gouverneur général, et
Poivre, intendant de l'île Maurice et de l'île de la
Réunion, voyant ces îles désolées par les sauterelles,
firent venir de l'Inde quelques couples de martins-roselins qui se multiplièrent bientôt. Malheureusement,
quelques propriétaires, ayant remarqué que les martins
attaquaient les graines confiées à la terre et les fruits
arrivés au terme de leur maturité, apportèrent, eux
aussi, des preuves matérielles des ravages causés par
ces oiseaux. Le poids de ces preuves fut tellement écra-
sant, que le gouverneur et l'intendant proscrivirent les

roselins. Ces oiseaux disparurent entièrement des deux îles, et les bons propriétaires étaient disposés à illuminer en signe de joie : les ennemis de leurs récoltes, de leurs fruits, les grands coupables étaient pour toujours chassés de leurs demeures ! La joie ne fut pas de longue durée : les sauterelles se multiplièrent promptement ; les récoltes furent dévorées ; l'écorce des arbres fut rongée ; et la désolation, la famine régnèrent sur l'île Maurice et sur celle de la Réunion. Les propriétaires, qui presque toujours ne considèrent que le présent, et n'envisagent les questions d'histoire naturelle que sous un seul point de vue, celui de leur intérêt actuel, se rendirent auprès du gouverneur général, pour lui demander de rappeler les proscrits. Un navire fut envoyé dans l'Indoustan, afin de ramener une cargaison de martins-roselins ; ceux-ci furent reçus en triomphe et placés sous la sauvegarde des lois. Les martins se mirent si bien à l'œuvre, que, les sauterelles étant presque entièrement détruites, ils durent de nouveau attaquer les fruits et les graines pour subsister. Mais, avertis par une cruelle expérience, les habitants de ces îles se résignent facilement à subir un petit dommage qui les préserve d'un plus grand. Et en cela je les loue ; car, plus sages que Garo, ils ne pensent pas à donner à Dieu une leçon sur l'harmonie générale de la nature, ni à briser un des anneaux de la chaîne que le Créateur a formée dans l'intérêt de l'équilibre universel ; équilibre que Dieu seul peut comprendre, parce que seul il peut embrasser les liens qui unissent entre eux tous les êtres sortis de ses mains.

Maintenant, pourquoi avoir nommé *roselin* le martin dont nous étudions les habitudes ? Cette épithète se justifie par les nuances du plumage de l'oiseau, et c'est le même motif qui l'a fait appeler *roseus*, « de couleur rose. » Le mâle est surtout remarquable par la belle couleur rose qui lui couvre le dos, le ventre et l'abdomen. Des reflets violets d'un éclat vif brillent aussi sur la huppe, le cou et la poitrine du martin-roselin.

La dénomination martin, quoique bien justifiée par les services et par les mœurs de ce fringille, est peut-être encore moins significative que l'expression latine : *Pastor roseus*, « pasteur rose. » En effet, le martin accompagne les troupeaux, s'élance sur le dos des animaux pour y chercher les insectes qui se cachent sous le poil ou sous la laine, conserve cette position malgré les courses de sa monture : il paraît être le conducteur et le pasteur du troupeau.

Les martins vivent par couple l'été. Le mâle et la femelle de chaque couple sont alors constamment l'un près de l'autre, soit à terre, soit sur les arbres. En d'autres temps, ces oiseaux se réunissent en troupes, et forment de grandes volées très-serrées. Descendus dans une prairie, ils se dispersent aussitôt dans toutes les directions pour chercher leur nourriture, à la manière des étourneaux.

Les habitudes du martin-roselin nous sont seules connues, et suffisent pour donner une idée de celles des autres espèces. Voici ce que nous en apprend M. Nordmann, dans un excellent mémoire sur cet oiseau :

« Les martins-roselins, si abondants dans la Russie méridionale, y sont un vrai bienfait de la Providence, en y pourchassant continuellement, dans les grandes herbes des steppes, les sauterelles qui, y pullulant par milliers, s'en échappent parfois par grands vols et dévorent les moissons partout où elles s'abattent. Ils arrivent dans le midi de la Russie vers le commencement du printemps. Leur penchant pour la société de leurs semblables est si prononcé, que l'on n'en voit jamais de solitaires. Ils forment souvent des bandes d'une multitude innombrable, surtout au moment du crépuscule, où ils se réunissent de toutes parts, pour chercher gîte en commun. Mais quand ils descendent dans la steppe pour y commencer leur chasse aux insectes, ils s'y dispersent, au contraire, par petites troupes, de manière que chacune en particulier puisse y faire bien à l'aise sa battue. Ils se mettent alors en marche au milieu des herbes, séparés les uns des autres par une distance modérée, et observant strictement la même direction. Ils avancent au pas avec vitesse, en ayant cependant de temps en temps recours à leurs ailes. Pendant leur marche, ils tournent leurs têtes de tous les côtés. Lorsqu'un tertre vient leur barrer le chemin, quelques-uns y montent ensemble ; arrivés en haut, ils s'arrêtent un instant et regardent dans tous les sens en relevant la huppe. Ils tiennent le cou droit, et ne le tendent en avant que si un insecte attire leur attention. Si c'est une sauterelle, ils doublent le pas, et en sautant obliquement, ils s'élancent quelquefois assez haut, de manière qu'on voit tantôt l'un, tantôt l'autre paraître au-dessus de l'herbe. Souvent les hirondelles profitent de la battue que les roselins font dans l'herbe, les précédant à une petite distance pour saisir les insectes que ceux-ci font envoler, et décelant ainsi par leur présence le passage des chasseurs. Les roselins sont très-adroits à enlever, en sautant, les insectes de dessus les brins d'herbe. Celui qui vient de faire une trouvaille pousse un cri de joie, qui attire sur-le-champ quelques-uns de ses compagnons, désireux de partager sa bonne fortune. Dans un pareil cas, surtout lorsqu'il s'agit d'une grosse sauterelle ou de quelque autre morceau friand, on voit souvent de petites disputes s'élever entre ces oiseaux d'ailleurs paisibles, toujours de bonne humeur, gais, et d'une grande agilité. Quand leur chasse est terminée, ils se plaisent à se rassembler sur un arbre, où ils se mettent tous ensemble, célébrant sans doute la destruction profitable qu'ils viennent d'accomplir. » (*Catalogue raisonné des oiseaux de la Faune pontique.*)

Aussi, selon le même auteur, les Arméniens et les Tartares ont-ils la plus grande vénération pour le martin-roselin, qu'ils considèrent comme un oiseau créé par la Providence pour la destruction des sauterelles. Quand ils se voient menacés d'une invasion de ces insectes, ils vont puiser, à une source qui coule au pied du mont Arara, une eau qu'ils regardent comme sacrée, et, dès que cette eau est arrivée dans leur pays, les martins y apparaissent pour commencer la destruction du fléau.

D'après le traducteur de Bechstein, le martin-roselin paraîtrait susceptible d'être apprivoisé. « Un chasseur, — dit-il, — découvrit, en 1794, dans les environs de Meiningen, en Souabe, une volée de huit ou dix roselins qui allaient assez lentement du sud-ouest au nord-est, passant d'un cerisier à un autre. Il tira sur ces oiseaux ; un seul tomba, mais ne fut heureusement que fort légèrement blessé, de manière qu'il ne tarda pas à en guérir parfaitement. Porté aussitôt à M. de Wachter, curé de Frickenhausen, cet ecclésiastique en prit le plus grand soin ; il lui donna une cage spacieuse, et trouva que le gruau d'orge trempé de lait lui était aussi sain qu'agréable. Les bons traitements l'apprivoisèrent en peu de temps, au point que l'oiseau vint prendre dans la main les insectes qu'il lui présentait. Il chanta bientôt aussi ; mais son ramage ne consistait d'abord qu'en un petit nombre de sons rauques, d'ailleurs assez bien liés ; il devint dans la suite plus clair et plus soutenu. Des connaisseurs en chants d'oiseaux y trouvèrent un mélange de plusieurs ramages. Un de ces connaisseurs, qui n'avait pas encore aperçu l'oiseau et n'entendait que sa voix, croyait entendre un concert de deux étourneaux, de deux chardonnerets et peut-être d'un tarin ; et, lorsqu'il vit qu'il était seul, il ne pouvait concevoir que toute cette musique sortît du même gosier. Cet oiseau vivait encore en 1802, et faisait le plaisir de son possesseur. » (*Manuel de l'amateur.*)

Comme l'étourneau, le martin-roselin aime les voyages lointains, qu'il accomplit en bandes nombreuses ; c'est un guerrier qui cherche partout des ennemis à immoler, et dont les pérégrinations sont un bienfait de la Providence de Dieu. Comme le sansonnet aussi, le roselin est d'un caractère pétulant et babille sans cesse. Cet oiseau se reproduit dans les trous des arbres et dans les crevasses des vieux murs. Son nid, composé de débris de plantes, de mousse, etc., prend la forme des cavités auxquelles il est confié ; il contient quatre ou cinq œufs blancs et légèrement teintés de bleuâtre, un peu piriformes, ou qui, parfois, ressemblent à des œufs d'étourneau dont les nuances seraient passées.

NEUVIÈME GENRE. — CORBEAU.

Au martin-roselin succède un groupe bien différent de ceux qui l'ont précédé ; il se trouve cependant rangé dans la famille des conirostres, à laquelle il appartient par la forme du bec, spéciale à cette nombreuse famille. Mais avant d'expliquer les mœurs des corbeaux, je dois essayer de faire connaître quelle est l'étymologie du mot affecté au genre entier.

Corbeau dérive de *corvellus*, diminutif de *corvus*, nom qui, chez les Latins, désignait le « corbeau. » Les savants font remarquer que le radical *cor* se retrouve dans KORAKS et KORÔNÈ, expressions employées, chez les Grecs, pour représenter le corbeau et la corneille ; il existait aussi dans l'ancien français *li corbels*, ou *li corbaus*. Ainsi, il paraît démontré que KORAKS, *corvus*, *corvellus*, *corbeau* ont une même origine : quelle est-elle ?

Les maîtres de la science prétendent que cette origine est hébraïque, et que le principe de toutes ces dénominations est « *oreb*, » qui, chez les Hébreux, désignait « le corbeau, » mot qui signifie « être ténébreux, noir, obscur, » et qui convient très-bien à cet oiseau, à cause de son plumage ; d'où cette locution populaire : *noir comme un corbeau*. En admettant cette explication, qui me semble très-plausible, *corbeau* aurait pour racine, dans beaucoup de langues, une expression qui pourrait se traduire par celle-ci : « le noir. » Ainsi, grâce à la langue hébraïque, il est facile de comprendre que *corbeau* n'est pas un mot vide de sens ; mais qu'il fait, au contraire, connaître le caractère très-prononcé du plumage de tous les oiseaux classés sous cette dénomination.

Cependant cette interprétation n'eût pas été fondée dans les temps primitifs, si toutefois on admettait le témoignage de la fable. Car, d'après les récits mythologiques, une jeune personne, Coronis, aurait été changée en corneille par la déesse Minerve, qui, pour symboliser l'innocence de sa victime, l'avait revêtue d'un plumage d'une éclatante blancheur. Malheureusement pour elle et pour d'autres, Coronis, malgré sa candeur, avait conservé l'habitude de parler, et de parler beaucoup, et même sans discrétion. Aussi Apollon, pour la punir d'avoir révélé des secrets qu'elle n'eût pas dû faire connaître, changea-t-il le plumage de Coronis, qui devint noir et tel que nous le voyons aujourd'hui. Cette nouvelle métamorphose ne corrigea pas l'infortunée Coronis, et il nous est facile de constater que, sous son nouveau plumage, elle babille beaucoup et se plaît à répéter les paroles qu'elle entend. Cette habitude caractéristique, qui se joint à un amour-propre très-prononcé, tient peut-être, selon la mythologie, à l'origine du corbeau ; cette habitude a été mise en scène, sous une forme attrayante et maligne, dans la fable si célèbre de notre bon Lafontaine : *Le Renard et le Corbeau.*

Dans tous les temps et chez tous les peuples, le corbeau a joué un grand rôle. Était-ce un souvenir des temps mosaïques ? Voyait-on encore en lui l'oiseau chargé d'un message entre Dieu irrité et l'homme coupable ? Quoi qu'il en soit, les Romains avaient consacré le corbeau à Apollon, comme prédisant l'avenir. Les augures consultaient le vol et le chant de cet oiseau, et puisaient dans ses dispositions des moyens infaillibles de connaître les événements futurs. D'après Pline (livre X, ch. xv), les Romains supposaient au corbeau un instinct naturel pour annoncer l'avenir, au moyen de soixante-quatre inflexions de voix différentes, toutes distinctes et ayant chacune une signification particulière.

Lafontaine a dit :

> Le corbeau sert pour le présage;
> La corneille avertit des malheurs à venir.

Le corbeau, comme figure de la nuit, était consacré à Phébus, ainsi que le cygne, image du jour.

Tite-Live rapporte qu'un Romain nommé Valérius, ayant eu à soutenir un combat particulier contre un Gaulois d'une taille gigantesque, fut aidé dans cette lutte par un corbeau. Avec l'aide de cet oiseau, Valérius remporta la victoire, et, pour consacrer la mémoire de ce fait, il fut surnommé Corvinus.

La légende grecque prétend que ce fut un corbeau qui indiqua à Alexandre le Grand la route du temple mystérieux de Jupiter-Ammon.

Le corbeau est appelé vulgairement *Colas*, parce qu'il aime à répéter ce mot. Quelques auteurs ont, en conséquence, prétendu que l'expression KORAKS avait été formée par onomatopée.

Cet oiseau apprend facilement à parler ; aussi les Romains (car en tous temps les flatteurs ont été nombreux) aimaient-ils à élever des corbeaux qui saluaient les empereurs : *Ave, Nero!* — « Salut, Néron ! » *Ave, Galba!* — « Salut, Galba ! » Mais, comme les empereurs étaient souvent détrônés et massacrés, il s'ensuivait que le salut d'aujourd'hui, fort agréé du prince, devenait, comme de notre temps, un salut coupable le lendemain. C'est ainsi que les pauvres corbeaux ont suscité quelquefois à leurs maîtres de graves difficultés, et causé même de sanglantes émeutes. Et si la longue vie que l'on attribue aux corbeaux se réalisait, du temps des Romains, à quel supplice ces pauvres oiseaux ne devaient-ils pas être condamnés, pour en venir à oublier les dieux de la veille, et à saluer ceux du jour ! Combien de ces infortunés oiseaux ont payé de leur sang une erreur de mémoire ! A quelle confusion et à quelles tortures ne seraient-ils pas encore exposés à notre époque !

CORBEAU NOIR. — CORVUS CORAX.

La première espèce du genre corbeau est désignée sous le nom de *grand corbeau* ou de *corbeau noir*. Le mot *grand* s'explique par les proportions de cette espèce, beaucoup plus fortes que celles des autres. Quant à l'expression *noir*, elle se justifie par les nuances du plumage, qui, dans le grand corbeau, sont encore plus foncées que dans les autres espèces. Les noms scientifiques *corvus corax* représentent les mêmes idées que les expressions vulgaires. Les naturalistes ont admis, les uns deux espèces, les autres deux races du grand corbeau. Pour distinguer l'une de l'autre, ils ont appelé la seconde *corvus littoralis*, « corbeau littoral, » parce qu'il se tient ordinairement sur des rivages déserts, où il se nourrit des débris de cadavres de toute espèce jetés aux bords des mers par les flots irrités. Ce corbeau est plus gros que celui qui habite nos contrées, et se trouve surtout sur les côtes des mers du nord.

Le corbeau noir se reproduit en Anjou. Autrefois, il y était assez multiplié ; aujourd'hui, à peine peut-on en signaler deux ou trois couples. Les nombreux méfaits qu'on lui imputait ; les petits oiseaux de toute espèce, ainsi que les œufs des couveuses qu'il dévorait, lui ont suscité beaucoup d'ennemis et, dès lors, l'ont exposé à devenir l'objet d'une guerre d'extermination. Malgré tous les griefs qu'on peut lui reprocher, le gros corbeau, plus nombreux autrefois, rend, comme le catharte alimoche, de vrais services, en absorbant les cadavres en putréfaction et les ordures qui, dans le voisinage des lieux habités, peuvent répandre des miasmes dangereux. Le corbeau noir est doué d'une grande voracité, et pour l'assouvir rien ne lui répugne ; il ne réclame et ne recherche qu'une grande quantité d'aliments. Comme les vautours, il jouit d'un odorat très-développé, qui lui sert à deviner de très-loin les immondices, qu'il recherche de préférence à toute autre nourriture. Etait-ce à cause de cette manière de vivre qu'il était classé parmi les animaux impurs ? Cet odorat est aussi, pour lui, un moyen d'éviter le plomb du chasseur ; car l'odeur de la poudre lui est révélée à de très-grandes distances. Il joint à cette faculté une excessive défiance ; aussi échappe-t-il presque toujours aux piéges qu'on lui tend. Le grand corbeau ne vit pas en troupes ; on le trouve par couples, et souvent même il est solitaire.

Il établit son nid dans les excavations des rochers, sur le bord de la mer, dans les montagnes, et, assez fréquemment, sur les branches les plus élevées des arbres des forêts. Ce nid, très-solidement construit, repose sur une couche formée de bûchettes et d'épines qui servent à le défendre contre ses ennemis. L'intérieur en est revêtu de terre gâchée avec de la fiente d'animaux. Quelquefois, mais très-rarement, on y trouve des débris de mousse, de foin ou de laine. Le même nid sert plusieurs années au couple qui l'a édifié. C'est là que la femelle dépose de trois à cinq œufs d'un vert bleuâtre ou noirâtre, sur lesquels ondulent des raies ou des taches brunes ou d'un gris pâle. Quelques-uns portent une calotte noirâtre ; d'autres sont parcourus en zigzag par des veines d'un gris et d'un brun foncé, qui semblent, en s'entremêlant, former un canevas. Les dimensions de ces œufs se modifient beaucoup ; j'en possède dans ma collection des exemplaires dont le grand diamètre varie de 0^m,045 à 0^m,055, et le petit de 0^m,030 à 0^m,035.

Le mâle manifeste une grande tendresse pour sa femelle ; il partage avec elle les soucis de l'incubation.

L'opinion générale attribue au corbeau une longévité très-remarquable.

Je ne puis terminer ces observations sur le corbeau sans le justifier d'un reproche, que lui fait un de mes auteurs favoris. Le bon Lafontaine, notre inimitable fabuliste, prétend que le corbeau, voulant imiter l'aigle, embarrassa ses pieds dans la laine d'un mouton qu'il essayait d'enlever, et que, pris dans ce piége, il fut assommé par le berger. La morale de cette fable est vraie et utile ; mais la fiction, sur laquelle elle repose, est entièrement dénuée de vérité et de vraisemblance. Le corbeau n'est pas armé pour enlever même les plus petits animaux ; s'il aime à séjourner sur le dos des bœufs, des moutons et même des porcs, ce n'est pas pour les enlever, mais pour manger les insectes qui tourmentent ces animaux. Aussi ces derniers se prêtent-ils volontiers à une visite qui les débarrasse d'hôtes importuns. Quelques auteurs ont prétendu que le corbeau, pendant l'hiver, prenait plaisir à rester sur le dos des moutons, pour se réchauffer les pieds dans la laine épaisse de leur toison. Je crois cette opinion plus ingénieuse que véritable.

CORBEAU CORNEILLE. — CORVUS CORONÈ.

Corbeau et *corvus* ayant été expliqués précédemment, il me reste à chercher l'étymologie de *corneille* et celle de *coronè*.

Corneille dérive de *cornicula*, diminutif de *cornix*, mot employé par les Romains pour désigner l'oiseau dont nous allons étudier les mœurs. L'épithète scientifique *coronè* est formée du grec κorônè, qui avait la même signification que *cornix*. Or, d'après les autorités citées précédemment, nous trouvons dans *cornicula, cornix, coronè,* κorônè, le radical *cor*, qui nous ramène au primitif *oreb*, et, dès lors, tous ces noms représentent la même idée, celle de *noir*, avec des nuances plus ou moins variées. Cette solution, satisfaisante pour ceux qui aiment à respirer le parfum antique de l'idiome primitif, ne doit pas m'empêcher de faire quelques digressions, peut-être un peu téméraires ; mais je compte sur l'indulgence de mes lecteurs ; car ils comprendront qu'il est difficile de se corriger entièrement d'une vieille habitude. De plus, afin d'éviter toute erreur compromettante, je soumets mes hypothèses à leur sanction et sous toutes réserves.

Cornix désignait chez les Romains non-seulement la corneille, mais encore le petit marteau recourbé qui servait à frapper aux portes, et qui fut employé pendant bien des siècles, avant que les progrès de la civilisation n'eussent inventé tous ces moyens si ingénieux et si diversifiés d'avertir les habitants des maisons de la présence d'un visiteur. Pourquoi les Romains avaient-ils désigné la corneille et le marteau par la même dénomination? Était-ce le marteau, était-ce la corneille qui avait prêté son nom à l'autre?

Quoi qu'il en soit, il me paraît évident que les Romains avaient dû voir entre eux quelques traits de ressemblance. Les anciens avaient été frappés de la forme

du bec de la corneille, très-souvent appelée la *corbine*, et
cette idée se trouve reproduite dans les mots *cornix* et
κοκώνε, signifiant tout ce qui est « crochu, courbé. »
Par la forme de son bec, la corneille se rapproche déjà
du marteau des portes ; mais de plus, comme cette espèce
de marteau subit tour à tour, quand il frappe, un mouvement prononcé d'avant et d'arrière, de même la corneille, lorsqu'elle se sert de son bec, pour frapper comme
avec un marteau, imprime à son corps un mouvement
analogue à celui de cet instrument et qui a donné lieu à
ce proverbe populaire : « *Y aller de tête et de queue,
comme une corneille qui abat des noix.* »

Coroné ne serait-il qu'une modification du nom de l'infortunée *Coronis* changée en corneille par Minerve? Cette
hypothèse pourrait s'appuyer sur l'opinion des anciens,
qui croyaient trouver, dans les habitudes de la corneille,
quelques souvenirs de son ancien état. Coronis était une
des Hyades, filles de l'Océan, et, depuis sa métamorphose, elle se plaisait à parcourir les rivages de la mer
et les sables des fleuves qui lui rappelaient et sa famille
et ses premières années. Là, souvent on la rencontrait
seule et triste, faisant entendre un cri plaintif.

> Tum cornix plenâ pluviam vocat improba voce,
> Et sola in siccâ secum spatiatur arenâ.

(Virgile, Géorgiques, liv. I, v. 388-9).

> Seule, errant à pas lents sur l'aride rivage,
> La corneille enrouée appelle aussi l'orage.

(Delille.)

Cette solitude avait fixé avec raison l'esprit d'observation des anciens. Partout ailleurs que sur le rivage de la
mer et sur les grèves des fleuves, la corneille se montre en
petites bandes. Le mâle et la femelle ne se séparent pas ;
leur union survit à l'éducation de leurs petits, et, très-
souvent, les petits restent avec leurs parents, pour composer une société dont il est facile alors de constater

l'existence. Mais il n'en est plus ainsi lorsque la corneille parcourt les bords des mares ou des rivières ; elle se montre alors solitaire et triste. Là elle se rend coupable de véritables méfaits ; elle parcourt en tous sens les sables ; non-seulement elle s'y repaît de débris d'animaux que les flots rejettent sur les bords, ou de vers de toute espèce qui se trouvent dans la vase, mais elle brise encore les œufs de la petite hirondelle de mer et du petit pluvier à collier, œufs que ces deux charmants oiseaux abandonnent avec confiance, sans faire aucun nid, sur le gros sable des grèves.

La corneille a été accusée bien des fois, et en particulier par un agriculteur distingué de notre département, de commettre une multitude d'iniquités. Cet écrivain reprochait à la corneille de causer des torts considérables en déterrant les grains qui commencent à germer, et en les absorbant en très-grande quantité. Cette accusation ne peut pas retomber sur la corneille ; mais elle doit être imputée plutôt au corbeau freux. Cette distinction a été faite à l'accusateur qui, s'inspirant probablement du radical *cor*, appelait volontiers corbeau et corneille tous les oiseaux de ce genre qui étaient noirs. Ce serait le cas de reproduire cet axiome populaire : « Ce n'est pas l'habit qui fait le moine, » et de n'attribuer, à chaque espèce du genre corbeau, que les torts qui lui sont propres.

La corneille peut quelquefois manger des grains de blé ; mais c'est un cas tout exceptionnel, et non pas un péché d'habitude ; elle vit ordinairement de vers et d'insectes qu'elle recherche dans les prairies, sur le bord des rivières et dans les sillons détrempés par la pluie. Elle se plaît aussi dans les lieux où se trouvent amoncelés des immondices et des animaux en putréfaction. Là elle se repaît avec une satisfaction très-caractéristique qui prouve que ce genre de nourriture est, pour elle, un aliment de prédilection.

Aux environs d'Angers, on voit, en tout temps, et surtout pendant l'hiver, des bandes de corneilles séjourner dans les fossés voisins de l'abattoir, et qui servent à l'écoulement du sang des animaux que l'on a tués ; on retrouve aussi ces oiseaux sur les bords de l'étang Saint-Nicolas, près de l'établissement où se prépare le noir animal, et enfin, sur la route d'Avrillé, dans les dépendances du dépôt des vidanges de la ville. C'est dans ce dernier endroit que se rendent les amateurs qui désirent se procurer de beaux sujets pour les empailler. C'est là, plus qu'ailleurs, que les corneilles occupées à absorber des mets de leur choix, se laissent approcher facilement et deviennent victimes de leur voracité. Dans ce lieu et aux environs de l'abattoir, les corneilles noires vivent en société avec les corneilles mantelées.

Si la corneille ne cause pas de grands torts à l'agriculture, elle n'est pas exempte pour cela de tout reproche. Non-seulement elle mange les œufs qu'elle trouve sur les grèves, mais elle se nourrit de ceux qu'elle rencontre dans les champs et dans les arbres ; elle dévore aussi les oiseaux nouvellement éclos, et l'opinion publique l'accuse même de ne pas toujours respecter les petits levrauts. Elle joint, à tous ces mets, des fruits, des reptiles, etc., ce qui prouve que la corneille a bon appétit et bon estomac, et qu'elle aime à varier son régime.

La corneille se reproduit en grande quantité dans notre département ; elle établit son nid dans des arbres assez élevés. Le fond en est composé de petites branches et d'épines, sur lesquels repose une couche épaisse de terre gâchée avec des excréments. Les bords sont quelquefois encadrés de petites racines, de mousse et de crin. Ce nid contient de quatre à cinq œufs, dont les dimensions, les formes et la couleur varient beaucoup ; j'en ai trouvé dont le grand diamètre était de $0^m,035$ à $0^m,048$, et le petit de $0^m,025$ à $0^m,028$. La coquille des uns est verdâtre et mouchetée de noir ; d'autres présentent une teinte bleuâtre parsemée de points ou de taches brunes paraissant former plusieurs couches superposées ; quelques-uns, enfin, ont, vers le gros bout, de nombreuses taches formant une couronne et même quelquefois une véritable calotte. Pendant plusieurs années, mon honorable ami, M. Raoul de Baracé a fait dénicher sur les métairies de sa propriété de Valoncourt, près le Lion-d'Angers, des œufs de corneille d'un bleu uniforme et sans taches. D'autres, au contraire, étaient d'une couleur bleue très-prononcée et striée de petits points noirs très-ronds. La première couche de ces œufs offrait des nuances plus ou moins foncées, et les assimilait ainsi, quant à la couleur, à ceux de l'étourneau. Ce même naturaliste avait remarqué, dans les corneilles ordinaires, deux races bien distinctes ; l'une, beaucoup plus grosse et beaucoup plus sauvage que l'autre. Les œufs de la première race étaient moins nombreux que ceux de la seconde : rarement ils dépassaient trois ou quatre. Cette variété semblait être comme le trait d'union entre la corneille vulgaire et le gros corbeau.

Je terminerai ces renseignements sur la corneille ordinaire, en essayant d'expliquer cette locution proverbiale : « *Bayer aux corneilles.* » La corneille noire, comme toutes les espèces du genre corbeau, est très-défiante, ce qui ne prouve pas qu'elle soit intelligente. Cette disposition à la défiance repose sur son odorat très-développé, qui l'avertit de l'approche du chasseur et l'engage, dès lors, à s'éloigner du péril. Pour détruire ces oiseaux et s'opposer à leur multiplication trop grande, le moyen le plus simple est de dénicher leurs œufs, et même plusieurs fois chaque année, parce que tous les couples font deux, trois, et quatre pontes quand les premières ne réussissent pas. En dehors de ce moyen, des cultivateurs ont inventé un expédient assez curieux.

Ils confectionnent, avec du papier fort ou du carton léger, des cornets, au fond desquels ils mettent un morceau de viande ; puis ils enduisent les bords intérieurs du cornet, d'une épaisse couche de glu ou de colle. Les cornets ainsi préparés sont enfouis solidement en terre par le sommet, et placés dans les sillons visités par les corneilles. Celles-ci, attirées par l'odeur de la viande, arrivent en grand nombre, rôdent autour de ces cornets, impriment à leur corps un mouvement de bascule qui indique leur satisfaction : elles décrivent des ronds autour de ces appâts, ouvrent un large bec en regardant d'un air niais les cornets et leur contenu ; elles avancent, reculent tour à tour, et, enfin, donnent un vigoureux coup de bec pour saisir la proie. Le cornet s'adaptant à la tête des corneilles la couvre comme un capuchon et la prive de la vue ; ces oiseaux cherchent alors à se débarrasser de cette coiffure d'un nouveau genre, et, ne pouvant y réussir à terre, ils s'élèvent perpendiculairement dans les airs à de grandes hauteurs, puis, vaincus par la fatigue, ils retombent avec la rapidité de la flèche et sont alors pris facilement par les agriculteurs.

Un second moyen de capturer les corneilles, est de laisser tremper, pendant quelque temps, des petits pois dans de l'eau-de-vie, puis de semer ces pois sur les terrains visités par les corneilles. Celles-ci regardent d'un air inquiet l'aliment dont l'odeur leur paraît suspecte ; mais bientôt la gourmandise l'emporte sur la défiance, et elles mangent gloutonnement le mets perfide. Quelques instants après, les corneilles, sous l'influence de l'ivresse, tournent sur elles-mêmes, ouvrent le bec comme pour se débarrasser d'un mets dont elles ressentent les funestes influences, puis, sans même essayer de fuir, se laissent prendre en regardant, d'un air niais et hébété, l'homme qui profite ainsi de sa supercherie.

C'est l'une ou l'autre de ces deux chasses qui a donné

lieu au proverbe populaire : « *Bayer aux corneilles.* »

En effet, les meilleurs dictionnaires disent que *bayer* ou *béer* signifie « regarder quelque chose, la bouche ouverte, » par suite, *bayer aux corneilles* peindrait l'attitude des chasseurs s'amusant à regarder en l'air, la bouche béante et l'air étonné, les corneilles aveuglées ou ivres. De là l'expression figurée *bayer aux corneilles*, pour dire « s'amuser à regarder en l'air niaisement. »

Peut-être devrait-on entendre cette expression dans un autre sens. La chair des corneilles n'a aucune valeur ; capturer ces oiseaux est chose difficile ; d'où il suit qu'essayer à les prendre, c'est perdre deux fois son temps.

Or dans Gil-Blas, Lesage dit :

« Je fus sensible à cette BAIE, » c'est-à-dire, à cette attrape, à cette tromperie.

Dès lors *bayer* signifierait donc tendre des piéges, et *bayer aux corneilles*, préparer des piéges aux corneilles, et dans un sens figuré, « perdre son temps. »

Dans la ville et dans les campagnes, la corneille est vulgairement nommée *grole, graule, graille*, expressions qui, signifiant « causeuse, babillarde, » dérivent, d'après Diez, de *gracula*.

Quelques auteurs pensent aussi que les Provençaux et les Italiens ont donné à la corneille le nom de *graille* par onomatopée, et, selon toute probabilité, c'est de ce mot que l'on a formé le verbe *grailler*, signifiant « sonner du cor sur un *ton enroué*, » pour rappeler les chiens, et employé vulgairement pour exprimer l'action de « crier d'une manière continue et désagréable. »

CORBEAU FREUX. — CORVUS FRUGILEGUS.

Me voici en présence d'un grand coupable, dont le nom éternise les méfaits ; il me sera donc difficile de le justifier de tous les griefs qu'on lui impute ; mais j'espère, dans un temps, surtout, où les circonstances atténuantes sont si facilement admises, les obtenir en faveur de mon client. Je pense qu'il doit en jouir, quand ce ne serait qu'à cause de l'esprit de famille qu'il manifeste à un très-haut degré ; esprit d'autant plus louable qu'il devient de plus en plus rare. Le freux, que l'on confond très-souvent avec la corneille noire, s'en distingue par des proportions plus petites, par une taille plus élevée et surtout par son bec terreux dont la base, entièrement dénudée, offre, à ce que l'on prétend, une preuve permanente de sa culpabilité. C'est probablement à la manière d'être de son bec qu'il doit, dans certaines contrées, son nom populaire *la frayonne*, expression qui dérive du verbe *frayer*, signifiant « frotter. »

Le mot *freux* dérive par contraction, selon plusieurs auteurs, de l'expression scientifique *frugilegus*, composée de *fruges*, « fruits de la terre, froment, » et de *lego*, « choisir, ramasser, travailler. » Les deux épithètes *freux* et *frugilegus* auraient donc le même sens, et indiqueraient que le corbeau auquel elles ont été données comme signe caractéristique, vit principalement de fruits de la terre, de grains de froment. Ces dénominations, l'une savante, l'autre vulgaire, chargent déjà le dossier du freux et doivent reposer sur des faits multipliés. Ces faits, qui composent le principal chef d'accusation, ont été signalés bien des fois par les naturalistes et par les agriculteurs. Ainsi, l'honorable écrivain dont il a été question dans l'article précédent, a tué un certain nombre de freux, puis a fait l'autopsie des coupables et a trouvé dans l'estomac les preuves palpables du délit, consistant en une espèce de bouillie composée de grains de blé à moitié germés. Si ces méfaits, dont on accuse les freux, sont généraux et bien fondés, il est difficile de les justifier entièrement. Aussi ne me reste-t-il qu'à faire valoir en leur faveur quelques considérations et surtout, je le répète, l'esprit de famille, qui unit par des liens étroits tous les oiseaux de cette espèce.

Certains naturalistes pensent que les ravages imputés aux freux sont bien moins considérables qu'on ne le dit; ils affirment que ces oiseaux, très-souvent, ne font que couper la pointe de la tige du froment, et qu'ils facilitent ainsi un développement plus vigoureux de la racine, et, par-là même, de la plante; enfin, que le bec terreux et dénudé du freux prouve qu'il s'en sert pour chercher dans les sillons les vers et les insectes rongeurs et ennemis des récoltes, et qu'il compense ainsi largement, par les services qu'il rend à l'agriculture, les dommages qu'il peut commettre. Ces considérations, je les soumets à la bienveillance des lecteurs, dans l'intérêt des freux, mes clients, mais sans cependant vouloir en assumer la responsabilité. Quant à l'argument tiré de l'esprit de famille, je l'admets dans toute son étendue et dans ses plus larges conséquences.

Il y a quelques années, j'étais allé, avec mes honorables amis, MM. Raoul de Baracé et Deloche, conservateur du cabinet d'histoire naturelle, visiter les rives du Loir, à trois ou quatre kilomètres de Tiercé. Nous dirigeâmes notre excursion vers une magnifique futaie appartenant à M. de la Villeboisnet, et située près la maison de campagne de M. Langlois, conseiller à la cour d'appel. Cette futaie, composée de cinquante ou soixante chênes séculaires, avait été choisie avec intelligence par une nombreuse colonie de freux pour y établir leurs nids. Plantée sur le bord de la rivière, le long de prairies immenses, éloignée de tout centre d'habitation, elle se trouvait dans des conditions très-avantageuses pour les freux. Nous pûmes constater la construction de plus de cent cinquante nids. Les chênes, dont les troncs étaient entièrement privés de branches jusqu'à des hauteurs de quinze à vingt mètres, portaient à leur extrémité une très-belle tête arrondie, qui les faisait ressembler à de magnifiques orangers. C'était sur ces têtes que les freux avaient établi leurs nids. Chaque arbre en portait plusieurs, et quelques-uns même en recélaient de dix à quatorze. Ordinairement ces nids étaient séparés les uns des autres; quelquefois cependant deux ou trois se trouvaient accolés, et paraissaient se fortifier mutuellement. Je désirais pouvoir me procurer les richesses contenues dans ces nids, et comparer les différentes variétés des œufs. Il était difficile de satisfaire à mon désir; des naturalistes, qui m'avaient précédé, avaient été forcés de renoncer à leur entreprise, après une chute dangereuse pour l'homme qui avait essayé de parvenir au sommet des arbres. Je fus plus heureux que mes confrères, et, grâce à l'intrépidité et à l'agilité des deux jeunes Guilleux, de Tiercé, je pus faire fouiller et visiter un grand nombre de nids. J'avais remis au plus jeune des frères une longue ficelle terminée par une balle de plomb. Parvenu au sommet d'un des arbres, l'agile grimpeur laissait dérouler la ficelle, qui tombait perpendiculairement entraînée par la balle de plomb. J'attachais alors à cette ficelle un petit panier en joncs arrondis, très-profond et garni d'ouate; le panier remontait pour redescendre ensuite plein des œufs que mes ardents dénicheurs avaient recueillis. La même manœuvre se renouvelait d'arbre en arbre, et je pus constater que les œufs trouvés sur chaque arbre semblaient indiquer, par leurs dimensions et par leurs couleurs, que très-probablement les nids de chacun de ces arbres étaient construits par des freux de même âge; les vieux se réunissaient ensemble, et les jeunes suivaient leur exemple; ils formaient, dans une même colonie, des groupes différents, peut-être selon les caractères.

Pour diminuer leur fatigue, mes intrépides grimpeurs

ne descendaient pas à terre; mais, en imprimant aux branches un mouvement de balançoire, ils passaient d'un arbre dans l'autre. Les préoccupations causées par les dangers d'une pareille investigation avaient glacé de frayeur mes compagnons de voyage; tous s'étaient retirés, naturalistes et conducteurs; seul, j'étais resté, soutenu par le feu sacré de l'histoire naturelle et surtout par ma confiance dans la Providence. Ah! si dans ce moment solennel j'avais eu avec moi mon jeune ami Eugène Lelong, il n'eût pas déserté le poste, et au besoin, pour rester fidèle à son ardeur persévérante, il eût ranimé mon courage! Je reviens à mes jeunes dénicheurs. Leur position devenait critique; des centaines de freux les suivaient de branche en branche, les étourdissant de leurs cris tellement violents, qu'il nous était difficile de nous entendre. Je fis tirer par le fermier quelques coups de fusil pour éloigner les plus obstinés. Les freux devinrent plus nombreux et plus acharnés; mes deux jeunes gens semblaient disparaître dans un nuage noir, dont les cercles mobiles se rapprochaient et s'éloignaient tour à tour. Pour étudier davantage encore les mœurs de ces oiseaux, je priai les frères Guilleux de jeter à terre quelques nids. Aussitôt les clameurs devinrent encore plus grandes, et, malgré les coups de fusil, les freux descendaient chercher les matériaux des nids qui avaient été détruits et renversés sous nos yeux; toute la colonie travaillait à les refaire immédiatement dans la place qu'ils avaient occupée : le malheur de quelques-uns était devenu le malheur de tous, et tous, sans craindre le danger, concouraient à le réparer et à consoler leurs frères infortunés. Malgré notre énergie, il nous fallut céder; le vol, les cris, étaient devenus si étourdissants, que je donnai le signal de la retraite à mes deux dénicheurs, qui s'y conformèrent assez volontiers. En dehors de la futaie, on apercevait deux ou trois

arbres portant chacun un seul nid ; ces nids étaient-ils
habités par des coupables que la colonie avait cru devoir
éloigner de son sein ? Etaient-ce, au contraire, des postes d'observation confiés à des vétérans, chargés, à cause
de leur longue expérience, d'avertir la colonie des dangers qui pouvaient la menacer et de jeter le cri d'alarme ?
Je ne puis décider ces questions ; cependant je dois dire,
en faveur du premier sentiment, que plusieurs coups de
fusil tirés sur ces nids isolés laissèrent les freux parfaitement tranquilles ; ils semblaient n'être pas intéressés
à venir au secours de ceux que l'on attaquait, et, par
leur impassibilité, paraissaient reconnaître la justice de
l'exécution qui avait lieu.

Cet esprit de famille, chez les freux, survit à l'éducation des petits ; il n'est pas fondé sur un sentiment
passager, mais sur une disposition intime et permanente.
Les freux continuent, après la nidification, à vivre en
bandes nombreuses, et, chaque soir, ils se retirent dans
les bois ou dans les futaies pour y passer la nuit ; trente,
quarante de ces oiseaux, et même plus, se perchent sur
un arbre. Aussi, quand les rigueurs de l'hiver se font
sentir et que les feuilles tombées laissent les branches
apparaître dans leur triste nudité, les bandes de freux
semblent revêtir ces branches d'un feuillage mobile qui,
le soir, présente un aspect fantastique. Bien des fois, j'ai
pu contempler ce tableau dans les bois de Mme de Bercy,
près de la chapelle du Champ des Martyrs, et être
témoin, le matin, du réveil de ces oiseaux. Dès que
l'aube du jour paraît, un des freux fait entendre un cri
assez fort. Est-ce le signal du lever ? Je n'en sais rien ;
mais à ce cri succèdent bientôt des clameurs qui se croisent en tous sens et qui s'élèvent de plus en plus. Peut-
être le système du vote universel est-il admis chez les
freux, et le chef de la colonie consulte-t-il ses congénères

sur la direction que l'on doit suivre, et sur les pays que l'on doit visiter? S'il en était ainsi, il paraîtrait, du moins, que, même chez les freux et avec leur esprit de famille, il est difficile de s'entendre quand on demande à chacun son opinion, surtout si on le laisse libre de l'exprimer sans contrainte. Après une demi-heure au moins de ce tapage assourdissant, le départ a lieu : les jeunes ou les vieux partent les premiers par sections; les bandes se succèdent dans différentes directions, plus ou moins nombreuses, selon les ressources présumées des lieux qu'elles doivent visiter. Quelques-uns restent après les autres : peut-être sont-ce quelques infirmes ne pouvant pas aller au loin, ou des caractères chagrins ne pensant jamais comme les autres, ou des coupables séparés de la société de leurs parents, ou plutôt des sages chargés de veiller à ce que le départ de tous s'exécute selon le vote populaire, un peu comme le commandant qui ne quitte le bivouac ou la ville, que lorsqu'il est assuré qu'aucun retardataire ne reste après lui.

Ici j'arrêterai mes renseignements sur les corbeaux freux ; peut-être quelques naturalistes me reprocheront-ils de n'avoir pas défendu assez chaleureusement mes clients, et de n'avoir pas assez fait ressortir leur mission providentielle. Car chaque espèce d'oiseau en a une ; sans cela elle n'aurait pas de raison d'exister. Cette thèse m'avait été rappelée par un savant de Paris, dans une longue lettre qu'il avait eu la bienveillance de m'adresser au sujet de mes Essais étymologiques. Il trouvait que ma défense en faveur de certains oiseaux n'était pas encore assez généreuse, et cependant, si on m'eût livré au tribunal du plus grand nombre des propriétaires, j'eusse au moins été condamné à l'exil, sans compter une amende considérable comme frais d'indemnité, et cela, à cause de mon plaidoyer en faveur des chouettes, des buses, et

surtout de ma sympathie pour les infortunés pics-verts.
Je reconnais la sagesse de l'axiome de Lafontaine :

Est bien fou du cerveau
Qui prétend contenter tout le monde et son père.

Ici, comme précédemment, j'ai parlé d'après une
étude sérieuse des mœurs des oiseaux et d'après une
conviction profonde, et je continuerai d'agir de la sorte,
en priant mes lecteurs de vouloir bien vérifier par eux-
mêmes les renseignements que je soumets à leur appréciation.

Quelques savants, repoussant l'étymologie que j'ai
indiquée précédemment, font dériver le mot *freux* de racines anglaises et allemandes ; il serait peut-être aussi
naturel de voir dans ce nom une corruption du substantif « *frdo, frâv,* » par lequel les Bas-Bretons désignent l'oiseau dont nous étudions les mœurs.

Les nids des freux ont une forme sphérique ; une ouverture est ménagée sur un des côtés pour le passage de
la femelle. Cette forme a l'avantage de préserver la couveuse des ardeurs du soleil et des inconvénients de la
pluie, et de dérober la mère et les petits à la vue et aux
attaques des oiseaux de proie. La défense leur devient
plus facile, dès lors qu'il n'y a qu'un point vulnérable à
protéger. Ces nids ont des proportions considérables,
qui atteignent 0^m,50 de largeur et 0^m,25 de hauteur. Ils
sont composés de bûchettes, de racines et d'épines à
l'extérieur ; cette enveloppe renferme des feuilles sèches,
de la mousse grossière et enfin une coupe aplatie, réunion de deux couches, l'une composée de petites racines
et l'autre de paille. Ils contiennent de quatre à cinq
œufs dont le grand diamètre varie de 0^m,035 à 0^m,045,
et le petit de 0^m,023 à 0^m,036. Les uns sont piriformes,
d'autres ventrus, quelques-uns oblongs. La couleur de
ces œufs se modifie beaucoup ; mais généralement le

fond de la coquille est plus gris que celui des œufs de la corneille noire ; sur ce gris verdâtre, plus ou moins foncé, se déroulent des lignes d'une nuance noirâtre, qui s'entremêlent en formant des festons. Quelques-uns sont simplement striés de taches plus foncées que la couleur de la coquille. La difficulté qui existe pour dénicher les nids des freux, rend les œufs de ces oiseaux assez rares dans le commerce. La plupart de ceux que les naturalistes vendent appartiennent à la corneille noire. On peut cependant les reconnaître, à leurs dimensions régulièrement plus petites, à leur couleur plus pâle et plus grise, et surtout à la légèreté du poids de la coquille. Ce dernier caractère tient-il au genre de nourriture des freux, moins substantielle que celle des corneilles et des corbeaux noirs ? Je l'ignore ; mais il est certain qu'il est très-significatif.

Il paraît que la chair des jeunes freux est très-délicate ; car nos bons voisins les Anglais, qui s'entendent en gastronomie, regardent comme une bonne fortune l'établissement d'une colonie de freux dans leurs propriétés. Ils la protégent contre toute attaque, et, quand ils jugent arrivé le moment favorable, ils font dénicher successivement les jeunes freux, et les mangent en guise de pigeonneaux. Les mariniers du Loir qui peut-être, dans leur jeunesse, ont visité les bords de la Tamise, ont rapporté, à ce qu'il paraît, dans notre contrée ce goût britannique ; car, lorsqu'ils naviguent devant la futaie dont j'ai parlé, à une époque où les jeunes freux sont éclos, ils les font dénicher, du moins en partie, par des mousses agiles, malgré les graves dangers de l'opération ; puis ils s'en régalent avec leurs amis. Cette délicatesse de chair, qui rapproche les jeunes freux des pigeonneaux, provient très-probablement du même genre de nourriture.

CORNEILLE MANTELÉE. — CORVUS CORNIX.

L'article consacré à la corneille mantelée sera court, parce que les habitudes de cet oiseau n'offrent aucun caractère particulier, et qu'il m'est difficile de bien l'étudier, dès lors qu'il ne fait que visiter notre département à certaines époques de l'année et, en particulier, pendant l'hiver. Cette corneille est d'un gris cendré sur tout le corps, excepté sur la tête, sur la gorge et sur la queue, qui sont d'un beau noir. Elle doit à cette particularité l'épithète qui la distingue des autres espèces de corbeaux ; car cette teinte grise semble être un léger « manteau » développé sur un fond noir. C'est elle aussi qui justifie les dénominations vulgaires données à la corneille mantelée. Dans certaines localités, elle est appelée la *religieuse* ; dans d'autres la *jacobine*. Pendant le temps que la corneille mantelée séjourne dans notre département, elle manifeste les mêmes habitudes que la corneille noire, avec laquelle elle vit en bonne harmonie. Elle paraît se plaire spécialement dans les terrains humides et dans les lieux où séjournent des immondices ou des animaux en putréfaction. Cependant elle donne moins de preuves de voracité que ses congénères.

Quand la neige et la glace recouvrent la terre d'un linceul épais, qui dérobe aux investigations de la corneille mantelée et de la corneille noire leur nourriture de prédilection, ces oiseaux ont recours à la pêche. Souvent j'ai vu, près de l'abattoir, pendant l'hiver, des corneilles ordinaires, et surtout des corneilles mantelées, se balancer au-dessus des eaux de la Maine, en société des mouettes rieuses, puis s'abaisser, se laisser tomber, comme celles-ci, à la surface de la rivière, pour y saisir quelques débris de poissons et d'insectes. Dans cette circonstance, leur vol avait une facilité et une grâce qu'elles ne manifestent pas ordinairement. Cependant ces oiseaux ne pouvaient se livrer longtemps à cet exercice ; car les mouettes les poursuivaient avec acharnement, et les forçaient à quitter un théâtre qui ne leur appartient pas.

La corneille mantelée se reproduit ordinairement dans les pays de montagnes. Elle confie son nid aux arbres élevés ; il est construit comme celui de la corneille noire, et contient de quatre à cinq œufs, dont la couleur et la forme varient beaucoup ; ils se rapprochent de ceux des deux espèces précédentes, et sont ordinairement plus allongés et moins gros que ceux de la corneille ordinaire. Le grand diamètre est de $0^m,035$ à $0^m,042$, et le petit de $0^m,028$ à $0^m,032$. Leur couleur, d'un bleu verdâtre, est parsemée de taches, de raies, de points d'un brun noirâtre ; d'autres sont d'un vert clair, et offrent quelquefois plusieurs couches de taches plus ou moins foncées.

———

CORBEAU CHOUC. — CORVUS SPERMOLOGUS.

Au commencement de mes Essais étymologiques, je m'étais imposé une règle de conduite : c'était de suivre la Faune de Maine-et-Loire, sans la justifier ni l'attaquer. Jusqu'à ce moment, j'ai été fidèle à mon principe, et j'ai adopté, sans conteste, toutes les espèces que notre vénérable doyen avait insérées dans son ouvrage. Mais je me vois à regret forcé d'agir autrement. Je me trouve, en effet, obligé d'expliquer les mœurs du corbeau chouc, et de montrer qu'elles s'harmonisent avec les noms qui le désignent. Or, pour atteindre ce but, il me semble que la première chose à démontrer serait l'existence du chouc, et la seconde, sa présence en Anjou. Malheureusement la plupart des naturalistes regardent l'existence du chouc comme très-incertaine, et pensent que cette espèce imaginaire n'est autre chose qu'une variété du choucas ordinaire. Il est, dès lors, très-difficile qu'il vienne en Anjou, s'il n'existe pas. M. Dégland, dans son *Ornithologie européenne*, partage cette opinion et affirme que les choucs. conservés par M. Millet et examinés avec soin par M. de Lamotte, ont été reconnus par celui-ci pour être de véritables choucas (tome I, page 321). D'un autre côté, les débris de l'œuf attribué au chouc, qui se trouvaient dans le cabinet du savant auteur de la Faune de Maine-et-Loire, pouvaient aussi bien appartenir à la corneille ordinaire, qu'à la corneille mantelée ou au freux. Je les ai étudiés avec un soin scrupuleux ; ils ne présentent nullement le caractère des œufs du choucas, auquel le chouc devrait se rapporter, caractère très-prononcé, comme nous le verrons plus tard, et qui sépare d'une manière très-tranchée les œufs du choucas de tous ceux du genre corbeau. Après ces explications simples et respectueuses. il ne me reste qu'à indiquer l'étymologie des expressions *spermologus* et *chouc*.

La première est composée du grec SPERMA, « semence, » et LÉGÔ, « recueillir ; » elle indique que cet oiseau devrait se nourrir principalement de graines ; dénomination vague, qui conviendrait aussi bien aux freux qu'aux choucs. Quant à la seconde. elle aurait le même radical que *chouette*, dans le sens de *cave*, de *cachette*, et corbeau *chouc* pourrait alors être traduit par ces mots : « corbeau qui vit et se reproduit dans les trous, » explication très-juste et très-caractéristique, quand elle est appliquée au choucas.

CORBEAU CHOUCAS. — CORVUS MONEDULA.

Nous sommes ici en présence d'une réalité, et le choucas non-seulement existe, mais encore il se reproduit dans notre département. Son nom vulgaire, d'après l'explication précédente, signifie « corbeau qui se retire et se reproduit dans les caves, dans les trous. » Cette dénomination est très-juste, et peint, d'une manière expressive, le caractère qui sépare le choucas de toutes les autres espèces du genre corbeau. Toutes, elles construisent leurs nids sur les arbres ; toutes, elles passent la nuit en plein air : le choucas, au contraire, établit son nid dans les trous des vieux édifices, et c'est dans ces trous qu'il se réfugie pour passer la nuit et pour braver l'intempérie des saisons. C'est là également qu'il élève ses petits.

Son nom scientifique *monedula* signifie « monnaie, » et lui a été donné à cause de la disposition qu'il manifeste à tout recueillir, et surtout ce qui brille, ainsi que toute espèce de monnaie, disposition que nous retrouverons aussi, à un haut degré, dans les habitudes de la pie. La mythologie prétend que cet amour de l'argent, que montre le choucas, est en quelque sorte une punition de la divinité. Elle admet, en effet, que le choucas était autrefois une jeune fille, Arné, qui vendit sa patrie à Minos à prix d'argent, et que, pour lui faire expier son crime, les dieux la changèrent en choucas, et lui laissèrent une soif perpétuelle de l'or qui la tourmente toujours et qu'elle ne peut satisfaire.

> Mutata est in avem, quæ nunc quoque diligit aurum,
> Nigra pedes, nigris velata monedula pennis.

« Elle fut changée en un oiseau qui, maintenant même, est tout plein de l'amour de l'or. C'est la *monedula,* dont les pieds et toutes les plumes sont enveloppés de noir. »

(OVIDE, Métamorphoses, liv. VII.)

Chaque année, un grand nombre de choucas établissent leurs nids dans les trous de la façade de la cathédrale et dans ceux que le temps a faits au sommet de la tour Saint-Aubin. Autrefois ils nichaient dans les excavations des tours de notre magnifique citadelle féodale ; mais, depuis les réparations que le génie militaire y a exécutées, les choucas ont dû chercher un autre asile. Au moment de la nidification, il est facile de voir l'activité déployée par ces oiseaux : ils transportent de la paille et des débris de toute espèce dans les cavités qu'ils ont choisies pour y élever leur future famille. Leur nid est une coupe aplatie, grossièrement façonnée et composée de brins de paille, de petites bûchettes, etc., ressemblant assez au nid des pigeons. Quand le trou est spacieux, plusieurs nids sont placés les uns auprès des autres, et composent ainsi une colonie qui rappelle celle des freux. Pendant tout le temps que dure la confection du nid, les choucas multiplient leurs voyages avec une grande rapidité, et poussent, en entrant dans leurs demeures et en en sortant, des cris qui semblent être une marque de satisfaction et un encouragement à une nouvelle activité. Chaque nid renferme cinq ou six œufs, dont la coquille est d'un blanc nuancé de bleuâtre et moucheté de taches assez rondes, brunes ou noirâtres; dans le centre, elle revêt une couleur plus foncée que sur les bords. On dirait que des gouttes d'une couleur noire seraient tombées sur ces œufs, et qu'en s'étendant, les bords de ces gouttes auraient perdu une partie de leurs nuances. Le grand diamètre est de $0^m,032$ à $0^m,036$, et le petit de $0^m,024$ à $0^m,025$. Le caractère de ces œufs les distingue facilement de ceux de toutes les autres espèces du genre corbeau; aussi les naturalistes, qui admettent l'existence du chouc, devraient lui attribuer des œufs se rapprochant de ceux du choucas. Celui-ci vit pendant l'hiver assez volontairement avec les freux; il se nourrit de graines, de semences, de baies, et la dénomination *spermologus* lui conviendrait parfaitement.

Les choucas s'apprivoisent facilement. Aussi, chaque année, des couvreurs s'empressent-ils de visiter les trous de la tour Saint-Aubin, et de s'emparer de tous les petits choucas assez avancés en âge pour pouvoir être élevés ; puis ils les vendent aux pensionnaires du collége Mongazon. Là, chaque étudiant s'occupe seul de son protégé, et bientôt une véritable intimité s'établit entre le maître et l'élève ; celui-ci répond à la voix de son propriétaire ; il le reconnaît parmi tous les autres. Quand les repas sont terminés et que chaque élève, en entrant sur la cour, montre à son jeune protégé la portion qu'il a prélevée sur son dîner et qu'il lui destine, l'oiseau s'élance aussitôt du sommet des peupliers pour venir se reposer sur le bras de son maître et lui manifester, par ses cris et le battement de ses ailes, sa joie et sa reconnaissance. Après la récréation, il reprend son poste d'observation, sans jamais déserter l'enceinte des dépendances du collége. Les jours de promenade, les choucas s'élèveront dans les airs, accompagneront les élèves, puis arrivés au but où les divisions doivent s'arrêter, ils tourbillonneront au-dessus de la tête de leurs bienfaiteurs, et bientôt chaque choucas viendra se reposer sur le bras de son maître, becqueter la nourriture qu'il lui a destinée, et enfin revenir à Mongazon, pour renouveler ainsi ces voyages aériens à chaque sortie.

Le choucas, élevé avec beaucoup de soin, peut apprendre à prononcer quelques paroles ; mais sa facilité d'articuler est très-limitée.

Cette année (1866), j'ai été témoin d'un fait qui prouve avec quelle sollicitude le père et la mère veillent sur leurs petits. Un jeune choucas, moins fort que ses frères, n'avait pu se soutenir dans les airs ; les forces lui ayant fait défaut, il tomba, malgré les efforts de ses parents, dans la rue située au pied de la tour Saint-Aubin. Une petite fille s'empara de l'oiseau, et le renferma dans une cage beaucoup trop étroite pour la taille du prisonnier ; puis elle plaça la cage à une croisée peu élevée au-dessus du niveau de la rue. Le père et la mère du captif se mirent aussitôt à voltiger autour de la maison en poussant des cris plaintifs. Les passants les effrayaient, puis les choucas redoutaient pour eux-mêmes de descendre si près de terre, et enfin aucun appui ne s'offrait à eux pour pouvoir se reposer et attendre le moment favorable qui pût leur permettre de s'élancer le long des barreaux de la cage, de s'y cramponner quelques instants et d'y glisser furtivement la nourriture préparée pour ce Benjamin de la famille. Je suivais avec attention toutes les péripéties de ce petit drame ; je m'associais aux angoisses du père et de la mère, et je n'entrevoyais pour eux aucun moyen de satisfaire les désirs de leur tendresse. Une journée était presque écoulée ; les cris du petit devenaient plus pressants, et les courses de ses parents plus multipliées : il m'était évident que le danger pour la vie du jeune choucas s'aggravait ; il fallait donc un suprême effort pour sauver l'infortuné captif. Tout à coup, un cri de satisfaction se fait entendre ; le père et la mère le répétaient avec plaisir : un point d'appui était trouvé ! La coupe abandonnée d'une vieille gouttière brisée et fixée encore à la maison située vis-à-vis de la cage offrait aux parents un appui sûr et un moyen d'attendre le moment favorable, où ils pourraient apporter à leur bien-aimé prisonnier la nourriture préparée avec soin, et destinée à développer ses forces en le consolant des rigueurs de la captivité. Pendant plus de trois semaines, les parents du jeune choucas rivalisèrent de bonne volonté pour accomplir la mission que comprend le cœur d'un véritable père ou celui d'une tendre mère. Ils ne s'éloignèrent que lorsqu'ils furent parfaitement convaincus que le prisonnier pouvait se suffire à lui-même.

DIXIÈME GENRE. — PIE.

PIE COMMUNE. — GARRULA PICA.

Dans le cours de ce petit travail, il m'est arrivé plusieurs fois de prendre, avec conviction, la défense de certains oiseaux qui étaient considérés comme nuisibles soit à l'agriculture, soit à la propagation du gibier. Ici même, je ne veux pas abandonner mon rôle de défenseur; car, persuadé que tous les oiseaux ont une mission providentielle à remplir, j'admets les services dont l'importance échappe à la faiblesse de mon intelligence, et que pour apprécier il me faudrait être, comme Dieu, au sommet de la montagne d'où l'on peut embrasser d'un coup d'œil l'ensemble de la création.

Je ne puis condamner moi-même la pie; mais, pour être impartial, je vais exposer les habitudes de cet oiseau, en laissant à chaque lecteur le soin de prononcer la condamnation ou l'acquittement, selon le degré de conviction qui résultera pour lui du tableau des méfaits reprochés, dans tous les siècles et par tous les auteurs, à la pie commune.

Cet oiseau est omnivore par excellence; son appétit est tellement développé, que, pour le satisfaire, la pie dévore tous les aliments qu'elle rencontre ; c'est à cause de cette disposition que les Latins avaient désigné, sous le nom de *pica*, « la faim insatiable, bizarre, dépravée, » dont sont atteintes plusieurs personnes. La pie se nourrit d'œufs, de graines, de vers de terre, d'insectes, d'animaux vivants ou morts. On la voit fréquemment sur les grandes routes chercher dans les excréments des chevaux les grains d'avoine qui ne sont pas digérés. Elle se tient aussi dans les fossés voisins des abattoirs et où s'écoule le sang putréfié des victimes. Enfin, elle parcourt avec délices et fouille dans tous les sens les immondices et les débris que l'on recueille dans les villes pour les entasser en dehors des barrières. Quand ce passereau élève ses petits, il exerce de terribles ravages dans les basses-cours, et il immole une si grande quantité de pirons, de poussins, que deux couvées de pies établies aux environs d'une ferme y causent des pertes assez considérables pour que l'appréciation dépasse toute croyance, si elles n'avaient pas été constatées bien des fois. Je connais des métairies dans lesquelles une seule couvée de pies, au moment de la nidification, avait tué vingt-cinq pirons et plus de trente poussins. Quand les oiseaux de basse-cour ne suffisent pas à satisfaire l'appétit des jeunes pies, les parents se mettent en quête, et bientôt ils ont trouvé des nids de perdrix, dont ils brisent les œufs ou tuent les petits. Presque toute l'année, les pies se tiennent non loin des fermes et perchées sur les arbres élevés. De là, elles surveillent les poules qui pondent dans les haies, près des berges de paille et de foin, ou sur la tête des vieilles souches, et, dès que les pondeuses se sont éloignées, la voleuse se précipite sur les œufs pour les briser et les vider avec avidité. Quand des pies aperçoivent un lièvre blessé, elles se réunissent plusieurs pour le harceler, l'étourdir par leurs cris, et parviennent presque toujours à lui crever les yeux et à le dépecer ensuite. Aucun sentiment naturel ne vient modérer l'énergie criminelle dont la pie est capable pour assouvir sa faim ; aussi, quand la nourriture leur fait défaut, les pies se divisent entre elles, et les plus faibles sont immolées par les plus fortes ; dans ce combat contre nature, les parents mangent les enfants ou sont tués par ceux-ci.

Comme faits à décharge en faveur de la pie, on peut relater que, par ses cris et par son vol, elle indique au chasseur la route que suit le renard ; elle l'accompagne de huées assourdissantes qu'elle fait entendre encore à l'approche de l'oiseau de proie. Et aussi n'est-ce pas toujours un service désintéressé ; ces cris indicateurs peuvent être les clameurs d'un voleur plus faible, voulant éloigner un voleur plus fort qui lui aurait enlevé des victimes sur lesquelles le premier aurait arrêté son choix. C'est probablement le même sentiment qui détermine la pie à se précipiter avec tant de fureur sur les gluaux, quand le cri de la chouette se fait entendre dans les pipées. Je ne puis admettre que ce soit un motif de charité pour les autres oiseaux qui la pousse au combat ; mais je crois plus facilement que, dans cette circonstance encore, la pie se laisse diriger par un vil égoïsme, qui l'engage à éloigner un ennemi, pour se livrer ensuite plus facilement et avec plus de succès à ses déprédations.

Un soir, je revenais d'une petite excursion ornithologique, lorsque, près du bourg de Gené, mes oreilles furent frappées d'un bruit si assourdissant, que je désirai en connaître la cause. Plus j'approchais, plus les clameurs devenaient vives ; je reconnaissais bien quels devaient être les auteurs d'un tel vacarme : les pies seules pouvaient revendiquer un pareil privilége ; mais ce qui m'étonnait, c'était le lieu choisi pour exécuter ce concert. Les exécutants étaient à terre, et semblaient se livrer à une danse infernale. Je m'approchai aussi près que possible, sans troubler cette étourdissante harmonie, et je me cachai derrière une vieille souche. Bientôt, je pus distinguer une chouette hulotte mangeant sur un sillon certain petit rongeur, et une vingtaine de pies se livrant, autour d'elle, pour l'effrayer, à des contorsions et à des cris, qu'il est impossible de décrire. Je tirai alors un coup de fusil ; quelques pies restèrent sur le terrain : tout rentra bientôt dans le silence, et la chouette put revenir, quelque temps après, continuer la chasse providentielle à laquelle elle consacre et ses soirs et ses nuits.

La pie pourrait trouver, parmi les bœufs, les vaches, les moutons, quelques défenseurs ; et cependant les services qu'elle leur rend sont encore motivés par sa gourmandise. On la voit souvent fixée sur le dos des animaux réunis dans les immenses prairies, chercher sous leur poil les insectes qui irritent ces bestiaux, et se livrer ainsi à une investigation complète et très-minutieuse. Quelquefois, quand l'insecte est très-adhérent à la peau de l'animal, la pie, pour le détacher, donne un coup assez violent, qui excite sa monture et la détermine alors à se livrer à une course plus ou moins rapide. Dans ces circonstances, la pie fait preuve d'habileté en équitation ; car quelque violente que soit même la course d'un jeune taureau, jamais elle n'est désarçonnée. La pie développe alors une grâce et une adresse que pourraient même envier les premières amazones de nos cirques en renom.

Les pies se servent aussi du dos des animaux pour se livrer à une voltige que j'ai pu constater bien des fois. Quand des insectes et des papillons volent à une certaine hauteur, les pies s'élancent de sur le dos du bœuf, où elles étaient fixées, pour saisir, avec une grande adresse, les insectes au passage, et retomber ensuite, avec grâce et avec légèreté, sur leur monture.

On la voit aussi suivre le sillon tracé par la charrue du laboureur, recueillir les vers mis à nu par cet instrument, et venir même becqueter les insectes qui adhèrent aux parois de la herse. Quand la pie parcourt les guérets pour y chercher sa nourriture, elle ne court pas comme les autres oiseaux ; elle saute des deux pieds en même temps, et imprime à tout son corps un mouvement particulier qui la soulève un peu au-dessus de la terre ; de cette habitude est venu le verbe *piéter*, « sauter comme la pie. » Cet oiseau agite aussi sa longue queue, ainsi que les bergeronnettes ; on dirait un long éventail qui s'élève et s'abaisse tour à tour.

A toutes les mauvaises qualités énumérées précédemment, la pie joint encore une disposition très-prononcée au vol et à un bavardage fatigant. Elle recueille avec empressement et se hâte de cacher les différents objets qu'elle trouve, enlevant surtout ceux qui brillent. De là on déduit généralement, mais à tort, qu'elle aime l'argent. Cette conséquence est fausse : la pie s'attache volontiers à tout ce qui brille et jette un certain éclat, sans se préoccuper si ces objets ont une véritable valeur ; elle est séduite par tout ce qui produit un effet bien souvent trompeur. Cette tendance, ainsi que le bavardage continuel de la pie parlant à tort ou à travers, contrefaisant la voix de l'homme, le cri des animaux, et le chant des oiseaux, devait provoquer les explications de la mythologie. La fable, en effet, raconte que les neuf filles de *Piérius*, roi de Macédoine, ayant défié les neuf Muses à un concours musical, furent vaincues et métamorphosées en pies, pour les punir de leur témérité et de leur orgueil. Depuis ce moment elles font entendre un bavardage fatigant pour tout le monde, excepté pour elles. Trouvera-t-on dans cette fiction ancienne le principe du mot *pie*? Je ne le pense pas.

Roquefort affirme que le mot *pie* est simplement la traduction du mot *pica*, nom donné à cet oiseau par les anciens à cause de la forme de son bec, et peut-être à cause de l'usage qu'il en fait. Le bec de la pie ressemble effectivement à un pic, et cet oiseau sait l'utiliser comme l'instrument dont il porte le nom. C'est le mot *pica* qui a formé le verbe *picare*, « becqueter. » *Picare, id est more gallinarum, victum quærere, rostro appetere*, « becqueter, c'est à dire chercher sa nourriture et la saisir à coups de bec, comme font les gallinacés. » Quelques auteurs donnent à *pica* le sens de querelle, en ajoutant même que c'est le principe du mot PICARDIE, parce que les habitants de ce pays passent pour être assez batailleurs. Quoi qu'il en soit, prise dans ce dernier sens, la dénomination *pica*, « querelleuse, » conviendrait parfaitement à la pie. Dans beaucoup de localités on l'appelle *agasse*, de l'anglo-saxon « *aga*, » dérivant d'un mot sanscrit qui signifie *loqui*, «parler, » d'où sont venus chez les Grecs ÈCHOS, « bruit, » ÈCHÔ, « écho. »

Margot est le nom populaire de la pie, parce que c'est la locution qu'elle répète le plus souvent et avec la plus grande facilité.

Pline (liv. X, ch. XIII) fortifie encore, par ses assertions, l'origine mythologique de la pie. Il prétend que cet oiseau est doué d'une telle susceptibilité et d'une vanité tellement prononcée, qu'il préfère la mort à une petite humiliation, et se laisse mourir de faim lorsqu'il ne peut prononcer les paroles qu'il a entendues ou imiter la voix et le chant qui ont retenti à ses oreilles.

La pie se reproduit en Anjou, et, quand le moment de la nidification est proche, on aperçoit, dans les prairies entourées de bois, un certain nombre de ces oiseaux qui semblent se livrer à des luttes accompagnées de cris et de mouvements saccadés. Il s'agit tout simplement de contracter des unions, et les fiançailles ne sont pas précédées de combats aussi terribles qu'ils paraissent l'être. Les mâles se disputent quelquefois les femelles, mais sans acharnement; on dirait qu'ils doutent un peu des avantages de l'union qu'ils recherchent. Cependant une fois contractée, cette union se prolonge jusqu'à la fin de la vie des deux époux.

La pie établit ordinairement son nid à la cîme des arbres les plus élevés. Il présente quelquefois des proportions très-considérables. L'intérieur offre une coupe de terre gâchée avec du fumier et revêtue de petites plantes, de racines et du coton des arbres. L'extérieur est défendu par une enveloppe de bûchettes et d'épines liées ensemble avec beaucoup d'art et constituant une défense sérieuse que ne peuvent vaincre facilement ni les oiseaux de proie ni les autres ennemis de la pie. Une petite ouverture pour le passage de la femelle est ménagée sur

le côté le moins exposé au vent froid. J'ai vu de ces nids qui avaient avec leur enceinte extérieure fortifiée, 1^m,30 de hauteur et plus d'un mètre d'épaisseur. Ce nid, dont la partie supérieure est arrondie en forme de voûte, renferme ordinairement de quatre à six œufs variant beaucoup de formes et de couleurs. La longueur est de 0^m,030 à 0^m,034, et le diamètre de 0^m,020 à 0^m,022. Ordinairement ils sont d'un vert bleuâtre plus ou moins foncé, et parsemés de points ou de taches d'une nuance brune ou cendrée. Quelques-uns ont le gros bout recouvert d'une seule tache représentant une calotte noirâtre.

Quoique la cime la plus élevée des arbres soit pour les pies le lieu où elles se plaisent à fixer le berceau de leur jeune famille, on trouve très-souvent des nids dans les haies. Ces nids ont alors des dimensions beaucoup moins grandes que celles que je viens d'indiquer; ils renferment ordinairement des œufs plus pâles que ceux que j'ai décrits et revêtus de taches assez larges et comme effacées. Presque partout on donne à ces pies le nom de *buissonnières*, pour les distinguer des autres; mais si elles constituent une variété, elles ne peuvent former une espèce, car leurs mœurs sont semblables à celles de leurs congénères qui nichent dans les arbres. Cette modification à la règle générale est peut-être inspirée par l'indolence ou par la faiblesse de quelques sujets qui établissent leurs nids dans les haies, afin d'éviter une grande partie du travail et de la fatigue que nécessite une construction à l'extrémité des arbres. Peut-être est-ce simplement un caprice ?

Un jour qu'avec mes deux jeunes amis, Daniel Métivier et Eugène Lelong, je visitais, près de Briollay, les rives du Loir, je fis diriger le bateau vers une touffe de roseaux très-élevés, pensant y trouver quelque nid de poule d'eau ou de foulque. Ne pouvant pénétrer dans l'enceinte des joncs, je donnai un coup de bâton sur les endroits que nous ne pouvions atteindre, et tout à coup, à notre grand étonnement, une pie sortit des roseaux. Nous pensâmes d'abord qu'elle était venue commettre une de ses fautes habituelles et se livrer à quelque dévastation ; mais nous fûmes bientôt détrompés quand nos recherches persévérantes nous firent découvrir un nid de pie, très-artistement construit, suspendu au-dessus de l'eau et reposant sur quelques branches d'osier. Il contenait cinq œufs.

La pie ne fait qu'une seule ponte chaque année, si toutefois la première couvée réussit. Les petits ont besoin de leurs parents pendant plus de deux mois. Tandis que la femelle se livre au travail de l'incubation, le mâle s'établit à la pointe d'un arbre très-élevé, veille avec persévérance sur la couveuse, l'avertit du danger qui se présente, et va même au-devant des ennemis pour les combattre et les éloigner par ses cris et par ses poursuites.

J'ai exposé l'étymologie des mots *pie* et *pica*. Il ne me reste plus qu'à expliquer les épithètes *commune* et *garrula*. Le premier de ces adjectifs a été donné à la pie de nos contrées, parce qu'elle est la plus répandue des oiseaux du genre, et afin de la distinguer des autres espèces, telles que la pie bleue, etc.

Quant à l'épithète *garrula*, signifiant « babillarde, »

elle a été suffisamment justifiée, et je crois qu'il est inutile d'y revenir. Cette disposition de la pie à causer sans cesse et d'une manière étourdissante a donné lieu à cet adage : *Causer comme une pie*. Mais si en tout temps cet oiseau fatigue par son bavardage, c'est surtout le matin et le soir qu'il devient plus assourdissant. Le soir, avant de se livrer aux douceurs du sommeil, et le matin, dès l'aube du jour, les pies se réunissent à l'extrémité des peupliers ou dans les futaies, et se livrent à un tapage infernal : on dirait une réunion de brigands ivres de sang et de vin, racontant avec une joie féroce tous leurs crimes de la journée, ou s'excitant mutuellement, dès leur réveil, par des conversations bruyantes, à continuer leur vie de déprédations.

On prétend que la pie sent la poudre de très-loin, et que c'est grâce à son odorat qu'elle échappe à la poursuite du chasseur. Cette opinion n'est pas fondée; car la pie doit son salut, non pas à son odorat, mais à sa vue pénétrante et surtout à sa vigilance excessive. Ainsi que tous les grands coupables, la pie est toujours inquiète ; elle craint sans cesse la punition méritée par ses crimes incessants; comme eux aussi, elle est sans cesse sur ses gardes, et elle établit sur le théâtre de ses iniquités des sentinelles actives chargées de l'avertir à l'approche de ses ennemis. C'est le rôle que remplissent les pies que l'on aperçoit à la cime des arbres les plus élevés, et qui jettent de temps en temps une espèce de cri saccadé, rappelant le mot d'ordre répété par les soldats pendant la nuit : *Garde à vous !*

Dans beaucoup de localités, les villageois pensent que le cri de la pie, lorsqu'il est plus réitéré qu'à l'ordinaire, est un présage de pluie.

Malgré tous les griefs que l'on reproche à la pie et que je viens d'énumérer, je considère cet oiseau comme plus utile que nuisible, et j'admets que les services qu'il rend à l'agriculture en dévorant, à cause de sa faim insatiable, des quantités infinies de vers et d'insectes, constituent une large compensation aux méfaits qui composent son dossier.

* * *

ONZIÈME GENRE. — GEAI.

GEAI. — GRACULUS, GLANDARIUS.

Me voici encore en face d'un oiseau considéré comme un grand coupable, qui, de même que la pie, aura beaucoup de peine, dans le procès qu'on lui intente, à jouir même du bénéfice des circonstances atténuantes.

Je vais décrire l'ensemble des habitudes du geai, et expliquer, autant qu'il sera possible, l'étymologie des noms donnés à cet oiseau.

Le geai est essentiellement gourmand et de plus très-avare. Pour assouvir sa faim insatiable, tous les moyens lui sont bons, et il peut être considéré comme un des plus fervents adeptes de la politique de l'annexion, telle qu'elle est pratiquée de nos jours, c'est-à-dire aux dépens des voisins et surtout des faibles. Le geai vit de fruits, d'œufs de petits oiseaux dont il saccage les nids, d'oiseaux pris dans les lacets et les collets qu'il visite avant l'arrivée du chasseur. Il dissèque les cadavres des animaux en putréfaction ; sa voracité ne recule devant aucune espèce d'immondices. En vue de satisfaire son appétit si glouton, le geai se prépare, pour l'hiver, des greniers d'abondance. Il dépose, dans de vieux nids de pie ou d'écureuil, des noix, des pommes, des noisettes, des châtaignes, etc., qu'il transporte dans son gosier très-dilatable ; mais son mets par excellence est le gland, dont il fait des amas considérables, qu'il confie au creux des arbres ; c'est à cette prédilection pour le « gland » qu'il doit un de ses noms, *glandarius*. Son goût prononcé pour ce fruit lui donne un certain air de ressemblance avec le porc, dont il se rapproche encore par sa malpropreté insigne. Quelquefois les glands entassés dans le gosier du geai sont en en trop grande quantité; dès lors, la fatigue que cet oiseau éprouve en volant, les efforts qu'il fait en jetant son cri l'obligent à se débarrasser d'une partie de sa cargaison. C'est ce qui explique pourquoi, assez souvent dans la campagne, des glands tombent auprès du passant, lorsque des geais volent au-dessus de sa tête. C'est aussi aux provisions déposées par ces oiseaux dans les troncs des arbres que l'on peut attribuer les chênes, les noisetiers, etc., qui s'y développent. Mais si le geai est prévoyant, s'il entasse des fruits de toute nature, c'est pour lui seul; véritable ventru, il ne pense qu'à lui et ne connaît nullement la charité. Si quelque confrère s'approche de sa cachette, il se précipite sur lui avec fureur, fût-il son père, sa mère, son frère, peu lui importe, et, comme il est d'un caractère très-irascible, la lutte se termine souvent par la mort de l'un des combattants. La moindre contrariété l'irrite et le plonge dans une fureur extrême. C'est cette disposition qui a contribué à faire croire qu'il tombe du mal caduc. Lorsqu'il est renfermé dans une cage, où sa volonté est combattue, il éprouve les convulsions d'un enfant terrible qui ne peut pas se satisfaire. Les efforts auxquels il se livre pour recouvrer sa liberté sont tellement continus et violents, que bientôt ses plumes perdent tout leur éclat et qu'il devient alors méconnaissable.

Quand les fruits sont trop volumineux pour pouvoir être confiés au gosier du geai, celui-ci les transporte en les tenant avec ses pieds. Il met en œuvre toutes les inventions auxquelles ont recours les gastronomes, c'est-à-dire qu'il emploie tous les moyens possibles pour satisfaire sa gourmandise. C'est ainsi que pendant l'hiver, quand les fruits lui font défaut, on le voit sautiller à terre, et tourner et retourner avec une grande ardeur toutes les feuilles étendues sur le sol, afin d'y découvrir les insectes qui s'étaient abrités sous ce toit protecteur. Lorsqu'il soumet les arbres à ses investigations, il ne vole ni ne grimpe comme les autres oiseaux, mais il parcourt toutes les branches par de petits bonds comme s'il montait les barreaux d'une échelle.

Pour échapper au chasseur et pour faire des victimes, le geai a recours à un stratagème bien curieux. Il contrefait la voix, le chant des hommes et des animaux; il aboie comme le chien, miaule comme le chat, bêle comme la brebis, rit comme l'homme. C'est cette facilité d'imiter les oiseaux, les animaux et l'homme que Lafontaine a voulu retracer dans sa fable du *Geai paré des plumes du paon*. Le geai est susceptible d'apprendre la musique; il compose lui-même des morceaux, en réunissant le chant de plusieurs espèces d'oiseaux. Cette disposition si prononcée à copier tous les autres lui sert, comme je l'ai dit, à attirer dans ses piéges les petits oiseaux, dont il contrefait les cris ou le chant, et qui, au lieu de retrouver leurs parents, tombent en présence d'un bourreau inexorable. Par elle aussi il se dérobe au danger. Ainsi, un jour que je revenais, avec quelques élèves, de visiter la fosse de Sorges, nous rencontrâmes un geai que l'un de mes jeunes Nemrods voulut tuer. Nous le poursuivîmes pendant quelque temps, mais sans résultat. Déjà nous avions renoncé à notre premier dessein, quand tout à coup nous entendîmes le miaulement d'un chat, l'aboiement d'un chien, se succédant tour à tour avec une volubilité incroyable. Comme ces cris me semblaient venir de la tête d'une vieille souche, nous ne comprenions rien à un pareil concert; nous approchâmes avec précaution pour savoir quels étaient les exécutants d'une si étonnante harmonie, quand aussitôt le geai s'envola en faisant entendre un ricanement satanique dont le souvenir ne s'est pas encore effacé de ma mémoire, même après de longues années.

Cette facilité excessive, que le geai possède, d'imiter le chant, le cri de tous les animaux, serait, selon quelques auteurs, le principe du nom latin sous lequel il est désigné; et *graculus* ne serait qu'un mot de la basse latinité employé pour *garrulus*, « babillard, » dérivant lui-même de GARUÉÏN, « parler, » *Dorien* pour GÊRUÉÏN, « parler, » dont la racine primitive est le sanscrit « *garé*, » ayant la même signification que tous ses dérivés. On trouve aussi dans les glossaires : *gracillo*, « caqueter comme une poule, » *gracito*, « crier comme une oie. » Court de Gébelin, s'appuyant sur ces derniers verbes, croit que *graculus* en découle, et que cette dénomination a été donnée au geai à cause de son chant. J'admets bien volontiers que *graculus* doit être synonyme de *garrulus*, et que l'adjectif *babillard*, et *babillard* par excellence, convient au geai.

Celui de notre pays est appelé geai *ordinaire*, parce que, malgré ses dispositions à contrefaire la voix et le chant de tous les êtres qui l'entourent, il est bien loin d'avoir l'aptitude de certaines espèces de sa famille et principalement du geai surnommé l'*imitateur*. Le geai est encore appelé *graule* par les riverains de la Loire, et *graille*, en Provence. La signification de ce mot a été donnée à l'article de la corneille noire.

Le plumage du geai a un cachet particulier. Ses ailes sont émaillées de différentes nuances de bleu et de couleurs si vives, que les élégantes de nos jours en ont orné leurs chapeaux, ou plutôt ce qui, remplaçant leurs chapeaux, ne peut que très-difficilement se représenter par une dénomination ancienne. Comme ornement, je conçois l'usage des plumes de geai; mais comme emblème, je les comprends beaucoup moins.

Sur le front du geai se trouve un bouquet de plumes bleues, noires, blanches, réunies en forme de huppe.

Les mâles se distinguent des femelles par les couleurs plus vives de leur plumage, et surtout par les dimensions très-développées de leur tête. Certains auteurs pensent que l'éclat et la diversité des plumes de geai ont donné lieu à son nom vulgaire, et que *gaius* n'est qu'une modification de *varius*, « diversifié, varié. » Telle est l'opinion de Ménage, que l'on pourrait fortifier par l'autorité de beaucoup de naturalistes qui appellent le geai *pica varia*, « la pie à plumage varié. » Voici maintenant le passage du dictionnaire de Littré, se rapprochant de l'interprétation de Ménage : « GEAI, en bas latin, *gaius, gaia.* Diez croit que c'est le même mot que *gai*, adjectif. On penserait plutôt à l'adjectif dauphinois *gaille*, « bigarré, » en espagnol, *gayo.* D'autres y ont cherché une contraction du bas-breton *gegin, kegin*, « geai. » Un des noms vulgaires anglais de cet oiseau est *gaget.* Roquefort pense que *geai* est une onomatopée représentant le cri naturel de cet oiseau. »

Je ne puis terminer cette étude sans alléguer au moins quelques faits en faveur du coupable qui nous occupe. Son dossier est assez chargé pour que l'on puisse essayer de diminuer la gravité des méfaits qui lui sont reprochés. Le geai rend un véritable service dans les pays où les sauterelles sont un terrible fléau ; car il unit ses efforts à ceux du martin-roselin pour immoler ces insectes dévastateurs. Ce service me paraît suffisant pour l'absoudre de tous les griefs qu'on lui reproche. Aussi les habitants de Lemnos lui rendaient-ils un culte public. Comme la pie, il indique, par son vol et par ses cris, la présence du renard et de l'oiseau de proie, et préserve de la mort un grand nombre de victimes.

Quoique très-méfiant et très-rusé, le geai est une des premières victimes du pipeur : il se précipite sur les gluaux avec une étourderie qui ne peut s'expliquer que par son excessive curiosité, très-souvent cause de sa perte. Une fois capturé, il attire par ses cris violents beaucoup de ses congénères, qui, j'aime à le croire, sont conduits par une louable intention et par un véritable désir de venir en aide à un confrère malheureux.

Le geai se reproduit en Anjou ; il ne fait qu'une seule couvée. Son nid, confié à la tête des vieilles souches ou aux branches des charmilles, est peu artistement fait : quelques petites racines réunies en forme de coupe aplatie constituent tout le berceau de la jeune famille. Certains auteurs prétendent que le geai le construit ainsi, afin que l'eau ne puisse pas y séjourner, et que c'est pour la même raison qu'il est légèrement incliné sur un de ses côtés. La femelle dépose sur ce matelas un peu dur de quatre à six œufs d'un gris vert pâle, parsemé de taches et plus souvent de petits points d'un brun clair : assez fréquemment le gros bout présente une espèce de couronne formée par la réunion de petites taches plus abondantes et plus pressées que sur les autres parties de la coquille. Quelques-uns sont d'un cendré verdâtre uniforme et sans aucune tache. Le grand diamètre de ces œufs, qui sont presque toujours un peu pointus aux deux extrémités, varie de $0^m,031$ à $0,032$, et le petit de $0^m,021$ à $0^m,022$.

On peut reconnaître les jeunes mâles aux quelques plumes noires semées sur leur tête. Quand les petits sortent du nid, ils forment avec leurs parents une société qui persévère jusqu'au printemps suivant. Le geai abandonne son nid dès qu'il s'aperçoit qu'il a été découvert par quelque visiteur indiscret. Est-ce à cause de cette disposition, et pour n'avoir pas à renouveler un travail trop compliqué, qu'il construit avec tant de simplicité la couche sur laquelle doivent reposer ses enfants ?

Dans notre département, et surtout aux environs de Saint-Florent-le-Vieil, les habitants de la campagne admettent une ancienne légende, d'après laquelle ils croient que, tous les vendredis, les geais sont condamnés à des convulsions épileptiques, pendant lesquelles ils se frappent la tête le long des arbres. Les paysans voient, dans cette habitude du geai, un acte de la justice de Dieu, qui aurait condamné cet oiseau à un pareil châtiment, pour le punir d'avoir, par ses cris, révélé à Judas la présence de Jésus-Christ au jardin des Oliviers.

GEAI A CALOTTE NOIRE. — GARRULUS MELANOCEPHALUS.

La dénomination vulgaire donnée à cet oiseau reproduit entièrement la même idée que le nom scientifique.

Toutes les deux sont fondées sur une particularité qui distingue le geai à calotte noire des autres individus de la même famille. Un certain nombre de plumes longues, touffues et de couleur noire, se trouvent disposées sur la tête de ce passereau, de manière à se relever en forme de huppe quand il éprouve de vifs sentiments de satisfaction ou de colère. Le geai mélanocéphale habite le Caucase et l'Afrique, et présente même deux races assez distinctes, selon qu'elles se trouvent dans l'un ou l'autre de ces pays. Plusieurs naturalistes n'ont vu dans cet oiseau qu'une variété locale du geai ordinaire, plus petite et d'un plumage un peu différent ; modifications qui pourraient, dans cette espèce comme dans beaucoup d'autres, dépendre de l'influence du climat et de la nourriture. Quoi qu'il en soit, les mœurs du geai à calotte noire sont semblables à celles du précédent. Dès lors qu'il habite le Caucase et l'Afrique, son séjour, ou même son passage en Anjou, pourrait d'abord paraître assez extraordinaire ; mais, M. Guillou de Cholet ayant signalé la présence de ce passereau dans notre département, je laisse à ce naturaliste la responsabilité de sa découverte. Cependant, loin d'infirmer son assertion, je me sens porté à la défendre. Le geai est essentiellement nomade ; comme tous les gens pillards, il a besoin de ne pas rester trop long-temps dans les lieux témoins de ses rapines.

Le geai ordinaire parcourt l'Europe dans tous les sens. Il n'est sédentaire que dans les pays où il pense que ses provisions, unies aux larcins de chaque jour, pourront satisfaire son appétit dévorant, ou dans les contrées riches en forêts de chênes, qui lui fournissent en quantité considérable son mets privilégié. C'est encore à cette vie errante du geai que l'on doit attribuer la richesse et la diversité de son répertoire musical. Avec son talent si prononcé pour l'imitation, il copie et redit le chant et le cri des oiseaux et des animaux de tous les pays qu'il parcourt, ainsi que le patois des populations qu'il visite. Puis, non-seulement il les conserve dans leur pureté primitive, mais, en les mélangeant, il compose des va-riantes, de manière à déconcerter les plus intrépides virtuoses. Cependant, malgré toutes les ressources de son gosier, je fais des vœux pour que le geai mélanocéphale ne vienne plus nous visiter ; qu'il reste en Afrique ; qu'il y attire même et y fixe son confrère, le geai ordi-naire, afin que tous deux, unissant leurs efforts et leur énergie pour combattre le terrible fléau des sauterelles, puissent prendre ainsi le moyen le plus honorable de se faire pardonner les iniquités qu'on leur attribue !

DOUZIÈME GENRE. — ROLLIER.

ROLLIER ORDINAIRE. — CORACIAS GARRULA.

Cet oiseau habite l'Afrique, le Midi et les pays chauds : il ne visite notre pays que très-rarement et lorsqu'un caprice ou son amour pour les voyages l'y conduit. Mon honorable ami Raoul de Baracé a capturé, dans la com-mune de Sainte-Gemmes-sur-Loire, un très-beau rollier, qui était venu se prendre à un piége destiné à des oiseaux de proie. La présence du rollier en Anjou étant ainsi bien constatée, je dois à cet oiseau une courte mention. Le rollier est encore plus babillard que le geai et que la pie, d'où l'épithète *garrula* lui convient parfaitement. Au printemps, il vit d'escargots, de vers, de sauterelles, de petites grenouilles; en automne, il recherche les larves de chenilles, les baies et les fruits. Il chasse les insectes à la manière des pies-grièches, en se fixant sur des branches mortes pour attendre et capturer ses victimes au passage. Il se distingue des corbeaux par ses narines charnues, et s'en rapproche par son babil, par sa manière de saisir sa nourriture et par son habitude de piller les nids des autres oiseaux pour en manger les œufs. De là est venu son nom *coracias*, de ΚΟΡΑΚΙΑS, « qui se rapproche du corbeau. »

Le rollier est d'un caractère très-farouche et très-défiant; il aime à se reposer sur les arbres qui avoisinent les lacs, les marécages, et, pour appréhender plus facilement sa proie, tout en échappant lui-même à ses ennemis, il dissimule sa présence et se cache sous les feuillages les plus épais. Il ne fait pas, comme le geai et la pie, des provisions pour l'hiver, parce qu'il visite des pays qui lui offrent, selon les saisons, une nourriture abondante et variée.

En tout temps, sa chair est excellente; mais elle est surtout recherchée en automne, comme un mets délicat; c'est à cette époque que le rollier devient très-gras. Dans beaucoup d'ouvrages, cet oiseau est appelé *geai d'Afrique* ou *geai perroquet*. Cette dernière dénomination indique la puissance du bec du rollier. Mais si ce dernier caractère l'assimile au corbeau et au geai, son plumage l'en éloigne, à cause de ses couleurs bleuâtres de différentes nuances et offrant un reflet métallique.

Son nom vulgaire, *rollier*, n'est qu'une onomatopée

reproduisant le cri le plus ordinaire de ce passereau.

Le rollier niche dans le creux des arbres, dans les trous des vieilles murailles ou des rives sablonneuses. La femelle dépose sur une légère couche d'herbes et de mousse quatre ou cinq œufs un peu ventrus, d'un blanc lustré et uniforme. Le grand diamètre est de $0^m,032$ à $0^m,034$, et le petit de $0^m,024$ à $0^m,026$.

TREIZIÈME GENRE. — CASSE-NOIX.

LE CASSE-NOIX. — NUCIFRAGA CARYOCATACTES.

Le casse-noix n'est encore, pour nous, qu'un oiseau de passage. Il choisit comme séjour de prédilection le sommet des montagnes les plus élevées et couvertes de neige, ainsi que les forêts du pin à pignons (*pinus cembra*). C'est dans ces régions désolées qu'il peut se livrer sans inconvénient à toute l'énergie de son babil infatigable. D'un plumage noirâtre et moucheté de blanc, d'une forme svelte et bien proportionnée, le casse-noix est d'un aspect non dépourvu d'élégance. Cet oiseau manifeste beaucoup moins de défiance que ceux que nous venons d'étudier, probablement parce que ses ennemis sont beaucoup moins nombreux que ceux des espèces précédentes. Il vit d'insectes, qu'il saisit avec adresse, de baies et de semences des arbres. Mais sa nourriture privilégiée se compose de noix, et surtout de noisettes, qu'il dépouille de leur enveloppe ligneuse et entasse dans une espèce de poche à parois très-minces, fixée dans la partie supérieure de l'œsophage et du cou. Cette poche peut contenir de quinze à vingt noisettes, selon les dimensions des fruits. Muni de cette provision, le casse-noix ne craint pas de voyager pendant plusieurs jours. S'il rencontre des baies, des insectes, etc., il laisse intacte sa réserve ; si, au contraire, la disette se fait sentir, il dégorge avec beaucoup d'adresse un certain nombre de noix ou de noisettes, les assujettit avec ses pieds, et les casse avec une dextérité merveilleuse. Telle est l'origine de ses noms vulgaires ou scientifiques, ayant tous la même signification, et qui représentent le casse-noix d'après son habitude la plus caractéristique : *nucifraga*, de *nux, nucis,* « noix, » et *frango,* « briser. » Le mot *caryocatactes*, si effrayant au premier aspect, exprime la même idée sous une forme peu poétique en apparence. Il est composé de karyon, « noix, » et de kataktès, « qui casse, qui brise. »

Le casse-noix est moins rusé que le geai et que la pie ; il n'a pas recours aux stratagèmes dont se servent ces oiseaux pour faire des victimes ou pour éloigner des ennemis. Buffon a prétendu, sans motif, que le casse-noix avait été obligé d'abandonner les plaines et de se réfugier sur le sommet des montagnes inaccessibles, à cause des dégâts immenses qu'il occasionnait dans les forêts en perforant les arbres, ravages qui avaient déchaîné contre lui la colère des propriétaires. Cette opinion n'est nullement fondée : le casse-noix ne perce pas les arbres ; il ne creuse pas son nid dans le bois, comme l'a prétendu tout récemment un auteur célèbre par ses fictions mythologiques. Le casse-noix fait son nid sur les branches des arbres verts qui couronnent les pics les plus élevés des Alpes et des monts Scandinaves. Grâce à la bienveillance de mon vénérable ami, M. l'abbé Caire, et à son infatigable persévérance, j'ai pu me procurer une demi-douzaine de ces nids et les œufs qu'ils contenaient. Le casse-noix construit, dès le mois de février, le berceau de sa jeune famille. Cet édifice ressemble à un petit monticule dont le diamètre de la base, large de $0^m,32$ à $0^m,34$, diminue en s'élevant et se termine par une coupe aplatie et large de $0^m,12$. La hauteur de ces nids est ordinairement de $0^m,15$, et l'épaisseur du bord de 0^m,06. De petites branches de mélèze, de pin, de hêtre, entremêlées de filaments d'usnée chevelue forment la base du nid. Quant à la coupe, elle est composée de brins d'herbes fines et desséchées, recouvertes de plusieurs couches de mousse et d'usnée, massées de manière à se coordonner et à faire un tout. Ces différentes couches sont tellement foulées, qu'elles semblent former une seule substance, ou plutôt une sorte de feutre composé de plusieurs matières réunies par l'action puissante d'une presse. Ces nids sont quelquefois cachés dans des touffes de gui ; ils contiennent de trois à cinq œufs, d'un blanc bleuâtre, parsemé de petits points bruns plus ou moins foncés. Ils ressemblent à quelques variétés d'œufs de pie ; mais la coquille en est toujours plus légère et plus lisse que celle de ces derniers, et, sous ce rapport, elle se rapproche de la coquille des œufs du choucas. La plupart des œufs attribués aux casse-noix par les marchands naturalistes ne sont pas authentiques : la difficulté excessive de s'en procurer a contribué beaucoup à entretenir cette fraude. Le grand diamètre est de 0^m,036 à 0^m,037, et le petit de 0^m,022 à 0^m,024.

Le casse-noix se reproduisant dans les mois de février et de mars, au milieu des forêts couvertes de neige, il s'ensuit qu'il ne peut guère avoir recours aux insectes et aux fruits pour élever ses petits, et qu'il est forcé de puiser dans ses greniers de réserve. C'est alors que, le voyant entrer souvent dans le creux de vieux arbres où il a entassé des quantités considérables de noix, de noisettes, on a pensé qu'il nichait dans des excavations que lui-même avait perforées ou du moins agrandies. Cette opinion est complétement fausse ; pour la combattre victorieusement, il suffit d'examiner le bec du casse-noix, qui n'est pas armé pour le travail, ou plutôt pour le grief qu'on lui attribue. Il est inutile d'augmenter encore le nombre des coupables, et de forcer les amis des pics à entreprendre la défense d'un nouveau proscrit. Le casse-noix trouve aussi dans la semence des pins une ressource précieuse, et, comme le geai, il triture et prépare dans son jabot la nourriture qu'il dégorge ensuite dans le bec de ses petits. A cause de cette habitude et de l'ensemble de son caractère, il est appelé dans beaucoup de localités, *geai de montagne*. Dans le temps des fruits, il fait une véritable concurrence aux écureuils, en coupant, comme ces derniers, les pommes, les poires, etc., pour en manger ensuite les pépins.

QUATORZIÈME GENRE. — SITELLE.

SITELLE TORCHEPOT. — SITTA EUROPEA.

La sitelle termine, dans la Faune de Maine-et-Loire, cette longue nomenclature d'espèces rangées sous le nom de conirostres, et qui souvent paraissent se lier entre elles, comme les grains d'un chapelet dont la chaîne est brisée. La refaire n'est pas mon intention : le labeur que je me suis imposé est déjà suffisant pour mes forces ; et volontiers je laisse à d'autres le soin de coordonner et d'harmoniser toutes ces espèces, de manière à ce que chacune d'elles soit à sa véritable place, et concoure à former une gracieuse mosaïque. Nous continuerons, ami lecteur, à parcourir simplement la route qui nous a été tracée, et à recueillir, le long de notre chemin, les détails qui peuvent nous venir en aide pour relier les habitudes des oiseaux aux noms sous lesquels ils sont désignés.

Les formes de la sitelle ne sont pas gracieuses : son corps est gros et court, sa queue presque nulle ; les nuances de son plumage revêtent une couleur d'un bleu cendré ; elle a trois doigts en avant et un seul en arrière ; ce dernier est bien armé. La sitelle grimpe aux arbres dans tous les sens, de bas en haut et de haut en bas ; mais elle ne descend pas jusqu'à terre. Dans ces évolutions, elle ne se sert pas de sa queue comme font les pics, pour s'appuyer et se reposer. Elle paraît se plaire à décrire une série de cercles autour des arbres qu'elle visite, afin d'y saisir les insectes cachés sous les feuilles ou sous l'écorce. Son séjour favori est l'extrémité des arbres des futaies ; là, elle semble plus en sûreté et plus à son aise ; c'est là aussi qu'elle répète d'une manière assez continue son cri strident, qui a quelque chose du grincement de la lime. Ce cri s'entend de très-loin, et ne peut être confondu avec celui d'aucun autre oiseau ; il est si caractéristique, qu'il est devenu le principe du nom vulgaire et du nom scientifique de la sitelle. Sitta ou sitté représentait chez les Grecs le cri dont les bergers se servaient pour réunir leurs brebis et leurs chèvres dispersées sur les montagnes. Ce cri était produit par un sifflet, qui se faisait entendre au loin. La racine de sitta est sizô, « frémir, siffler, » signification très-juste et très-expressive.

La sitelle se reproduit en Anjou ; elle choisit, pour faire son nid, un trou d'arbre qui a servi aux pics et aux mésanges ; ordinairement ce trou est à quelques mètres au-dessus du sol. Quand l'ouverture paraît à la sitelle trop grande pour être défendue facilement contre les visiteurs importuns, cet oiseau gâche de la terre et maçonne, avec beaucoup de goût et d'adresse, l'entrée du nid, de manière à ne laisser qu'un petit passage parfaitement rond. Aussi les paysans l'ont appelé, à juste titre, *pic-maçon*. La dénomination *torche-pot* représente la même idée. Pour rendre son travail plus solide, la sitelle imite le maçon et mêle du gravier à la terre glaise, qui lui sert à diminuer l'entrée de sa demeure. Deux motifs la dirigent dans ce labeur : la défense plus aisée de sa progéniture, et un sentiment très-prononcé de jalousie qu'elle manifeste avec persévérance. Quand on approche du nid, et que la femelle y est renfermée, elle siffle comme le ferait une légion de vipères, afin d'éloigner ses ennemis. Si cet oiseau ne rencontre pas de trous qui lui conviennent, il perfore alors assez facilement les arbres vermoulus, et choisit de préférence les pommiers.

L'intérieur du nid est composé d'herbes, de mousse, de crins, de plumes ; il renferme de quatre à six œufs blancs et mouchetés de points rouges ou rougeâtres ; quelques-uns en sont parsemés d'une manière uniforme ; d'autres n'en présentent que vers le gros bout, où ils forment une espèce de couronne ; enfin, on en trouve qui au lieu de points offrent des taches assez larges. Quelques-uns de ces œufs sont à peu près blancs. Ils présentent encore bien des formes ; ils sont ronds ou oblongs, mais presque toujours ventrus. Le grand diamètre varie de $0^m,016$ à 0^m019, et le petit de $0^m,011$ à $0^m,014$. Ils peuvent facilement être confondus avec ceux de la grosse mésange charbonnière, quoique généralement ils soient plus gros et surtout plus oblongs. Ceux qui ont une couleur jaunâtre, la doivent à leur séjour sur la poussière humide des trous auxquels ils sont confiés, surtout lorsque la couche du nid est peu épaisse.

Pendant l'hiver, la sitelle court à terre, poursuit les insectes sous les feuilles, vit même de graines, et c'est lorsqu'elle recherche ce dernier genre de nourriture qu'elle se prend aux collets. J'ai reçu plusieurs fois, de la commune de Tiercé, des sitelles capturées avec des alouettes.

Quand ils se trouvent dans une contrée où les noisettes sont abondantes, ces oiseaux exercent de grands ravages. Ils saisissent, avec une dextérité remarquable, des noisettes et même des noix, les assujettissent fortement entre deux branches, et les brisent avec leur bec. Les Anglais ont voulu peindre par une expression caractéristique cette habitude de la sitelle, en lui donnant le nom de *hache-noix*.

La sitelle qui se reproduit en Anjou porte le nom d'*europea*, « européenne, » pour la distinguer des autres sitelles, telles que la sitelle soyeuse, etc., qui ne sont pas sédentaires en Europe, quoiqu'elles la visitent cependant quelquefois.

QUATRIÈME FAMILLE.

Ténuirostres.

La famille des ténuirostres est l'avant-dernière de l'ordre des passereaux. Elle ne comprend que trois espèces, bien différentes les unes des autres. Leur véritable trait-d'union est la forme du bec, qui a déterminé le nom de *ténuirostres*. Cette expression est composée de *tenuis*, *tenu*, « faible, délié, » et *rostrum*, « bec; » elle indique que les oiseaux compris sous cette dénomination ont un bec faible, en comparaison de celui des espèces précédentes, et cette faiblesse dépend surtout de la longueur, qui est peu en rapport avec les autres dimensions.

PREMIER GENRE. — HUPPE.

HUPPE ORDINAIRE. — UPUPA EPOPS.

La huppe ordinaire doit son nom aux vingt-six plumes rousses bordées de noir et disposées sur deux rangs, qui forment le principal ornement de sa tête, ornement qu'elle relève et abaisse à volonté, selon les impressions de joie, de crainte ou d'amour qu'elle ressent. Comme les étourneaux, elle la replie quand elle vole, et sa course aérienne semble être une série de festons qui s'enchaînent pour former une guirlande qu'elle décrit en battant des ailes. A l'époque de la nidification, elle étale les plumes de sa huppe en ramenant son bec sur sa poitrine, et semble en quelque sorte se servir de sa tête comme d'un encensoir; c'est alors que cet oiseau fait entendre un roucoulement qui se rapproche de celui du ramier.

La huppe se nourrit de sauterelles, d'insectes, de limaçons, de fourmis, etc. En Egypte, où elle est très-nombreuse, elle apparaît lorsque les eaux du Nil se retirent et présentent un limon facile à fouiller dans tous les sens. Aussi son arrivée est-elle saluée avec joie; car elle avertit les habitants que l'époque des semences est proche. C'est pour cette raison que la huppe joue un très-grand rôle dans les hiéroglyphes.

Cet oiseau rend un véritable service à l'agriculture en détruisant un très-grand nombre de limaçons, de chenilles, de courtilières et surtout de fourmis. Il visite les fourmilières, y enfonce son long bec, élargit ainsi l'ouverture qui donne accès dans ces petites républiques, et y exerce de véritables ravages; c'est ce qui explique pourquoi sa chair est rejetée comme étant trop parfumée du goût de fourmi. La huppe est douée d'un caractère très-timide et très-solitaire, et on l'aperçoit souvent, dans les prairies, cherchant, sous les excréments des animaux, les coléoptères qui s'y sont réfugiés. Les anciens avaient attaché à la huppe des idées bien superstitieuses : ils prétendaient qu'elle connaissait les herbes propres à rendre la vue aux aveugles, que le cœur et le foie de cet oiseau guérissaient de la migraine, et que ses troupes plus ou moins considérables indiquaient, d'une manière précise, l'abondance ou la disette des vendanges.

Upupa a la même signification que le mot *huppe*. Quant

à la dénomination ÉPOPS, elle est formée de ÉPI et OPS, « voix ; » or, ÉPI, en composition, est augmentatif : ÉPOPS signifie donc « cri fort, très-accentué, » dénomimination très-vraie et qui indique un caractère particulier à la huppe, celui de faire entendre un cri sifflé et plaintif, quand elle s'envole.

Cet oiseau se reproduit en Anjou ; il choisit, pour établir son nid, les endroits humides plantés d'arbres ; il le confie aux trous des vieilles souches ou des murailles qu'il remplit de mousse et d'herbes sèches unies d'une manière grossière : souvent il profite du travail de ses prédécesseurs ; car la diligence n'est pas son habitude favorite. La femelle dépose sur cette couche peu gracieuse de quatre à six œufs d'un blanc grisâtre qui revêtent quelquefois une teinte plus foncée, par leur contact avec la poussière humide du creux de l'arbre. Leur grand diamètre varie de $0^m,023$ à $0^m,025$, et le petit de $0^m,015$ à $0^m,017$. Quand on approche du nid, la femelle siffle de manière à effrayer les naturalistes peu expérimentés ; de plus, la demeure de la jeune famille répand une odeur tellement nauséabonde, que l'opinion la plus commune admet que la couche du nid est composée de fiente de chien. Cette croyance est entièrement erronée ; l'odeur infecte que l'on sent provient des excréments des petits, mêlés aux débris des insectes qui ont servi à leur nourriture, et que le père et la mère laissent séjourner et s'accumuler avec une négligence dont les autres oiseaux ne sont pas coupables. C'est pour peindre d'une manière très-expressive cette paresse et cette saleté de la huppe, que les gens de la campagne désignent cet oiseau sous le nom de *coq puant*.

La huppe vivrait facilement en captivité ; mais la nourriture qui lui convient ne peut être recueillie qu'avec beaucoup de peine : dès lors cette disposition à la servitude devient inutile ; elle est du reste conforme aux desseins de la Providence qui ne peuvent être accomplis par la huppe que si elle est en liberté.

La huppe est d'un caractère très-craintif et même très-lâche ; elle fuit, en manifestant toutes les angoisses d'une crainte excessive, à la vue du plus petit oiseau de proie.

DEUXIÈME GENRE. — GRIMPEREAU.

GRIMPEREAU D'EUROPE. — CERTHIA FAMILIARIS.

L'oiseau dont je vais décrire les mœurs porte un nom latin qui a exercé longtemps ma patience, et ce n'est qu'après des recherches nombreuses et poursuivies pendant bien des années, que j'ai eu la consolation d'en découvrir l'étymologie.

Le grimpereau est d'un plumage gris-sombre. Doué d'une excessive agilité, il parcourt les arbres dans tous les sens, avec une infatigable persévérance ; il décrit une série de spirales autour des branches et des troncs ; il sonde toutes les fissures, fouille toutes les écorces et les mousses pour se nourrir des larves, des araignées et de tous les insectes qui s'y sont réfugiés. Il commence ordinairement à grimper par le pied des arbres, comme les pics ; mais il s'éloigne des habitudes de ces derniers, en ce qu'il redescend de l'extrémité jusqu'à terre en décrivant une série de lignes courbes, et en se laissant tomber du sommet de l'arbre jusqu'au sol pour remonter plusieurs fois de suite. Cette habitude justifie son nom vulgaire, *grimpereau*, qui dérive du grec cirimp-tEïn, signifiant « monter en s'approchant, » expression très-caractéristique. D'après M. Littré, on trouve dans plusieurs auteurs *griper* ou *gripper* pour *grimper*, et *grimper* pour *gripper* : ce savant pense donc que la racine de *gripper* ou *griper* et dès lors de *grimper* serait *grippen*, mot hollandais qui, ainsi que l'allemand *greifen*, signifie « saisir. » Maintenant encore, dans le Berry, *grimper* est employé pour « saisir avec force, » et offre le même sens que *griffer*, « prendre avec les griffes. » Cette étymologie est d'autant plus naturelle, que les oiseaux s'accrochent pour monter, pour grimper. Le mot *grimpereau* s'écrivait autrefois *grimpenhaut*, expression très-juste ; car, en donnant à *grimper* le sens de « saisir, » cet oiseau était ainsi nommé parce qu'il « saisissait sa proie *en haut* ; » dès lors, il fallait qu'il *montât*, et, selon le sens ordinaire, qu'il *grimpât*.

Ainsi que les pics, il se nourrit, à terre, de fourmis ; comme eux aussi, il passe la nuit dans des trous d'arbres et, plus qu'eux encore, il pousse presque sans cesse, dans ses investigations, un petit cri saccadé et perçant qui s'entend de très-loin. Est-ce un cri de satisfaction, ou un moyen d'effrayer les insectes et de les faire sortir de leur repaire ? est-ce le soupir du travailleur condamné à un labeur pénible, comme la plainte qui s'échappe de la poitrine des foulons ? Je ne puis résoudre la question ; mais je constate les faits. Ces quelques traits de ressemblance avec les pics ont déterminé Aristote à donner, mais sans raison, au grimpereau, un nom qui l'identifiait avec les pics et semblait le rendre participant de tous les méfaits si injustement reprochés à ces proscrits. L'adjectif *tenuirostre*, appliqué de nos jours au grimpereau, suffirait pour le faire absoudre de tous les griefs imaginaires qui lui ont été reprochés. Voici le passage d'Aristote, d'après la traduction latine de Théodore Gaza, faite au xviie siècle : « Est avicula quædam, quæ vocatur « *certhius ;* audax hæc est moribus et arbores accolit et « cossis victitat, ingenio parato ad victum et voce clarâ « prædita. » (Firmin Didot, édit. in-4°, vol. III, p. 134.) — « Il existe un petit oiseau appelé *certhius* ; d'un « caractère entreprenant, il visite les arbres, se nourrit « de vers qui se reproduisent sous les écorces ; plein

« d'invention pour se procurer la nourriture, il est doué
« d'une voix perçante. » Le mot *certhius* que l'on a
transformé en *certhia*, féminin, dérive du grec KERTHIOS.
Dans la magnifique édition du nouveau dictionnaire grec
publié par M. Firmin Didot, au mot KERTHIOS, on lit ces
paroles : « Certhius, avicula parva de quâ Aristote.....
—(Hist. des animaux, liv. IX, ch. XVII.)— KERTHIOS est le
petit oiseau dont parle Aristote dans le livre neuvième
de son Histoire des animaux. » Malheureusement aucun
glossaire latin ne renferme la dénomination *certhia*,
conservée cependant dans tous les ouvrages d'ornithologie ; de plus, nul dictionnaire grec n'indique la racine
du mot grec KERTHIOS. La difficulté était grande ; mais
Adolphe Pictet est venu à mon aide, et, dans son ouvrage
des *Aryas primitifs*, il donne comme racine au mot KER-
THIOS, « désignant, dit-il, une espèce de pic, » le verbe
KEÏRO, signifiant « couper, » et indiquant que, si KERTHIOS
est le véritable mot employé par Aristote pour désigner le
grimpereau, cet auteur a voulu, mais sans motif, l'assimiler, sous ce rapport, à la véritable famille des pics.
Aussi j'admets très-volontiers, avec Robert Constantin,
cité par Aldrovande, que le copiste d'Aristote s'est
trompé, et qu'il a écrit KERTHIOS au lieu de KERDOS, signifiant « ruse, finesse, astuce, » mot bien plus en rapport que l'expression KERTHIOS avec les habitudes
qu'Aristote attribue au grimpereau. Cet oiseau est très-
défiant ; il est très-difficile de l'approcher et surtout
de l'ajuster. Dès qu'il aperçoit le chasseur, il se cramponne du côté de l'arbre opposé à son ennemi, et, si
celui-ci s'opiniâtre à le poursuivre, le grimpereau
le fatiguera par sa stratégie et par une série interminable
de marches qui se déroulent en spirales. Le grimpereau
s'appuie, comme les pics, sur sa queue qui lui sert de
miséricorde et lui permet de se reposer et de continuer
plus facilement le rude labeur auquel il est condamné.

On le désigne sous le nom de *grimpereau d'Europe* pour le distinguer des autres espèces exotiques. Cependant cette dénomination n'est peut-être pas entièrement exacte, si l'on admet, avec M. Bailly et avec plusieurs auteurs, que le grimpereau, étudié par mon vénérable ami, l'abbé Caire, est non-seulement une variété ou une race, mais encore une véritable espèce. Le grimpereau désigné par les naturalistes sous le nom de *certhia Costa*, parce qu'il a été dédié au marquis Costa de Beauregard dont j'ai visité avec beaucoup d'intérêt la magnifique collection ornithologique, près de Chambéry, a été décrit par M. Gerbe, dans la *Revue zoologique de France* (avril 1852, p. 162).

Si l'opinion de ces savants naturalistes était admise, le grimpereau d'Europe ne serait plus le seul, et il faudrait modifier cette dénomination. Quant à l'épithète *familiaris*, « familier, de la famille, » elle indique que cet oiseau, quoique très défiant, est moins sauvage, moins ennemi de la société de l'homme, que ses congénères, et même que le grimpereau Costa, lequel ne se tient que dans les forêts de certaines contrées couvertes de montagnes inaccessibles.

Le grimpereau se reproduit en Anjou : il réunit dans un trou d'arbre et quelquefois entre le tronc et l'écorce, à une hauteur peu considérable, de la mousse, des plumes, des herbes, du crin, du coton des arbres, et sur cette couche, qui prend les formes et les dimensions des cavités auxquelles elle est confiée, la femelle pond de cinq à sept œufs. La couleur de la coquille est d'un blanc pâle parsemé de taches d'un rouge de brique ; quelquefois ces taches se réunissent de manière à couvrir presque entièrement l'œuf ou à former une calotte assez prononcée. Le grand diamètre varie de $0^m,013$ à $0^m,015$, et le petit de $0^m,010$ à $0^m,012$.

Un certain nombre de naturalistes admettent que le

grimpereau familier fait plusieurs pontes chaque année ;
je n'ai pu constater l'exactitude de cette opinion.

TROISIÈME GENRE. — TICHODROME.

TICHODROME ÉCHELETTE. — TICHODROMA PHŒNICOPTERA.

Le tableau des mœurs de ce passereau justifiera les
noms sous lesquels il est désigné ; car peu d'oiseaux ont
été aussi bien caractérisés par leurs dénominations. Le
tichodrome, appelé avec raison le *grimpereau des montagnes*, habite ordinairement la cime des monts escarpés. Là, il parcourt, avec une grande agilité et avec une
énergie persévérante, toutes les fissures et les excavations les plus profondes des rochers pour y saisir les insectes de toute espèce qui s'y sont cachés. Dans ces investigations, il commence à gravir le théâtre de ses
recherches par le pied des montagnes ; il ne redescend
pas comme plusieurs grimpeurs ; mais arrivé au sommet,
il se laisse tomber pour retomber ensuite, et renouveler
cette manœuvre plusieurs fois de suite. Jamais il ne
s'appuie sur sa queue pour se reposer ; mais il grimpe, en
imprimant à son corps une série de petits bonds ; il
semble sauter et monter à l'échelle : de là, le nom de *tichodrome échelette*, formé de ΤΕΪΧΟΣ, « mur, » et DROMEUS,
« coureur, — oiseau qui visite les murs, » et qui accomplit
sa mission en paraissant *monter à l'échelle*. Cette dénomination est d'autant plus exacte, que le tichodrome ne
visite pas simplement les montagnes, mais se livre encore
à des voyages que la rigueur de l'hiver lui rend nécessaires. Quand la neige couvre la terre de son linceul
blanc, et que les insectes ont disparu sous l'action excessive du froid, le tichodrome se trouve privé de sa nourriture ordinaire et se voit condamné à des excursions
lointaines, pendant lesquelles il visite toutes les façades

des grands et surtout des vieux édifices ; quelquefois même il pénètre dans l'intérieur des établissements. C'est ainsi que l'un de ces oiseaux est entré, il y a quelques années, dans la salle du musée d'Angers et s'est glissé derrière les tableaux et les vitrines, pour y capturer les araignées et les autres insectes, que l'œil des plus vigilants gardiens n'avait pu découvrir pour les faire disparaître.

Assez souvent on peut, pendant l'hiver, admirer les riches couleurs dont son plumage est revêtu, lorsqu'il fouille toutes les ruines de la magnifique église Toussaint. Soit pour se soutenir plus facilement en l'air, soit pour effrayer les insectes et les faire sortir de leur refuge, le tichodrome imite le papillon et agite avec une grande vivacité ses ailes, comme un sphinx : c'est alors qu'il montre le rouge si brillant qui couvre les plumes de son dos, et qui ne devient visible que dans cette circonstance. C'est ce qui lui a valu le nom de *phœnicoptera*, de PHOÏNIKS, PHOÏNIKOS, « rouge de pourpre, » et PTÈRON, « aile : oiseau aux ailes rouges. » Les montagnards l'appellent, en leur langage expressif, le *papillon des montagnes*. Dans les temps de froid et de disette, le tichodrome se prend à l'hameçon ; il suffit, pour le capturer, de laisser voltiger le long des murailles une ligne appâtée avec un insecte.

Le tichodrome se reproduit dans les montagnes presque inaccessibles ; aussi ne peut-on que très-difficilement se procurer le nid et les œufs de cet oiseau. Il réunit, dans les fentes des rochers escarpés, de la mousse, du crin, des filaments de plantes, et en compose une coupe solide ayant ordinairement $0^m,15$ de largeur et $0^m,04$ de profondeur. Les bords du nid présentent une forme arrondie de $0^m,05$ de diamètre. Ce nid renferme quatre ou cinq œufs un peu piriformes, oblongs ; leur coquille, d'un blanc très-pur, est excessivement mince. Quelquefois ils sont parsemés de petits points d'un rouge pâle, peu nombreux et peu apparents. Le grand diamètre de ces œufs varie de $0^m,017$ à $0^m,019$, et le petit de $0^m,012$ à $0^m,014$.

Le tichodrome élève ses petits avec une grande sollicitude ; mais lorsque ceux-ci peuvent se suffire à eux-mêmes, ils se séparent de leurs parents. Est-ce à la difficulté de trouver la nourriture qui leur est nécessaire, et aux obligations de la vie nomade à laquelle ils sont condamnés, ou bien est-ce à l'influence de leur caractère, que l'on doit attribuer l'isolement dans lequel vivent les tichodromes ? Je ne puis résoudre cette question, tout en pensant que le genre de vie du papillon des montagnes doit s'opposer à ce qu'il puisse se réunir en bandes ; car en tout temps, le tichodrome vit et voyage solitaire.

CINQUIÈME FAMILLE.

Syndactyles.

L'ordre des passereaux se termine par la famille des syndactyles, qui comprend en Anjou une seule espèce, celle du Martin-pêcheur. L'expression *syndactyle* peint très-exactement l'oiseau auquel elle s'applique. *Syndactyle* dérive de deux mots grecs, SYN, « avec, » et DAKTYLOS, « doigt, » et signifie « doigts unis entre eux. »

Les passereaux qui forment cette famille ont quatre doigts soudés deux à deux, deux en avant et deux en arrière, caractère qui les assimile aux pics, dont ils se rapprochent par leur queue courte, par leur tête grosse, et par leur bec très-fort. Cette disposition des doigts permet au martin-pêcheur de se percher très-facilement, et lui vient puissamment en aide pour accomplir le rôle auquel l'a assujetti la Providence.

PREMIER GENRE. — MARTIN-PÊCHEUR.

MARTIN-PÊCHEUR ALCYON. — ALCEDO ISPIDA.

Je n'entrerai dans aucun détail, en ce qui concerne le mot *martin*. Il a déjà été expliqué, plusieurs fois, assez longuement, pour qu'il ne soit plus nécessaire de s'y arrêter. Il suffit de parcourir les fables de notre inimitable Lafontaine pour constater que très-souvent *martin* est synonyme de *maître ;* dès lors, *martin-pêcheur* signifie *maître-pêcheur*, « oiseau qui excelle à saisir le poisson. » Cette dénomination convient bien au passereau qu'elle désigne. Le martin-pêcheur habite le bord des rivières, des étangs, des marais, et surtout les cours d'eau ombragés par des osiers ou par de vieux arbres penchés sur les flots. Là, il se pose à l'ombre d'une branche touffue, sur quelque morceau de bois dénudé qui lui sert d'observatoire. L'œil fixé sur les eaux, il attend, avec une extrême patience, que des poissons passent au-dessous de lui, et, dès qu'il les aperçoit, il se précipite sur sa proie, qu'il capture avec une grande adresse et qu'il mange ordinairement sur quelque pierre du rivage. Sa conformation le sert merveilleusement pour cette pêche. La longueur de son bec, les larges dimensions de sa tête, la petitesse de son corps et de sa queue, la forme arrondie de ses ailes, tout concourt à assurer au martin-pêcheur une grande facilité pour plonger. Cependant, pour accroître encore cette puissance, il fait un bond en s'élevant un peu dans l'air, afin d'imprimer à son corps une plus forte impulsion, imitant en cela l'action de nos jeunes élèves lorsqu'ils s'exercent, selon leur langage expressif, *à piquer une tête dans l'eau.*

Quand la persévérance du martin-pêcheur n'est pas

couronnée de succès, et que les poissons ne circulent pas
au-dessous de son observatoire, cet oiseau fait entendre
un cri plaintif, puis il reprend son vol en rasant l'eau,
sur laquelle il semble tracer un sillon. S'il aperçoit alors
quelque poisson, il s'arrête, reste suspendu dans l'air
à la même place, en agitant les ailes, comme le faucon
qui semble vouloir étourdir sa victime ; puis il plonge
tout à coup sur la proie qu'il a choisie, et il est très-rare
qu'elle échappe à son bec rapide. Quelquefois, sans plonger, il répète, de distance en distance, ce moment d'arrêt
dans l'air et ce frémissement d'ailes. Cette évolution est
alors, pour lui, un simple moyen de se livrer, au-dessus
de l'eau, à un véritable système d'observations. Quand
cette position paraît le fatiguer, il se laisse tomber perpendiculairement jusqu'à la surface de l'eau, pour continuer ensuite son vol parallèlement à la rivière.

Ces détails suffisent pour prouver que ce passereau
mérite le nom qui lui a été donné. Il me reste à expliquer les motifs qui l'ont fait appeler *alcyon*.

Ce mot est composé de ALS, « mer, » et KYÔN, participe de KYEÏN, « enfanter, » et signifie alors « oiseau qui
se reproduit sur la mer. » Cette dénomination nous vient
de la mythologie. Alcyone, fille d'Eole, attristée de l'absence prolongée de son mari, qui était allé consulter
l'oracle de Claros, se promenait triste et solitaire sur les
bords de l'océan, espérant apercevoir, dans le lointain,
le navire qui portait celui qu'elle aimait tendrement.
Mais les flots irrités n'apportèrent à ses pieds que le cadavre du malheureux Céix, victime d'un naufrage. Alcyone se précipita sur ce corps inanimé, le couvrit de
baisers, cherchant, mais bien inutilement, à lui rendre
la chaleur et la vie. Les dieux, témoins de ces regrets si
vifs et étonnés des sentiments de tendre affection qui
unissaient l'homme et la femme, sentiments très-rares,
à ce qu'il paraît, même dans cet âge d'or, ne voulurent

pas séparer Alcyone de son cher Céix : ils les changèrent tous deux en oiseaux qui portent le nom d'*alcyons*. Ils firent plus. Afin d'éterniser le souvenir de la paix et du calme qui régnait dans le ménage des deux époux, et de donner aux humains une leçon, hélas! trop souvent inutile, ils décidèrent que les flots de la mer resteraient calmes pendant quatorze jours, terme le plus long d'un calme parfait, même avec le secours des dieux! Cette période commençait sept jours avant le solstice d'hiver, et se prolongeait sept jours après. Le fait avait paru assez rare et assez extraordinaire pour que, pendant les jours *alcyoniens*, les procès fussent suspendus. C'est à cette époque que les alcyons confiaient leurs nids à la mer, et qu'Éole, dieu des vents et père d'Alcyone, veillait à ce qu'aucun souffle ne vînt même rider la surface de l'onde. Plutarque, qui était parfois doué d'une excessive bonhomie, affirme avoir été témoin du calme de la mer et du travail des alcyons. Selon lui, ces oiseaux composaient à terre une espèce de radeau très-bien construit, sur lequel reposait un nid hermétiquement fermé, un peu comme une chaloupe pontée; puis, quand le travail était terminé, le père et la mère lançaient cet esquif sur la mer, pour l'y abandonner ou l'en retirer, selon qu'ils reconnaissaient qu'il pouvait ou non affronter sans danger le contact de l'onde. Dans son admiration pour le labeur des alcyons, le bon Plutarque a oublié de nous dire de quel côté se trouvait l'ouverture, que les deux époux avaient dû ménager, pour que la femelle pût entrer dans ce petit chef-d'œuvre de patience, sans cependant donner passage aux flots de la mer [1]. Enfin, comme les jours

---

[1] Voici la traduction d'une partie du texte de Plutarque auquel je fais allusion.

« Mais nous appelons l'abeille sage, et la célébrons comme celle qui produit le doux miel, en flattant ainsi la douceur d'iceluy miel qui nous agrée et nous chatouille sur la langue, et

alcyoniens ne dépassaient pas une quinzaine, et qu'après revenaient les tempêtes et les naufrages qui en étaient souvent la suite, il fallait que l'harmonie régnât, non-seulement dans chaque ménage, mais encore entre tous les ménages. Tous les nids devaient être prêts le même jour, et toutes les dames alcyones disposées à pondre aussi le même jour et le même nombre d'œufs.

Que les temps sont changés ! Il est très-probable, pour continuer la fiction païenne, que c'est la difficulté de maintenir dans un état persévérant cette magnifique harmonie qui a fatigué la patience de Jupiter (je ne parle bien entendu que relativement aux alcyons) ; car de nos jours, les choses se passent d'une manière beaucoup moins poétique. Les alcyons choisissent un trou de rat d'eau, dont l'entrée est dissimulée par les racines ou par les branches d'un vieux saule ; si l'orifice est trop grand, ils le diminuent en le fermant en partie avec de

cependant nous laissons derrière la sapience et l'artifice des autres animaux tant en l'enfantement de leurs petits qu'en la nourriture d'iceulx. Comme tout premièrement l'oiseau de mer que l'on nomme Alcyone, laquelle se sentant pleine, compose son nid, amassant les arestes du poisson que l'on appelle anguille de mer, et les entrelassant l'une parmy l'autre et tissant en long les unes avec les autres, en forme ronde et longue comme est un veruen de pescheur, et l'aiant bien diligemment lié et fortifié par la liaison et fermeté de ces arestes, elle le va exposer au battement du flot de la mer, afin qu'estant battu tant bellement et pressé, la tissure de la superficie en soit plus dure et plus solide, comme il le fait, car il devient si ferme, que l'on ne sauroit fendre avec fer ni avec pierre, et qui est encore plus esmerveillable, l'ouverture et embouchure du dit nid est si proportionnrement compo-sée à la mesure du corps de l'Alcyone que nul autre, ny plus grand, n'y plus petit oiseau n'y peult entrer, non pas la mer même, comme l'on dit, ni la moindre chose du monde. »

Chapitre de l'Amour et charité naturelle des pères et mères enuers leurs enfants. — Traduction d'Amyot. In-fol., pag. 101. — Paris, Michel de Vascosan, 1572.

la terre délayée. Ensuite ils travaillent à rendre plus commode le fond de cette retraite, qui doit servir de demeure à la mère et à ses petits. Par les soins du mâle et de la femelle, l'extrémité de ce réduit présente un véritable carrefour, ayant quelquefois plusieurs issues, qui viennent toutes aboutir à l'entrée principale. C'est dans ce carrefour que la femelle dépose de cinq à sept œufs ronds et d'un blanc lustré, ressemblant à de petites billes d'ivoire, et dont le diamètre varie de $0^m,018$ à $0^m,022$. et le petit de $0^m,016$ à $0^m,018$. Ordinairement, ils reposent sur une couche de petites arêtes de poissons entièrement broyées, afin qu'elles soient plus molles. Des naturalistes ont prétendu que les œufs étaient déposés sur la terre nue, et que les arêtes provenaient des poissons que les martins-pêcheurs apportaient à leurs petits. Cette opinion peut être mise en doute ; car ayant trouvé moi-même des arêtes dès le premier jour de la ponte, il me semble qu'elles ne peuvent être les débris de la nourriture des petits qui n'existaient pas encore. Peut-être pourrait-on cependant justifier l'opinion de ces auteurs, en admettant que ces débris provenaient de la nourriture que le mâle apporte à la femelle. Dans les pays où les écrevisses sont abondantes, le martin-pêcheur s'établit souvent, pour se reproduire, dans les excavations que ces crustacés ont creusées.

Quelques savants ont donné au mot *alcyon* une étymologie différente de celle que je viens de développer. Ils font dériver *alcyon* de ALS, «mer,» et KYÔN, «chien,» et ce mot signifierait littéralement «chien de mer.» Dans ce sens, il ne devrait pas s'appliquer au martin-pêcheur, mais au goëland, et il ne pourrait être pris que par comparaison. Quand les ténèbres de la nuit commencent à s'étendre sur l'océan et que l'orage se prépare, les goëlands font entendre un cri sinistre, précurseur de la tempête, assez semblable à l'aboiement des chiens pendant la nuit, quand surtout ils sont sous l'empire de la crainte. *Alcyon* pourrait donc être ainsi traduit : « oiseau dont le cri, sur la mer, ressemble à l'aboiement d'un chien. » Ce qui pourrait fortifier cette interprétation, c'est que le mot *alcyon* désigne moins le martin-pêcheur que les mouettes et les hirondelles de mer, et même, d'après Buffon, le pétrel, oiseau de tempête. Le chien étant l'emblème de la fidélité, l'alcyon lui aurait-il été aussi comparé à ce point de vue?

Ma tâche s'avance, et cependant il me reste à expliquer *alcedo* et *ispida*, noms scientifiques donnés au martin-pêcheur. D'après Court de Gébelin, *alcedo* aurait la même racine que le mot *alcyon*, et serait formé de ALS, « mer, » et KYDÉÏN « enfanter. » Les anciens disaient indifféremment ALKYÔN et ALCYDÔN. De la première de ces deux expressions on a formé évidemment *alcyon*, et de la seconde, *alcedo*. Si l'on n'admet pas l'autorité de l'écrivain cité plus haut, peut-être pourrait-on accepter pour étymologie ALS « mer, » et KYDOS, « gloire, » et *alcedo* signifierait : « *oiseau qui est la gloire de la mer*, » sinon exclusivement par son plumage beaucoup plus brillant que celui de tous ceux qui visitent les rivages de l'océan, du moins par tous les récits fabuleux dont il a été l'objet. De plus des idées superstitieuses s'attachaient, dans tous les pays, non-seulement au martin-pêcheur vivant, mais même à sa dépouille. Son corps desséché, suspendu à un fil par le bec, servait, selon l'opinion populaire, de boussole; la mandibule supérieure du bec se tournait toujours vers l'étoile polaire: il tenait aussi lieu de baromètre ou plutôt d'hygromètre, en indiquant les variations de l'atmosphère. Enfin, placé dans les meubles, sa présence éloignait les teignes et était comme un puissant vétyver. Malgré les progrès des lumières, ces idées fausses, du moins dans leur généralité, sont encore répandues dans les pays sauvages comme dans les régions civilisées.

Peut-être aussi pourrait-on faire venir *alcedo* de ALS, « mer, » et de KÈDOS, « soin, mariage, » d'où KÈDEÏÔ, « prendre soin, se marier. » *Alcedo* signifierait alors oiseau « *qui s'inquiète de l'état de la mer, qui veille sur la mer,* » ou bien oiseau « *qui confie à la mer le fruit de son union.* »

J'arrive au mot *ispida*, que l'on doit écrire *hispida*. Dans son acception ordinaire, *hérissé*, il peint exactement une des habitudes du martin-pêcheur, quand cet oiseau est en sentinelle pour attendre les poissons : il élève, à certains moments, les plumes de sa tête, qui représentent alors une huppe, dont les différentes parties ne seraient pas bien unies entre elles. Je pense que c'est un motif d'impatience qui détermine ce mouvement particulier des plumes. Le martin-pêcheur doit éprouver alors le même sentiment que ressent un pêcheur passionné, quand un vent violent vient troubler la surface de l'eau, un bateau ou quelque voyageur occasionner du bruit et le priver ainsi de la proie, dont il cherchait à deviner l'approche et calculait déjà la capture plus ou moins probable. Puis, c'est un ventre affamé qui n'admet pas, sans une vive expression de mécontentement, le jeûne prolongé auquel on le condamne malgré lui. Du reste, cette habitude est encore bien plus caractérisée chez quelques espèces de martins-pêcheurs ; car plusieurs ont été désignés par l'épithète *cristata*, « huppée. »

Mais si le martin-pêcheur mérite le nom *ispida*, quand il craint de voir s'échapper l'objet de son attente, il le justifie encore bien davantage quand le chasseur le saisit avec la main, après l'avoir blessé. Dans cette circonstance, toutes les plumes de la tête du martin-pêcheur sont véritablement « hérissées, » et il exprime de la sorte, par le seul moyen que lui laisse son ennemi, l'indignation que lui cause la perte de sa liberté.

Comme tous ceux qui se livrent avec persévérance à la

pêche et à la chasse (il s'agit toujours des oiseaux), le martin-pêcheur est excessivement jaloux. Pour lui, comme pour les grands et pour les petits seigneurs de nos jours, il y a une pêche sévèrement réservée. Les limites de sa *champagne* s'éloignent et se rapprochent selon les circonstances. Aucun ami, aucun parent même n'est admis au doux plaisir de capturer du poisson dans l'arrondissement que s'est choisi un couplé de martins-pêcheurs. Si un imprudent s'aventure à dépasser les limites réglementaires, le mâle ou la femelle qui l'aperçoit dresse ses plumes sur sa tête, un peu comme un Péruvien, se lance sur l'audacieux violateur du territoire gardé, et le poursuit de son vol et de ses cris, jusqu'à ce qu'il ait gagné une autre champagne, dans laquelle le même accueil lui est réservé. Plusieurs fois, en voyant cette poursuite et en entendant ces cris, j'étais porté à l'attribuer à quelque trouble dans le ménage; mais il n'en était rien, car les alcyons tiennent à faire exception à la règle assez générale, si l'on en croit l'histoire de tous les temps. Quand l'un des deux époux se trouve impuissant à faire respecter l'arrondissement de pêche, l'autre lui vient en aide, et même un couple en appelle un autre. C'est ce qui explique le vol et les cris, de trois et même de quatre martins-pêcheurs, rasant ensemble la surface de l'onde.

Cette jalouse vigilance de l'alcyon augmente encore quand il élève ses petits, auxquels il se plaît à procurer une nourriture abondante et choisie. Il leur apprend à pêcher, à plonger, à dissimuler leur présence sous les branches touffues et sous les racines épaisses; il ne les abandonne que lorsqu'une longue expérience l'a convaincu qu'ils peuvent se suffire à eux-mêmes.

Pendant un temps assez considérable, chaque soir, les parents ramènent leur jeune famille coucher dans le trou qui les a vus naître, afin de pouvoir veiller sur eux avec plus de facilité.

Maintenant que les martins-pêcheurs ne sont plus soumis à la règle des jours alcyoniens, ils se livrent, quand les petits se sont éloignés d'eux, aux soins d'une nouvelle couvée, qu'ils entoureront, comme la première, d'une patiente et attentive sollicitude.

J'ai pu certifier bien des fois l'exactitude des détails que je viens de donner sur les mœurs des martins-pêcheurs, lorsque je parcourais, avec mes jeunes amis, Daniel Métivier, Eugène Lelong, Guillaume Bodinier et Louis Manceau, toutes les sinuosités du cours du Loir et de celui de la Sarthe.

QUATRIÈME ORDRE. — PASSERIGALLES.

Nous avons fini, non sans un rude labeur, de parcourir l'ordre des passereaux, avec ses nombreuses familles si multipliées et ses genres si différents de mœurs, de plumage et de proportions. Nous abordons le quatrième ordre, qui ne comprend, pour l'Anjou, qu'une seule famille et quatre espèces. Cet ordre est désigné par M. Millet, dans sa *Faune de Maine-et-Loire*, sous le nom de *passerigalles*, expression adoptée par un très-petit nombre de naturalistes, et qui me semble cependant assez exacte. Elle signifie oiseaux « qui participent des mœurs des passereaux et des gallinacés » (*passer-gallus*); dénomination d'autant plus juste, qu'elle s'applique à des espèces que les ornithologistes ont placées, tour à tour, dans l'ordre des passereaux ou dans celui des gallinacés. Ces savants nous semblent avoir raison, si, avec eux, nous considérons ces oiseaux sous deux points de vue différents. Les passerigalles se rapprochent des passereaux par leurs migrations continuelles, et, sous ce rapport, ils peuvent être considérés comme des passereaux par excellence. D'un autre côté, leurs mœurs, leur genre de nourriture, la facilité avec laquelle ils se prêtent à la domesticité, les font classer parmi les gallinacés. Le mot passerigalles est donc heureux, puisqu'il est un trait d'union qui relie les deux opinions.

Peut-être serait-ce ici le moment d'indiquer, en quelques lignes, quelle est l'étymologie présumée du mot *gallus*, et d'insinuer, sans s'y arrêter toutefois, un nouveau rapprochement entre l'alouette et le coq. Celui-ci a été regardé comme la souche primitive, le vrai type, le souverain des oiseaux de basse-cour ; c'est lui qui leur a donné son nom. Or, l'expression *gallus*, d'où l'on a formé le mot *gallinacé*, dérive, selon les érudits, du sanscrit *gal*, signifiant *sonum edere, canere*, « produire un son, » et, dès lors, *gallus* est l'oiseau, non-seulement qui produit un son et qui chante, mais dont le son, le chant sont remarquables. C'est de la même racine que l'antique idiome de l'Armorique avait, selon toute probabilité, emprunté le substantif *kel*, signifiant « voix et bruit. » En désignant le coq sous le nom de *gallus*, les anciens avaient évidemment été frappés, non pas de l'agrément de la voix de cet oiseau, mais de sa puissance et surtout de son chant matinal, qui était un véritable service rendu aux habitants des campagnes. La voix du coq était le réveille-matin, toujours régulier, placé près de la chaumière du villageois par la main providentielle de Dieu. Il méritait donc, à ce titre, de donner son nom à la nombreuse famille désignée sous l'appellation de *gallinacés*.

PREMIÈRE FAMILLE.

Colombins.

L'expression *colombin* est provençale : elle dérive très-probablement de l'italien *colombina*, qui lui-même a dû avoir pour primitif le latin *columba*, « colombe. » Quelle est maintenant la racine de *columba*? Quelques étymologistes pensent que c'est KOLYMBOS, qui, en grec, signifie « plongeur. » M. Littré dit que « *columba* vient de KOLYMBOS, « plongeur, » par une confusion des oiseaux plongeurs et des pigeons. » Il me semble que la phrase du savant auteur eût dû être plus explicite, pour que l'on pût connaître sa véritable pensée. Quoi qu'il en soit du sens de cette explication incomplète, je vais essayer, en faisant bien connaître les habitudes des colombins, d'exposer comment je comprends l'expression KOLYMBOS, employée pour désigner les colombes.

Cette famille, qui ne renferme pour l'Anjou que quatre espèces, en contient, dans la classification générale, plusieurs centaines, qui varient de plumage et de proportions; quelques-unes atteignent les dimensions des poules, d'autres ne sont pas plus grosses qu'un moineau. Certaines espèces revêtent les plus brillantes couleurs. et toutes ont des formes gracieuses. En Amérique, et surtout dans les îles de la Sonde et en Australie, les colombins sont très-multipliés; leurs bandes, d'après le récit véridique des naturalistes et des voyageurs, composées de centaines de milliers d'individus, obscurcissent le ciel quand elles accomplissent des migrations devenues indispensables par la nécessité de trouver, chaque jour, une nourriture suffisante. Il est évident que des quantités si prodigieuses de colombins doivent exercer de véritables ravages dans les contrées où ils s'arrêtent, et absorber, en quelques jours, les ressources des pays qu'ils visitent. Aussi sont-ils contraints de se livrer à des migrations incessantes. Cette habitude même a fait nommer une des colombes de l'Amérique, *colombe voyageuse, columba migratoria*. Quand ces troupes incalculables de colombins séjournent pendant quelque temps dans les forêts, bientôt, selon le récit d'Audubon, plusieurs kilomètres carrés se couvrent d'une épaisse couche de guano. Ce fait, attesté par le savant naturaliste, expliquerait la formation de ces quantités considérables d'engrais que l'Amérique fournit à l'Europe.

Pour diminuer les ravages exercés par les colombins, les habitants de certaines contrées de l'Amérique et, en particulier, ceux de l'Ohio, du Kentucky, etc., pénètrent, au moment de la nidification, vers le mois de mai, dans les immenses forêts où ces oiseaux se reproduisent; ils emportent dans leurs chariots une grande quantité de petits barils qu'ils remplissent de la graisse fondue de myriades de pigeonneaux saisis sur leurs nids, et c'est avec cette graisse qu'ils prépareront, pendant une année entière, les aliments destinés à leurs familles. Dans le cours de ces excursions, qui durent deux ou trois semaines, les habitants se font accompagner par de nombreux troupeaux de porcs. Ceux-ci se nourrissent des restes des pigeons dont on a fait fondre la graisse. On estime à plusieurs centaines de mille les nids qui sont capturés, chaque année, sur les bords de l'Ohio. C'est dans les forêts vierges de ces contrées que l'on peut étudier, d'une manière plus complète, les mœurs des colombins; c'est là qu'ils s'abandonnent à tous les jeux folâtres d'une gaieté primitive. C'est là encore qu'au sein de l'air, ils font tous les exercices auxquels se livrent les plus habiles plongeurs. Ces évolutions si gracieuses, si variées, paraissent être dans la nature des colombins;

leur vol rapide, qui ne le cède qu'à celui du faucon et de l'hirondelle, seconde encore les dispositions de leur caractère. La facilité de leur vol n'avait pas échappé au roi-prophète ; aussi se plaît-il à y faire allusion dans le psaume LIV : « *Quis dabit mihi pennas sicut columbæ? et volabo, et requiescam.* Qui est-ce qui me donnera des ailes semblables à celles de la colombe ? et je prendrai mon vol, et je trouverai mon repos. » Ainsi, d'après David, les ailes de la colombe sont très-puissantes, puisqu'elles peuvent s'élever jusqu'à Dieu. Quoique l'esclavage ait enlevé aux colombins captifs une partie de leur entrain naturel, nous retrouvons cependant, même parmi les espèces domestiques, quelques restes des habitudes des colombins à l'état d'indépendance. Aussi ces habitudes ont-elles paru assez caractéristiques pour que l'on nommât quelques-unes de ces espèces : le *culbuteur*, le *tourneur*, le *plongeur*, etc.

Le mot *colombe*, pris dans le sens de *plongeur*, aurait donc une signification juste, dès lors qu'il s'appliquerait au mouvement de l'oiseau dans l'air, et sous ce rapport, il n'y aurait aucune confusion.

Les anciens avaient su tirer un véritable profit de la rapidité du vol de la colombe, en dressant cet oiseau à remplir les fonctions de messager fidèle. Dans l'Orient, et surtout dans l'Arabie, la Syrie et l'Egypte, on se servait autrefois des pigeons pour porter des billets dans des pays éloignés. Les missives étaient placées sous les ailes des pigeons, et ceux-ci rapportaient la réponse à ceux qui les avaient envoyés. De nos jours encore, le Grand-Mogol fait nourrir, en beaucoup d'endroits, des pigeons qui servent à porter les lettres d'une extrémité de ses Etats à l'autre, surtout quand une grande rapidité est nécessaire. Tavernier affirme que de son temps « le consul d'Alexandrette envoyait tous les jours, par un pigeon, des nouvelles à Alep, en cinq heures, quoique

ces villes fussent éloignées de trois journées de cheval. »
Les caravanes qui traversent l'Arabie se servent du ministère des pigeons, pour avertir de leur marche les chefs arabes avec lesquels elles sont en relations amicales, et pour réclamer leur concours et leur protection. Les pigeons s'acquittent avec une grande fidélité et une excessive promptitude des missions qui leur sont confiées ; mais ils mettent encore une plus grande rapidité à revenir au lieu où ils ont été nourris, où ils ont laissé leurs nids, et, dès lors, à rapporter la réponse attendue. Pour avoir une idée assez précise du vol des pigeons dans les circonstances ordinaires, il suffit de savoir que des observateurs sérieux ont constaté que les ramiers employaient moins de dix minutes à traverser le détroit de Gibraltar, large de plus de vingt kilomètres, et qu'ils faisaient, dès lors, une lieue en deux minutes.

PREMIER GENRE. — COLOMBE.

PIGEON RAMIER. — COLUMBA PALUMBUS.

Le mot *colombe* ayant été expliqué, il me reste à essayer d'indiquer l'étymologie des mots *pigeon, ramier* et *palumbus*, tâche assez difficile.

Quelques oiseaux sont appelés *dégorgeurs*, parce que, dans ces espèces, le père et la mère plongent leur bec dans celui de leurs petits pour y dégorger les graines qu'ils ont triturées et préparées avec un soin tout particulier. Les pigeons appartiennent à cette classe ; mais ils ont un procédé spécial pour nourrir et élever leurs petits : ce sont ces derniers qui plongent leur bec dans celui de leurs parents, en l'agitant dans tous les sens ; ils frappent ainsi contre les parois intérieures du bec du père ou de la mère, et déterminent une sorte d'irritation qui fait l'effet d'un vomitif. A chaque fois que l'opération a lieu, la nourriture, broyée et réduite en une sorte de bouillie, sort de l'estomac des parents pour passer dans celui des petits. Ceux-ci font alors entendre un cri tout particulier, qu'ils accompagnent d'un mouvement demi-circulaire de leur corps et d'un frémissement de leurs ailes.

D'après les anciens auteurs, le pigeon devrait son nom à cette action spéciale ; il dériverait alors de *pipio*, qui signifie « faire entendre un petit cri réitéré. » On lit dans les anciens glossaires : « PIPIONES, les *pigeonneaux*, ainsi appelés du verbe *pipire*, formé par imitation de la voix des oiseaux qui n'ont encore que le duvet. »

« *Pipiones sunt pulli columbarum, et est nomen formatum a proprio sono animalis.* » (Matthæus Silvaticus.)

Et enfin, « PIPIO, *resonare, clamare, accipitrum est vel pullorum columbarum, unde hic* PIPIO, « *pullus columbarum.* » (Jean de la Porte.)

J'admets d'autant plus volontiers l'autorité de ces auteurs, qu'il est évident qu'un très-grand nombre de noms donnés aux oiseaux ont été formés par onomatopée. Dans les temps reculés, où il a fallu distinguer les oiseaux et tous les animaux par une expression qui les représentât d'une manière sensible, il fut très-naturel de choisir un nom que fournissait la nature, comme était, par exemple, l'imitation de leur voix et de leur chant.

L'épithète *ramier* a certainement pour principe le mot *rameau, ramus*, d'où on a formé *rameus, ramarius*.

Dans le moyen âge, *ramier* signifiait « rameau, feuillée, etc. »

> Seguet tant la via per los ramiers
> Que trabet à un fuc dos charbonniers.

> Il suivit tant le chemin à travers les fourrés,
> Qu'il trouva à un feu deux charbonniers.

(GÉRARD DE ROSSILAN, fol. 47).

Pigeon ramier a donc le même sens que « pigeon qui se tient sur les branches, sur les rameaux. » Cette expression sert à mettre, entre lui et les pigeons domestiques, une différence essentielle. Ces derniers ne se perchent pas ; il en est de même de quelques autres espèces de colombes, même à l'état de liberté. De plus, l'épithète *ramier* peut indiquer que, non-seulement ce pigeon se perche volontiers sur les branches, mais encore y établit son nid, tandis que d'autres espèces domestiques ou sauvages se reproduisent dans des trous.

Le pigeon ramier eût pu être appelé *rameur* : voici pourquoi. Peu d'oiseaux ont une vue aussi perçante que lui ; on ne peut l'approcher que par surprise ; il aperçoit ses ennemis à une distance très-considérable, et, pour éloigner encore le danger, il a soin de placer des sentinelles avancées tout autour des champs dans lesquels s'abat une troupe de ses congénères. Au premier indice de péril, les sentinelles donnent un coup d'aile très-violent en prenant leur essor ; ce coup d'aile est répété par chaque individu de la troupe, et le chasseur, au-dessus duquel volent ces oiseaux, entend un bruit assez semblable à celui que font les aubes d'un bateau à vapeur quand il commence à se mettre en mouvement. Ce bruit est occasionné par ces battements d'ailes qui, déplaçant l'air brusquement, deviennent aussitôt un signal entendu au loin.

On attribue généralement au ramier un caractère très-sauvage ; cette opinion n'est pas fondée. S'il s'éloigne du danger, et s'il l'évite avec tant de promptitude, c'est que l'excessive portée de sa vue lui révèle de très-loin jusqu'à l'apparence du péril. Pour combattre l'erreur commune, il suffit de lire les ouvrages des anciens qui constatent que le ramier s'était autrefois facilement plié à la domesticité, et qu'il se reproduisait en captivité, et enfin de voir ce qui se passe, chaque jour, dans le jardin des Tuileries, à Paris. Bien des fois je m'y suis arrêté à l'ombre des marronniers séculaires, pour contempler un spectacle qui se reproduit tous les jours et aux mêmes heures. Sur la lisière des gazons de la résidence impériale, quelques veufs ou quelques anciens célibataires civils et militaires qui ont besoin de chercher dans les êtres de la nature une compensation à une famille qui leur fait défaut, se plaisent à jeter des miettes de pain aux nombreux ramiers qui peuplent le jardin des Tuileries. Ces oiseaux s'approchent, d'abord avec prudence, de leurs bienfaiteurs, puis, quand ils ont constaté que ce sont leurs vrais et vieux amis, ils s'enhardissent, voltigent autour d'eux, viennent se reposer sur leurs épaules, sur leurs bras, et becqueter le pain dans la poche, dans les mains et même dans la bouche de leurs assidus pourvoyeurs. Je ne connais aucune autre espèce d'oiseau qui, en liberté, manifeste une aussi grande familiarité. L'Ecriture Sainte a donc peint avec une grande vérité les dispositions des colombins, lorsqu'elle a dit : « *Simplices sicut columba,* — simples et confiants comme la colombe. » La confiance et la simplicité des ramiers viennent d'être démontrées. Mais à la simplicité, ces oiseaux joignent une grande prudence, qui se manifeste par les précautions qu'ils prennent en plaçant des sentinelles, toutes les fois qu'ils se réunissent pour manger ou pour boire, afin d'avertir du danger leurs congénères. C'est aussi par le même motif que les bandes de ramiers ne voyagent que le matin ou le soir, afin d'éviter plus facilement les serres de l'oiseau de proie qui chasse moins ordinairement à ces heures.

D'où vient *palombe, palumbus, palumbes?* Je n'ai, sur ce mot, rien trouvé de bien concluant dans toutes mes recherches; j'abandonne donc à l'appréciation de mes lecteurs la racine qu'indique Court de Gébelin. Cet auteur prétend que *palumbus* a pour principe *pal,* d'où

est venu *pala*, *palœ*, qui, comme le primitif, signifie
« branche, arbre élevé, » d'où il suivrait que *ramier* et
palombe auraient un bon degré de parenté. Je ne veux,
en aucune façon, dans ce moment-ci surtout, m'y opposer, bien que la prosodie latine repousse une pareille
hypothèse ; et je termine cette étude par quelques petits
détails sur les mœurs des pigeons ramiers. Ceux-ci,
comme tous les colombins, sont pulvérateurs, c'est-à-
dire qu'ils aiment à pulvériser, à réduire en poussière la
terre ou le sable en se frottant le ventre contre ces
matières, en tournoyant sur eux-mêmes avec un frémissement de leurs ailes, afin de se débarrasser des insectes
qui les dévorent. Ainsi que tous les membres de cette
nombreuse famille, ils boivent d'un seul trait et enflent
leur jabot au moyen de l'eau qu'ils y accumulent, et qui
leur permet de produire un son particulier appelé *roucoulement*.

Un des savants qui se sont occupés à trouver dans
l'idiome primitif la racine des noms modernes, Kuhn,
voit dans *columba* ou *palumba* la racine sanscrite
« *lamb* » signifiant *cadere*, « tomber, » et dans *co* ou *pa*
une modification du préfixe « *ava*, » réduit à « *va*, » et
qui renforce le sens de « *lamb*, » de sorte que ce nom
signifierait « l'oiseau qui s'abat, qui tombe, qui plonge
du haut des airs. » Ces hypothèses très-contestables, et
très-contestées par de nombreux érudits et pour de graves
raisons (voir Adolphe Pictet, t. I, p. 100, Aryas primitifs), n'ajoutent pas une grande lumière aux hypothèses
qui ne sont pas fondées sur la langue-mère. Le seul
avantage qu'elles semblent présenter, c'est de rattacher
palumba à la même racine que *columba*. Enfin j'ose,
mais non sans une juste défiance, indiquer une autre
expression sanscrite ayant une relation avec « *lamb*. »
J'agis ainsi, pour prouver que je travaille à ma conversion
vers la véritable méthode autant qu'il m'est donné de le

faire ! Le mot « kadumba » pourrait avoir, d'après
Kuhn, des liaisons avec *palumba*, et par suite avec
columba; cette expression signifie « multitude, » et, dès
lors, « oiseau qui vole par troupes nombreuses, » désignation très-exacte pour les colombins et qui indiquerait,
sous ce rapport, un véritable trait d'union entre les
colombins et les oiseaux plongeurs, tels que les canards,
les oies, etc., qui voyagent, surtout dans les régious
glacées, par troupes innombrables.

Je reviens aux ramiers. Ces oiseaux se reproduisent en
Anjou. Ils placent leur nid sur la tête des arbres émondés, à l'abri des feuilles de lierre; ce nid est composé de
quelques petites bûchettes peu nombreuses, à travers
lesquelles on peut facilement apercevoir les œufs. Ceux-ci
sont au nombre de deux, de forme oblongue et d'une
couleur blanche. Quand ils sont nouvellement pondus,
ils revêtent une teinte rose. Le père et la mère les cou-
vent tour à tour; ces œufs, dont le grand diamètre est
de $0^m,038$, et le petit de $0^m,027$, donnent naissance à un
mâle et à une femelle, et c'est dès la naissance que se
forme une union qui durera autant que la vie des époux.
Souvent, pour laisser à la femelle le temps de se reposer,
le mâle veut prolonger le temps pendant lequel il se
dévoue à l'incubation; mais la femelle, désirant ne pas
manquer à ses devoirs de mère et d'épouse, force à
coups d'aile le mâle à lui céder la place. Celui-ci, s'éloignant à regret, s'élève alors dans les airs et se laisse
retomber au-dessus du nid en *faisant le Saint-Esprit,*
selon l'expression populaire. Il renouvelle plusieurs fois
de suite les mêmes évolutions, et dans cette circonstance, il justifie encore la signification du mot *colombe,*
« plongeur. »

Presque tous les naturalistes affirment que les pigeons
ramiers ne font qu'une seule ponte. Je ne partage pas
cette opinion. Car, pendant cinq à six mois, on trouve

des nids de ramiers : il ne me paraît pas possible que ceux que l'on rencontre dans le mois de septembre et même dans celui d'octobre, puissent être attribués à des ramiers qui auraient passé le printemps et l'été sans se reproduire. De plus, si les ramiers ne faisaient qu'une couvée, il serait difficile d'expliquer leur nombre considérable, surtout lorsque leurs nids, peu dissimulés, sont très-facilement découverts et détruits. Car les ramiers ont deux espèces d'ennemis, les martres et les corneilles, qui, toutes les deux, recherchent avec avidité les œufs de ces oiseaux ou même dévorent leurs petits.

L'homme vient encore augmenter le nombre déjà trop considérable des adversaires des colombins ; car, presque partout, les ramiers, ainsi que tous leurs congénères, sont condamnés à mort, à cause des ravages qu'on leur impute faussement. En effet, les ramiers ne grattent pas avec leurs pieds, comme les gallinacés, pour déterrer les graines ; ils ne se servent pas de leur bec, comme les corbeaux, pour arriver au même résultat : ils se contentent de recueillir les graines qui sont visibles et que la terre n'a pas recouvertes. Il est donc facile de démontrer que les ravages attribués aux colombins sont très exagérés, et qu'en déclarant à ces oiseaux une guerre acharnée, on enlève aux fermiers et aux petits cultivateurs une ressource considérable. Cette observation milite surtout en faveur des espèces nombreuses, qui autrefois étaient élevées dans les colombiers, et que l'on retrouve cependant encore aujourd'hui, en très-grande quantité, dans certaines parties de la France.

COLOMBE COLOMBIN. — COLUMBA ŒNAS.

Cette espèce et la suivante ont, avec le pigeon ramier, un degré de parenté très-rapproché ; leurs mœurs sont, dès lors, à peu près semblables ; car, chez les oiseaux, les membres d'une même famille ne diffèrent guère de goûts et d'habitude. Si cette colombe porte l'épithète de *colombin*, c'est que, plus encore que les autres, elle est *plongeuse*. Le colombin, en effet, comme tous ses congénères, prend son essor, non pas en suivant une ligne droite, mais en plongeant dans l'air; on dirait un maître nageur se précipitant avec confiance au fond d'un fleuve pour remonter ensuite à sa surface et s'y maintenir en décrivant des lignes droites, mais capricieuses. Quant à l'expression scientifique *œnas*, de oïnas, « vigne, » elle est justifiée par la couleur du poitrail du colombin et l'ensemble de son plumage qui paraît bronzé, à reflets métalliques, avec quelques teintes de « rouge vineux. » Le colombin a la vue moins perçante que le ramier; ce qui explique pourquoi il devient, plus facilement que lui, victime des piéges qui lui sont tendus, surtout dans les gorges des montagnes, où des bandes innombrables de colombins restent enlacées dans des pantières. Le colombin, ainsi que tous les membres de cette intéressante famille, élève ses petits avec une sollicitude et une tendresse exemplaires. Aussi, dans le cours de leur vie, les petits ne seront-ils jamais aussi gras que lorsqu'ils étaient confiés aux soins de leurs parents.

Le colombin niche ordinairement dans les troncs d'arbres, et c'est cette habitude qui le sépare véritablement du ramier. Ses œufs, au nombre de deux, sont blancs, oblongs; ils reposent sur quelques petites bûchettes grossièrement réunies. Le grand diamètre est de $0^m,037$, et le petit de $0^m,025$.

COLOMBE BISET. — LIVIA.

Cette colombe est regardée par tous les naturalistes comme la souche de tous les pigeons domestiques. La guerre acharnée que lui ont déclarée et les hommes et les oiseaux de proie a rendu cette espèce très-rare, à l'état de liberté.

Les épithètes *biset* et *livia* ont la même signification, et sont justifiées par la couleur du plumage de cet oiseau qui est sombre, brun et d'un gris ardoisé. *Livius, livia*, est un mot de basse latinité signifiant, comme *lividus*, « être terne, noirâtre, plombé. » Maintenant encore, dans certaines localités de la campagne, on appelle une jeune fille brune une petite *bisette*. Un autre nom, qui est très-significatif, est celui de *pigeon de roche*, sous lequel le biset est assez généralement connu. Cette dernière dénomination indique le véritable caractère qui distingue le biset de ses congénères : c'est qu'il niche dans les trous des rochers sur lesquels il aime à se reposer ; car, comme les pigeons domestiques, dont il est le principe, il ne se perche jamais. C'est dans ces trous qu'il réunit quelques débris de petites bûchettes et de paille sur lesquels la femelle pond deux œufs blancs, oblongs et un peu plus renflés que ceux du colombin. Le grand diamètre est de 0^m,036, et le petit de 0^m,030.

PIGEON TOURTERELLE. — TURTUR.

La tourterelle est l'un des plus gracieux oiseaux de notre pays ; son vol est encore plus rapide que celui du ramier, et, comme celui de ce dernier, il est accompagné, surtout au commencement, d'un bruit d'ailes très-prononcé. Toutes les fois que la tourterelle se perche, sa queue s'épanouit en éventail et prend une forme demi-circulaire ; puis elle s'abaisse pour devenir presque verticale, ce qui lui donne une physionomie très-originale. Cette habitude me semble être le résultat naturel de l'excessive rapidité du vol de la tourterelle. En effet, ce vol se trouvant interrompu brusquement, lorsqu'elle

vient se reposer sur une branche, le corps de la tourterelle subit une espèce de choc qui imprime à l'oiseau un
mouvement de bascule. Ce choc n'aurait pas lieu si la
tourterelle ralentissait son vol, à mesure qu'elle approche du but qu'elle a choisi pour se percher. Cependant
je crois que le véritable motif de cette tactique de la
tourterelle est d'opposer à l'air le plus de résistance possible, en développant ses ailes et sa queue, de diminuer ainsi la vitesse de son vol, et de faciliter son repos
sur la branche qu'elle a choisie. Les mœurs de cet
oiseau sont très-douces. Doué d'une vue très-perçante
et d'une excessive prudence, il échappe à ses ennemis
par la vitesse de son vol et par les précautions dont il
s'entoure. En effet, quand les nichées sont terminées,
les tourterelles se réunissent en petites bandes, et, lorsque l'une de celles-ci vient se reposer dans un champ
pour y recueillir des graines, des insectes et même des
sauterelles, une ou plusieurs sentinelles sont placées à
des postes avancés, d'où elles s'acquittent parfaitement
de leur mission. A peine le chasseur a-t-il fait quelques
pas dans le terrain surveillé, que les sentinelles prennent
leur essor en l'accompagnant d'un bruit d'ailes assez
violent, et bientôt toutes les tourterelles ont suivi leurs
gardiennes; le bruit qu'elles font entendre dans cette
occasion, ressemble à un véritable feu de file.

D'où peut venir le mot *tourterelle?* Scaliger prétend
que cet oiseau est ainsi nommé parce qu'il habite dans
les *tours*. L'étymologie n'est pas heureuse, et, si Scaliger
n'était pas mort depuis longtemps, je craindrais bien
qu'au tribunal de mes juges, il n'eût pas dans ce procès
le bénéfice des circonstances atténuantes. Les tourterelles
choisissent pour se reproduire une haie très-épaisse,
éloignée des passages et des routes fréquentées par les
hommes, ou la tête émondée des arbres peu élevés; là,
sans beaucoup de travail et de recherches, ces oiseaux

rassemblent quelques racines ou de petites bûchettes, et c'est sur ce nid, peu artistique et peu épais, que la femelle dépose deux œufs blancs, oblongs, dont le grand diamètre est de 0^m,028 et le petit de 0^m,022. J'ai trouvé souvent de ces nids dans les haies touffues des îles ou des rives de la Loire, la proximité des champs dans lesquels on cultive le chanvre et le colza détermine les tourterelles à choisir ces localités de préférence aux autres.

Il me souvient d'avoir découvert un de ces nids dans des conditions exceptionnelles, lorsque je sondais avec mes deux jeunes amis, Daniel Métivier et Eugène Lelong, toutes les haies qui se déroulent sur les flancs de la levée de Belle-Poule. Ce nid, plus solidement construit que ne le sont ordinairement ceux des tourterelles, avait été confié à un buisson élevé, touffu et formé de ronces très-longues. De larges feuilles de lianes encadraient les bûchettes réunies par les tourterelles, et servaient à dérober le nid à la vue des passants et à préserver la couveuse des rayons du soleil et des atteintes de la pluie. Entrelacées avec les ronces, les lianes formaient une enceinte presque impénétrable. La pauvre mère eut bien de la peine à sortir de cette espèce de forteresse naturelle, par une petite route sinueuse que le mâle et la femelle avaient dû frayer, non pas sans laisser fixées aux épines quelques-unes de leurs plumes. Je me sentais disposé à respecter un travail aussi remarquable; mais, comme le dit le bon Lafontaine, le jeune âge est sans pitié, et plus il était difficile d'atteindre le nid, plus on le désirait; car c'est ainsi qu'est formé le cœur des jeunes et celui des vieux. Après de longs efforts, quelques lambeaux d'habits suspendus aux ronces du buisson, quelques doigts ensanglantés, nous avions la satisfaction de voir les deux œufs de tourterelle augmenter la récolte de la journée.

Ces détails m'ont un peu éloigné de la recherche de la véritable étymologie du mot *tourterelle*, qui dérive de *turturella*, diminutif de *turtur*, formé lui-même du syriaque *tor*, signifiant *tour*; tel est du moins, sous ce dernier rapport, l'opinion des savants. Je serais très-porté à croire que l'expression *turtur* a été formée par onomatopée, et qu'elle avait pour but de désigner la tourterelle en imitant l'acte le plus caractéristique des tourterelles, leur roucoulement empreint d'une espèce de gémissement qui n'avait pas échappé à l'observation du chantre des campagnes :

> Nec tamen interea raucæ, tua cura, palumbes,
> Nec gemere aeria cessabit turtur ab ulmo.

« Tandis que les ramiers, tes amours, ne cesseront de roucouler, et la tourterelle de gémir sur les ormes à la cime aérienne. » (VIRGILE, *Eglog.*, 1, v. 59.)

C'est le même motif qui avait déterminé les Grecs à désigner la tourterelle par le mot TRYGÔN, qui a pour racine TRYZÔ, « roucouler. »

Les colombes et surtout les tourterelles avaient été classées parmi les oiseaux purs par la loi mosaïque ; elles étaient offertes à Dieu dans un grand nombre de circonstances, comme des victimes agréables. Cette croyance était-elle fondée sur les mœurs douces et innocentes des colombes ? ou n'était-elle pas plutôt la conséquence d'un souvenir biblique ? La colombe apportant à Noé la branche d'olivier, signe de la réconciliation de Dieu avec les hommes, n'était-elle pas restée dans la mémoire des anciens peuples, comme une image vivante qui perpétuait l'harmonie du Ciel avec la terre ? Nous la retrouverons sur les bords du Jourdain, au baptême de Jésus-Christ ; et pendant une longue série de siècles, la colombe, suspendue au-dessus de l'autel, a conservé dans ses flancs l'Auteur même de la véritable réconciliation de Dieu avec les hommes : touchant symbole dont la colombe de l'arche n'était qu'une pâle figure.

Je termine cette petite étude en relatant une croyance répandue généralement parmi les populations d'outre-Rhin. Les Allemands se plaisent à élever une grande quantité de tourterelles, moins à cause de la dou-ceur de leurs habitudes que par un sentiment de froid égoïsme. Ces peuples sont persuadés que les tourterelles préservent leurs enfants de la terrible maladie de l'épi-lepsie, en assumant sur elles-mêmes le mal qui menaçait de frapper leurs maîtres. Là encore elles continueraient leur ancienne mission, et seraient destinées à être sacri-fiées pour le salut des autres.

Puisqu'à tant de titres, la tourterelle est la constante et suave figure de la charité de Dieu, nous pouvons donc répéter avec confiance le pieux désir du roi-prophète et redire avec lui : *Quis dabit mihi pennas sicut columbæ? et volabo, et requiescam?* (ps. LIV). — « Qui est-ce qui me donnera des ailes semblables à celles de la colombe ? et je prendrai mon vol, et je trouverai mon repos dans le sein de Dieu ? »

CINQUIÈME ORDRE. — GALLINACÉS.

L'ordre des Gallinacés, qui occupe le cinquième rang dans la Faune de Maine-et-Loire, doit son nom au coq, *gallus*, mot dont j'ai indiqué précédemment l'étymologie. Cet ordre ne compte, parmi les oiseaux qui vivent à l'état sauvage, qu'une seule famille, et cette famille ne comprend elle-même que trois espèces, ou peut-être une quatrième, si l'on admet l'opinion de quelques naturalistes.

PREMIÈRE FAMILLE.

Tétradactyles.

Le mot *Tétradactyle* est composé de TETTARÈS, « quatre, » et DACTYLOS, « doigt, » et signifie « oiseaux qui ont quatre doigts, » dénomination, je l'avoue, qui ne détermine guère la famille des Gallinacés, et qui peut convenir à beaucoup d'autres oiseaux.

Dans quelques ouvrages d'ornithologie, on l'applique à une famille des Échassiers comprenant les Flamants, les Glaréoles, etc. C'est pour ce motif même que j'ai cru, peut-être un peu témérairement, devoir ranger parmi les Tétradactyles gallinacés la glaréole à collier, dont la présence a été signalée en Anjou. J'abandonne donc la responsabilité entière de cette dénomination à l'honorable auteur de la Faune de Maine-et-Loire, ayant moi-même déjà assez d'opinions personnelles à défendre.

Mais il est facile de constater que les perdrix et les cailles appartiennent à l'ordre des Gallinacés. En effet, comme tous les oiseaux classés sous cette dénomination, les perdrix et les cailles préfèrent la course au vol, ont les ailes et la queue courtes et arrondies, sont pulvérateurs et doués d'un bec très-caractéristique. Mais, si la véritable étymologie du mot *gallinacé* signifie « chanter fort, se faire entendre au loin, » il est évident que, dans cet ordre, la caille doit trouver sa place, et même être mise au premier rang.

PREMIER GENRE. — PERDRIX.

LA PERDRIX ROUGE. — PERDIX RUFA.

La dénomination vulgaire et la dénomination scientifique, employées pour désigner la perdrix, ont entièrement la même signification. L'épithète *rouge* s'explique assez par elle-même ; elle indique les nuances de plumage qui servent à distinguer cette espèce des autres membres de la même famille. Il s'agit donc seulement d'essayer quelques recherches et quelques indications sur l'étymologie du mot *perdrix*. Je crois que cette dénomination s'ajoute encore aux exemples, déjà si nombreux, par lesquels nous avons constaté que les anciens étaient portés à représenter les mœurs ou les qualités des animaux par une onomatopée fondée sur leurs cris ou sur leur chant. Remarquons d'abord que le mot latin *perdix* dérive de perdix, employé par les Grecs pour désigner cet oiseau. Pendant très-longtemps, en France, on disait *perdis* et non pas *perdrix*, comme on peut le vérifier par les vers suivants :

> Assaulx mit en lieux de bataille
> Entre éperviers, *perdis* et cailles.
>
> (*Le Roman de la Rose*, fol. 122.)

Le latin est resté fidèle à l'étymologie, et le français s'en est éloigné.

Le mâle de la perdrix fait entendre différents cris ; et le plus caractéristique est celui qu'il répète quand, au moment du printemps, on vient à le surprendre et à l'éloigner de celle qu'il a choisie pour contracter une union. Ce cri peut se traduire par ces mots *kret* ou *krei*. Dans les autres circonstances, le mâle répète *ket, ketdin, ketdinkin*. Ces cris, plus ou moins défigurés, auraient, selon l'opinion de Roquefort, donné lieu à la formation du mot *perdrix*. Le cri de la perdrix, très-accentué et peu harmonieux, avait été remarqué par les anciens. Aussi Ovide (*Métam.*, liv. VIII, vers 236,) dit que l'inventeur de la scie, dont le cri fatigue les oreilles les plus insensibles, avait été métamorphosé en perdrix, comme si cet oiseau eût conservé dans son chant le son de l'instrument inventé par l'infortuné Acale. C'est aussi en souvenir de la chute terrible d'Icare, cousin d'Acale, que la perdrix, d'après Ovide, pour éviter le malheur qui a frappé un membre de sa famille, évite de se percher, vole le moins possible et établit son nid sur la terre.

Voici le texte d'Ovide :

Hunc miseri tumulo ponentem corpora nati
Garrula ramosa prospexit ab ilice *perdix*,
Et plausit pennis, testataque gaudia cantu est.
Unica tum volucris, nec visa prioribus annis,
Factaque nuper avis, longum tibi, Dædale, crimen.
Namque huic tradiderat, fatorum ignara, docendam
Progeniem germana suam, natalibus actis
Bis puerum senis, animi ad præcepta capacis.
Ille etiam medio spinas in pisce notatas
Traxit in exemplum, ferroque incidit acuto
Perpetuos dentes, et serræ repperit usum.
Primus et ex uno duo ferrea brachia nodo
Vinxit, ut æquali spatio distantibus illis
Altera pars staret, pars altera duceret orbem.
Dædalus invidit, sacraque ex arce Minervæ
Præcipitem misit, lapsum mentitus. At *illum*,
Quæ favet ingeniis, excepit Pallas, *avemque*
Reddidit, et medio velavit in aere pennis ;
Sed *vigor ingenii quondam velocis, in alas*
Inque pedes abiit. Nomen, quod et ante, remansit.
Non tamen hæc alte volucris sua corpora tollit,
Nec facit in ramis altoque cacumine nidos.
Propter humum volitat, ponitque in sepibus ova,
Antiquique memor metuit sublimia casus.

« Tandis que Dédale ensevelissait la dépouille du malheureux Icare, une perdrix, au babil indiscret, cachée sous les branches touffues de l'yeuse, le voit, agite ses ailes en signe d'allégresse, et manifeste sa joie par des chants.

« Seul de son espèce et inconnu dans les premiers âges, cet oiseau, récemment créé, devait instruire l'univers de son crime. O Dédale, ta sœur ignorant les arrêts du destin, t'avait confié l'éducation de son fils, lorsque, à peine arrivé à sa douzième année, il fut capable de recevoir tes leçons. Cet enfant examina les dards dont était hérissé le dos des poissons, il les prit pour modèle, et taillant dans le fer des dents acérées, il inventa la scie. Le premier aussi il unit l'un à l'autre, par un lien commun, deux baguettes d'acier ; de sorte que, toujours séparées par la même distance, l'une reste immobile, l'autre décrit un cercle.

« La jalousie s'empare de Dédale : il précipite l'inventeur du haut du temple de Minerve et publie que sa chute est due au hasard ; mais Pallas, favorable au génie, soutient l'enfant, le change en oiseau et le couvre de plumes au milieu des airs. Toute l'énergie de son esprit, naguère si actif, passe dans ses ailes et dans ses pieds ; il conserve son ancien nom ; toutefois, son vol est humble et il ne place plus son nid sur les branches ni à la cime des arbres ; il rase les sillons, et dépose ses œufs au sein des broussailles : le souvenir de son ancienne chute lui fait craindre les lieux élevés ! »

Ovide, Métamorphoses, liv. VIII, v. 236. Trad. Panckoucke.

L'auteur des *Aryas primitifs* émet une autre hypothèse : il pense que le mot PERDIX a probablement la même signification que celle du mot sanscrit *prdaku* d'où elle dérive, et qui signifie « léopard, » et « serpent tacheté comme le léopard. » Selon Pictet, le mot *perdrix* représenterait donc les nuances et les taches vives et différentes qui, semées sur le plumage et surtout sur les flancs de la perdrix, la font ressembler, sous ce rapport, à la peau si variée du léopard.

Le cri dont j'ai parlé précédemment, et que le mâle répète avec une force et une persévérance assez soutenues, contribue beaucoup à trahir sa présence et à fournir au chasseur le moyen de le capturer. Je n'entrerai pas dans le détail de tous les piéges plus ou moins perfectionnés qui, chaque année, servent à priver de leur liberté et

même à condamner à la mort un certain nombre de
perdrix. Je relaterai cependant un fait qui, loin d'être
isolé, se présente dans beaucoup d'endroits. Un jeune
homme de la commune de la Meignanne, sans le secours
d'aucun instrument, reproduit parfaitement avec ses lè-
vres toutes les variations des cris des perdrix qu'il s'est
plu à étudier avec soin. La tête couverte de feuillage, il
se place dans un fossé, et bientôt des perdrix accourent
de tous côtés à sa voix, lui becquètent la figure et ne s'é-
loignent que lorsqu'un examen sérieux et prolongé leur
a révélé leur erreur.

Ces captures ne seraient pas préjudiciables à la propagation de l'espèce, si elles étaient faites avec une certaine réserve et non pas inspirées par le désir effréné d'un lucre
coupable. Les mâles étant beaucoup plus nombreux que les
femelles, il s'ensuit que ceux qui sont privés d'une compagne viennent troubler l'harmonie qui devrait régner
dans les ménages légitimes, livrent des combats aux époux,
dispersent les matériaux du nid, brisent les œufs et
même quelquefois tuent les petits nouvellement nés. Ils
ne peuvent accepter que d'autres jouissent des douceurs
d'une famille qui leur fait défaut. Cette disposition de
caractère du mâle privé d'une épouse détruit chaque
année un nombre considérable de couvées, et s'oppose
beaucoup plus qu'on ne le croit au développement de
l'espèce.

Aussi les trappeurs qui, au commencement du printemps, se livreraient dans une sage mesure à la capture
des mâles isolés rendraient un véritable service aux disciples de saint Hubert. Toutefois les mâles condamnés à
un célibat forcé paraissent, après quelques jours d'une
fureur non raisonnée, se consoler assez facilement de la
position qui leur est faite ; est-ce la réflexion, est-ce une
sage expérience, est-ce une clairvoyante philosophie,
est-ce la considération des misères du ménage qui est le

principe de leur résignation ? Je l'ignore; mais, sans
pouvoir en déterminer le motif, j'en constate les effets.
Réunis en petites bandes, qu'on pourrait appeler bandes
de garçons, ils mènent joyeuse vie, folâtrant et paraissant se moquer des soucis et des préoccupations de
ceux que les lois de l'hymen attachent à des devoirs pénibles; ces liens ne sont cependant pas trop inflexibles;
car, tandis que les femelles se livrent aux fatigues de
l'incubation, les mâles abandonnent leurs épouses pour
se joindre aux compagnies de célibataires, et prendre,
selon l'expression populaire, *quelques semaines de bon
temps.* Ils paraissent ne réserver leur tendresse que pour
leur progéniture. Aussi, dès que les petits ont vu le jour,
les mâles s'empressent de venir prendre la direction de
la famille et de pourvoir, avec un dévouement de tous les
instants, à la nourriture et à la défense des perdreaux.
Cette union ne se brisera plus qu'à l'époque du printemps
suivant. Les mâles et les femelles dont les couvées n'ont
pas réussi, se mêlent aux compagnies entières pour se
procurer ainsi le plaisir de vivre en famille et pour se
dédommager, en voyant les enfants des autres, de ceux
qu'ils ont perdus.

C'est pendant l'éducation des petits que le mâle, de
concert avec la femelle, a recours à toute une série de
ruses pour éloigner le chasseur, le chien ou les autres
ennemis des nouveau-nés. Tour à tour, et même quelquefois ensemble, le mâle et la femelle courent devant
le chasseur en traînant la patte ou l'aile, et attirent ainsi,
par un stratagème innocent, loin des perdreaux, l'ennemi
qu'ils redoutaient; puis, par un vol ou une course rapide, ils reviennent consoler ceux qui déjà se croyaient
orphelins. Bien des fois par jour, le mâle fait entendre
un cri de rappel très-accentué, afin de réunir tous les
membres de la compagnie et de les passer en revue; si
quelques-uns manquent à l'appel, le mâle et la femelle

répètent leurs accents plaintifs, et ne cessent que lorsqu'une triste conviction leur démontre qu'il ne leur reste plus qu'à gémir sur la perte de quelque membre de la famille. Dans cette circonstance, le cri de rappel affecte un caractère tout particulier de tristesse et d'angoisse. Un soir que je revenais de faire un pèlerinage au Champ des Martyrs, j'entendis, lorsque j'arrivais à l'endroit où la route, s'enfonçant entre les talus qui rappellent l'aspect du bocage de la vieille Vendée, se partage en quatre chemins, le cri très-accentué d'une perdrix. Je m'arrêtai, et, pendant un assez long temps, le cri devenant de plus en plus vif et saccadé, je cherchai si je ne trouverais pas quelques petits retardataires, cause des angoisses de leurs parents. Après une investigation assez longue, j'aperçus un perdreau tapi le long d'un talus à pic, et qui luttait en vain pour gravir l'obstacle qui le séparait de sa famille. J'aurais dû avec générosité le rendre à ses parents ; mais espérant l'élever, je l'emportai. Avant de quitter l'endroit où j'avais capturé le perdreau, je demeurai quelque temps à la même place pour constater si les cris de rappel allaient continuer ; mais ils cessèrent presque immédiatement. La raison du silence des parents était fondée sur celui du petit que je tenais captif dans ma main. A chaque cri du père ou de la mère, le perdreau, lorsqu'il était en liberté, répondait par un cri plaintif ; ce cri ne se faisant plus entendre, les parents se taisaient, ou parce qu'ils avaient perdu tout espoir de retrouver leur enfant, ou parce qu'ils pensaient que son silence était motivé par l'imminence d'un grave danger, et, dès lors, ils ne voulaient pas l'augmenter encore par leurs cris, en révélant à leur ennemi qu'un membre de la famille était égaré. Après avoir fait cette observation, je m'éloignai avec mon jeune captif ; mais, malgré mes soins, il ne put survivre que quelques jours, et maintenant il fait partie de ma collection.

Chasse à la bartavelle.

En Anjou, on trouve deux races très-distinctes de perdrix rouges, dont les proportions varient notablement. On appelle la plus grosse des deux races *bartavelle;* mais cette dénomination n'est pas fondée. Ces variétés dépendent des lieux où se fixent les perdrix, et qui leur fournissent une nourriture plus abondante et plus en harmonie avec leurs goûts. La véritable bartavelle ne se rencontre jamais en Anjou. Elle se distingue de la perdrix rouge par un collier qui ne s'égrène pas comme celui de sa congénère, mais qui se déroule autour du col comme un ruban uniforme et sans franges ; enfin, la couleur jaune du ventre de la perdrix rouge est remplacée, chez la bartavelle, par un gris ardoisé. Les proportions de la bartavelle sont aussi beaucoup plus fortes que celles de la perdrix rouge, sans toutefois atteindre celles que Strabon attribue (liv. XV) à une perdrix que Porus, roi des Indes, offrit à l'empereur Auguste, et qui était plus grosse qu'un vautour!!! La véritable bartavelle ne se trouve qu'en petit nombre dans les localités du midi de la France; son véritable pays est la Grèce, et surtout les îles Cyclades. On l'appelle avec raison *saxatilis*, perdrix *des rochers;* elle se plaît sur les collines, dans les endroits pierreux : c'est là qu'elle échappe à ses ennemis par une ruse intelligente.

Quand elle est poursuivie par les chiens et par les chasseurs, elle s'envole pour se précipiter immédiatement dans les ravins situés au bas des collines et des montagnes, où elle se tient ordinairement; puis, pendant que le chasseur et son compagnon se fatiguent à descendre dans le ravin pour sonder la remise, la bartavelle, par une course d'une rapidité incroyable, remonte sur le plateau d'où elle s'était envolée, et de là elle peut contempler, sans danger et avec une satisfaction maligne, toutes les marches et contremarches inutiles de ses adversaires.

Mais avant de quitter la bartavelle, peut-être ne serait-il pas sans intérêt de chercher l'étymologie de ce nom, que nous rencontrons sur notre route. Voici ce que je lis dans M. Littré : « On trouve dans le bas latin *barta-* « *vella* pour *vertevella*, mot du Midi, signifiant propre- « ment, « chose qui se tourne » puis « clef, anneau. » « Le nom de l'oiseau viendrait-il de là ? » J'ai copié textuellement, intégralement, mais non pas sans une certaine satisfaction ; car ce texte me fournit une justification de ma méthode. Il est évident que M. Littré, dans cette circonstance comme dans bien d'autres, n'est pas remonté à la langue mère, à travers les siècles et les chartes. Il s'est contenté, malgré sa vaste érudition, d'indiquer une étymologie plus ou moins probable, que je vais essayer de mon mieux de rendre plus plausible.

La bartavelle est nommée, par Buffon et par un grand nombre de naturalistes, la perdrix *grecque* ou perdrix des Cyclades, par la raison que la Grèce et surtout les îles de la Grèce sont la véritable patrie de cette perdrix. Dès lors, il est facile de constater que *bartavelle* est une épithète servant à désigner d'une manière plus spéciale cette espèce, et que, remplaçant la dénomination *grecque*, elle pourrait bien avoir quelque trait d'union avec le nom des localités de la Grèce où la bartavelle vit en plus grand nombre. Or, les îles Cyclades étant justement la patrie favorite de la bartavelle, il s'ensuivrait que l'on aurait pu remplacer le nom de ces îles par une dénomination vulgaire et équivalente. Le mot *Cyclades* ayant pour racine ΚΥΚΛΟS, « cercle, » serait l'équivalent de *bartavelle* dérivant d'une expression signifiant *anneau*, car l'anneau est un cercle. D'où appeler cette perdrix, « la perdrix des Cyclades, » ou « la bartavelle » serait identique, puisque ce serait retracer la même idée. Cette hypothèse pourrait encore se justifier par l'absence complète de la perdrix grise, qui ne manifeste jamais sa présence dans les îles de la Grèce.

Mais cependant l'interprétation du mot *bartavelle*, qui me paraît la mieux fondée et, dès lors, la seule probable, est celle qui, conservant à cette expression le sens d'*anneau*, indiquerait que l'on a voulu déterminer cette espèce par le ruban qui se déroule autour de son cou, non pas comme un collier égrené, tel que le porte la perdrix rouge ordinaire, mais comme une bande uniforme, caractère distinctif qui sépare les deux perdrix. Ainsi donc, perdrix *bartavelle* signifierait « perdrix à anneau, perdrix dont le cou semble encadré dans un anneau. »

Je reviens à la perdrix rouge : elle a un vol plus bruyant que la grise, dont elle diffère encore par un grand nombre d'habitudes. Cette perdrix ne se reproduit pas en captivité, et, tandis que sa congénère se plaît dans les lieux humides et dans les prairies, celle-ci préfère les landes et les terrains arides. En liberté, elle se cantonne plus régulièrement que la grise ; puis, quand elle est poursuivie avec persévérance, elle se perche sur les branches peu élevées des arbres touffus, et là, comme dans les guérets, les différents membres de la même compagnie ne partent pas en même temps à l'approche du chien ou du chasseur, mais ils s'envolent successivement et quelquefois même assez longtemps les uns après les autres. Les perdrix rouges sont beaucoup moins sociables que les grises ; elles nichent dans les haies, le long des talus des fossés, et dans les blés ou dans les prairies artificielles. La femelle gratte la terre, prépare une légère excavation qu'elle remplit d'herbe, de petites racines et de feuilles sèches. C'est sur cette couche qu'elle pond de quatorze à dix-huit œufs obtus, dont le grand diamètre varie de 0^m,038 à 0^m,040, et le petit de 0^m,029 à 0^m,030. Le fond de la coquille est d'une couleur d'ocre plus ou moins pâle, sur laquelle apparaît une seconde couche plus foncée et parsemée, surtout vers le gros bout, de taches irrégulières d'un brun ou d'un roux plus ou moins prononcé. Quelques-uns de ces œufs ne présentent aucune tache ; d'autres sont simplement marqués de petits points bruns.

Les vieilles perdrix entourent leurs nids de plus de précautions que les jeunes : elles semblent vouloir préserver leurs œufs des dangers que l'expérience leur a révélés, en plaçant leurs nids dans des lieux plus solitaires et plus cachés.

Depuis près de quinze ans, les chasseurs et les naturalistes ont constaté, dans l'arrondissement de Cholet, en Anjou, la présence d'une perdrix, qui jusqu'à cette époque, n'avait pas encore été étudiée. Cette perdrix, qui est de la taille de la perdrix rouge ordinaire, a un plumage entièrement roux, excepté le front et la gorge qui sont noirs. On remarque aussi d'une manière régulière, chez les vieux sujets, quelques plumes blanches au bas de l'abdomen. Cette perdrix, envoyée à la Société linnéenne de Maine-et-Loire par M. Guillou, de Cholet, avait figuré à l'exposition d'Angers en 1858. Elle attira l'attention des visiteurs et des naturalistes, et une commission fut constituée afin d'étudier cette perdrix, et de prendre tous les renseignements nécessaires, pour déterminer si le plumage du sujet envoyé à l'exposition était le résultat de ces maladies qui occasionnent assez souvent beaucoup de bizarreries chez les animaux et surtout chez les oiseaux, ou, enfin, s'il constituait une véritable espèce. Pendant plusieurs années, les membres de cette commission se mirent en rapport avec les chasseurs et les naturalistes de l'arrondissement de Cholet, et ne négligèrent rien pour recueillir tous les faits propres à résoudre une question intéressant l'ornithologie générale et, en particulier, celle de l'Anjou. Grâce à leurs ef-

forts persévérants, il fut constaté que la perdrix présentée
par M. Guillou n'était pas un sujet isolé, mais qu'elle
existait en assez grand nombre ; que six compagnies, entièrement composées de perdrix semblables à celle qui
avait figuré à l'exposition, se trouvaient cantonnées dans
un territoire assez restreint ; enfin, que des sujets de
différents âges entièrement identiques figuraient dans
la collection de MM. Guillou et Baugars, dans les musées de Saumur et d'Angers, et que plusieurs douzaines
de ces perdrix avaient été fournies à un certain nombre
d'amateurs. Il fut démontré aussi que le vol de cette
perdrix était plus rapide que celui de ses congénères ;
qu'elle paraissait plus sauvage que les autres espèces ;
que sa chair, d'une couleur jaunâtre, se rapprochait,
quant au goût, de celle de la pintade.

Chaque année, de nouvelles observations étaient venues
confirmer les renseignements précédents, et ajouter des
preuves multipliées à l'opinion de M. Guillou, lequel avait
pensé que cette perdrix, ne vivant jamais avec les perdrix rouges et les perdrix grises, et semblant au contraire les éviter, constituait une nouvelle espèce. La Commission linnéenne d'Angers crut donc pouvoir donner à
cette perdrix le nom d'*atro-rufa*, « noire-rouge, » tout en
soumettant sa décision à la sanction des savants. Plus
de six ans se sont écoulés à partir du moment où la commission angevine a émis son jugement, et, depuis cette
époque, la perdrix *atro-rufa*, « noire-rouge, » non-seulement n'a pas quitté notre département, mais elle s'y
est multipliée en assez grand nombre pour qu'on la voie
figurer quelquefois sur le marché de Cholet, où elle a été
vendue comme gibier ordinaire. Des sujets envoyés récemment à Paris ont été étudiés avec soin, et reconnus
comme constituant une race très-distincte de la perdrix
rouge.

Quant aux œufs, on n'a pu, jusqu'à ce moment-ci, en

obtenir qui fussent intacts : les débris de quelques-uns de ces œufs, recueillis par le fermier du *Cou-Pinson* (commune de Saint-Aubin, Vendée), étaient d'une couleur rougeâtre plus foncée que ceux de la perdrix rouge ordinaire.

LA PERDRIX GRISE. — PERDIX CINEREA.

Les deux dénominations, *grise* et *cinerea*, consacrées à désigner la perdrix grise, me semblent n'avoir besoin d'aucune recherche étymologique; il ne s'agit donc ici que d'esquisser rapidement les mœurs de ce gallinacé. *Grise* et *cinerea* représentent en effet la même idée : *cinerea* se traduisant par *cendrée*, « couleur de cendre, » et indiquent les nuances qui dominent dans le plumage de cette perdrix. Quant à l'épithète *grise*, elle était, d'après Roquefort, Ménage, Littré, etc., rendue dans l'idiome de la basse latinité par *griseus*, *grisius*, en italien par *griso*, *grigio*, mots qui dérivaient tous de *cinereus*, « cendré, couleur de cendre. » Le plumage de la perdrix grise se marie avec les lieux qu'elle habite, et sert à la dérober aux regards du chien qui la poursuit. En effet, lorsqu'elle se motte et se tapit en restant immobile le long des guérets qu'elle parcourt, sa couleur se confond avec celle de la terre. Le mâle a le plastron orné d'un fer à cheval d'un rouge brun qui s'assombrit avec l'âge : ce signe pourrait le faire apercevoir plus facilement; aussi le cache-t-il en marchant et surtout lorsqu'il est poursuivi. Ce fer à cheval n'est que légèrement indiqué sur le plastron de la femelle. La perdrix grise présente, comme la perdrix rouge, deux races, l'une beaucoup plus forte que l'autre. La petite est appelée *roquette* : elle doit les faibles proportions de sa taille aux lieux qu'elle habite, et qui lui fournissent moins de ressources que d'autres contrées. La perdrix grise ne se

Perdrix grises et Perdreaux

perche jamais ; elle vit en compagnie comme sa congénère, mais elle paraît mieux obéir que celle-ci au signal
que donne le chef de la famille. Quand la compagnie est
pressée par le chasseur ou par les chiens, tous les membres s'envolent ensemble, et il n'y a pas de retardataires
comme parmi les perdrix rouges. La perdrix grise est
aussi plus sociable ; elle s'accoutume mieux en captivité
et elle s'y reproduit. Ainsi que sa congénère, elle a une
frayeur extrême de l'oiseau de proie, et, dès qu'elle aperçoit au haut des airs un point noir indiquant la présence
de son ennemi, elle cherche à se cacher partout où elle
peut ; elle se réfugie même dans les trous de lapin, et se
laisse volontairement prendre par la main de l'homme
pour échapper aux serres d'un rapace. La perdrix grise
prépare avec ses pieds une petite excavation dans les
prairies naturelles ou artificielles ; elle y réunit quelques
brins d'herbe, et dépose sur cette couche grossière quinze,
vingt et même quelquefois vingt-quatre œufs ; la femelle
prend soin de les placer de manière à ce qu'ils tapissent
tout l'intérieur du nid en formant plusieurs rangs cir-
culaires disposés par étage, afin de pouvoir leur communiquer à tous plus facilement la chaleur qui doit les faire
éclore. La perdrix grise apporte dans le travail pénible
de l'incubation une persévérance et un dévouement bien
remarquables : rien ne peut l'arracher à son labeur maternel, ni le bruit, ni la faim, ni la présence de ses ennemis ; elle se laisse dévorer sur ses œufs ou même immoler par l'instrument du faucheur. Aussi les Egyptiens
en avaient-ils fait, dans leurs hiéroglyphes, l'emblème
de l'amour maternel et celui de la fécondité. Les œufs
de la perdrix grise sont piriformes, d'une couleur unie
et d'un jaune gris pâle ; le grand diamètre varie de $0^m,033$
à $0^m,034$, et le petit de $0^m,024$ à $0^m,025$. J'en possède
quelques-uns qui présentent cette particularité, que le
petit bout en est d'une couleur bleue assez vive.

La perdrix grise, malgré sa multiplication rapide, disparaît insensiblement de nos contrées, ainsi que la perdrix rouge. Cette diminution tient à plusieurs causes. La première de toutes est la guerre acharnée que font aux nids de ces oiseaux les fermiers, depuis la promulgation des lois sur la chasse. Par un raisonnement faux, ils prétendent qu'ils ne doivent pas nourrir à leurs dépens un gibier qui profitera exclusivement à ceux qui ont non-seulement un permis de chasse, mais encore le droit d'en user.

D'autres motifs sont la grande disproportion qui existe entre le nombre des mâles et celui des femelles, puis le mouillage des semences du froment que l'on trempe dans du sulfate de cuivre (couperose bleue), et qui empoisonne beaucoup de perdrix avides de cette semence. Les prairies artificielles contribuent aussi puissamment à diminuer le nombre des perdrix, par la raison que toutes celles qui établissent leurs nids dans ces prairies voient leurs couvées détruites, puisque l'herbe est coupée ordinairement avant que les perdreaux ne soient éclos. Enfin un des ennemis les plus redoutables des perdrix est le chat, qui exerce de plus en plus dans les campagnes le rôle d'un braconnier consommé. On pourrait ajouter à toutes ces causes l'irrégularité des saisons, depuis un certain nombre d'années. Cette irrégularité est un véritable fléau pour les perdrix. Les années trop chaudes leur sont contraires, et beaucoup de jeunes perdreaux se brisent les pattes en courant dans des terrains déchirés par les crevasses occasionnées par une chaleur continue. D'un autre côté, les années trop pluvieuses privent les perdrix de leur principale nourriture, des fourmis et surtout de leurs œufs, qui ne se multiplient que sous l'influence salutaire du soleil.

L'ouverture souvent trop prématurée de la chasse est aussi une cause de l'inconvénient que je signale, puisqu'au moment où les disciples de saint Hubert descendent sur le champ de bataille, leurs ennemis sont trop faibles pour pouvoir défendre leur vie par un vol régulier. Peut-être devrait-on, pour fixer l'ouverture de la chasse, se rappeler ce vieil adage de nos pères :

> A la Saint-Remy (1er novembre)
> Les perdreaux sont perdrix.

LA CAILLE. — COTURNIX.

Au commencement d'un de ses plus gracieux chefs-d'œuvre, l'inimitable Lafontaine s'exprime ainsi :

> Nous devons l'apologue à l'ancienne Grèce ;
> Mais ce champ ne se peut tellement moissonner,
> Que les derniers venus n'y trouvent à glaner, etc.

En parcourant tout ce que les anciens auteurs grecs, latins, etc., ont écrit sur la caille, je me suis rappelé naturellement ces vers, et j'y ai puisé un encouragement. J'espère donc, même après la longue série d'hypothèses de toute espèce entassées par tant d'écrivains anciens et modernes, pouvoir encore, sans être trop présomptueux, ajouter quelques observations nouvelles à celles qui ont déjà été faites sur le nom et sur les mœurs de la caille.

Quelle est l'étymologie des dénominations *caille* et *coturnix* ?

Je vais essayer de dérouler, au moins en partie, les théories si multipliées émises sur cette question, et de rattacher aux mœurs de la caille les différentes opinions des savants, en y joignant toutefois les miennes, avec une respectueuse défiance.

La caille a une physionomie tout exceptionnelle ; son plumage est formé de plumes courtes et soyeuses, d'une couleur jaune pâle et presque uniforme sous le ventre, nuancées d'un gris noirâtre sur le dos, et terminées par

des points d'un jaune assez vif et tranchant sur les autres teintes.

L'ensemble du plumage n'est pas brillant, mais d'une
richesse qui revêt une certaine coquetterie. Pour avoir
obtenu un pareil effet avec des nuances si peu variées
et si sombres, il fallait le pinceau de Dieu. Un auteur
avait été frappé de l'aspect du plumage de la caille, et,
en la voyant courir rapidement, il avait cru que les plumes du dos, s'harmonisant comme des couches mobiles
et superposées, représentaient assez bien les écailles qui
ondulent sur le corps des reptiles. Dès lors il avait pensé
et même osé écrire que cette particularité du plumage de
la caille avait été le principe de son nom, et que celui-ci
n'était qu'une abréviation du mot *écaille*.

L'auteur de cette hypothèse est Huet, cité par
Ménage. Le défendre serait inutile, le condamner peu
charitable ; car, avant de jeter la première pierre aux
autres, il faut scruter sa propre conscience, et se demander si quelquefois on n'a pas été soi-même un peu aven-
tureux dans ses étymologies. Paix donc à mon infortuné
prédécesseur ! Son hypothèse même ne sera pas sans
profit pour nous : elle servira à nous rappeler d'une manière plus positive les différentes nuances du plumage
de la caille. Puis cet oiseau n'est-il pas désigné sous le
nom de *perdrix coturnix*, ou de perdrix caille ? Ce dernier mot n'est donc qu'un complément de l'idée repré-
sentée par *perdrix* ; or, si cette dénomination dérive du
sanscrit et signifie *serpent tacheté comme le léopard*,
l'hypothèse mise en avant par Huet est loin d'être vide
de sens.

Continuons à explorer le vaste champ qui se développe
à nos regards, et nous pourrons y moissonner bien des
découvertes.

Selon Ménage, *caille* dérive de l'italien *quaglia*, auquel Ferrari donne pour racine un vieux mot latin, *qua-*

quila, désignant chez les anciens l'oiseau qui nous occupe en ce moment-ci. Ménage, de son côté, avait cru qu'il avait pour principe ORTYGS, désignant la caille chez les Grecs. Voici les transformations au moyen desquelles il justifiait son opinion : ORTYGS, ORTY-GHION, *artigalius, artigalia, calia, culia, quaglia.* J'abandonnerai cette explication à la discrétion pleine et entière de mes lecteurs, leur laissant toute liberté de l'adopter ou de la condamner. Mais voici venir à la rescousse un savant membre de l'Institut ; dès lors la question est plus grave. C'est M. Littré qui parle : « *Caille,* étymologie : de l'italien *quaglia,* du bas latin *quaquila.*» M. Littré et Ménage se donnent la main, mais non pour s'appuyer sur l'idiome primitif. Le mot *quaille,* employé dans les anciens fabliaux pour désigner la caille, vient fortifier l'étymologie précédemment énoncée. Mais enfin pourquoi, chez les Latins, a-t-on attribué à la caille le nom de *quaquila?* Papias nous en donne la raison : « Quaquila genus avis vulgo *coturnix,* a vocis sono. — « La quaille, espèce d'oiseau, appelée ordinairement *co-* « *turnix,* doit son nom au son de sa voix. » Selon de graves autorités, le mot *quaquila* était une onomatopée se présentant, comme tous les noms anciens de trois syllabes, sous la forme d'un dactyle imitatif du cri de l'oiseau. Ici se rencontre une nouvelle difficulté, celle de faire concorder le cri de l'oiseau avec le dactyle *quaquila.* Le mâle de la caille fait entendre un cri très-accentué, que de savants observateurs ont traduit par ces mots « ketkaya, ketkayac, » ou «piapaya, piapayac,» ou «pet tabac, pet tabac, » et que les gens de la campagne redisent sous cette forme naïve : *point de tabac, point de tabac.* Quelques autres naturalistes ont cru pouvoir exprimer ainsi le chant de la caille : *paye tes dettes! paye tes dettes!* Conseil qu'il ne serait pas inutile de répéter souvent, à la campagne comme à la ville.

Frisch assure que, du temps de Charlemagne, on donnait à la caille le nom de *quacara*, qui traduit encore d'une certaine manière le cri de l'oiseau.

Ce cri est précédé d'une espèce de soupir étouffé ou de miaulement, « mia ouan, ouan, ouin, ouin. » La femelle répond par cette simple syllabe « cri, cri, cri... » ou « crui, crui. » J'indique les variations de ces différents chants ; car, comme pour les textes difficiles, les traductions sont multipliées.

La mâle accentue son cri avec une telle force et une si fatigante continuité, qu'il se fait entendre à plusieurs kilomètres de distance, et, sous ce rapport, il est bien le gallinacé par excellence, surtout si l'on compare la puissance du cri au volume de l'oiseau. Tout en répétant son chant, il parcourt de grandes distances avec une excessive rapidité ; cette remarque nous servira plus tard pour l'étymologie du mot ORTYGS.

Dans ses courses vagabondes et irréfléchies, le mâle se précipite en véritable étourdi et même en fou dans tous les piéges qu'on lui tend. C'est pour représenter ce cri répété d'une façon irritante et cette folle étourderie que l'on a formé l'expression française *cailleter*, « parler et agir comme une caille. »

Certains érudits pensent que *caillette, cailleter*, aurait pour véritable origine *caillach*, qui, dans le celtique, signifiait *femme ;* et dès lors *cailleter* voulait dire « *bavarder*, parler comme une femme. » *Caille* aurait la même étymologie, et la caille, à cause de son chant fatigant et continu, aurait été assimilée à la femme, à une personne bavarde.

C'est pour la même raison qu'on a donné au fou de François Ier le nom de *Caillette*. Dans les anciens temps de la monarchie, les rois se faisaient accompagner d'un personnage remplissant le rôle de fou privilégié, diplômé, afin que ses folles extravagances fissent oublier celles qui, pour paraître moins étranges, étaient cependant plus compromettantes ; c'était agir un peu comme Alcibiade qui coupait le queue de son magnifique chien, afin que l'on s'occupât de l'animal et que l'on oubliât le maître. Dans notre siècle de progrès, on a supprimé le fou titré, peut-être parce que son rôle devenait trop difficile : n'aurait-il pas trop de confrères sans titre, à éclipser ?

Je m'arrête et reviens à mes étymologies. Avant de passer à la dénomination grecque de la caille et à tous les souvenirs qui s'y rattachent, je succombe à la tentation d'exprimer un sincère regret, celui de ne pouvoir donner au mot *caille*, oiseau, le même principe qu'à *caille* employé dans un autre sens, à savoir, de *caille de sang*, *caille de lait*, etc.

Dans cette acception, *caille* dérive de *coagulare*, *coaglare*, *coailler*, *cailler* ; cette formation est régulière, et *caille* signifierait alors « oiseau dont la chair serait coagulée et grasse par excellence : » interprétation qui serait parfaitement fondée, car c'est à cet engraissement extraordinaire des cailles qu'on attribue la brièveté de leur vie, considération que doivent méditer ceux qui travaillent trop volontiers à développer leur embonpoint. Mais, dans les cailles, l'embonpoint a du moins cet avantage, qu'il est la cause de l'extrême chaleur que communiquent ces oiseaux aux personnes qui les touchent et les pressent. Aussi les Chinois se servent-ils de cailles, comme de manchons, pour se préserver du froid pendant l'hiver. Malgré l'efficacité constatée du procédé, je n'oserais le recommander qu'aux habitants du Céleste-Empire ; car, pour en ressentir la bénigne influence, il faut avoir obtenu le droit de porter le bouton d'un degré supérieur.

Je me rappelle qu'accompagnant un soir un trappeur émérite, je fus chargé de tenir captive dans ma main une

caille qui était venue, comme une folle, perdre sa liberté
au piége suspendu dans un sillon de blé. Tandis que
mon vénérable guide démêlait la prison de fil qui devait réunir mon captif à ses infortunés frères, je res-
sentais très-vivement, aux soubresauts communiqués à
mes mains, les aspirations qui faisaient battre pour la liberté le cœur de la caille. Dès lors, comme un bon prince
pensant à ses sujets, je me disais à moi-même : La presser trop, c'est m'exposer à l'étouffer ; lui laisser trop de
liberté, c'est hélas! perdre le fruit de longs efforts. Pendant que je cherchais le moyen terme usité par les Chinois, la caille m'échappa : je fus réprimandé par mon
chef de file ; mais je me consolai facilement de ses reproches, en entendant la caille s'arrêter non loin de nous
et célébrer son triomphe par un chant encore plus prononcé qu'à l'ordinaire ; je crus même y saisir un accent
de reconnaissance. En tout cas, j'avais fait un heureux
et conquis un ami.

Non-seulement l'embonpoint que la caille acquiert
nuit à sa longévité, mais il cause encore souvent sa perte.
Cet oiseau, avant les récoltes, peut se dérober assez facilement à la poursuite de ses ennemis par une course rapide qui l'avait fait surnommer *courre-vite*. « Currit
satis velociter, undè *currelium* vulgo dicimus. » (Buffon,
éd. in-4°, vol. **II**, pag. 449.) Mais après la moisson, il
devient tellement pesant que, comme un véritable syba-
rite, couché le ventre au soleil, une patte étendue en
l'air, il laisse le chien approcher tout près de lui, et ne
se décide à prendre la fuite que lorsqu'il n'est plus temps.
Très-souvent il paie de sa vie l'indolence qu'a engendrée
en lui son excessif embonpoint. C'est la même incommodité qui, chaque année, oblige un certain nombre de
cailles à ne pas partir avec leurs congénères, et à attendre que leur poids ait diminué avant de participer aux
migrations régulières de leur famille. Preuve évidente

des résultats fâcheux qu'entraîne l'embonpoint pour ceux qui se livrent à la nécessité ou à la douceur des voyages !

Un second motif qui contribue beaucoup à abréger la vie des cailles, c'est leur caractère difficile et batailleur. Non-seulement au printemps, mais à toutes les époques de l'année, les cailles se livrent des combats acharnés. Pour quelques grains de nourriture ou quelques insectes convoités, un duel à mort s'engage immédiatement. Cette tendance à une irritation excessive et permanente fatigue tellement les cailles, que leur vie se prolonge rarement au delà de quatre à cinq ans.

Les Grecs et les Romains avaient remarqué cette disposition de la caille, et ils en avaient profité pour se créer un nouveau divertissement et établir des combats de cailles. Ces combats étaient de deux espèces : l'un, de caille à caille ; l'autre, de caille à homme.

Dans le premier cas, on jetait sur le milieu d'une table quelques graines en petite quantité, puis on plaçait une caille à chaque extrémité, et on les lâchait à un signal donné ; bientôt elles se rencontraient, et le désir de profiter seule du repas préparé excitait chaque caille à repousser sa rivale. La querelle s'envenimait rapidement, et l'un des deux combattants restait sur le terrain ou se retirait couvert de blessures. Le vainqueur mangeait les quelques grains de chènevis ou de froment, mais d'un appétit qui devait être assaisonné d'angoisses et de douleur ; car il me semble qu'il est difficile de se livrer aux joies d'un festin près du sang d'un ami ou d'un membre même de sa famille.

Mais les cailles comprennent mieux que moi le soi-disant point d'honneur, et, comme les ferrailleurs émérites, elles sont toujours disposées à batailler, même pour une mouche ou pour un atome. Dans ces tournois, certaines cailles acquéraient une réputation considérable, et leur nom était inscrit parmi ceux des illustrations de leur époque. Pour comprendre jusqu'à quel excès de folie les anciens poussaient la vénération à l'égard des cailles célèbres, il suffit de lire le fait rapporté par Aldrovande, tom. II, pag. 161. Cet auteur affirme qu'Auguste fit punir de mort un préfet d'Egypte qui, par raffinement de sensualité ou d'orgueil peut-être, avait osé faire acheter et ensuite servir sur sa table une caille illustrée dans maintes rencontres.

Le deuxième genre de combat (Jul. Pollux., de Ludis, ch. IX) avait lieu entre un homme et une caille. Celle-ci se trouvait renfermée dans une grande boîte découverte, sur le fond de laquelle était tracée une circonférence n'occupant qu'une partie du fond de la boîte. L'homme se servait d'un de ses doigts pour attaquer la caille, en pesant sur la tête ou sur le dos de l'oiseau. Celui-ci, bien entendu, avait toute liberté pour se défendre : s'il soutenait l'attaque sans sortir de la circonférence, il était déclaré vainqueur, comme un preux ne reculant jamais d'un pas ; si, au contraire, la caille, fatiguée des coups de doigt, se réfugiait en dehors de la ligne courbe, elle était déclarée lâche et vaincue.

Les Grecs avaient nommé la caille ORTYGS, dont la racine est ORNYMI. Ce verbe a, selon Alexandre, plusieurs sens. Homère lui donne la signification « d'exciter une tempête, un combat, » et l'humeur batailleuse, querelleuse de la caille justifie cette acception. De plus, il est employé dans le sens de « réveiller, mettre en mouvement, » et il signifierait alors, « oiseau qui réveille, qui met en mouvement » ou « qui se met en mouvement. » La caille, comme le coq, véritable type et chef des gallinacés, chante de très-bonne heure, et son chant très-sonore et très-vibrant est un réveille-matin qui appelle les villageois et les engage à se mettre au travail. La caille de l'île de Java est appelée par les naturels « le réveille-matin. » Dans la troisième acception, qui est

encore mieux fondée que les deux premières, ORTYGS représenterait parfaitement l'oiseau « qui se met en mouvement » et qui se livre à des pérégrinations régulières.
Cette explication serait d'autant plus juste, que les Grecs
devaient chercher à caractériser la caille par une dénomination indiquant le point de vue le plus important
pour eux, celui qui leur procurait chaque année d'immenses ressources. La caille, en effet, entreprend, deux
fois par an, des voyages, non pas en zigzag comme le
jaseur de Bohême, mais d'une manière régulière. Chaque
année des multitudes de cailles, dont le nombre s'élève à
plusieurs millions, abandonnent les déserts de l'Afrique,
dans le mois d'avril, pour se diriger vers les différentes
contrées de l'Europe. Elles entreprennent ce voyage le
soir ou de grand matin, afin d'éviter plus facilement la
serre des oiseaux de proie ; elles avancent ou retardent le
moment du départ selon les variations du vent. Le vol de
la caille est lourd et peu soutenu ; aussi cet oiseau ne sau-
rait-il parcourir une assez longue distance qu'autant qu'il
est secondé par un vent favorable. Les anciens n'ayant jamais pu, à cause du moment où s'effectuent les migrations des cailles, constater leur départ, pensaient, avec
quelques modernes, que ces oiseaux passaient l'hiver
dans des grottes sous l'influence d'un sommeil prolongé.
Cette erreur cependant n'était pas générale ; car plusieurs
auteurs ont donné sur le voyage des cailles de curieux
renseignements. Ainsi Pline, cité par Buffon (vol. II,
édit. in-4°, p. 255), dit que les cailles, surprises et fatiguées par les vents contraires, se reposaient en si grand
nombre sur les navires qu'elles rencontraient, que ceux-ci
coulaient à fond sous le poids de leur nouvelle cargaison.
Pline a oublié de constater quel était le tonnage de ces
navires ; peut-être appartenaient-ils à la flotte alcyon-
nienne. Etait-ce pour éviter ce malheur commun que les
cailles, selon Aldrovande (t. II, p. 156), avaient recours

à une précaution ingénieuse? Chacune d'elles, dans le désert du Sahara, où il y en a des millions, se munissait d'une petite planche bien préparée ; ce qui suppose qu'il devait exister d'immenses dépôts de ces planches. Comment la caille tenait-elle cette planche? Je l'ignore. Puis, si elle devait être une planche de salut sur la mer, ne devenait-elle pas un sérieux embarras pour accomplir un voyage prolongé? Bref, laissons de côté ces petites difficultés, et suivons le récit d'Aldrovande. Quand les cailles se trouvaient fatiguées et qu'elles ne rencontraient pas d'îles ou de vaisseaux pour se reposer, chacune d'elles se laissait tomber à la mer en tenant la planche sous ses pattes. Cette planche devenait alors, pour chaque caille, une espèce de radeau sur lequel elle se reposait. « Si non è vero, è bene trovato : si ce n'est vrai, c'est bien trouvé. » Après quelque temps de repos, les cailles reprenaient leur essor ; emportaient-elles une seconde fois leur petite planche? — Aldrovande ne le dit pas d'une manière positive ; cependant cette opinion me semble découler naturellement de son récit, puisque cet auteur assure que les cailles se délassent *de temps en temps*, en voguant sur les flots, de la fatigue qu'elles éprouveraient de naviguer dans l'air. Pline (liv. IV, ch. xxii) prétend que chaque caille, afin de se soutenir contre le vent, avait soin de prendre dans son bec, tout juste, trois petites pierres, provision plus facile à faire dans les sables de l'Afrique que ne le serait la rencontre d'une petite planche. Je pense que ces pierres étaient destinées à servir d'un lest analogue à celui dont se munissent les aéronautes, et que le poids en devait varier avec celui des cailles. Appien donne une autre explication de l'usage de ces pierres : il prétend qu'elles ne servaient aux cailles que pour savoir s'il était temps ou non de se reposer, en d'autres termes, que pour être averties si elles étaient encore au-dessus de la mer ou au-dessus de la terre. Voici l'explication que cet auteur ajoute. Il paraît, selon lui, que la caille a l'ouïe bien plus perçante que la vue (ce qui se comprend très-facilement pendant un voyage de nuit). Lorsque la bande voyageuse doutait encore qu'elle fût au-dessus des flots, chaque caille, probablement à un signal donné, laissait tomber une des précieuses pierres, et, selon la nature du bruit qu'elles produisaient en touchant l'élément liquide ou la terre, la troupe savait s'il fallait s'arrêter ou continuer son voyage. L'expérience ne pouvait être faite que trois fois; dès lors les cailles ne devaient pas la commencer trop tôt.

Continuons nos excursions dans le pays des fables. Un certain nombre d'oiseaux d'espèces différentes se joignent aux cailles pour effectuer ensemble leurs pérégrinations; ils s'aident ainsi mutuellement à vaincre la résistance du vent et à triompher, par leur multitude et par leurs cris divers, des attaques de leurs ennemis.

Il est bien clair que les oiseaux qui s'unissent ainsi sont doués à peu près de la même puissance de vol. C'est pour cette raison que les râles de genêt accompagnent ordinairement les cailles. Plus forts que ces dernières, ils occupent, à ce qu'il paraît, les premières places, et semblent les chefs de file.

Mais, quand la troupe voyageuse s'abat sur les rivages européens, les individus qui la composent sont tellement fatigués que, pendant les premières heures de leur arrivée, il est facile de les prendre à la main. Les oiseaux de proie peuvent, sans effort, en faire d'immenses hécatombes, et les râles, comme étant au premier rang, fournissent plus de victimes que les cailles. L'imagination des anciens s'est emparée de ces faits bien simples, et les a dénaturés en les embellissant. Le râle de genêt a été nommé par eux ORTYGOMÈTRA, de ORTYOS, « caille, » et MÉTÈR, « mère, » c'est-à-dire « mère des cailles, » et on a supposé à cette prétendue mère un tel dévouement pour son innombrable progéniture, qu'elle venait se mettre au premier rang pour sauver ses enfants en se laissant immoler. D'autres l'appelaient « roi des cailles ; » et prétendaient que, comme Decius Mus, il se sacrifiait pour le salut de la patrie, et que, comme dans la famille de cet illustre consul romain, le dévouement à la patrie, chez les râles conducteurs, était véritablement héréditaire. Pour le coup, dans notre siècle de progrès, on voit bien qu'un pareil sacrifice ne doit être qu'une fiction.

Passons maintenant aux réalités. Dans le mois d'avril, des troupes innombrables de cailles quittent les plages de l'Afrique, et profitent d'un vent favorable pour se diriger vers les contrées méridionales de l'Europe. Si le vent change de direction, les cailles s'abattent dans la mer où elles trouvent promptement la mort. Si quelque navire se présente aux voyageuses, elles s'empressent de venir se reposer sur les mâts, sur les cordages et même sur le pont, et là, elles se laissent prendre facilement à la main.

Elles montrent en cela du bon sens ; du moment qu'elles sont condamnées à une mort inévitable, elles font bien de préférer celle qui, du moins, ne sera pas sans fruit pour l'homme. En effet, les équipages trouvent ainsi une ample et délicate provision ; car ils ne partagent pas les préjugés des anciens qui, d'après Pline (liv. X, cap. xxiii), avaient de la répugnance pour la chair des cailles, parce qu'elles mangeaient de la graine d'ellébore, et qu'on les soupçonnait d'être sujettes au mal caduc. Si les vents, au contraire, ont favorisé le vol des cailles, celles-ci viennent se reposer sur les plages de l'Europe méridionale et surtout dans les îles, où elles font une halte avant de gagner la terre ferme. Les lieux de leurs stations étant connus, ainsi que les vents qui dirigent leur vol et le temps de leur départ, il s'ensuit que les populations de ces contrées se tiennent prêtes à capturer les pauvres voyageuses. La chasse en est très-facile. Les cailles, tant elles sont fatiguées, se laissent prendre à la main, ou couvrir avec d'immenses filets étendus sur le bord de la mer. L'île de Délos, l'une des Cyclades, si célèbre dans les annales de la mythologie, a été de tout temps un lieu de repos privilégié pour les cailles, qui s'y arrêtaient en grand nombre, à ce point que les anciens l'avaient nommée *Ortygia*, du mot ortygs, « caille. » Pour se faire une idée approximative de la quantité des cailles capturées, il suffit de constater, d'après Buffon, que dans les environs de Nettuo, près de Naples, plus de cent mille ont été prises en un seul jour. L'évêque dans le diocèse duquel se trouve l'île de Caprée, célèbre par le séjour et les crimes du sombre et cruel Tibère, est appelé *l'évêque aux cailles*, parce qu'il prélève une dîme sur celles qui sont prises dans l'île de Caprée. Ce revenu est estimé de 23 à 25,000 fr. par an, ce qui suppose un nombre incalculable de cailles. En effet, un de mes honorables amis, M. de Joannis, m'a dit que, lorsqu'il allait en qualité de lieutenant de vaisseau et de commandant en second du *Luxor*, chercher en Égypte l'obélisque destiné à embellir la place de la Concorde à Paris, il avait vu vendre, à Alexandrie et dans les autres villes de ce pays, la cagée de cailles pour 10 fr. Chaque cagée renferme cinq cents cailles, ce qui fixe le prix de chaque caille à deux centimes. On peut, d'après cette donnée certaine, calculer le nombre de cailles que doivent capturer les habitants de Caprée, pour que la dîme prélevée sur cette chasse puisse procurer, chaque année, 25,000 fr. à l'évêque de ce diocèse. J'ajoute ici quelques détails sur les précautions que prennent les cailles pour effectuer leur retour en Afrique, et sur les moyens employés par les Arabes pour s'en emparer. Je dois ces notes à la bienveillance de M. de Joannis, et je me borne à les transcrire.

« Dieu a donné à la caille un instinct merveilleux, qui
« lui sert à se diriger vers la mer, sans avoir besoin de
« boussole et en suivant la ligne la plus courte. Tous
« les navigateurs qui rencontrent les cailles, lorsqu'elles
« effectuent leur seconde migration, savent que ces
« oiseaux tendent directement vers le sud. Les cailles
« sont rarement seules dans ce voyage, mais ordinaire-
« ment sept à huit ensemble. Leur vol très-rapide effleure
« la surface de la mer, et, lorsqu'en route elles trouvent
« du gros temps qu'elles n'avaient pas prévu, elles sui-
« vent l'ondulation des grandes lames, rasant toujours
« la surface de l'eau. Cette méthode est admirablement
« combinée ; car, sans cesse dans le creux des lames,
« elles sont toujours *déventées* par la haute montagne
« d'eau qui est devant elles, et c'est ainsi qu'elles jouis-
« sent d'une plus grande facilité pour vaincre le grand
« courant aérien où elles se trouvent engagées. Ce qu'il
« y a de plus admirable dans ces migrations, après la
« faculté qu'ont les oiseaux de se diriger sans boussole,
« c'est la force que manifestent les cailles pour entre-
« prendre un vol non interrompu de six à huit heures ;
« car elles ne peuvent guère parcourir plus de cent vingt
« kilomètres à l'heure, et, selon qu'elles partent d'un
« point plus ou moins éloigné de la côte d'Afrique, elles
« se trouvent entraînées à effectuer une traversée plus
« ou moins considérable. Quand les cailles sont contra-
« riées dans leur vol par des brises contraires et violen-
« tes, elles tombent de fatigue et se noient ; ou, si elles
« rencontrent sur leur route un bâtiment, elles s'em-
« pressent d'y chercher un peu de repos et n'y trouvent
« qu'un autre genre de mort. Horriblement fatigués,
« ces pauvres oiseaux n'ont pas la force de s'envoler, et
« sont facilement capturés par les hommes de l'équipage
« qui savent très-bien qu'il ne faut pas chercher à saisir
« les cailles au moment où elles viennent de se poser sur

« le pont ou sur les cordages, mais attendre quelques
« minutes, afin que, refroidies, elles ne puissent pas re-
« prendre facilement leur essor. Cette migration des cailles
« donne lieu à un grand commerce, dans lequel les
« Arabes réalisent d'assez beaux bénéfices. Voici la ma-
« nière dont ils capturent les cailles sur les immenses
« plages de sable, qui se déroulent dans les environs
« d'Alexandrie. Deux Arabes s'unissent pour la chasse
« aux cailles ; l'un d'eux porte sur son bras un petit filet
« fin et noir, dont les mailles ont à peu près trois cen-
« timètres carrés, représentant une simple nappe de
« soixante-dix centimètres carrés, aux deux extrémités
« de laquelle est fixée une corde légère en poil de cha-
« meau et longue d'environ dix mètres. Munis de ce
« filet, les deux Arabes regardent autour d'eux en se
« tournant le dos, afin d'embrasser l'horizon tout entier.
« Sitôt qu'une caille vient se reposer sur le sable, les
« chasseurs se dirigent de manière à se mettre sous le
« vent ; arrivés à une trentaine de pas, ils déploient leur
« filet, et, prenant chacun le bout d'une des ficelles, ils
« s'éloignent l'un de l'autre, pour tenir très-tendue la
« petite nappe du filet. Celle-ci, soulevée par la brise ou
« par la rapidité des deux Arabes, se tient à peu près
« horizontalement à un mètre du sable, puis, aussitôt
« que la nappe se trouve au-dessus de la caille, les chas-
« seurs la laissent tomber sur leur proie. L'un des deux
« se dirige vers la caille pour la saisir avec la main. C'est
« alors que le pauvre oiseau, épuisé par la fatigue d'un
« voyage pénible et très-long, fait un dernier effort pour
« s'échapper ; mais soudain il se trouve enlacé dans le
« filet : l'Arabe le prend alors, lui coupe une aile, le
« renferme dans une cage, et, lorsque celle-ci sera
« pleine, c'est-à-dire quand elle en contiendra cinq cents,
« elle sera vendue sur le marché d'Alexandrie 10 fr.,
« c'est-à-dire deux centimes pièce. Le prix si minime de

« ces cailles prouve que les Arabes réussissent parfaite-
« ment dans cette chasse, et ils doivent leurs succès à
« leur vue très-perçante, car la couleur de la caille se
« marie tellement avec celle du sable qu'elle échappe
« aux regards des Européens. Celles des cailles qui ne
« sont pas capturées par les Arabes pénètrent à plus de
« quatre cents kilomètres vers le sud, et c'est dans les
« champs de lentilles de la haute Egypte qu'elles fixent
« leur séjour privilégié. »

Cette chasse pratiquée par les Arabes a-t-elle été
importée en Europe, ou bien sont-ce les habitants du
désert qui nous ont imités? Je l'ignore. Tout ce que je
sais, c'est que, dans ma jeunesse, je me suis livré sous
la direction d'un trappeur émérite, dont j'ai déjà parlé,
à une chasse qui n'était autre chose que celle qui est
exécutée par les Arabes, avec des modifications nécessi-
tées par la nature du terrain sur lequel elle avait lieu.
Cette chasse était-elle une faute, un délit? S'il y a eu
faute, j'espère en avoir le repentir; s'il y a eu délit, je
me rassure, car il doit être bien prescrit. Donc, il y a
plus de trente ans, mon vénérable chef de file me con-
duisait, vers le soir, dans les terrains ensemencés de blé;
puis il faisait retentir avec une grande perfection le cri
de son appeau, et, quand il croyait avoir reconnu l'endroit où se trouvait la caille qui avait répondu à sa voix
de *chanterelle*, il déroulait un filet semblable à celui
qu'emploient les Arabes, et nous courions en le laissant
voltiger au-dessus des blés. Le bruit qu'il faisait en flot-
tant sur les moissons déterminait la caille à s'envoler, et
souvent elle se trouvait enlacée dans le filet. D'autres
fois, il avait recours à un chien couchant, l'envoyait à la
recherche, et, quand il l'apercevait en arrêt, nous nous
empressions de suspendre le filet au-dessus et un peu
au-devant de la tête du chien, puis il donnait au fidèle
animal l'ordre de s'avancer, et à ce moment la caille, en

s'envolant pour échapper à son ennemi, se jetait dans le filet qui devenait sa prison.

Le passage des cailles dure près de deux mois; ce sont les plus vieilles qui partent les premières, par la raison toute simple que très-souvent, au moment de ces départs, les jeunes ne sont pas encore parvenues à leur développement complet. Dans le cours de ces deux mois, les habitants des principaux lieux où viennent aborder les cailles sont occupés à les capturer, à les plumer, à en extraire la graisse, puis à les saler et à les entasser dans des barils que l'on expédie dans tout le Levant. Pendant leur séjour dans notre pays, les cailles conservent les mœurs des habitants des pays chauds; comme les Napolitains ou les Espagnols, elles circulent et mangent le matin et le soir, puis le reste du jour, elles sont étendues nonchalamment le ventre au soleil, une patte allongée, savourant, en quelque sorte, les bienfaisantes émanations de cet astre, et s'abandonnant aux douceurs du sommeil. Les cailles ne se perchent jamais, si ce n'est sur les vergues des navires qu'elles rencontrent dans leurs migrations; elles se plaisent à courir dans les herbes des prairies ou dans les sillons de blé; là, elles se nourrissent d'insectes et de graines. Aussi quittent-elles notre pays vers la fin de septembre ou vers les premiers jours d'octobre, époque à laquelle insectes et graines commencent à leur manquer, ainsi que la vivifiante influence de la chaleur. Leur retour en Afrique n'est donc pas un caprice, mais le résultat d'une nécessité. La preuve évidente de la justesse de cette assertion, c'est qu'un certain nombre de cailles séjournent toute l'année dans le midi de l'Espagne et de l'Italie, où elles trouvent, en tout temps, insectes et chaleur.

Avant de donner quelques détails sur la nidification des cailles et pour terminer cette longue digression, il me reste à expliquer le mot *coturnix*, nom savant de la caille. Pour résoudre cette difficulté, j'aurai recours à Adolphe Pictet (tom. Ier, p. 496), lui laissant bien volontiers la responsabilité de la décision. D'après cet auteur, *coturnix* serait un ancien nom arien, composé probablement du sanscrit *katu*, « âpre, âcre, perçant, » et de *rana*, « cri, » dérivant lui-même de « *ran*, » *sonare*, « crier, » etc., et *coturnix* serait pour *coturanix*, comme *corvus* pour *coravus*. Ainsi, en m'inclinant profondément devant l'autorité de Pictet, j'admets facilement que le mot scientifique, ainsi que le mot vulgaire, est fondé sur le chant ou plutôt sur le cri sonore et retentissant de la caille.

Ma tâche s'avance, et je l'achève par quelques renseignements sur les mœurs de la caille. Dans cette espèce, les mâles sont beaucoup plus nombreux que les femelles ; aussi, en capturer une assez grande quantité au moyen de l'appeau serait rendre service à la propagation de l'espèce, en facilitant des unions légitimes, unions trop souvent combattues par des prétendants malheureux qui, pour se venger de n'avoir pas de famille, troublent celle des autres, brisent les œufs et maltraitent les femelles. Mais, si nous retrouvons dans les cailles mâles l'ardeur de certains guerroyeurs des siècles passés, frappant d'estoc et de taille tous ceux qu'ils rencontraient, nous ne retrouvons pas, parmi les oiseaux de cette espèce, les chevaliers protecteurs de la veuve et de l'orphelin. Les prétendus chefs d'une famille qui n'existe pas réellement ne s'occupent ni de protéger, ni de nourrir la mère et les petits. La pauvre femelle est obligée de pourvoir à sa nourriture et de couver ses œufs. Aussi s'efforce-t-elle de compenser, par la chaleur excessive qu'elle leur communique, le temps pendant lequel elle a été obligée de les abandonner pour chercher quelques insectes ou quelques grains : elle parvient ainsi à un tel degré de surexcitation, qu'elle n'aperçoit et ne craint aucun dan-

Cailles et Cailleteaux.

ger, et, dans cet état, elle se laisse prendre à la main ou
faucher sur son nid.

Celui-ci est composé de brins d'herbe, tapissant une
petite excavation circulaire que la femelle a creusée avec
ses pattes. Les œufs, au nombre de dix à seize, diffèrent
beaucoup de forme, de grosseur et de couleur ; ils sont
presque tous ventrus ; leur grand diamètre varie de
0^m,026 à 0^m,029, et le petit de 0^m,022 à 0^m,023. La coquille de ces œufs est ordinairement d'un blanc jaunâtre plus ou moins prononcé ; les uns sont parsemés
uniformément de petits points noirâtres ; d'autres sont
couverts de taches d'un brun foncé et dont les proportions sont bien différentes. Je possède dans ma collection huit œufs de caille trouvés à Villevêque, et dont la
couleur jaunâtre est presque entièrement recouverte par
trois ou quatre larges taches noirâtres.

Quand la mère s'éloigne de son nid, elle a l'habitude
de couvrir ses œufs avec une épaisse couche d'herbe, soit
pour les empêcher de se refroidir, soit pour les dérober
à la vue de ses ennemis ou même à celle des mâles.
Lorsque les petits sont éclos, la femelle s'occupe d'eux
avec beaucoup de soin, du moins pendant quelques
jours ; car les cailleteaux peuvent, de très-bonne heure,
se suffire à eux-mêmes et ne sont pas de caractère à subir longtemps une tutelle ou à suivre une direction. Le
soir, la mère les appelle, les réunit et les cache sous ses
ailes. La disposition à une vie insubordonnée est tellement évidente chez les petits cailleteaux, que les anciens
auteurs, et Aristophane entre autres, comparent les éco-
liers querelleurs, mutins, à de petites cailles renfermées
en cage. Dans la comédie de la *Paix,* v. 788 et *seq.*,
Aristophane appelle *cailleteaux,* des jeunes gens *criail-
leurs, indisciplinés,* difficiles à tenir, comme sont les
cailles captives. En effet, dans la cage où on la retient,
encore plus que dans les plaines, la caille manifeste son ca-

ractère batailleur et ses aspirations ardentes pour une liberté sans contrainte. Sans cesse en mouvement, elle fuit toute société ou ne l'accepte un moment que pour se battre avec les autres captifs. Si l'on n'avait pas la précaution d'étendre une toile bien mobile pour former le dessus de la cage, la caille se briserait la tête contre les barreaux supérieurs de sa prison. Quelques naturalistes ont affirmé que, dès que les petits cailleteaux pouvaient se passer de leur mère, celle-ci faisait une seconde couvée. D'autres pensent que cette seconde couvée n'a lieu que pour les cailles dont les œufs ont été brisés par la fureur des mâles répudiés par les femelles. Je crois que la première opinion aurait de la peine à être défendue, si l'on pense aux époques de l'arrivée et du départ des cailles. Il serait difficile d'admettre que le séjour des cailles dans nos pays pût être suffisant à l'éducation de deux couvées, et surtout pour que les cailleteaux de la dernière couvée fussent assez forts au moment d'entreprendre leur voyage d'outremer. Les deux couvées ne pourraient être admises réellement que pour les cailles arrivées les premières, et cette opinion ne serait alors qu'une exception, mais non la règle générale.

Le mâle se distingue facilement de la femelle par la tache noire qu'il porte sur la gorge, et dont la couleur se prononce à mesure que les dimensions croissent avec l'âge de l'oiseau. Quelques ornithologistes ont voulu reconnaître dans la caille deux races différentes, la petite et la grande. Cette distinction n'existe pas réellement : chez les cailles, comme chez tous les autres oiseaux, il y a des sujets plus ou moins forts, selon leurs dispositions naturelles, la nourriture qu'ils trouvent et les lieux qu'ils fréquentent.

Je terminerai cette petite étude sur la caille par une simple remarque : c'est que dans cette espèce il n'existe ni famille, ni esprit de famille, comme chez tous ceux dont le caractère est difficile, batailleur, opposé à toute idée de soumission, et qui, enclins à une vie de sensualité, ne se laissent diriger que par le plus méprisable de tous les instincts, celui d'un grossier égoïsme.

DEUXIÈME GENRE. — GLARÉOLE.

GLARÉOLE A COLLIER. — GLAREOLA TORQUATA.

Les pages que je vais consacrer à la glaréole seront peu nombreuses. Elles comprendront la solution de ces trois problèmes : la glaréole vient-elle en Anjou? sa place la plus naturelle est-elle parmi les gallinacés? enfin, quelles sont les étymologies des dénominations données à cet oiseau par les savants ou par le vulgaire?

Pour répondre à la première question d'une manière affirmative, je n'ai d'autre autorité que celle de plusieurs amateurs et chasseurs qui prétendent avoir tué, à différentes fois, des glaréoles dans les limites de notre département. Je n'avais aucune raison personnelle d'admettre cet oiseau dans la Faune de Maine-et-Loire ; car, en lui donnant le droit de cité parmi nous, c'était augmenter encore un travail qui me semble déjà assez étendu.

Quant à la seconde question, elle est beaucoup moins facile à résoudre. La glaréole a été et est encore un des oiseaux les plus difficiles à classer; selon qu'on la considère à un point de vue ou à un autre, on la range dans telle ou telle catégorie. Les naturalistes, qui ont été frappés de ses ailes longues, de sa queue fourchue, de son vol rapide et ondulé, accompagné d'un petit cri plaintif, l'ont placée naturellement parmi les hirondelles sous le nom d'*hirundo pratincola*, « hirondelle qui fréquente les prairies, les lieux humides. » Ceux qui n'ont considéré que la longueur de ses tarses et sa manière de courir sur les sables et même sur les grandes routes, sans se préoccuper des passants, et en agitant sa queue comme le traquet, ont rangé les glaréoles parmi les échassiers et les pluviers. D'autres enfin et en plus grand nombre, faisant simplement attention à la forme du bec de la glaréole et à son habitude de courir, l'ont rapprochée des gallinacés en la désignant sous le nom de *perdrix à collier*, *perdrix de mer*, etc. Ces derniers auteurs ont-ils été mieux inspirés? J'en doute. Leur classification est-elle la plus rationnelle? Je ne le pense pas. C'est pour cela que je la placerai là où les savants le jugeront à propos, dès que j'aurai pu parcourir toute la Faune de Maine-et-Loire. En attendant la fin de ce rude labeur, la glaréole restera parmi les gallinacés, sans que je puisse encourir de graves reproches.

D'où lui vient le nom de *glaréole à collier*, qui n'est que la traduction littérale de la dénomination savante *glareola torquata?* La glaréole se plaît sur les bords des vastes marais, des étangs, des cours d'eau et même des mers intérieures. Elle fréquente très-peu les plages des grands océans; elle court avec une agilité remarquable sur les sables et sur les graviers répandus dans ses lieux de prédilection : cette habitude lui a fait donner le nom de *glaréole*, dérivé de *glarea*, « gravier, gros sable. » On la trouve en grand nombre sur les bords des marais salés de la Hongrie. Là, comme dans toutes les contrées qu'elle habite, elle vit de vers aquatiques, de mouches et d'insectes auxquels elle donne la chasse dans les roseaux avec une grande rapidité et une extrême adresse. Souvent les glaréoles voyagent par petites bandes. Celles-ci sont-elles formées d'une seule famille ou bien d'une réunion d'amis? Je ne puis l'affirmer; ce qui est bien démontré, c'est le sentiment de vive amitié qui lie entre eux tous les membres de cette petite société. Quand l'un d'eux est atteint par le plomb meurtrier, ses compa-

gnons de voyage s'empressent auprès de lui, et plutôt
que de l'abandonner, ils subissent presque tous le même
sort, tant le chasseur est impitoyable et comprend peu
un sentiment si généreux et si bien fait pour émouvoir,
puisqu'il est si rare de nos jours !

Dans le midi de la France, la glaréole apparaît et niche d'une manière régulière, et là où l'on peut étudier
plus facilement et en détail les habitudes caractéristiques de cet oiseau, les gens de la campagne, bons observateurs, l'ont désigné par ces mots *piquo-ën-terra,
pique-en-terre*. Cette expression représente d'une manière bien naïve et bien expressive une habitude caractéristique de la glaréole : dans sa course très-rapide à la
recherche des insectes, elle donne de fréquents coups de
bec sans ralentir sa chasse, et, tout en saisissant avec
une très-grande adresse la proie qu'elle rencontre, elle
paraît frapper, piquer la terre. Quant à l'épithète *torquata*, à collier, elle sert à distinguer cette espèce de
quelques autres, en faisant connaître une particularité
remarquable de son plumage. Une jolie ligne noire se
dessine agréablement sur la couleur jaunâtre de la gorge
de l'oiseau, et représente assez bien un feston suspendu
en forme de collier. Toutefois elle ne doit pas ce surnom
à une victoire, comme le célèbre romain Torquatus, qui
fut ainsi désigné pour avoir enlevé à un Gaulois, qu'il
avait vaincu dans un combat singulier, le riche collier
d'or dont celui-ci avait orné sa poitrine.

La glaréole niche ordinairement sur le bord des lacs
salés, qu'elle recherche de préférence à tous les autres
lieux. Le nid ne demande pas beaucoup de travail au
mâle ni à la femelle ; car ceux-ci choisissent de concert une petite excavation, soit naturelle, soit formée par
le pied d'un cheval ou d'un bœuf ; ils y réunissent quelques brins d'herbe, et c'est sur cette couche simple et
grossière que la femelle dépose deux ou trois œufs, rare-

ment quatre. Ces œufs sont ventrus, d'une couleur d'un jaune d'ocre sale, quelquefois un peu grisâtre ou même verdâtre. Ils sont parsemés de taches irrégulières et assez nombreuses, les unes brunes, les autres d'un brun noir qui semble velouté. Le grand diamètre varie de $0^m,030$ à $0^m,032$, et le petit de $0^m,020$ à $0^m,022$.

Ici je terminerai, ami lecteur, la tâche que je m'étais d'abord proposé de remplir : j'ai parcouru en entier, à travers des difficultés de toute nature, les cinq premiers Ordres de la Faune de Maine-et-Loire.

Deux Ordres restent encore à expliquer : celui des Echassiers et celui des Palmipèdes. Plus tard, si Dieu me prête vie, j'essaierai d'aborder ce nouveau labeur ; mais, en attendant ce complément de mes Essais étymologiques, puisse la bienveillance du lecteur trouver, du moins en partie, dans le travail qui lui est soumis en ce moment, la réalisation de la devise que j'ai adoptée :

Benedicite, omnes volucres cæli, Domino !

Vous tous, oiseaux du ciel, bénissez le Seigneur !

(DANIEL., cant. 3).

TABLE MÉTHODIQUE

DES MATIÈRES CONTENUES DANS CE VOLUME.

TABLE ALPHABÉTIQUE

DES MATIÈRES CONTENUES DANS CE VOLUME.

TABLE ANALYTIQUE

DES MATIÈRES CONTENUES DANS CET OUVRAGE.

ANGERS, IMPRIMERIE P. LACHÈSE, BELLEUVRE ET DOLBEAU.

ERRATA.

Note, pag. 279, *lisez* : se relevant et retombant *au lieu de* : se
relevait et retombait.

Pag. 341, dans le vers de Perse, *lisez* : pinsit *au lieu de* pensit.

www.ingramcontent.com/pod-product-compliance
Lightning Source LLC
LaVergne TN
LVHW010604180726
843502LV00001B/137